教你成为一流液压维修工

陆望龙 编著

JIAONI CHENGWEI
YILIU YEYA WEIXIUGONG

化学工业出版社

·北京·

本书以一问一答的形式，总结了近400个液压维修工日常工作中经常遇到的一些重点、难点及容易忽略的问题。内容主要涉及液压设备（液压系统）的五个组成部分，即动力元件（液压泵）、执行元件（液压缸和液压马达）、控制元件（各种液压控制阀）、辅助元件及工作液体等的维修问题（包括液压元件的外观、工作原理、结构及故障排查的内容）。

全书图文表并茂，语言文字简练且浅显易懂，重点讲解维修操作步骤、要领和故障分析排除方法、技巧，涉及维修步骤时给出详细的步骤图，一目了然，便于读者理解和掌握。

本书适合液压维修人员阅读，也可作为液压维修及相关企业的培训用书，还可作为专业院校师生的参考书。

图书在版编目（CIP）数据

教你成为一流液压维修工/陆望龙编著. —北京：化学工业出版社，2013.6（2025.4 重印）
ISBN 978-7-122-17120-7

Ⅰ.①教… Ⅱ.①陆… Ⅲ.①液压系统-维修-基本知识 Ⅳ.①TH137

中国版本图书馆 CIP 数据核字（2013）第 082934 号

责任编辑：黄　滢　　　　　　　　文字编辑：张绪瑞
责任校对：吴　静　　　　　　　　装帧设计：王晓宇

出版发行：化学工业出版社（北京市东城区青年湖南街13号　邮政编码100011）
印　　装：北京科印技术咨询服务有限公司数码印刷分部
850mm×1168mm　1/32　印张16½　字数452千字
2025 年 4 月北京第 1 版第 12 次印刷

购书咨询：010-64518888　　　　　　售后服务：010-64518899
网　　址：http://www.cip.com.cn

定　　价：69.00元

前言 FOREWORD

常言道：不想当将军的士兵不是一个好士兵！

作为一名液压维修工人也不例外，有谁不想成为一流的维修人员呢！

然而，要想成为高级别的液压维修技工，不仅要有深入的液压理论知识功底，还要有维修液压设备的能力和本领。液压技术的掌握需要艰难而有成效的训练。例如美国福特汽车公司克利夫兰发动机厂有一项针对液压维修工的训练计划，想要成为一位液压师傅的学徒工必须完成一项历时8000小时（约4年）的在职训练和学习计划，此期间他将获得液压方面的各种经验而不光是书本知识。对于液压技师，该公司的做法是提拔其有相当的专长和经验的师傅或招用大学毕业生，并在工作岗位上进行训练。可见，要想成为一名一流的液压维修技术工人，就要下苦功夫系统学习和训练。

为帮助广大液压维修工人快速掌握液压维修实践技能，提高液压维修操作本领，特编写了本书。本书结合笔者四十余年从事液压维修工作的实践和多年来指导液压维修工的实践经验，以问答的形式，介绍了液压设备维修过程中经常遇到的一些重点、难点和容易被维修工人疏忽的问题。内容浅显易懂，注意实践技能的培养。

书中主要介绍了液压设备（液压系统）的五个组成部分，即动力元件（液压泵）、执行元件（液压缸和液压马达）、控制元件（各种液压控制阀）、辅助元件及工作液体等的维修问题（包括液压元件的外观、工作原理、结构及故障排查的内容）。重点讲解故障诊断过程及元件拆装、拆解规范操作要领。

　　本书由陆望龙编著。刘钰锋、郜海根对本书的编写工作给予了指导和帮助，陈蔓苹对参阅的外文资料的翻译工作给予了指导和帮助。此外，还要感谢陈黎明、陆桦、马文科、陈曦明、谭平华、宋伟丰、罗霞、朱皖英、李刚等为本书编写过程中所做的各项工作。感谢陶云堂教授、汪贵兰副教授对本书编写工作的指导和支持。

　　书中不足之处，欢迎读者批评指正！

编著者

CONTENTS

目 录

第 1 章　动力元件——液压泵　1

第 3 章 控制元件——液压阀 244

第 4 章　辅助元件 459

第5章　工作液体　494

第1章

动力元件——液压泵

第1节

液压泵概述

1. 液压泵在液压系统中起什么作用?

　　液压泵是液压系统的心脏,俗称油泵。在液压系统中,一定至少有一个泵。液压泵是一种能量转换装置,它的作用是使流体发生运动,把机械能转换成流体能(也叫做液压能)。

　　液压泵是液压传动系统中的动力元件(图 1-1),由原动机

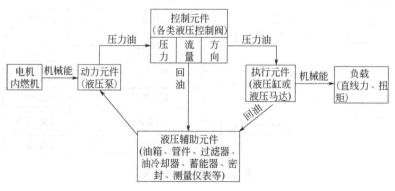

图 1-1　液压泵在液压系统中的作用

（电动机或发动机）驱动，从原动机（电动机、内燃机等）的输出功率中取出机械能，并把它转换成流体的压力能，为系统提供压力油液。然后，在需要做功的场所，由执行元件（液压缸或液压马达）再把流体压力能转换成机械能输出。

⚒ 2. 液压泵怎样分类？

液压泵是把原动机（电动机、内燃机等）传递的机械能转换为液压能的机械装置。各类液压泵构成泵送作用的元件不同，但泵送原理是相同的，所有的泵在吸油侧容积增大，在压油侧容积减小。液压系统中使用的泵均为容积式泵，有许多类型，其中最典型的有以下几种。

按流量是否可调节可分为变量泵和定量泵。输出流量可以根据需要来调节的称为变量泵，流量不能调节的称为定量泵。

按液压系统中常用的泵结构分为齿轮泵（含摆线泵）、叶片泵、柱塞泵等，液压泵的分类如图 1-2 所示。

图 1-2 液压泵的分类

3. 各种液压泵的性能比较有何不同?

表1-1　液压泵的分类及性能比较

分类		压力范围/MPa	排量范围/(mL/r)	流量脉动	较高转速	容积效率/%	总效率/%	额定压力/MPa	功率质量比/(kW/kg)	自吸性能	噪声	价格	抗污染能力
齿轮泵	外啮合	2.5~28	0.3~650	大	很高	0.7~0.9	0.6~0.8			优	较大	最低	优
	内啮合	≤30	0.8~300	小	高	0.8~0.95	0.8~0.9			较好	较小	低	中
摆线转子泵		0~16	2.5~150	很小	中	0.8~0.9	0.7~0.8			较好	较小	较低	中
叶片泵	双作用	6.3~21	0.5~480	很小	较低	0.8~0.95				一般	很小	中低	中
	单作用	≤16	1~320	小	较低	0.75~0.9				一般	小	中	中
凸轮转子泵		~8			低	0.8~0.9				较好	小	中低	中
轴向柱塞泵	斜盘式	≤4.0~70	0.2~560	大	中	0.85~0.9				差	最大	贵	差
	斜轴式	≤40	0.2~3600	大	中	0.85~0.9				差	最大	贵	较差
径向柱塞泵		10~20	20~720	大	低	0.8~0.9				差	很大	贵	中
螺杆泵		2.5~10	25~1500	最小	最高	0.8~0.9				最好	最小	贵	差

表1-2　液压泵的分类及性能

类型		性能				价格	变量	其它
		吸入性能	流量脉动	噪声	最高转速			
齿轮泵	外啮合	较好	最大	较大	很高	最低	不能	齿轮通常用渐开线齿形
	内啮合	较好	小	较小	高	低	不能	齿轮通常用渐开线或摆线齿形

类型		性　能				价格	变量	其它
		吸入性能	流量脉动	噪声	最高转速			
叶片泵	双作用	一般	很小	很小	低	中	不能	常用于要求噪声比较低的场合
	单作用	一般	小	小	低	中	能	
螺杆泵		最好	最小	最小	最高	高	不能	用于低噪声场合，抗污染性能好
轴向柱塞泵	斜盘式	差	大	最大	中	高	能	有通轴式和不通轴式两种
	斜轴式	差	大	最大	中	高	能	流量及功率最大，多用于大功率场合
阀式配油柱塞泵		最差	大	很大	低	高	困难	在结构上有轴向式和径向式两种
径向柱塞泵		差	大	很大	低	高	能	使用较少

🔧 4. 液压泵(含液压马达) 的主要参数及计算公式有哪些?

表 1-3　液压泵和液压马达的主要参数及计算公式

参数名称		单位	液压泵	液压马达
排量、流量	排量 q_0	m^3/r	每转一转，由其密封腔内几何尺寸变化计算而得的排出液体的体积	
	理论流量 Q_0	m^3/s	泵单位时间内由密封腔内几何尺寸变化计算而得的排出液体的体积 $Q_0 = q_0 n/60$	在单位时间内为形成指定转速，液压马达封闭腔容积变化所需要的流量 $Q_0 = q_0 n/60$
	实际流量 Q		泵工作时出口处流量 $Q = q_0 n \eta_v /60$	马达进口处流量 $Q = q_0 n /60 \eta_v$

参数名称		单位	液压泵	液压马达
压力	额定压力	Pa	在正常工作条件下，按试验标准规定能连续运转的最高压力	
	最高压力 p_{max}		按试验标准规定允许短暂运行的最高压力	
	工作压力 p		泵工作时的压力	
转速	额定转速 n	r/min	在额定压力下，能连续长时间正常运转的最高转速	
	最高转速		在额定压力下，超过额定转速而允许短暂运行的最大转速	
	最低转速		正常运转所允许的最低转速	同左（马达不出现爬行现象）
功率	输入功率 P_t	W	驱动泵轴的机械功率 $P_t = pQ/\eta$	马达入口处输出的液压功率 $P_t = pQ$
	输出功率 P_0		泵输出的液压功率，其值为泵实际输出的实际流量和压力的乘积 $P_0 = pQ$	马达输出轴上输出的机械功率 $P_0 = pQ\eta$
	机械功率		$P_t = \pi Tn/30$	$P_0 = \pi Tn/30$
			T—压力为 p 时泵的输入扭矩或马达的输出扭矩，N·m	
扭矩	理论扭矩	N·m		液体压力作用下液压马达转子形成的扭矩
	实际扭矩		液压泵输入扭矩 T_t $T_t = pq_0/2\pi\eta_m$	液压马达轴输出的扭矩 T_0 $T_0 = pq_0\eta_m/2\pi$
效率	容积效率 η_v		泵的实际输出流量与理论流量的比值 $\eta_v = Q/Q_0$	马达的理论流量与实际流量的比值 $\eta_v = Q_0/Q$
	机械效率 η_m		泵理论扭矩由压力作用于转子产生的液压扭矩与泵轴上实际输出扭矩之比 $\eta_m = pT_0/2\pi T_t$	马达的实际扭矩与理论扭矩之比值 $\eta_m = 2\pi T_0/pq_0$
	总效率 η		泵的输出功率与输入功率之比 $\eta = \eta_v\eta_m$	马达输出的机械功率与输入的液压功率之比 $\eta = \eta_v\eta_m$

参数名称		单位	液压泵	液压马达
单位换算式	q_0	mL/r		
	n	r/min		
	Q	L/min	$Q = q_0 n \eta_v 10^{-3}$	$Q = q_0 n 10^{-3}/\eta_v$
	p	MPa	$P_t = pQ/60\eta$	$T_0 = p q_0 \eta_m/2\pi$
	P_t	kW		
	T_0	N·m		

🔧 5. 液压泵是怎样吸压油的?

液压泵均为容积式泵,首先泵一定要有与大气隔开的封闭容腔。以图1-3所示的手动泵为例,它具有封闭容腔。再来说明泵的吸、压油过程。如图1-3(a)所示,当向左拉动摇杆,柱塞左行,封闭容腔容积变大,形成一定真空度,大气压将油箱内油液压入到封闭容腔内,为吸油的情形;如图1-3(b)所示,当向右推压摇杆,柱塞右行,封闭容腔容积变小,将腔内油液挤出,为压油的情形。注意这种泵只有一个封闭容腔,吸油时不能压油,压油时不能吸油,因而输出油液是不连续的。

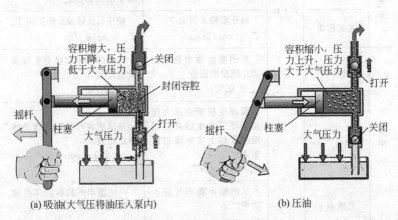

(a) 吸油(大气压将油压入泵内)　　　　　　(b) 压油

图 1-3 手动单柱塞泵的原理

归纳起来，液压泵基本工作条件（必要条件）为：

① 形成至少两个密封容腔。为了输出油液的连续性，泵一定都要有两个或两个以上由运动件和非运动件所构成的封闭（密封得很好，与大气压力隔开）容腔，其中一个（或几个）作吸油腔，一个（或几个）作压油腔。

② 密封容积能变化。密封容积增大，产生真空，吸入油；密封容积减小，油液被迫压出（压油）。

③ 吸、压油腔隔开（配流装置）。密闭容积增大到极限时，先要与吸油腔隔开，然后才转为压油；密闭容积减小到极限时，先要与压油腔隔开，然后才转为吸油，即两腔之间要由一段密封段或用配油装置（如盘配油、轴配油或阀配油）将二者隔开。未被隔开或隔开得不好而出现压、吸油腔相通时，则会因吸油腔和压油腔相通而无法实现容腔由小变大或由大变小的容积变化（相互抵消变化量），这样在吸油腔便形不成一定的真空度，从而吸不上油，在压油腔也就无油液输出了。

各种类型的液压泵吸、压油时均需满足上述三个条件，这将在后述的内容加以说明。不同的泵有不同的工作腔、不同的配流装置，但其必要条件可归纳为：作为液压泵必须有可周期性变化的密封容积，必须有配流装置控制吸压油过程。

第 2 节

齿 轮 泵

依靠泵体与啮合齿轮间所形成的工作容积变化吸入油液和挤压出油液形成的容积式泵。一对相互啮合的齿轮和泵缸把吸入腔和排出腔隔开。齿轮转动时，吸入腔侧轮齿相互脱开处的齿间容积逐渐增大，压力降低，液体在压差作用下进入齿间。随着齿轮的转动，一个个齿间的液体被带至排出腔。这时排出腔侧轮齿啮合处的齿间容积逐渐缩小，而将液体排出。

6. 齿轮泵外观是什么样的？

维修第一步要知道所要修的对象在哪儿，即对安装在液压设备上的各种齿轮泵外表形状要熟知和认识，一看外观就知道"是什么"，这样在维修时一下就能准确找到出故障需维修的齿轮泵的位置。

常见齿轮泵的外观如图 1-4 所示。

图 1-4　常见齿轮泵的外观

7. 齿轮泵怎样吸油和压油？

要维修好齿轮泵，还要先了解清楚齿轮泵为什么能吸入油和压出油，即了解清楚齿轮泵的工作原理。假设齿轮泵出现不能吸油和不断输出油的故障了，便可从齿轮泵的工作原理中找出故障的成因。

（1）外啮合齿轮泵的工作原理（见图 1-5）

① 密封容积形成。齿轮、泵体内表面、前后泵盖端面（或侧板、浮动轴承端面）围成，即外啮合齿轮泵的壳体、端盖和齿轮的各个齿间槽组成了许多密封工作腔。

② 密封容积的变化。在吸油腔，齿轮退出啮合，密封容积变大，形成一定的真空度，因此油箱中的油液在外界大气压力的作用

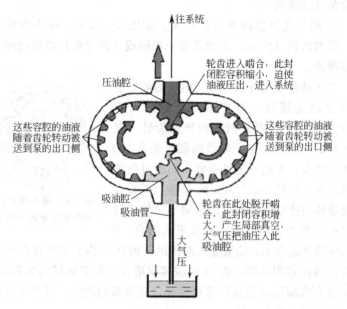

往系统

压油腔

轮齿进入啮合，此封闭腔容积缩小，迫使油液压出，进入系统

这些容腔的油液随着齿轮转动被送到泵的出口侧

这些容腔的油液随着齿轮转动被送到泵的出口侧

吸油腔
吸油管

轮齿在此处脱开啮合，此封闭容积增大，产生局部真空，大气压把油压入此吸油腔

大气压

图 1-5　外啮合齿轮泵的工作原理

下，经吸油管被压入吸油腔，将齿间槽充满，叫"吸油"；在压油区一侧，由于轮齿在这里逐渐进入啮合，密封工作腔容积不断减小，油液便被挤出去，从压油腔输送到压力管路中去。叫"压油"。并随着齿轮旋转，把油液带到压油腔内。在齿轮泵的工作过程中，只要两齿轮的旋转方向不变，其吸、压油腔的位置也就确定不变。

③ 吸压油口隔开。两齿轮啮合线及泵盖端面（或侧板、浮动轴承端面）起到将吸压油口隔开的作用，啮合点处的齿面接触线一直起着分隔离高、低压腔的作用，因此在齿轮泵中不需要设置专门的配流机构。

外啮合齿轮泵的泄漏、困油和径向液压力不平衡是影响齿轮泵性能指标和寿命的三大问题。

（2）内啮合齿轮泵的工作原理

内啮合齿轮泵分为渐开线齿形内啮合齿轮泵与摆线齿形内啮合

齿轮泵（摆线泵）。

① 渐开线齿形内啮合齿轮泵。如图 1-6 所示，在小齿轮（外齿）和内齿轮（内齿）之间装有一块隔板（月牙板）将吸油腔与压油腔隔开。

当传动轴带动外齿轮 1（内齿齿轮）按图示方向旋转时，与其相啮合的内齿轮（外齿齿轮）2 也跟着同方向异速旋转。在左上部的吸油腔，由于轮齿的脱开啮合，O 腔体积增大，形成一定真空度。而通过吸油管将油液从油箱"吸"入泵内 O 腔，随着齿轮的旋转到达被隔板隔开的位置 A，然后转

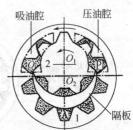

图 1-6 渐开线齿形内啮合齿轮泵的工作原理

到 P 的位置进入压油腔，轮齿进入啮合，P 腔的体积逐渐缩小，油液受压而排出，齿谷 A 内的油液在经过整个隔板区域内容积不变，在 O 区域容积增大，在 P 区域内容积缩小。利用齿和齿圈形成的这种容积变化，完成泵的功能。月牙板同两齿轮将吸压油口隔开。

② 摆线齿形内啮合齿轮泵（摆线泵）。摆线转子泵也为内啮合齿轮泵，不过其齿轮的齿形为外摆线，而非渐开线。摆线转子泵简称摆线泵。

如图 1-7 所示，外转子和内转子之间有偏心矩 e，内转子绕中心 O_1 顺时针转动时，带动外转子绕中心 O_2 同向旋转，此时 B 容腔逐渐增大形成一定真空度，与其相通的配油盘槽进油，形成吸油过程。当内外转子转至图 1-7(b) 位置时，B 容腔为最大，而 A 容腔随转子转动体积逐渐缩小，同时与配油盘出油口相通，产生排油过程。当 A 容腔转到图 1-7(a) 中 C 处时，封闭容积最小，压油过程结束。继而又是吸油过程。这样，内外转子异速同向绕各自中心 O_1、O_2 转动，使内外转子所围成的容腔不断发生容积变化，形成吸、排油作用。摆线齿形内啮合齿轮泵因总有多处啮合位，因而靠齿轮啮合处隔开吸压油腔，无需月牙隔板。

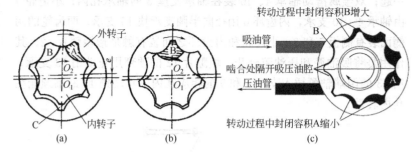

图 1-7　摆线齿形内啮合齿轮泵的工作原理

8. 齿轮泵内部结构什么样?

（1）外啮合齿轮泵的结构

在维修时还要知道齿轮泵的内部结构。对齿轮泵的内部结构搞清楚了，才能知道维修时怎么去拆装齿轮泵。图 1-8 所示为齿轮泵内部结构图例，各种齿轮泵的结构大同小异。

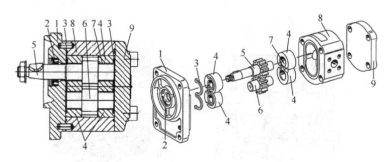

图 1-8　带浮动轴套齿轮泵的内部结构

1—前盖；2—油封；3—密封；4—浮动轴套；5—主动齿轮轴；6—从动齿轮轴；
7—薄壁轴承；8—泵体；9—后盖

（2）渐开线齿形内啮合齿轮泵的结构

IP 型内啮合渐开线齿轮泵使用广泛，编者原工作单位一台进口的三点折弯机上就使用这种泵，其最高工作压力可到 30MPa，容积效率达 96％以上。

图 1-9 中，轴承支座 3、9，前泵盖 11 和后泵盖 2 用螺钉 1 固定在

一起；双金属滑动轴承 4、10 装在轴承支座 3 的轴承孔内；小齿轮 7 由轴承 4、10 支承，内齿环 6 用径向半圆支承块 15 支承；两齿轮的两侧面装有侧板 5 和 8；小齿轮和内齿环之间装有棘爪形填隙片 12，其作用是将吸油腔和压油腔分开；填隙片 12 的顶部用止动销 13 支承，销 13 的两端轴颈插入支座 3 和 9 的相应孔内，止动销 13 的轴颈能在孔内转动。

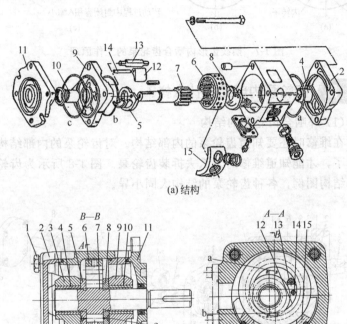

(a) 结构

(b) 剖面图

图 1-9　IP 型内啮合齿轮泵结构

1—压紧螺钉；2—后泵盖；3，9—轴承支座；4，10—双金属滑动轴承；
5，8—浮动侧板；6—内齿环；7—小齿轮；11—前泵盖；12—填隙片；
13—止动销；14—导销；15—半圆支承块（浮动支座）

当外齿小齿轮 7 按图示方向转动时，内齿环 6 也同向转动，两齿轮之间的封闭油也随着轮齿旋转。当轮齿退出啮合处，工作容积增加，形成局部真空而吸入油液；当轮齿进入啮合处，工作容积减小，齿间油液被挤出，通过内齿环齿间底部的孔，将油液压出，于是，在填隙片 12 的尖端至齿牙啮合分离点之间形成高压容腔。

当高压容腔内的压力上升时，两侧板 5 和 8 及径向半圆支承块 15 上的背压容积内的压力也随之上升，因而两侧板由于背压压力的作用，紧贴在两齿轮的端面上，径向半圆支承块由于背压的作用也贴合在内齿环的外圆柱面，这样就形成了油泵的轴向间隙与径向间隙的自动补偿，提高了油泵容积效率。而一般外啮合齿轮泵，最多也只是轴向间隙补偿而已，就噪声而言，内啮合齿轮泵也比外啮合齿轮泵的要低。

（3）摆线齿形内啮合齿轮泵的结构

以 B-B 摆线齿轮泵为例，如图 1-10 所示，其主要工作元件是一对内啮合的摆线齿轮（即内外转子），其中内转子为主动齿轮，外转子为从动齿轮。内外转子把容腔分隔为几个封闭的容腔，在啮合过程中，封闭容腔的容积不断发生变化，当封闭的容腔由小逐渐变大时，形成局部真空，在大气压的作用下，油液经吸油管道进入油泵吸油腔，填满封闭的容腔，当封闭容腔达到最大容积位置后，由大逐渐变小时，油液被挤出形成油压送出，完成泵油过程。

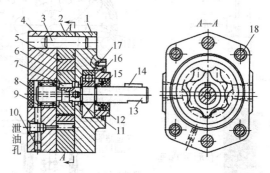

图 1-10　B-B 摆线齿轮泵结构

1—前盖；2—泵体；3—圆销；4—后盖；5—外转子；6—内转子；7，14—平键；
8—压盖；9—滚针轴承；10—堵头；11—卡圈；12—法兰；13—泵轴；
15—油封；16—弹簧挡圈；17—轴承；18—螺钉

9. 齿轮泵吸不上油怎么办？

表 1-4　齿轮泵吸不上油故障排除方法

故障现象	查找方法（找原因）	相应对策
齿轮泵吸不上油	1. 查油箱液面是否低于油标线（参阅图 1-11，下同）	往油箱补加油
	2. 查吸油过滤器是否被脏物严重堵塞	清洗
	3. 查电机联轴器上的传动键或泵轴（齿轮轴）上的传动键是否漏装	补装
	4. 查油温是否太低，油黏度是否过高	冬天预热油液，更换成黏度合适的油液
	5. 查吸油管道中的 O 形密封圈是否破损、漏装或密封老化变形	更换或补装
	6. 查吸油管道中的管接头是否未拧紧	拧紧接头螺钉螺母
	7. 查吸油管道中的焊接位置是否未焊好有渣孔	重新补焊好
	8. 查齿轮端面与轴套（或泵盖）端面之间的装配间隙是否过大	二者之间的装配间隙不应超过 0.05mm

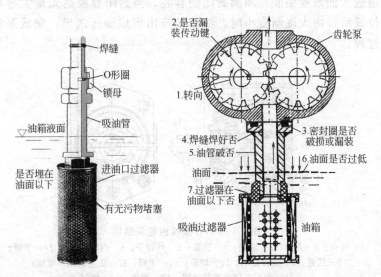

图 1-11　泵的吸油管路

✖ 10. 齿轮泵输出流量不够，压力也上不去怎么办？

此类故障主要是内泄漏大造成的。齿侧（啮合处）泄漏约占齿轮泵总泄漏量的 5%，径向泄漏约占齿轮泵总泄漏量的 20%～25%，端面泄漏约占齿轮泵总泄漏量的 75%～80%。泵压力愈高，泄漏愈大。

为提高齿轮泵的工作压力，减少内泄漏，设计上已经采用了一些方法。

① 采用浮动轴套补偿端面间隙：将压力油引入轴套背面，使之紧贴齿轮端面，减小端面间隙，补偿磨损。且压力越高，贴得越紧。

② 采用弹性侧板式补偿端面间隙：将泵出口压力油引至侧板背面，靠侧板自身的变形来补偿端面间隙。

表 1-5　齿轮泵输出流量不够，压力上不去故障排除方法

故障现象	查找方法（找原因）	相应对策
输出流量不够，压力也上不去	1. 查齿轮端面与轴套（或泵盖或侧板）端面之间的间隙是否偏大	保证合理装配间隙
	2. 查齿顶圆与泵体内孔之间的径向间隙是否过大	采取刷镀泵体内腔修复
	3. 查主从动齿轮啮合部位是否拉伤产生泄漏	拉伤严重者要更换齿轮
	4. 对采用浮动轴套或浮动侧板的齿轮泵，查浮动侧板或浮动轴套端面 G_5、齿轮端面 G_4 是否拉伤或磨损（见图 1-12～图 1-14）	对连轴齿轮在小外圆磨床上靠磨 G_4 面；对泵轴与齿轮分开的则在平面磨床上平磨齿轮 G_4 面，注意两齿轮宽尺寸 L_1 一致；注意同时要修磨泵体厚度 L_0，保证合理的轴向装配间隙（见图 1-12～图 1-14）
	5. 查溢流阀是否失灵	排除溢流阀故障
	6. 查发动机、电动机转速是否过低	转速应符合要求
	7. 查油温是否太高：温升使油液黏度降低，内泄漏增大	查明油温高的原因，采取对策

故障现象	查找方法（找原因）	相应对策
输出流量不够，压力也上不去	8.查是否有污物进入泵内：例如污物进入 CB-B 型齿轮泵内并楔入齿轮端面与前后端盖之间的间隙内拉伤配合面，导致高低压腔因出现径向拉伤的沟槽而连通，使输出流量减小	此时用平面磨床磨平前后盖端面和齿轮端面，并清除轮齿上的毛刺（不能倒角）；注意经平面磨削后的前后端盖其端面上卸荷槽的宽度尺寸会有变化，应适当加宽
	9.查前后盖端面 G_1、G_3 或侧板端面 G_5 是否严重拉伤（见图 1-12～图 1-14），产生的内泄漏太大	前后盖或侧板端面，可研磨或平磨修复
	10.查起预压作用的弓形密封圈 6 或心形密封圈 5 等是否压缩永久变形或漏装（见图 1-14）	更换已压缩永久变形的弓形或心形密封圈；卸压片和密封环必须装在进油腔，两轴套才能保持平衡。卸压片密封环应具有 0.5mm 的预压缩量
	11.查油液黏度是否太大或太小	选用黏度适合的油液

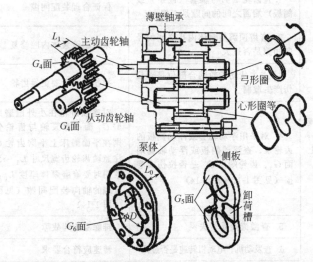

图 1-12　带侧板齿轮泵的结构及其易出故障主要零件（如国产 CB-C 型）

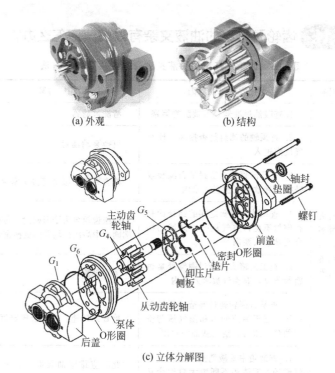

(a) 外观　　　　(b) 结构

主动齿轮轴

G_5

G_4

G_6

G_1

轴封
垫圈
螺钉
前盖
密封O形圈
垫片
卸压片
侧板
从动齿轮轴
泵体
O形圈
后盖

(c) 立体分解图

图 1-13　威格士 L2 系列齿轮泵外观、结构与立体分解图

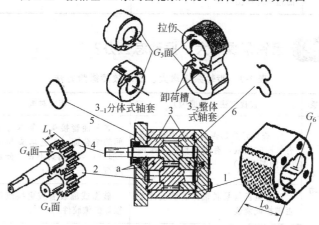

拉伤
G_5面
卸荷槽
3_{-1}分体式轴套
3_{-2}整体式轴套
L_1
G_4面
G_4面
G_6
L_0
5
3
6
4
2
a
1

图 1-14　带浮动轴套的齿轮泵（如国产 CBN 型）结构及其易出故障主要零件
1—泵体；2—从动齿轮轴；3—轴套；4—主动齿轮轴；5—密封圈；6—弓形密封圈

11. 齿轮泵打出的油液夹杂有很多气泡怎么办?

表1-6　齿轮泵打出的油液夹杂有气泡故障排除方法

故障现象	查找方法（找原因）	相应对策
油液夹杂有很多气泡，有时油箱内油液向外漫出	1.查吸油过滤器是否被脏物堵塞	清洗过滤器
	2. 查泵轴的油封是否损坏，使空气反灌进入	更换泵轴油封
	3. 查吸油管接头密封是否漏装或破损，导致空气被吸入泵内	检查并更换吸油管接头密封
	4. 查泵体与泵盖之间的结合面是否密封不良，空气从吸油区域的结合面被吸入泵内	低压齿轮泵为端面密封，可研磨端面；中高压齿轮泵则更换密封
	5. 查工艺堵头和密封圈等处是否密封不良，有空气被吸入泵内	予以排除
	6. 查是否因转速过高造成吸油腔的压力低于油液的饱和蒸气压与空气的分离压力，空气从油中冒出	检查泵转速，应符合规定值
	7. 查油箱中油液消泡性能：含有气泡的油液体积不断增大自然会从油箱向外漫出	此时应排除油泵进气故障，必要时更换消泡性能已变差的油液

12. 齿轮泵噪声大、振动怎么办?

表1-7　齿轮泵噪声大、振动故障排除方法

故障现象	查找方法（找原因）	相应对策
噪声大、振动大	1. 查齿轮泵是否从油箱中吸进含有气泡的油液，有空气被吸入泵内（参阅图1-11）	如吸油管接头、泵体与泵盖之间的结合面、工艺堵头和密封圈（油封）等处密封不良，分别采取对策
	2.查电机与泵联轴器的橡胶件是否破损或漏装	破损或漏装者应更换或补装联轴器的橡胶件
	3.查泵与电机的安装同轴度是否超差	应按规定要求调整泵与电机的安装同轴度

故障现象	查找方法（找原因）	相应对策
噪声大、振动大	4. 查联轴器的键或花键是否磨损而造成回转件产生径向跳动	检查并采取对策
	5. 查泵体与两侧端盖（例如 CB-B 型齿轮泵的前后盖）直接接触的端面密封处是否进气	若接触面的平面度达不到规定要求，则泵在工作时容易吸入空气。可以在平板上用研磨膏按"8"字形路线来回研磨，也可以在平面磨床上磨削，使其平面度不超过 $5\mu m$，并保证其平面与孔的垂直度要求
	6. 查泵的端盖孔与压盖外径之间的过盈配合接触处（例如 CB-B 型齿轮泵）	若配合不好空气容易由此接触处侵入。若压盖为塑料制品，由于其损坏或因温度变化而变形，也会使密封不严而进入空气。可采用涂敷环氧树脂等胶黏剂进行密封
	7. 查泵内零件损坏或磨损情况：泵内零件损坏或磨损严重将产生振动与噪声	可更换齿轮或将齿轮对研。轴承的滚针钢球或保持架破损、长短轴轴颈磨损等，均可导致轴承旋转不畅而产生机械噪声，此时需拆修齿轮泵，更换轴承，修复或更换泵轴
	8. 查齿轮齿形精度、齿轮内孔与端面垂直度、盖板上两孔轴线平行度、泵体两端面平行度、齿面粗糙度高、公法线长度是否超差，齿侧隙是否过小等	可更换齿轮或将齿轮对研
	9. 查端面间隙是否过小使齿轮旋转困难	端面间隙一般为 0.01～0.02mm

13. 齿轮泵内、外泄漏大怎么办？

表 1-8　齿轮泵内、外泄漏大故障排除方法

故障现象	查找方法（找原因）	相应对策
内、外泄漏大	1. 泵盖与齿轮端面、侧板与齿轮端面、或浮动轴套与齿轮端面之间的接触面面积大，是造成内漏的主要部位。当这部分磨损拉伤漏损量或间隙大造成的内漏占全部内漏的 50%～70%	减少内漏的方法是修复磨损拉伤部位和保证这些部位合理的配合间隙

故障现象	查找方法（找原因）	相应对策
内、外 泄漏大	2. 查卸压片是否老化变质，失去弹性，对高压油腔和低压油腔失去了密封隔离作用，会产生高压油腔的油压往低压油腔、径向不平衡力使齿轮尖部靠近油泵壳体，磨损泵体的低压腔部分、油液不净导致相对运动面之间的磨损等，均会造成"内漏"	可采取相应对策

 14. 齿轮泵的泵轴油封老是翻转漏油怎么办？

表1-9　齿轮泵的泵轴油封老是翻转漏油故障排除方法

故障现象	查找方法（找原因）	相应对策
泵轴油封老是翻转漏油	1. 查齿轮泵转向：齿轮泵有正转（左旋）与反转（右旋）泵之分	"左旋"错装为"右旋"齿轮泵，造成冲坏骨架油封
	2. 查泵内的内部泄油道是否被污物堵塞	例如图1-9中的泄油道a被污物堵塞后，造成油封前腔困油压力升高，超出了油封的承压能力而使油封翻转，可拆开清洗疏通
	3. 查油封卡紧密封唇部的箍紧弹簧是否脱落（见图1-15）	油封的箍紧弹簧脱落后密封的承压能力更低，翻转是必然的。此时要重新装好油封的箍紧弹簧

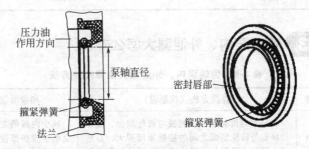

压力油作用方向

泵轴直径

密封唇部

箍紧弹簧

法兰

箍紧弹簧

图1-15　泵轴油封

15. 中高压齿轮泵起压时间长怎么办?

表 1-10 中高压齿轮泵起压时间长故障排除方法

故障现象	查找方法(找原因)	相应对策
齿轮泵起压时间长	1.查弹性导向钢丝是否漏装或折断:在泵压未升上来之前,弹性导向钢丝弹力能同时将上、下轴套朝从动齿轮的旋转方向扭转一微小角度,使主、从动齿轮两个轴套的加工平面紧密贴合,而使泵起压时间很短。但如图 1-16 中的弹性导向钢丝漏装或折断,则将失去这种预压作用而使齿轮泵起压时间变长	更换弹性导向钢丝
	2.查起预压作用的密封圈是否压缩永久变形	如图 1-16 中起预压作用的弓形、心形等密封圈压缩永久变形,将使齿轮泵起压时间变长

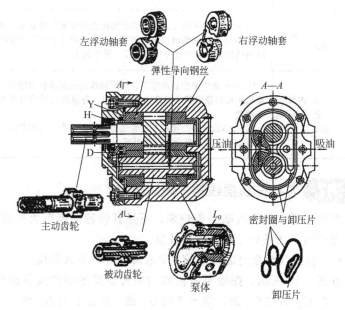

图 1-16 CB-D 型齿轮泵结构及其易出故障的主要零件

16. 内啮合齿轮泵吸不上油、输出流量不够，压力上不去怎么办？

表 1-11　内啮合齿轮泵吸不上油、输出流量不够，压力上不去故障排除方法

故障现象	查找方法（找原因）	相应对策
内啮合齿轮泵吸不上油、输出流量不够，压力上不去	1. 查外齿轮（见图1-17，下同）	①因齿轮材质（如粉末冶金齿轮）或热处理不好，齿面磨损严重：如为粉末冶金齿轮，建议改为钢制齿轮，并进行热处理 ②齿轮端面磨损拉伤：齿轮端面磨损拉伤不严重可研磨抛光再用；如磨损拉伤严重，可平磨齿轮端面至尺寸 h_1，外齿圈 h_2、定子内孔深度 h_3 也应磨去相同尺寸 ③齿顶圆磨损：可刷镀齿轮外圆，补偿磨损量
	2. 查内齿圈	①内齿圈外圆与体壳内孔之间配合间隙太大时可刷镀内齿圈外圆 ②内齿圈齿面与齿轮齿面之间齿侧隙太大时，有条件的地区（如珠三角、长三角地区）可用线切割机床慢走丝重新加工钢制内齿圈与外齿轮，并经热处理换上
	3. 查月牙块	①月牙块内表面与外齿轮齿顶圆配合间隙太大时刷镀齿顶圆 ②月牙块内表面磨损拉伤严重，造成压吸油腔之间内泄漏大时用线切割机床慢走丝重新加工月牙块换上
	4. 查体壳（定子）与侧板	①对于兼作配油盘的定子，当配油端面磨损拉有沟槽时，如磨损拉伤轻微可用金相砂布修整再用；磨损拉伤严重修复有一定难度 ②有侧板者，当侧板与齿轮结合面磨损拉伤时刃研磨或平磨侧板端面，并经氮化或磷化处理

17. 怎样排查摆线转子泵的故障？

摆线转子泵也为内啮合齿轮泵，不过其齿轮的齿形为外摆线，而非渐开线。摆线转子泵简称摆线泵。

（1）修理摆线泵时需检修的主要故障零部件及其部位

如图 1-18 所示，摆线泵需检修的主要故障零部件及其部位有转子 1 的 G_2 面与 G_3 面、定子 2 的 G_1 面、后盖 3 的 G_4 面、泵轴 7 的轴颈面等的磨损拉伤，油封 8 密封唇部破损等。

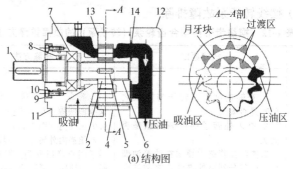

(a) 结构图

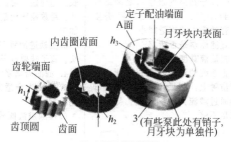

(b) 主要故障零部件

图 1-17　渐开线内啮合齿轮泵结构与需修理的主要零件

1—泵轴；2—外齿轮；3—体壳；4—泵芯组件；5—键；6—薄壁轴承；7—轴承；
8—油封；9—螺钉；10—垫圈；11—前盖；12—后盖；13，14—O形圈

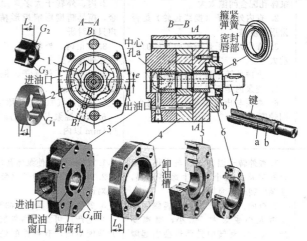

图 1-18　摆线转子泵的结构及其易出故障主要零件

1—转子；2—定子；3—后盖；4—泵体；5—前盖；6—法兰；7—泵轴；8—油封

（2）摆线转子泵故障排除

表 1-12　摆线齿形内啮合齿轮泵（转子泵）的故障排除方法

故障现象	故障原因	排除方法
输出流量不够	1. 查轴向间隙（转子与泵盖之间）是否太大 2. 查内外转子的齿侧间隙是否太大 3. 查吸油管路中裸露在油箱油面以上的部分到泵的进油口之间结合处密封不严、漏气，使泵吸进空气，有效吸入的流量减小 4. 查滤油器是否堵塞 5. 查油液黏度是否过小 6. 查系统的溢流阀是否卡死在小开度位置上；如果这样泵来的一部分油通过溢流阀溢回油箱，导致输出流量不够	1. 将泵体厚度研磨去一部分，使轴向间隙（$L_1 - L_2$）在 0.03～0.04mm 内（图 1-18） 2. 更换内外转子：一般更换内转子用户难以到。但在珠三角、长三角地区，可测绘出内外转子尺寸，用数控线切割机床慢走丝予以加工 3. 更换进油管路的密封，拧紧接头。管子破裂者予以焊补或更换 4. 滤油器堵塞时清洗滤油器 5. 更换为合适黏度油液，减少内泄漏 6. 排除溢流阀故障
压力波动大	1. 查泵体与前后盖是否因加工不好，偏心距误差大，或者外转子与泵体孔配合间隙太大 2. 查内外转子（摆线齿轮）是否齿形精度差 3. 查内外转子是否径向及端面跳动大 4. 查内外转子是否齿侧隙偏大 5. 查泵内是否混进空气 6. 查泵与电机安装是否不同心，同轴度超差	1. 检查偏心距，并保证偏心距误差在±0.02mm 的范围内。外转子与泵体孔配合间隙应为 0.04～0.06mm 2. 内、外转子大多采用粉末冶金，模具精度影响齿形精度，用户只能对研 3. 修正内、外转子，使各项精度达到技术要求 4. 更换内、外转子，保证齿侧隙在 0.07mm 以内 5. 查明进气原因，排除空气 6. 校正油泵与电机的同轴度在 0.1mm 以内
发热及噪声大	1. 查外转子因其外径与泵体孔配合间隙是否太小，产生摩擦发热，甚至外转子与泵体咬死 2. 查内、外转子之间的齿侧间隙是否太小或太大：太小，摩擦发热；太大，运转中晃动也会引起摩擦发热	1. 对研一下，使泵体孔增大 2. 对研内、外转子（装在泵盖上对研） 3. 更换成合适黏度的油液 4. 生产厂可更换内外转子，用户只能对研，有条件的地区也可另行加工一钢制件更换

故障现象	故障原因	排除方法
发热及噪声大	3.查油液黏度是否太大，吸油阻力大 4.查齿形精度是否不好 5.查内外转子端面是否拉伤，泵盖端面是否拉伤 6.查泵盖上的滚针轴承是否破裂或精度太差，造成运转振动、噪声	5.如果是则可研磨内外转子端面。磨损拉毛严重者，先平磨，再研磨，泵体厚度也要磨去相应尺寸 6.更换合格轴承
漏 油 (外漏)	1.查油封的箍紧弹簧是否漏装 2.查油封的密封唇部是否拉伤	1.漏装时予以补装 2.拉伤时予以更换，并检查泵轴与油封接触部位的磨损情况

 18. 怎样修理齿轮泵？

齿轮泵使用较长时间后，齿轮各相对滑动面会产生磨损和刮伤。端面的磨损导致轴向间隙增大而内泄漏增大；齿顶圆磨损导致径向间隙增大；齿形的磨损造成噪声增大和压力振摆增大。磨损拉伤不严重时可稍加研磨（对研）抛光再用，若磨损拉伤严重时，则需根据情况予以修理与更换。

19. 怎样修复齿轮与齿轮轴？

① 齿形修理。用细砂布或油石去除拉伤凸起或已磨成多棱形部位的毛刺，再将齿轮连同轴装在泵盖轴承孔上对研，并涂红丹校验研磨效果。适当调换啮合面方位，清洗后可继续再用。但对肉眼观察能见到的严重磨损件，应重作齿轮，予以更换。

② 端面修理。轻微磨损者，可将两齿轮同时放在 0♯砂布上砂磨，然后再放在金相砂纸上擦磨抛光。磨损拉伤严重时可将两齿轮同时放在平磨上磨去少许，再研磨或用金相砂纸抛光。此时泵体也应磨去同样尺寸，以保证原来的装配间隙（$L_0 - L_1 = 0.02 \sim 0.03\text{mm}$）。两齿轮厚度差应在 0.005mm 以内，齿轮端面与孔的垂直度或齿轮轴线的跳动应控制在 0.005mm 以内。

③ 齿顶圆。外啮合齿轮泵由于存在径向不平衡力，一般都会在使用一段时期后出现磨损。齿顶圆磨损后，径向间隙增大。对低压齿轮泵而言，内泄漏不会增加多少。但对中高压齿轮泵，会对容积效率有影响，则应考虑电镀外圆（刷镀齿顶圆）或更换齿轮。

④ 中低压齿轮泵的齿轮精度为 7～8 级，中高压齿轮泵的齿轮精度略高 0.5～1 级，齿轮内孔与齿顶圆（对齿轮轴则为齿顶圆与轴颈外圆）的同轴度允差＜0.02mm，两端面平行度＜0.007mm，表面粗糙度为 $\overset{0.4}{\triangledown}$。

⑤ 齿轮轴。对于齿轮与轴连在一起的齿轮泵的齿轮轴，若表面剥落或烧伤变色时应更换新齿轮轴；若表面呈灰白色而只是配合间隙增大，可适当调整啮合齿位置间隙，更换新轴承予以解决；若齿轮外圆表面因扫膛拉毛，齿顶黏结有铁屑时，可用油石砂条磨掉黏结物，并砂磨泵体内孔结合面，径向间隙未超差则可继续使用，若径向间隙太大时可将泵体内孔根据情况镀铜合金缩小径向间隙。

🔧 20. 怎样修复侧板？

侧板磨损后可将两侧板放于研磨平板或玻璃板上，用 1200♯ 金刚砂研磨平整，表面粗糙度应低于 $\overset{0.8}{\triangledown}$，厚度差在整圈范围内不超过 0.005mm。

🔧 21. 怎样修复泵体？

泵体的磨损主要是内腔面（与齿顶圆的接触面—G_6 面），且多发生在吸油侧。如果泵体属于对称型，可将泵体翻转 180°安装再用。如果属非对称型，则需采用电镀青铜合金工艺或刷镀的方法修整泵体内腔孔磨损部位。

🔧 22. 怎样修复前后盖、轴套？

前后盖和轴套修理的部位主要是与齿轮接触的端面。磨损不严重时，可在平板上研磨端面修复。磨损拉伤严重时，可先放在平面磨床上磨去沟痕后，再稍加研磨，但需注意，要适当加深加宽卸荷槽的相关尺寸。

23. 怎样修复泵轴(含齿轮轴)？

齿轮泵泵轴（齿轮轴）的磨损部位主要是与滚针轴承或与轴套相接触的轴颈处。如果磨损轻微，可抛光修复。如果磨损严重，则需用镀铬工艺或重新加工一新轴，重新加工时，两轴颈的同轴度为 $0.02\sim0.03$mm。齿轮装在轴上或连在轴上的同轴度为 0.01mm。

24. 修理后的齿轮泵怎样装配？

修理后的齿轮泵，装配时须注意下述事项。

① 用去毛刺的方法清除各零件上的毛刺。齿轮锐边用天然油石倒钝，但不能倒成圆角，经平磨后的零件要经退磁。所有零件经煤油仔细清洗后方可投入装配。

② 装配时要测量和保证轴向间隙：齿轮泵的轴向间隙 $\delta=$ 泵体厚度 L_0- 齿轮宽厚度 L_1，一般要保证在 $0.02\sim0.03$mm 范围，同时要测量其他零件有关尺寸和精度。

③ 齿轮泵装配时，有的齿轮泵有定位销孔。对于无定位销孔的齿轮泵，在装配时，要一面按对角顺序拧紧各螺钉，且一边转动泵轴。若无轻重不一现象，再彻底拧紧几个安装螺钉。对于有定位孔的齿轮泵（如 CB-B 型），销孔主要用在零件的加工过程中，所以装配时并无定位基准可言，因而，最后再配钻铰两销孔，打入定位销。

④ 对于容易装反方向的零件要注意，不要使它装错方向。特别是要确认是正转泵还是反转泵。

⑤ 笔者反对在泵体和泵盖之间用加纸垫的方法解决外漏问题，一层纸至少有 $0.06\sim0.1$mm 厚，这将严重影响轴向间隙，增加内泄漏，严重者齿轮泵打不上油。

⑥ 有条件者，可先按 JB/T 7041—93 等标准对齿轮泵先进行

台架试验再装入主机使用。

🔧 25. 修复齿轮泵有哪些实用方法？

（1）镀铜合金的修复工艺

此处仅简介镀铜合金的工艺流程，例如可用此工艺修复泵体内腔。

① 镀前处理：同一般电镀青铜合金工艺。

② 电解液配方如下。

氯化亚铜（Cu_2Cl_2）：20～30g/L。

锡酸钠（$Na_2SnO_2 \cdot 3H_2O$）60～70g/L。

游离氰化钠（NaCN）：3～4g/L。

氢氧化钠（NaOH）：25～30g/L。

三乙胺醇胺 [$N(CH_2CH_2OH)_3$]：50～70g/L。

温度：55～60℃。

阴极电流密度：1～1.5A/dm²。

阳极为合金阳极（含锡10%～12%）。

③ 镀后处理：在120℃中恒温2h。

④ 注意事项：需有专门挂具，不需镀的地方要封闭保护，铸铁件镀前处理要严格按照工艺要求，防止渗氧，防止析出碳影响结合力。

（2）齿轮泵的电弧喷涂修理

轴套内孔、轴套外圆、齿轮轴和泵壳的均匀磨损及划痕在0.02～0.20mm之间时，可采用硬度高、与零件结合力强、耐磨性好的电弧喷涂修理工艺进行修复。

电弧喷涂的工艺过程：工作表面预处理→预热→喷涂黏结底层→喷涂工作层→冷却→涂层加工。

喷涂工艺流程中，要求工件无油污、无锈蚀，表面粗糙均匀，预热温度适当，底层结合均匀牢固，工作层光滑平整，材料颗粒熔融黏结可靠，耐磨性能及耐蚀性能良好。喷涂层质量好坏与工件表面处理方式及喷涂工艺有很大关系，因此，选择合适的表面处理方式和喷涂工艺是十分重要的。此外，在喷涂过程中要用薄铁皮或铜皮将与被涂表面相邻的非喷涂部分捆扎好。

① 工件表面预处理 涂层与基体的结合强度与基体清洁度和粗糙度有关。在喷涂前，对基体表面进行清洗、脱脂和表面粗糙化等预处理，这是喷涂工艺中一个重要工序。首先应对喷涂部分用汽油、丙酮进行除油处理，用锉刀、细砂纸、油石将疲劳层和氧化层除掉，使其露出金属本色。然后进行粗化处理，粗化处理能提供表面压应力，增大涂层与基体的结合面积和净化表面，减少涂层冷却时的应力，缓和涂层内部应力，所以有利于黏结力的增加。喷砂是最常用的粗化工艺，砂粒以锋利、坚硬为好，可选用石英砂、金刚砂等。粗糙后的新鲜表面极易被氧化或受环境污染，因此要及时喷涂，若放置超过 4h 则要重新粗化处理。

② 表面预热处理 涂层与基体表面的温度差会使涂层产生收缩应力，引起涂层开裂和剥落。基体表面的预热可降低和防止上述不利影响。但预热温度不宜过高，以免引起基体表面氧化而影响涂层与基体表面的结合强度。预热温度一般为 80～90℃，常用中性火焰完成。

③ 喷黏结底层 在涂层之前预先喷涂一薄层金属为后续涂层提供一个清洁、粗糙的表面，从而提高涂层与基体间的结合强度和抗剪强度。粘接底层材料一般选用铬铁镍合金。选择喷涂工艺参数的主要原则是提高涂层与基材的结合强度。喷涂过程中喷枪与工件的相对移动速度大于火焰移动速度，速度大小由涂层厚度、喷涂丝体送给速度、电弧功率等参数共同决定。喷枪与工件表面的距离一般为 150mm 左右。电弧喷涂的其他规范参数由喷涂设备和喷涂材料的特性决定。

④ 喷涂工作层 应先用钢丝刷刷去除黏结底层表面的沉积物，然后立即喷涂工作涂层。材料为碳钢及低合金丝材，使涂层有较高的耐磨性，且价格较低。喷涂层厚度应按工件的磨损量、加工余量及其他有关因素（直径收缩率、装夹偏差量、喷涂层直径不均匀量等）确定。

⑤ 冷却 喷涂后工件温升不高，一般可直接空冷。

⑥ 喷涂层加工 机械加工至图纸要求的尺寸及规定的表面

粗糙度。

（3）齿轮泵的表面粘涂修补技术

① 表面粘涂技术的原理及特点　近年来表面粘涂修补技术在我国设备维修中得到了广泛的应用，适用于各种材质的零件和设备的修补。其工作原理是将加入二硫化钼、金属粉末、陶瓷粉末和纤维等特殊填料的胶黏剂，直接涂敷于材料或零件表面，使之具有耐磨、耐蚀等功能，主要用于表面强化和修复。它的工艺简单、方便灵活、安全可靠，不需要专门设备，只需将配好的胶黏剂涂敷于清理好的零件表面，待固化后进行修整即可，常在室温下操作，不会使零件产生热功当量影响和变形等。

② 粘涂层的涂敷工艺　轴套外圆、轴套端面贴合面、齿轮端面或泵壳内孔小面积的均匀性磨损量在 0.15～0.50mm 之间、划痕深度在 0.2mm 以上时，宜采用涂敷修复工艺。粘涂层的涂敷工艺过程：初清洗→预加工→最后清洗及活化处理→配制修补剂→涂敷→固化→修整、清理或后加工。

粘涂工艺虽然比较简单，但实际施工要求却是相当严格的，仅凭选择好的胶黏剂，不一定能获得高的黏涂强度。既要选择合适的胶黏剂，还要严格地按照工艺方法选用合适的胶黏剂和正确地进行粘涂才能获得满意的粘涂效果。

③ 初清洗　零件表面绝对不能有油脂、水、锈迹、尘土等。应先用汽油、柴油或煤油粗洗，最后用丙酮清洗。

④ 预加工　用细砂纸磨成一定沟槽网状，露出基体本色。

⑤ 最后清洗及活化处理　用丙酮或专门清洗剂进行。然后用喷砂、火焰或化学方法处理，提高表面活性。

⑥ 配制修补剂　修补剂在使用时要严格按规定的比例将本剂（A）和固化剂（B）充分混合，以颜色一致为好，并在规定的时间内用完，随用随配。

⑦ 涂敷　用修补剂先在粘修表面上薄涂一层，反复刮擦使之与零件充分浸润，然后均匀涂至规定尺寸，并留出精加工余量。涂敷中尽可能朝一个方向移动，往复涂敷会将空气包裹于胶内形成气泡或气孔。

⑧ 固化　用涂有脱模剂的钢板压在工件上，一般室温固化需24h，加温固化（约80℃）需2～3h。

⑨ 修整、清理或后加工　最后进行精镗或用什锦锉、细砂纸、油石将粘修面精加工至所需尺寸。

第3节
叶　片　泵

叶片泵的优点是结构紧凑、体积小（单位体积的排量较大）、运转平稳、输出流量均匀、噪声小；既可做成定量泵也可制成变量泵。定量泵（双作用或多作用）轴向受力平衡，使用寿命较长；变量泵变量方式可以多种方式，且结构简单（如压力补偿变量泵）。

叶片泵的缺点是吸油能力稍差，对油液污染较敏感，叶片受离心力外伸，所以转速不能太低，而叶片在转子槽内滑动时受接触应力和摩擦力的影响和限制，其压力难以提高，要提高叶片泵的使用压力，须采取各种措施，必然增加其结构的复杂程度。另外定量泵的定子曲线面、叶片和转子的加工略有难度，一般要求专用设备，且加工精度稍高。

叶片泵按作用方式（每转中吸排油次数）分为单作用（变量、内外反馈）和双作用（定量）叶片泵；按级数分单级和双级叶片泵；按连接形式分为单联泵和双联泵；按工作压力分有中低压（6.3MPa）、中高压（6.3～16MPa）和高压（＞16MPa）叶片泵等。

✖ 26. 叶片泵外观什么样？

维修中要迅速找到叶片泵在设备上的位置，并区分叶片泵是定量叶片泵还是变量叶片泵。叶片泵的外观如图1-19所示。

单泵　　　　　　双泵

(a) 定量叶片泵外观

(b) 变量叶片泵外观

图 1-19　叶片泵外观

⚒ 27. 叶片泵怎样吸入油和压出油？

根据各密封工作容积在转子旋转一周吸、排油液次数的不同，叶片泵分为两类，即完成一次吸、排油液的单作用叶片泵和完成两次吸、排油液的双作用叶片泵。单作用叶片泵一般为变量泵，双作用叶片泵一般为变量泵。

⚒ 28. 双作用叶片泵(定量叶片泵)怎样吸入油和压出油？

如图 1-20 所示，双作用叶片泵也是由定子、转子、叶片和配油盘等组成，转子和定子中心重合，定子内表面由两段长半径 R、两段短半径 r 和四段过渡曲线所组成。当转子转动时，叶片在离心力和（建压后）根部压力油的作用下，在转子槽内作径向移动而压向定子内表面，由叶片、定子的内表面、转子的外表面和两侧配油盘间就形成若干个密封空间，当转子旋转时，处在小圆弧上的密封空间经过渡曲线而运动到大圆弧的过程中，叶片外伸，密封空间的容积增大而形成一定真空度，大气压力将油箱内油液通过吸油管道压入到形成一定真空度的该密封空间内，泵吸入油液；该密封空间再从大圆弧经过渡曲线运动到小圆弧的过程中，叶片被定子内壁逐渐压进槽内，密封空间容积变小，将油液从压油口压出。

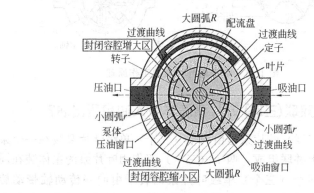

图 1-20　双作用叶片泵的工作原理

当转子每转一周，每个工作空间要完成两次吸油和压油，所以称之为双作用叶片泵，这种叶片泵由于有两个吸油腔和两个压油腔，并且各自的中心夹角是对称的，所以作用在转子上的油液压力相互平衡，因此双作用叶片泵又称为卸荷式叶片泵，为了使径向力完全平衡，密封空间数（即叶片数）应当是双数。

🔧 29. 单作用(变量) 叶片泵怎样吸入油和压出油?

如图 1-21 所示，在定子、转子、叶片和两侧配油盘间形成若干个密封的工作空间（如密闭容腔 a、b、c、d 等），当转子逆时针方向回转时，处于吸油窗口区域的叶片逐渐伸出，密闭容腔由 a 转到 b 时，叶片间的工作空间逐渐增大，形成一定的真空度，油箱内油液被大气压力压入 a、b 腔内，从吸油口吸油；在压油窗口区域，叶片被定子内壁逐渐压进槽内，密闭容腔由 c 转到 d 时，工作空间逐渐缩小，将油液从压油口压出，实现排油。转子每转一周，每个工作空间完成一次吸油和压油，因此称为单作用叶片泵。转子不停地旋转，泵就不断地吸油和排油。

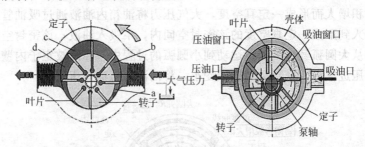

图 1-21　单作用叶片泵的工作原理

🔧 30. 双联（三联）叶片泵怎样吸入油和压出油？

双联（三联）叶片泵是由两个（三个）单级叶片泵装在一个泵体内在油路上并联组成，两个（三个）双作用叶片泵的主体装在同一泵体内，两个（三个）单级叶片泵的转子由同一传动轴带动旋转，共用一个吸油口，各自有自己的出油口。每联的吸入油和压出油（工作原理）与单联叶片泵相同。

双泵提供能服务于两个单独的液压回路的一个动力源，或者能把两段的流量合并而提供较大的流量的动力源。无论是哪种用途，在一个壳体里的两个泵形成比较紧凑的简单的安装并可由一个联轴器来驱动。

该类叶片泵还常用于高/低压液压回路，在双联或三联泵中采用不同规格泵芯的组合，可满足高压小流量和低压大流量的工况要求，可优化回路设计。

🔧 31. 双级叶片泵的结构原理是怎样的？

如图 1-22 所示，双级叶片泵是由两个普通压力的单级叶片泵装在一个泵体内在油路上串接而成的，将两只单级叶片泵的转子装在同一根传动轴上，组成双级泵。第一级泵从油箱吸油，出油口连接到第二级泵的进口，第二级泵的输出油液送往工作系统。由于两只泵的结构尺寸不可能做得完全一样，两只单级泵每转的排量就不可能完全相等，例如第二级泵每转的排量大于第一级泵，第二级泵的吸油压力（第一级泵的出口压力）就要降低，第二级泵的进出口压差就要增大；反之，则第一级泵的载荷增大。为此，在两泵之间装设面积之比为1∶2的定比压力阀（载荷平衡阀），可使两只单泵进出口压差相等，即泵的压力负载相等，定比压力阀起到自动压力分配或负载平衡的作用。第一级泵和第二级泵输出油路分别经管路1和2通到平衡阀的左右端面上，滑阀芯的面积比为 $A_1∶A_2=2∶1$，如果第一级泵的流量大于第二级泵时，p_1 就增大，使 $p_1∶p_2>1∶2$，因此 $p_1A_1>p_2A_2$，阀芯被右推，第一级泵的多余油液从件1经阀开口流回第一级泵的进油管路，使两只泵的载荷获得平衡；如果第二级泵的流量大于第一级泵时，油压 p_1 就降低，使 $p_1A_1<p_2A_2$，平衡阀阀芯被左推，第二级泵出口的部分油液从管2经阀开口流回到第二级泵的进油口而获得平衡；如果两只泵的流量相等，平衡阀两边的阀口封闭。

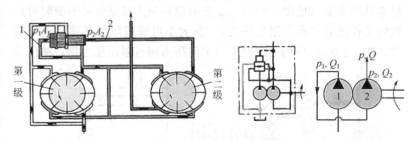

图1-22　双级叶片泵的结构原理与图形符号

两个单级叶片泵装在一个泵体内在油路上串接组成，$p=\Delta p_1+\Delta p_2$，$Q_1=Q_2=Q$。

32. 各种变量叶片泵的工作原理是怎样的？

（1）外反馈限压式变量叶片泵的工作原理

这种泵是利用从泵出口引入一股压力油，利用其压力的反馈作用来自动调节偏心量的大小，以达到调节泵的输出流量的目的。

如图 1-23 所示，这种泵的吸油窗和排油窗是对称的，由泵轴带动转子 1 旋转，转子 1 的中心 O 是固定的，可左右移动的定子 2 的中心 O_1 与 O 保持偏心距 e，在限压弹簧 3 的作用下，定子被推向左边，设此时的偏心量为 e_0，e_0 的大小由调节螺钉 7 调节。在泵体内有一内流道 a，通过此流道可将泵的出口压力油 p 引入到柱塞 6 的左边油腔内，并作用在其左端面上，产生一液压力 pA，A 为柱塞 6 的端面面积。此力与泵右端弹簧 3 产生的弹簧力相平衡。

当负载变化时，p 随之也发生变化，破坏了上述平衡，定子相对于转子移动，使偏心量发生变化；当泵的工作压力 p 小于限定压力 p_B 时，有 $pA<$ 弹簧力。此时，限压弹簧 3 的压缩量不变，定子不产生移动，偏心量 e_0 保持不变，泵的输出流量最大；当泵的工作压力 p 随负载升高而大于限定压力 p_B 时，$pA>$ 弹簧力，这时弹簧被压缩，定子右移，偏心量减小，泵的输出流量也减小，泵的工作压力愈高（负载愈大），偏心量愈小，泵的流量也愈小；当工作压力达到某一极限值时，限压弹簧被压缩到最短，定子移动到最右端，偏心量接近零，使泵的输出流量也趋近于零，只输出小流量来补偿泄漏（见图 1-23）。p_B 表示泵在最大流量保持不变时可达到的工作压力（称为限压压力），其大小可通过限压弹簧 3 进行调节，图 1-23(b) 中的 BC 段表示工作压力超过限压压力后，输出流

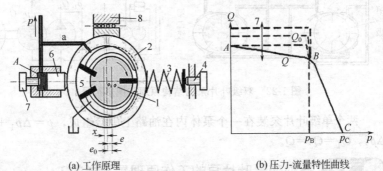

(a) 工作原理　　　　　　　　　　(b) 压力-流量特性曲线

图 1-23　外反馈限压式变量叶片泵的工作原理

1—转子；2—定子；3—弹簧；4—压力调节螺钉；5—配流盘；

6—柱塞；7—流量调节螺钉；8—压块

量开始变化，即随压力的升高流量自动减小，到 C 点为止流量为零，此时压力为 p_C，p_C 称为极限压力或截止压力。泵的最大流量（A-B 段）由流量调节螺钉 7 调节，可改变 A 点位置，使 AB 段上下平移。调节螺钉 4 可调节限压压力的大小，使 B 点左右移动，这时 BC 段左右平移。改变弹簧刚度 K，则可改变 BC 的斜率。

由于这种方式是由泵出油口外部通道 a（实际还在泵内）引入反馈压力油来自动调节偏心距，所以叫"外反馈"。

（2）内反馈限压式变量叶片泵的工作原理（图 1-24）

与外反馈的工作原理相似，只不过自动控制偏心量 e 的控制力不是引自"外部"，而是依靠配油盘上设计的对 Y 轴不对称分布的压油腔孔（腰形孔）内产生的力 F_P 的分力 F_X 来自动调节。当图中 $\alpha_2 > \alpha_1$ 时，压油腔内的压力油会对定子 2 的内表面产生一作用力 F，利用 F 在 X 方向的分力 F_X 去平衡弹簧力，自动调节定子 2 与转子 4 之间偏心距 e 的大小；当 F_X 大于限压弹簧 3 调定的限压压力时，则定子 2 向右移动，使偏心距减小，从而改变泵的输出流量。工作压力增大，F 增大，F_X 也增大，会减小偏心量。其调节原理与上述的外反馈方式除了反馈的来源不同外，其他没有区别。

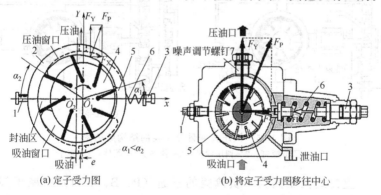

(a) 定子受力图　　(b) 将定子受力图移往中心

图 1-24　内反馈限压式变量叶片泵的工作原理
1—流量调节螺钉；2—定子；3—压力调节螺钉；4—转子；
5—叶片；6—调压弹簧；7—噪声调节螺钉

力 F_Y 用噪声调节螺钉 7 压住，防止定子上下窜动使泵产生噪声振动，所以叫噪声调节螺钉。

这种限压式变量叶片泵适合用于空载快速运动和低速进给运动的场合。快速时，需要低压大流量，这时泵工作在特性曲线 AB 段上；当转为工作进给时，系统工作压力升高，油泵自动转到特性曲线 BC 段工作，以适应工作进给时需要的高压小流量。

所以，采用限压式变量泵与采用一台高压大流量的定量泵相比，可节省功率损耗，减少系统发热；与采用高低压双泵供油系统相比，可省去一些液压元件，简化液压系统。

但是，由于定子有惯性和相对运动件的摩擦力影响，当系统工作压力 p_B 突然升高时，叶片泵偏心量 e 不能很快作出反应而减小，需滞后一段时间，这时在特性曲线 B 点将出现压力超调，可能引起系统的压力冲击；而且较之定量叶片泵，变量叶片泵的结构复杂些，相对运动件较多，泄漏也较大。

（3）恒压式变量叶片泵的工作原理

图 1-25 为恒压式变量叶片泵的工作原理。图 1-25（a）为直控式，图 1-25（b）为先导式。

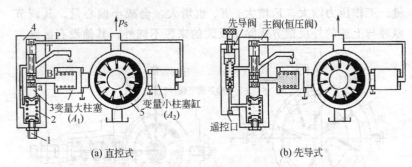

(a) 直控式　　　　　　　(b) 先导式

图 1-25　恒压式变量叶片泵的结构原理图

1—调节螺钉；2—调压弹簧；3—阀芯；4—阀体；5—定子

直控式恒压阀为一负遮盖的三通（P、B、T 口）式减压阀，将在本书后叙内容中说明其工作原理。它由调节螺钉 1、调压弹簧 2、带中心孔的阀芯 3 和阀体 4 所组成，调节螺钉 1 可调定恒压压力的大小。

当泵的出口压力 p_S 未达到调节螺钉 1 所调定的压力值时，阀芯 3 在弹簧 2 的作用下处于图示端位置，泵出口来的控制压力油由

P口进入恒压阀，通过阀芯 3 上的中心孔、节流口 a，与 B 相通，作用在变量大柱塞左端面上，这样变量大、小柱塞上都作用着与出口压力基本相同的压力油，而 $A_1:A_2=2:1$，面积大的油压力大，因而定子 5 被推向右边，定子和转子处于最大偏心距 e_{max} 的位置，泵输出最大流量；而当泵出口压力（系统压力）达到恒压阀的调定压力值时，如液压系统需要的流量等于泵的最大流量，则阀芯 3 维持原位不动。当系统所需流量小于泵提供的流量时，系统压力便会因流量供过于求而升高，这样阀芯 3 下移，使 B 和 T 部分沟通，大柱塞左腔的压力便降下来，而变量小柱塞右端仍暂为高压油，于是大、小柱塞受力不平衡，定子 5 左移，而使偏心距减小，泵输出流量也随之减少，直至泵提供的流量与系统所需的流量相匹配，泵出口压力又恢复到弹簧 2 调定的压力值，阀芯 3 又回到中间位置，这样便恒定了泵的出口压力，称为"恒压泵"。由于控制口为负遮盖，要消耗部分控制流量回油箱，但控制性能较好。

图 1-25(b) 为先导式恒压阀控制的恒压变量叶片泵，与图 1-25(a) 的直控式相比，工作原理相同，其区别与传统压力阀中的直动式和先导式三通减压阀的区别类似。与泵出口压力相比较的不再是弹簧力，而是固定液阻和可调压力阀阀口构成的 B 型半桥的输出压力，弹簧只起复位作用。另外，先导式可以进行遥控和选择多种输入方式，如手动、机动及比例控制等。

图 1-26 为恒压式变量叶片泵的图形符号和压力-流量特性曲线，常被称之为功能图。如图 1-26(a) 所示，当系统压力 p 低于恒压阀（伺服阀）所调节的压力时，恒压阀右位工作，泵处于偏心调节螺钉所调节的最大偏心量 e 的位置上工作，泵全流量输出；当系统压力 p 超过恒压阀所调节的压力时，恒压阀左位工作，大控制活塞端通 L 回油箱（卸荷），定子环被右推，处于减小偏心的位置下工作，直到只输出能满足所调压力情况下系统所需流量为止，保持泵输出压力的恒定。

图 1-26(b) 为可遥控的恒压式变量叶片泵回路，其工作原理与图 1-26(a) 相同。不同之处是仅增加了遥控阀（先导式溢流阀），遥控阀可以被安装在易于操作者调节的地方，与恒压阀一起构成对

恒压压力的调节。

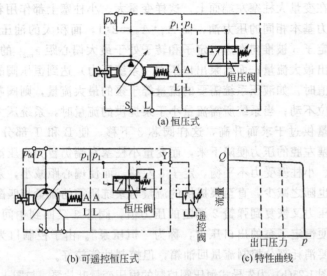

(a) 恒压式

(b) 可遥控恒压式　　　　　(c) 特性曲线

图 1-26　恒压式变量叶片泵的图形符号与特性曲线

进一步的说明如图 1-27 所示，压力调节器（恒压阀、PC 阀）包括一个壳体 1、控制阀芯 2、弹簧 3 和调节螺钉 4。

油液通过液压泵内的油路，到达控制阀芯。控制阀芯具有一个径向槽和两个道通孔。在图示位置，压力油通过径向槽和道通孔到达大端活塞，通往油箱的通路被控制阀芯的轴肩所关闭。

液压系统实际的压力（出口压力）作用于控制阀芯 2 的左端表面。只要压力产生的作用力 F_p 小于弹簧反力 F_f，油泵就保持在图示位置。阀芯两端上作用的油压力相同，右边大调节活塞承受到的压力作用力大于左边小调节活塞承受到的压力作用力，推动定子环向左运动移向偏心位置，泵排出相应最大流量油液。

当力 F_p 随系统压力的增加而增加时，控制阀芯挤压弹簧，使通向油箱的油路打开，油液由此流出，造成大活塞端的压力下降。由于小活塞端（固定）仍作用着系统压力，因而将阀芯推向大活塞端（作用着较低压力），直到接近中心为止。

此时，各种力达到了平衡：小活塞端面积×高压＝大活塞端面积×低压，流量会接近零，系统压力保持恒定。由于这种特性，因而在达到最高压力时，系统的功率损失较低。油液不会过热，系统功耗也最低。

图 1-27(a) 为工作压力小于压力调节螺钉所设定的调定压力时，图 1-27(b) 为工作压力大于压力调节螺钉的设定压力值时。

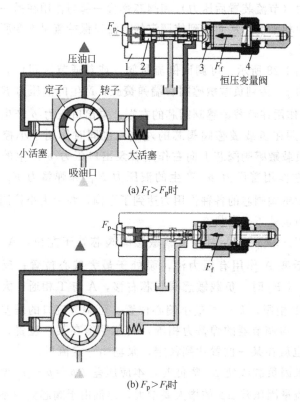

(a) $F_f > F_p$ 时

(b) $F_p > F_f$ 时

图 1-27　恒压式变量叶片泵的工作原理
1—控制阀壳体；2—控制阀芯；3—调压弹簧；4—调节螺钉

如果液压系统的压力下降，压力调节器弹簧推动控制阀芯移动，因而通向油箱的油路被关闭，大活塞端之后再度建立起系统的压力。此时，控制活塞受力不平衡，大活塞推动调节阀芯到达某一偏心位置。这时液压泵再次向系统输出流量。

（4）负载敏感变量（恒流量）叶片泵的工作原理

负载敏感变量叶片泵的作用是：当负载和输入转速发生变化时，将泵的输出流量保持在节流装置（节流孔、节流阀、比例方向节流阀等）调定的位置上不变。将两个压力（节流装置的前、后压力）分别引入到负载敏感阀阀芯的两端，这样，作用在阀芯一端的低压压力（节流装置后压力）和阀芯弹簧一起与作用在另一端的泵出口压力相平衡，从而得到使调定的节流口保持流量不变所需的恒定压力差。

如图 1-28 所示，可调比例流量阀（或普通节流阀）节流口的出口压力 p_1 传到负载敏感阀右端弹簧腔，产生的液压力 F_{p_1} 与弹簧力 F_f 作用在负载敏感阀阀芯的右端；泵出口压力 p 产生的液压力 F_p 作用在负载敏感阀阀芯的左端，也同时作用于小控制活塞端；即负载敏感阀阀芯上向右作用着泵出口压力 p 产生的液压力 F_p，向左作用着压力 p_1 产生的液压力 F_{p_1} 和弹簧力 F_f。此时，在负载敏感阀阀芯的各种作用力达到了平衡，泵上大小控制活塞上的作用力也处于平衡状态。

当 $F_p < F_{p_1} + F_f$ 时，负载敏感阀阀芯处于左位，A 与 T 不通，大活塞 A 作用有压力油，泵处于最大偏心位置；反之，当 $F_p > F_{p_1} + F_f$ 时，负载敏感阀阀芯右移，A 与 T 相通，大活塞 A 与油箱 T 相通，泵处于最小偏心位置。可调节流口的压差产生的作用力，与调节器的弹簧力相等，阀芯平衡在某一位置，液压泵的定子也就在某一位置达到稳定，泵输出一定流量。

如果因负载改变 p_1 降低时，本应压差 $\Delta p = p - p_1$ 增大，泵输出的流量因压差 Δp 的增大要增大，但油由于阀芯受力不平衡右移，大控制活塞右腔通回油，小控制活塞仍作用压力油，泵因大小控制活塞力不平衡使定子与转子之间的偏心量减少，输出流量变小，仍维持泵输出的流量不变 [图 1-28（a）]；反之，因负载改变 p_1 增大时，输出流量也可不变 [参阅图 1-28（b）]。

这种因负载变化能敏感调节泵出口流量不变的泵叫负载敏感变量（恒流量）叶片泵。

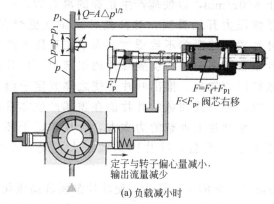

(a) 负载减小时

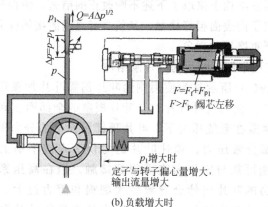

(b) 负载增大时

图 1-28　负载敏感变量（恒流量）叶片泵的工作原理

33. 为提高叶片泵的工作压力，结构上采取了哪些措施？

　　维修中要拆装叶片泵，除了弄明白其工作原理外，还必须了解各种叶片泵的结构与结构特别之处。

　　在叶片泵能正常工作前，叶片顶端和定子内曲面之间必须建立起可靠的密封，在叶片泵启动阶段，依靠离心力甩出叶片来实现密封以形成密闭空间。因此大多数叶片泵的最低工作转速不能低于 600r/min，以便能产生足够的离心力。一旦泵产生自吸，且系统压力开始升高，叶片处必须建立更严密的密封，以使通过叶片顶端的泄漏不致增加。为了在高压下产生更好的密封，叶片泵常把系统压力引到叶片的根部顶压叶片，采用这种配置，系统压力越高，推出叶片并使之靠紧定子内表面上的力就越大。以这种方式加载的叶片能在顶端产生非常严密的密封，但是，如果叶片上加载的力太大，叶片和定子环之间将会产生过量的磨损，而且，叶片因加载过大将是一个较大的阻力源。

为了提高叶片泵的工作压力，使叶片泵朝着高压化的方向发展，叶片泵在结构上采取了下述不断改正的措施，使得叶片顶部既能可靠与定子内表面很好接触，又使二者之间的接触应力不至于过大和产生严重磨损的现象。

(1) 使用带倒角叶片的叶片泵结构

图 1-29(a) 所示是为使用倒角叶片消除叶片加载顶紧力过大的一种方法，使用这种叶片时，叶片根部的全部面积和大部分顶部的面积暴露在系统压力下，叶片顶部斜面上的分力平衡了叶片根部的大部分液压力，顶住叶片的力仅为未被平衡的力，使得叶片顶部能可靠与定子内表面很好接触。但在高压系统中，使用带坡口边的叶片仍然会导致较大磨损和阻力过大，因而不适宜在高压叶片泵中使用。早期的国内外中低压叶片泵多采用这种形式，如图 1-29(b) 为使用倒角叶片国产 YB1 型叶片泵的结构。

(2) 采用子母叶片的叶片泵结构

子母叶片的形状如图 1-30(a) 所示，图 1-30(b) 表示装进子母叶片的工作情况。出口压力仅连续施加于子母叶片之间的空间，叶片的顶部和根部面积同时承受进口压力或出口压力，视转子旋转期间叶片的位置而定。只有中间压力腔始终通压力油，其余部分叶片根部与顶部均压力相等，只剩下由小叶片面积上压力油产生的力顶紧母叶片。这样在出口压力区实现完全的液压平衡，在进口区里叶片向外的推力等于出口压力乘以子叶片端部的投影面积，减小叶片的加载力，又能可靠顶紧。

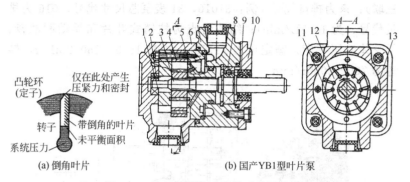

图 1-29　使用带倒角叶片的叶片泵结构

1—配油盘；2—滚针轴承；3—传动轴；4—定子；5—配油盘；6—后泵体；7—前泵体；
8—球轴承；9—油封；10—泵盖；11—叶片；12—转子；13—定位销

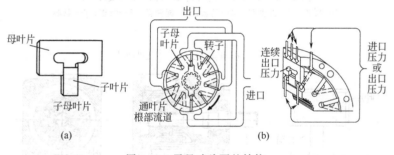

图 1-30　子母叶片泵的结构

图 1-31 所示为※VQ□型车辆用高性能叶片泵的结构，型号中，※为系列代号，有 25、35、45，□为排量代号，最高使用压力 21MPa，结构特点为子母叶片、浮动侧板。

（3）采用柱销式叶片的叶片泵结构

图 1-32(a) 所示为柱销式叶片的示意图，柱销加载叶片泵和子母叶片泵非常相似，在柱销加载叶片结构中，压力油仅作用在柱销的下部，其余部分叶片工作中上下压力相同，仅由柱销推顶叶片向上压靠凸轮环。

图 1-32(b) 为 Atos 公司、榆次液压件厂产的 PFE-X◇-※型柱销式定量叶片泵结构。型号中◇为多联泵代号（2 为双联，3 为三联）；※为排量代号（例：31016，31 表泵芯尺寸代号，016 为排量代号，为 16.5L/min）；结构特点为柱销式叶片和浮动配油盘，带整体液压平衡；额定压力 21MPa，排量 16.5～150.2mL/r，转速为 700～2000r/min。

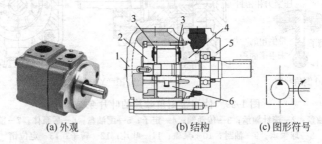

(a) 外观　　　　(b) 结构　　　　(c) 图形符号

图 1-31　子母叶片的叶片泵结构（※VQ□型）

1—泵体；2—配油盘；3—侧板；4—配油盘；5—泵盖；6—泵芯

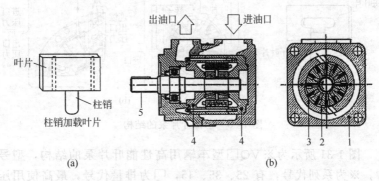

图 1-32　柱销式叶片的结构

1—泵体；2—转子；3—叶片；4—配油盘；5—轴

（4）采用弹簧加载式叶片的叶片泵结构

如图 1-33(a) 所示，对于弹簧加载的叶片，则由叶片底部的弹簧力加载叶片，工作中叶片上下压力均相同，仅靠弹簧力顶紧叶片。

图 1-33(b)为美国威格士公司产 V 系列弹簧加载式叶片泵的结构，带浮动配流盘、弹簧式叶片。

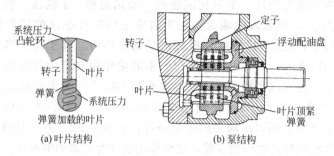

图 1-33　弹簧加载式叶片泵

（5）采用浮动配流盘实现端面间隙补偿的叶片泵结构例

如图 1-34(a)所示，它可以按泵出油口压力的高低，自动改变和补偿配油盘与转子之间的间隙。泵出油口的压力越高，图中箭头方向的压紧力越大，使径向间隙变小，减低因压力增高而增大的内泄漏量。

图 1-34(b)所示为日本东京计器公司产的 V20、V30 系列定量叶片泵，额定压力 15.4～17.5MPa，最高转速 1800r/min，结构特点为浮动配油盘，弹簧预紧。

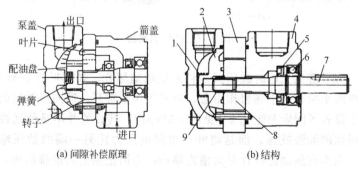

图 1-34　浮动配流盘叶片泵
1—弹簧；2—配油盘；3—泵体；4—前盖；5—油封；6—轴承；
7—泵轴；8—泵芯组件；9—滚针轴承

（6）降低叶片根部油压（减压法）的叶片泵结构

为了减小叶片根部油压的作用力，可以将通入吸油腔叶片根部a的油液先经过一个定比减压阀（或阻尼槽）1减压，使之压力降为 p_3，再通入配油盘上正对着吸油区叶片根部的腰形槽a，从而减小了吸油腔区域叶片根部所受的作用力。其工作原理如图1-35（a）所示，从高压（泵出口）来的油作用在定比减压阀阀芯的小端，通过减压阀［工作原理参见图1-35（b）］减压后压力变成 p_3，再通过孔d、孔c作用在减压阀芯大端，大小端面积之比一般为2:1，所以由阀芯的平衡条件，$p_3 = p_1/2$。另一股油液进入到吸油区叶片根部的a腔，这样作用在叶片根部的油液压力就是减压后的压力 $p_3 = p_1/2$。日本油研公司有的叶片泵就采用了这种结构。

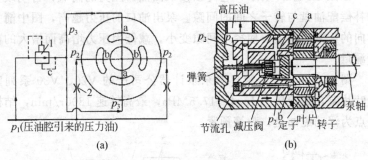

图1-35　减压加载法

为了避免无压时减压阀芯将减压油道堵死，妨碍叶片的外伸，减压阀小端有一小弹簧作用着，使减压阀芯常开。通向压油区的油道上设置了固定节流孔2［见图1-35（a）］，其目的并不是使通往叶片根部的油液减压，而是使叶片根部的压力比另一端的油压略高些。因为在压油区叶片是向槽内移动，力图把里面的油排出去，故油流方向是由内向外，而不是自外向内，因而里边压力高于外边压力。这样可使叶片压在定子环上的压紧力比叶片与定子接触向槽内的压力大些，以免叶片和定子脱开。

为使叶片根部在转子旋转过程中交变地接通高压和减压后的压力，侧板（配油板）往往做成图 1-36 的形状。图中的密封角规定了转子上叶片槽根部所钻孔的尺寸，不能超过此范围，否则会造成图中 a 槽与 b 槽在交界处的相通。

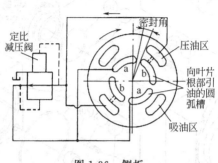

图 1-36　侧板

34. 叶片泵内部结构什么样？

维修叶片泵，拆装时必须要了解它的结构。上述已有所介绍，再列举如下。

（1）定量叶片泵结构

① 美国威格士公司、日本东京计器公司的 VQ 系列单联定量叶片泵结构如图 1-37 所示。

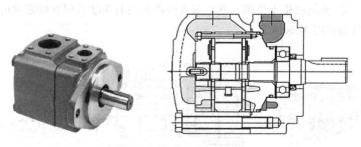

(a) 外观、结构与图形符号

图 1-37

主要用于有配流盘可磨削、减小泄漏、提高容积效率的场合。其转子叶片槽(图中A处)上开有阻尼孔B与回油相通，回油时叶片底部压力减小，防止叶片顶部磨损过度。

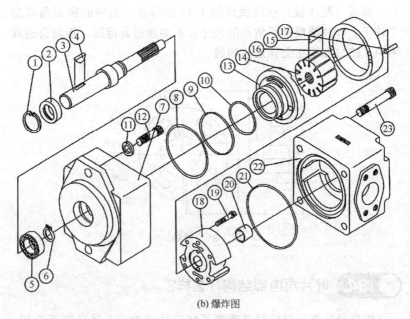

(b) 爆炸图

图 1-37　VQ 系列单联定量叶片泵结构

1—卡簧；2—油封；3—泵轴；4—键；5—轴承；6—卡簧；7—泵体；
8~10，21—O形圈；11—垫圈；12—螺钉；13—前配流盘；14—转子；
15—叶片；16—定子；17—定位销；18—后配流盘；
19，23—螺栓；20—自润轴承；22—泵盖

② 美国威格士公司、日本东京计器公司的 VQ 系列双联定量叶片泵结构如图 1-38 所示。

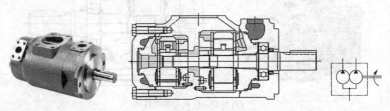

(a) 外观、结构与图形符号

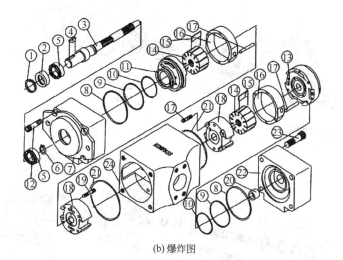

(b) 爆炸图

图 1-38　VQ 系列双联定量叶片泵结构

1—卡簧；2—油封；3—泵轴；4—键；5—轴承；6—卡簧；7—泵前盖；

8～10，21—O 形圈；11—垫圈；12—螺钉；13—前配流盘；

14—转子；15—叶片；16—定子；17—定位销；

18—后配流盘；19，23—螺栓；20—自润轴承；

22—泵盖；24—泵体

③ 子母叶片泵结构如图 1-39 所示。

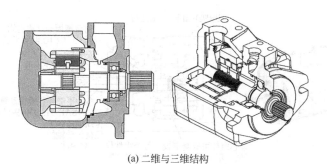

(a) 二维与三维结构

图 1-39

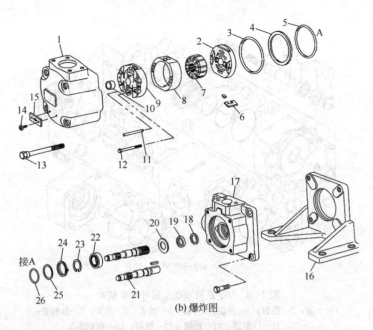

(b) 爆炸图

图 1-39　双联定量叶片泵结构

1—泵体；2—前配流盘；3~5，18~20—密封组件；6—子母叶片；7—转子；
8—定子；9—后配流盘；10，22—轴承；11—定位销；12，13—螺钉；
14—标牌螺钉；15—标牌；16—安装支座；17—泵前盖；21—泵轴；
23—卡簧；24—油封；25—O 形圈；26—支承环

④ 美国派克公司 T 系列柱销式叶片泵结构如图 1-40 所示。

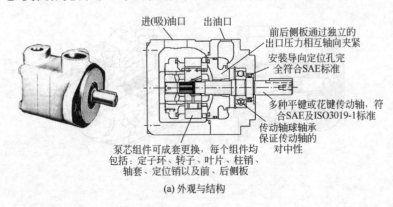

(a) 外观与结构

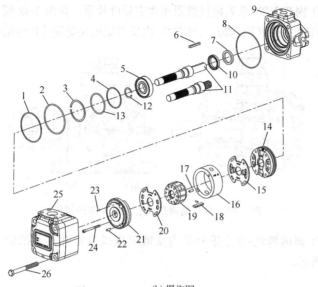

(b) 爆炸图

图 1-40　T 系列柱销式叶片泵结构

1，4，8—O 形圈；2，13—支承环；3，12—卡环；5—轴承；6—键；7—防尘圈；

9—泵前盖；10—油封；11—泵轴；14—出油过渡盘；15，20—配流盘；

16—定子；17—定位销；18—柱销叶片；19—转子；21—进油过渡盘；

22，23—定位销；24，26—螺钉；25—泵盖体

（2）变量叶片泵结构

① 国产 YBX 型外反馈限压式变量叶片泵的结构如图 1-41 所示。

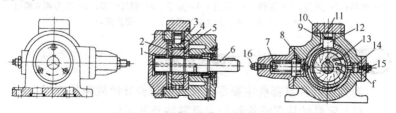

图 1-41　外反馈限压式变量叶片泵的结构

1，6—轴承；2—侧板；3—定子；4—配油盘；5—转子；7—调压弹簧；

8—弹簧座（柱塞）；9—保持架；10—滚针；11—支承块；12—滑块；

13—叶片；14—反馈活塞；15—流量调节螺钉；16—压力调节螺钉

② 国产 YBN 系列内反馈限压式变量叶片泵。如图 1-42 所示为国产的 YBN 系列（YBN20、YBN40）内反馈限压式变量叶片的结构。

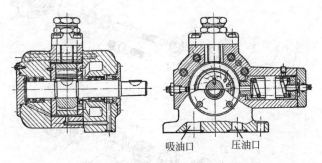

图 1-42　内反馈限压式变量叶片泵的结构

③ 德国博世-力士乐公司内反馈限压式变量叶片泵的结构如图 1-43 所示。

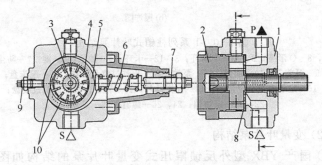

图 1-43　德国博世-力士乐公司内反馈限压式变量叶片泵的结构
1—泵体；2—泵盖；3—泵轴；4—叶片；5—定子；6—调压弹簧；7—压力调节螺钉；
8—配流盘；9—流量调节螺钉；10—配流窗口

🔧 35. 叶片泵出了故障怎么办？

要知道叶片泵哪些主要零件及其部位会导致故障的产生。

（1）定量叶片泵需检修的主要零件及其部位

如图 1-44 所示，定量叶片泵易出故障主要零件是泵芯所组成的零件，如后配油盘 2 的 G_1 面、前配油盘 7 的 G_3 面、定子 4 的 G_2 面等处的磨损拉伤。

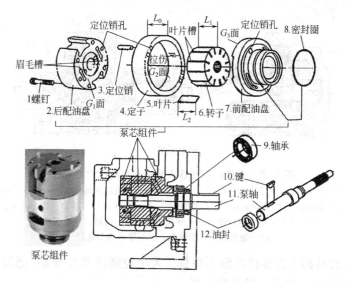

图 1-44　定量叶片泵结构及其易出故障主要零件

（2）变量叶片泵需检修的主要零件及其部位

变量叶片泵结构及其易出故障主要零件如图 1-45 所示，修理

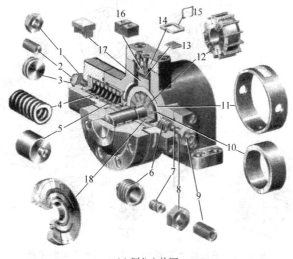

(a) 剖分立体图

图 1-45

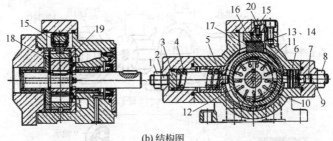

(b) 结构图

图 1-45　变量叶片泵结构及其易出故障主要零件

1—锁母；2—限压力调节螺钉；3—弹簧座；4—限压弹簧；5，6—调节活塞；

7—调节杆；8—锁母；9—流量调节螺钉；10—定子；11—隔套；12—转子；

13—滚针；14—滚针架；15—弹簧扣；16—上滑块；17—下滑块；

18—侧板；19—配油盘；20—噪声调节螺钉

时需检修的主要零件有限压弹簧、大小控制活塞 5 与 6、侧板 18、配油盘 19、定子、转子组件等。

（3）子母叶片泵需检修的主要零件及其部位

子母叶片泵结构及其易出故障主要零件如图 1-46 所示，修理

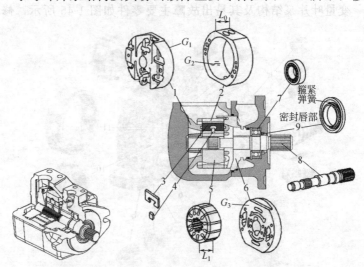

图 1-46　子母叶片泵结构及其易出故障主要零件

1—后配油盘；2—定子；3—母叶片；4—子叶片；5—转子；

6—前配油盘；7—轴承；8—泵轴；9—油封

时需检修的主要零件有后配油盘 1、前配油盘 6、定子 2、母叶片 3、子叶片 4、转子 5、轴承 7、泵轴 8、油封 9 等。

36. 定量叶片泵不出油怎么办?

叶片泵与其他液压泵一样都是容积泵,吸油过程是依靠吸油腔的容积逐渐增大,形成部分真空,液压油箱中液压油在大气压力的作用下,沿着管路进入泵的吸入腔,若吸入腔不能形成足够的真空(管路漏气,泵内密封破坏),或大气压力和吸入腔压力差值低于吸油管路压力损失(过滤器堵塞,管路内径小,油液黏度高),或泵内部吸油腔与排油腔互通(叶片卡死于转子槽内,转子体与配油盘脱开)等因素存在,液压泵都不能完成正常的吸油过程。液压泵压油过程是依靠密封工作腔的容积逐渐减小,油液被挤压在密封的容积中,压力升高,由排油口输送到液压系统中。

表 1-13　定量叶片泵不出油故障排除方法

故障现象	查找故障的方法(找原因)	排除故障的相应对策
叶片泵不出油	1. 查泵轴是否跟随电机转动:如果电机转动泵轴不转则有可能是漏装泵轴 11 上的键 10 或电机上的键(见图 1-44),或者电机与油泵的联轴器不传力	酌情处置
	2. 查泵的旋转方向对不对:转向不对,泵不上油。此时应马上停止,更正电机的转向	按叶片泵上标有的箭头方向纠正回转方向。若泵上无标记时可对着泵轴方向观察,正转泵轴应是顺时针方向旋转的,反转泵则与此相反
	3. 查泵轴是否断裂,泵轴折断转子便不能转动	拆开修理
	4. 查吸油管路是否漏气:例如因吸油管接头未拧紧,吸油管接头密封不好或漏装了密封圈,吸油滤油器严重堵塞等原因,在泵的吸油腔无法形成必要的真空度,泵进油腔的压力与大气压相等(相通),大气压无法将油箱内的油液压入泵内	可查明密封不好进气的部位,采取对策
	5. 查油面是否过低	应加油至规定油面

故障现象	查找故障的方法（找原因）	排除故障的相应对策
叶片泵不出油	6. 查油液黏度是否较大：油液黏度较大时，叶片因滑动阻力变大而不能从转子槽中滑出	更换黏度较低的油液；寒冷天气启动前先预热油，必要时卸下泄油管，往泵内灌满油后再开机
	7. 查叶片泵转速是否过低：转速低，离心力无法使叶片从转子槽内抛出，形不成可变化的密闭空间	一般叶片泵转速低于500r/min 时，吸不上油。高于 1800r/min 时吸油速度太快也吸油困难
	8. 查叶片泵叶片是否卡住：例如转子的转子槽和叶片之间有毛刺和污物；因叶片和转子槽配合间隙过小；因泵停机时间过长，液压油黏度又过高；因液压油内有水分使叶片锈蚀等原因，使个别或多个叶片粘连卡死在转子槽内，不能甩出，无法建立压、吸油密封空间以及无法使压吸油腔隔开，而吸不上油，特别是刚使用的新泵容易出现这种现象	可拆开叶片泵检查，根据具体情况予以解决
	9. 小排量的叶片泵吸油能力较差，特别是寒冷季节，泵的安装位置距油箱油面又较高时，往往吸不上油	可在启动前往泵内注油
	10. 叶片和转子组合件（泵芯）装反了一边（错 180°），吸不上油	应予以纠正

🔧 37. 变量叶片泵无流量输出或不能变量怎么办？

表 1-14　变量叶片泵无流量输出或不能变量故障排除方法

故障现象	查找故障的方法（找原因）	排除故障的相应对策
变量叶片泵无流量输出或不能变量	1. 同上述定量叶片泵不出油的几个原因	查明并做出处理
	2. 查变量叶片泵定子是否卡死在偏心距 e 为零的位置：变量叶片泵的输出流量与定子相对转子的偏心距 e 成正比。当定子卡死于零位，即偏心距 e 为零时泵的输出流量便为零	将叶片泵解体，清洗后并正确装配，重新调整泵的上支承盖和下支承盖螺钉，使定子、转子和泵体的水平中心线互相重合，定子在泵体内调整灵活，并无较大的上下窜动，从而避免定子卡死在偏心距为零的位置不能出油、定子卡死在其他位置便不能调整流量（不能变量）的故障

故障现象	查找故障的方法（找原因）	排除故障的相应对策
变量叶片泵无流量输出或不能变量	3. 对 YBX 型变量叶片泵（参阅图 1-45），若出现弹簧 4 折断、件 5 卡死在使转子和定子偏心量为零的位置、反馈活塞 6 使转子 12 和定子 10 卡死在使其偏心量为零的位置等情况，变量叶片泵便打不上油	此时需松开流量调节螺钉部分和压力调节部分，拆开清洗并清除毛刺，使反馈活塞 6 和柱塞 5 在孔内可灵活移动，弹簧断了的予以更换

 38. 叶片泵输出流量不足、出口压力上不去或根本无压力怎么办？

表 1-15 叶片泵输出流量不足、出口压力上不去或根本无压力故障排除方法

故障现象	查找故障的方法（找原因）	排除故障的相应对策
输出流量不足、出口压力上不去或根本无压力	1. 上述"泵不出油"几乎所有的故障原因均可能是压力上不去或者根本无压力的原因	参阅上述故障
	2. 查配油盘与壳体端面（固定面）是否接触不良：当二者之间有较大污物楔入，虽压紧紧固螺钉，但两者之间并未密合，使压油腔部分压力油通过两者之间的间隙流入低压区，输出流量减小	应拆开清洗使之密合
	3. 配油盘与转子贴合端面（滑动面）G_1、G_3 拉毛磨损较严重，内泄漏量大，输出流量不够	先可用较粗（不能太粗）砂纸打磨，然后用细砂布磨掉凹痕，抛光后使用。一般要研磨好配油盘端面
	4. 定子内孔（内曲线表面）拉毛磨损，叶片顶圆不能可靠密封，压油区的压力油通过叶片顶圆与定子内曲面之间的拉毛划伤沟痕漏往吸油区，造成输出流量不够	可用金相砂纸砂磨定子内曲面
	5. 泵体有气孔、砂眼缩松等铸造缺陷，使用一段时间后，被击穿；当击穿后使高低压腔局部连通时，吸不上油	此时可能要换泵
	6. 轴向间隙太大：即泵转子厚度 L_0 与定子厚度 L_1 或壳体孔深尺寸 h 相差太大，或者修理时加了纸垫，使轴向间隙过大，内泄漏增大而使输出流量减少	轴向间隙一般为 0.01～0.02mm

故障现象	查找故障的方法（找原因）	排除故障的相应对策
	7.变量机构调得不对，或者有毛病	查明原因后酌情处置
	8.滤油器堵塞，或过滤精度太高不上油或上油很小（视堵塞程度而定）	可拆下清洗
	9.弹簧叶片式高压泵，弹簧易疲劳折断，使叶片不能紧贴定子内表面，造成隔不开高低压腔，系统压力上不去	弹簧易疲劳折断者予以更换
	10.液压油的黏度过低：特别是对小容量叶片泵，当油液黏度过低或因油温温升过高，叶片泵打出的油往往不能加载上升到所需压力。这是油液黏度过低和温升造成内泄漏增大的缘故	这一点对回路中的阀类元件也同样适用。此时需适当提高油液黏度和控制油温
	11.对限压式变量叶片泵，当压力调节螺钉未调好（调得太低），超过限压压力后，流量显著减小，进入系统后，压力难以更高	重新调节压力调节螺钉
输出流量不足、出口压力上不去或根本无压力	12.叶片泵内零件磨损后，在低温时虽可升压，但设备运转一段时间后，油温升高，因磨损产生的内泄漏，压力损失也就大，此时压力便上不去（不能到最高）。如果此时硬性想调上去（旋紧溢流阀），会产生表针剧烈抖动现象	此时可以说百分之百是泵内严重磨损。如果换一台新泵压力马上就会上去。对于旧泵需拆下来，进行解剖修理
	13.定子内表面刮伤，致使叶片顶部与定子内曲面接触不良，内泄漏大，流量减小，压力难以调上去	此时应抛光定子内曲面或者更换定子
	14.对装有定压减压阀的中高压叶片泵，如果减压阀的输出压力调得太高，会导致叶片顶部与定子内表面因接触应力过大而早期磨损，使泵内泄漏大，输出流量减小，压力也上不去	重新调节减压阀的输出压力
	15.回路方面的故障：可能是装在回路中的压力调节阀不正常，或者是方向阀处在卸荷的中间位置（如 M 型）等	此时应检查阀是否卡死或处于卸荷以及不能调压的位置，另外也要检查电气回路是否正常，油液是否从溢流阀、卸荷阀等阀全部溢走等

39. 叶片泵"噪声增高，噪声变大，振动大"怎么办?

吸进空气是使叶片泵的噪声增高的主要原因，有泵本身的原因和其他各种原因。

表 1-16　叶片泵噪声增高，噪声变大，振动大故障排除方法

故障现象	查找故障的方法（找原因）		排除故障的相应对策
噪声增高，噪声变大，振动大	1.进气	① 查泵吸油管及接头口径是否太小、弯曲死角太多；如果是则吸油沿程阻力增加，导致产生吸油管的流速声	进油管推荐流速为 0.6～1.2 m/min，尽量减小弯曲和内孔突然增大又突然缩小的现象。吸入真空度至少 200mmHg 以下
		② 查油箱过滤器，是否堵塞或规格选用太小使过流量不足	清洗吸入滤油网，更换更大吸入滤油网，一般当叶片泵流量为 QL/min，至少应选用过滤能力为 2Q L/min 的滤油器，过滤精度应选 100 目的（进油滤油器）
		③ 查使用双联泵时吸入管是否接管错误	更正配管
		④ 查吸入管路是否吸入空气	锁紧泵吸入口法兰，并检查其他吸入管路是否锁紧
		⑤ 查油箱中回油搅拌起的气泡是否未经消除便又被吸入泵内	回油管应插入油箱油面以下，并与吸油管部分靠得太近，回油液搅拌产生的气泡马上被吸进泵内，设计油箱时要用网眼钢板将吸油区和回油区隔开一段距离
		⑥ 查油箱的油量是否不够	加油至油面计刻度线，滤油器不能裸露在油面之上
		⑦ 安装不良：如泵轴与安装的油封不同心、泵轴拉毛而拉伤油封不同而从泵轴油封处吸入空气	排除泵轴与安装的油封不同心、泵轴拉毛而拉伤油封不同心而从泵轴油封处吸入空气的可能性
	2.泵本身的原因	① 对于新泵查定子内曲线表面是否加工不好，过渡圆弧位置交接处（指定量泵）不圆滑	可用油石或刮刀修整
		② 对于使用一段时间的旧泵可查是否使用后定子内曲线表面磨损或被叶片刮伤，产生运转噪声	划伤轻微者可抛光再用，严重者可将定子翻转 180°，并在泵销孔对称位置另钻一定位销孔再用

故障现象	查找故障的方法（找原因）		排除故障的相应对策
噪声增高，噪声变大，振动大	2.泵本身的原因	③查是否修理后的配油盘吸压油窗口开设的三角眉毛槽变短后没有加长：因为配油盘端面 G_1、G_3 磨削修理后三角眉毛槽尺寸变短后如不加长，便不能有效消除困油现象，而产生振动和噪声	此时可用三角形什锦锉适当修长卸荷槽，修整长度以一叶片经过卸荷槽时，相邻的另一叶片应开启为原则。但不可太长，否则会造成高低压区连通，导致泵输出流量减少
		④查叶片顶部是否倒角太小：倒角太小叶片运动时作用力会有突变，产生硬性冲击	叶片顶部倒角不得小于 $1\times45°$，最好将顶部倒角处修成圆弧，这样可减小对定子内曲线表面作用力突变产生的冲击噪声
		⑤查骨架油封对传动轴是否压得太紧：压得太紧二者之间已没有润滑油膜，干摩擦而发出低沉噪声	应使油封的压紧程度适当，并适当修磨泵轴上与油封相接触的部位
		⑥查泵内零件（定子、转子、配油盘、叶片）是否严重磨损	异常的磨损系油液太脏导致，需更换泵及液压油
		⑦查泵轴承是否磨损或破裂	酌情更换轴承
		⑧查泵盖螺钉是否上紧不良	用扭力扳手按规定扭矩重新装配泵
		⑨拆修后的叶片泵如果有方向性的零件（例如转子、配流盘、泵体等）装反了，也会出现噪声	要纠正装配方向
	3.其他原因	①查叶片泵与电机的联轴器是否因安装不好而不同心：联轴器安装不同心运转时会产生撞击和振动噪声	应使用挠性联轴器，圆柱销上均应装未破损的橡胶圈或皮带圈以及尼龙销等
		②查油箱空气滤清器是否堵塞或规格太小	清洗空气滤清器或更换适当规格滤清器
		③查泵转速（电机转速）是否过高	按泵生产厂家规定的最高回转速度选择电机转速（根据样本），叶片泵的转速范围一般应在 1000～1500r/min 内

故障现象	查找故障的方法（找原因）		排除故障的相应对策
噪声增高，噪声变大，振动大	3.其他原因	④查使用压力是否超出叶片泵的额定压力；泵在超负载下工作产生噪声	用压力表检查工作压力，应低于泵的额定压力。例如 YB1 型叶片泵最高使用压力为 6.3MPa，高出此压力会产生噪声增大的现象
		⑤查油的黏度是否过高	更换规定的油黏度（根据样本）
		⑥变量叶片泵顶部的噪声调节螺钉调节不对，未压紧定位住定子，定子在上下方向有窜动现象，引起输出流量脉动带来噪声	应可靠压住压紧调节螺钉
		⑦装有减压阀的中高压叶片泵，如果减压阀的输出压力调得太高，导致叶片压在定子内曲面上过紧，接触应力大，会产生摩擦噪声	重新调节减压阀的输出压力
		⑧来自液压油的污染：油中污物太多，阻塞滤油器，噪声明显增大	须卸下滤油器清洗

 40. 怎样解决叶片泵异常发热，油温高的故障？

表 1-17　叶片泵异常发热、油温高故障排除方法

故障现象	查找故障的方法（找原因）	排除故障的相应对策
异常发热，油温高	1.因装配尺寸不正确，滑动配合面间的间隙过小，接触表面拉毛或转动不灵活，导致摩擦阻力过大和转动扭矩大而发热	可拆开重新去毛刺抛光并保证配合间隙，损坏严重的零件予以更换，装配时应测量各部分间隙大小
	2.各滑动配合面间隙过大，或因使用磨损后间隙过大，内泄漏增加：损失的压力和流量转变成热能而发热	叶片与转子叶片槽之间的配合间隙、配流盘与转子之间的端面配合间隙均应在规定范围内
	3.电机与泵轴安装不同轴而发热	打表校正电机与泵轴安装同轴度
	4.泵长时期在接近甚至超过额定压力的工况下工作，或因压力控制阀有故障，不能卸荷而发热温升	每一工作循环中，超过额定压力的工况一般不要超过 6s

故障现象	查找故障的方法（找原因）	排除故障的相应对策
异常发热，油温高	5. 油箱回油管和吸油管靠得太近，回油来不及冷却便又马上被吸进泵内	油箱内设置折流板，使回油经几次折流冷却后才流入吸油区
	6. 油箱设计太小或箱内油量不够，或冷却器冷却水量不够	合理设计油箱与冷却器冷器容量
	7. 环境温度过高	无法避免高温度环境时采取设置冷却器措施
	8. 油液黏度过高或过低：黏度过高黏性摩擦力大而发热；黏度过低，内泄漏增大而发热	油液黏度应在合适范围内

 41. 如何处理叶片泵短期内便严重磨损和烧坏的故障？

表1-18　叶片泵短期内便严重磨损和烧坏故障排除方法

故障现象	查找故障的方法（找原因）	排除故障的相应对策
短期内便严重磨损和烧坏	1. 因选材不当和热处理不好，定子内表面和叶片头部严重磨损	如 YB$_1$ 型叶片泵定子改为38CrMoAlA，并经氮化至900HV，定子和叶片的磨损情况有很大改善
	2. 转子断裂（与热处理有关）：转子断裂常发生在叶片槽的根部，造成断裂的原因很多。转子采用40Cr材料，这种材料热处理时淬透性较好，淬火时转子的表面和心部均被淬硬，一受到冲击负载时便断裂；叶片槽根部小孔之间的危险断面受力较大，又经常由于加工不良造成应力集中，特别是有些厂家采用先铣叶片槽后钻叶片槽根部圆孔的工艺，情况更差；另外，异物被吸入泵内，将转子别断。滚针轴承端部压环脱开或轴承保持架破裂也是叶片泵短期磨损和烧坏的原因	将转子材料由40Cr淬火52HRC改为20Cr渗碳淬火，可大大提高转子的抗冲击韧性。泵的早期破损主要责任在生产厂家

故障现象	查找故障的方法（找原因）	排除故障的相应对策
短期内便严重磨损和烧坏	3.叶片泵运转条件差：如叶片泵在超载（超过最高允许工作压力）、高温右腐蚀性气体、漏油漏水、液压油氧化变质等条件下工作时，易发生异常磨损和汽蚀性腐蚀，导致叶片泵早期磨损	只有改善叶片泵的工作环境方能奏效
	4.拆修后的泵装配不良：如修理后转子与泵体轴向厚度尺寸相差过小，强行装配压紧螺钉，在泵轴不能用手灵活转动的情况下便往主机上装，短时间内叶片泵便会烧坏	注意装配质量

42. 如何处理泵轴易断裂破损的故障？

表 1-19　泵轴易断裂破损故障排除方法

故障现象	查找故障的方法（找原因）	排除故障的相应对策
泵轴易断裂破损的故障	1.污物进入泵内，卡入转子和定子、转子和配油盘等相对运动滑动面之间，使泵轴传递扭矩过大而断裂	须严防污物进入泵内
	2.泵轴材质选错，热处理又不好，造成泵轴断裂。笔者目睹某厂修理时用45钢作泵轴又未经热处理每天换一根泵轴的情形	至少用40Cr并经热处理制作泵轴
	3.叶片泵严重超载：例如因溢流阀等失灵，系统产生异常高压，如果没有其他安全保护措施，泵因严重超载而断轴	叶片泵不能在长时间超过额定压力的工况下使用
	4.电机轴与叶片泵轴严重不同轴而被摔断。泵轴断裂后只有更换，但一定要找出断轴原因，否则会重蹈覆辙	打表校装电机轴与叶片泵轴的同轴度
	5.挠性联轴器中橡胶件没有了	更换补装橡胶件

43. 怎样拆修叶片泵？

修理时，要将拆开叶片泵时拆下的零件按顺序摆放在油盘内，然后对各零件进行检查和修理。

🔧 44. 如何修理配油盘(配流盘、侧板)?

　　此类零件多是端面磨损与拉伤，原则上只要端面拉伤总深度不太深（例如小于 1mm），都可以用平磨磨去沟痕，经抛光后装配再用。但需注意两个问题：一是端面磨去一定尺寸后，泵体孔的深度也要磨去相应尺寸，否则轴向装配间隙将很大，所以一定要参照装配图，保证好轴向尺寸链的关系，换言之不得改变修前叶片泵内运动副之间的三个主要间隙（参阅图 1-55）的轴向尺寸链之间的关系和必须保证的各个装配间隙；二是端面经修磨后，卸荷三角槽尺寸大大变短（参阅图 1-47），如不修长，对消除困油不利。所以配油盘、侧板端面修磨后，应用三角锉或铣加工的方式适当恢复修长此三角槽（眉毛槽）的尺寸。但不能修得太长，太长可能造成运转过程中的压油腔与吸油腔相通，使泵的输出流量减少。经修复后的配油盘或侧板之类，与转子接触平面的平行度保证在 0.01mm 以内，端面与内孔的垂直度在 0.01mm 以内，端面的粗糙度为 $\sqrt[0.3]{}$，平面度为 0.005mm。砂磨抛光时最好不用金相砂纸，因为金相砂纸磨粒极易脱落而镶嵌在配油盘内，造成后续运转时的加速磨损。推荐用氧化铬抛光。

　　如果配油盘端面只是轻度拉伤，可先用细油石砂磨，然后用氧化铬抛光（图 1-47）。

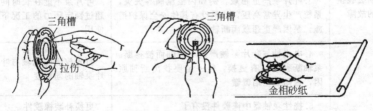

图 1-47　配油盘的修复

🔧 45. 如何修理定子?

　　无论是定量泵还是变量叶片泵，定子均是吸油腔这一段内表面曲线容易磨损。变量泵的定子内表面曲线为一圆弧曲线。定量泵的定子内表面曲线由四段过渡曲线和四段圆弧组成。当内曲线磨损拉伤不严重时，可用细砂布（0♯）或油石砂一砂继续再用 [图 1-48(a)、(b)]。若磨损严重，应在专用定子磨床上修磨。而一般叶片泵使用厂无此类专用仿形磨床，可将定子翻转 180° 调换定子吸油腔与压油腔的位置，并在泵销孔的对称位置上另加工一定位销孔，可继续再用，也可采用刷镀的方法修复磨损部位。

对变量泵，其定子内表面为圆柱面，可用卡盘软爪夹在车床或磨床上进行抛光修复，但应注意其内表面有很高的圆度和圆柱度的要求 [图 1-48(c)]，修复时应注意。

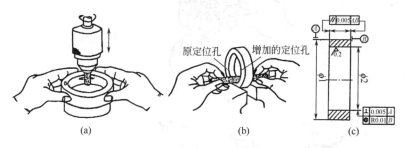

图 1-48　定子的修理

定子修复完毕后应满足的技术要求是：定子两端面平行度为 0.005mm，内圆柱面与端面垂直度允差为 0.005～0.008mm，内表面粗糙度为 $\overset{0.2}{\nabla}$。定子材料为 38CrMoAlA，热处理为氮化 900HV，氮化层深度为 0.35mm 左右。

✖ 46. 如何修理转子？

转子两端面是与配油盘端面相接触的运动滑动面，因而易磨损和拉毛。键槽处有少量情况出现断裂或裂纹，以及叶片槽有磨损变宽等现象。若只是两端面轻度磨损，抛光后可继续再用；磨损拉伤严重者，须用花键芯轴和顶尖定位、夹持，在万能外圆磨床上靠磨两端面后再抛光。但需注意此时叶片、定子也应磨去相应部分，保证叶片长度小于转子厚度 0.005～0.01mm，定子厚度应大于转子厚度 0.03～0.04mm。当转子叶片槽磨损拉伤严重时，可用薄片砂轮和分度夹具在手摇磨床或花键磨床上进行修磨，叶片槽修磨后，叶片厚度也应增大相应尺寸。修磨后的叶片槽两工作面的直线度、平行度允差、叶片槽对转子端面的垂直度允差均为 0.01mm。装配前先按图 1-49(a) 所示的方法用油石倒除毛刺，但不可倒角。转子修复后应满足：两端面的平行度为 0.005mm，端面与花键孔的垂直度 0.01mm，端面粗糙度为 $\frac{0.3}{\sqrt{\ }}$，片槽两侧面的平行度 0.01mm，粗糙度为 $\frac{0.3}{\sqrt{\ }}$，图 1-49(b) 为 YB$_1$ 型叶片泵转子。

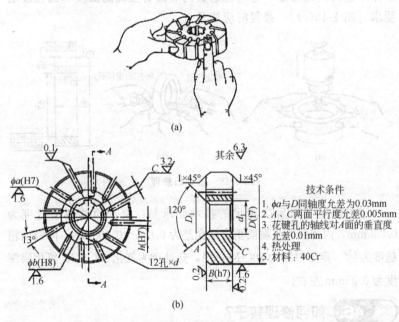

(a)

技术条件
1. ϕa 与 D 同轴度允差为 0.03mm
2. A、C 两面平行度允差 0.005mm
3. 花键孔的轴对 A 面的垂直度允差 0.01mm
4. 热处理
5. 材料：40Cr

(b)

图 1-49　转子的修理

47. 如何修理叶片?

叶片的损坏形式主要是叶片顶部与定子表面相接触处，以及端面与配油平面相对滑动处的磨损拉伤，与转子槽相配部分极小拉伤，磨损拉毛不严重时可稍加抛光再用。为保证叶片各面的垂直度要求，可按图 1-50 所示的方法、图 1-51 所示的技术要求用角尺导向在精油石面上砂磨抛光。当磨损严重时，应重新购买新叶片换上（泵芯可成套购买）。

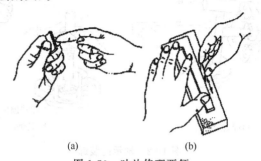

(a)　　　　　　　　　(b)

图 1-50　叶片修理要领

1. 使用表面平整的油石；2. 用角尺导向，紧靠一面轻磨；
3. 叶片顶端划伤者，有台阶者不能修整予以更换

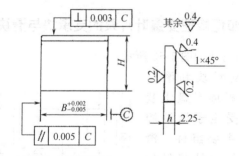

1. 锐边去毛刺不准倒圆
2. 叶片h与转子槽$h(D_4)$保证配合间隙0.02～0.035
3. 热处理: 63HRC

图 1-51　叶片零件图例

⚒ 48. 如何修理轴承？

叶片泵使用一段时间，已超出轴承的推荐使用寿命，或者拆修泵时发现轴承已经磨损，必须予以更换，装卸轴承的方法如图 1-52 所示。

滚动轴承磨损后不能再用，只有换新。近些年来有些厂家生产的叶片泵采用了聚四氟塑料外镶钢套的复合轴承，已有专门厂家生产。其内孔表面粗糙度 $\frac{0.4}{\nabla}$ 以上，内外圆同轴度 0.01mm，与轴颈

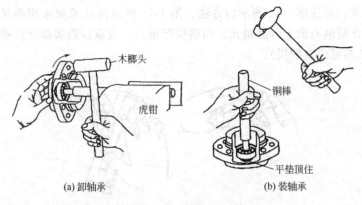

(a) 卸轴承　　　　　　　　　(b) 装轴承

图 1-52　轴承的装卸

的配合间隙 0.05～0.07mm，也可选用合适的双排滚针轴承或锡青铜滑动轴承。

🛠 49. 如何修理变量叶片泵的支承块与滑块？

支承块与滑块如图 1-53 所示。

滑块、支承块和滚针靠保持架和矩形卡盘组装起来，是承受定子压油腔内液压力的主要组件。滑块、支承块与滚针接触的平面易磨损，甚至被压出道道凹痕，或滚针变形。此时可按图 1-53 所示的要

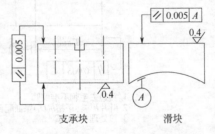

图 1-53　支承块与滑块的修复要求

求进行研磨（或平磨），并配上同规格尺寸的滚针（直径误差 <0.005mm）。装配时应调整矩形卡簧的高度，以使滑块能左右自如移动足够的距离。

在支承块支承方向，定子中心相对于转子中心有一个下移的偏心量，通常为 0.04～0.08mm。为此，应在支承块与盖之间加垫适当厚度的光亮钢带或平整紫铜片（见图 1-54）。为保证下移偏心量为 0.04～0.08mm，则光壳钢带厚度应为

$$\delta = \frac{1}{2}(D-d) - (h_1 - h_2) +$$

$$(0.04 \sim 0.08)$$

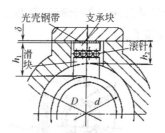

图 1-54　钢带厚度的决定

δ—光亮钢带垫的厚度；D—泵体内孔实际直径尺寸；d—定子外圆实际直径尺寸；
h_1—滑块支承块和滚针组装后的最小高度（mm）；h_2—泵体内孔孔壁到上
安装面的最大距离

50. 如何修理泵轴？

轴断裂的情况是轴的故障之一，但一般少见，主要是轴承轴颈处的磨损，可采取磨后镀硬铬再精磨的方法修复；或者将轴修磨掉凹痕，再按磨后的轴自配滑动轴承。

图 1-55 为 YBX 型变量叶片泵衬圈、定子、转子及叶片的加工

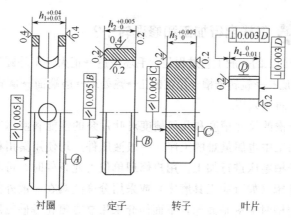

图 1-55　YBX 型变量叶片泵几个零件的加工要求

精度要求，可供修理时参考。

🔧 51. 怎样自行加工叶片？

七面体的叶片尺寸较小，但七面均要磨加工，可自制夹具并按图1-56 的方法进行加工。

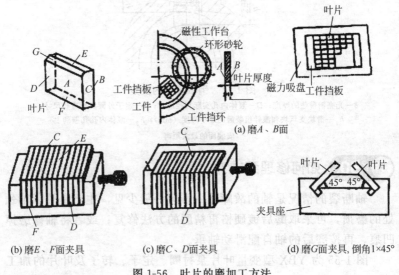

(a) 磨A、B面

(b) 磨E、F面夹具　　(c) 磨C、D面夹具　　(d) 磨G面夹具，倒角1×45°

图1-56　叶片的磨加工方法

🔧 52. 怎样自行加工和修理转子？

转子加工的一般工艺过程是：毛坯锻造→正火→车外圆端面孔→钻转子槽底孔→铣转子槽→拉花键孔→热处理→磨端面→磨转子槽→去毛刺→防锈入库。

转子槽的尺寸精度和几何精度对叶片泵的性能和使用寿命影响很大，加工中也属最难的工序。一般液压件厂均使用秦川机床厂生产的转子槽磨床进行加工。用户修理单位无此条件时，可在有分度装置的磨床（如万能工具磨床）或采用分度夹具在一般外圆磨床上进行。磨槽时关键是砂轮，下面简介采用立方氮化硼砂轮磨削叶片泵（叶片马达）转子槽的方法。

砂轮磨料采用立方氮化硼（CBN），并选择适宜于电镀 CBN 的钢材作砂轮基体，保证有足够的刚度和精度，并经定性处理。在基体上电镀 CBN 磨料时，须保证砂轮圆周及两侧面、特别是砂轮的两个圆周角处的镀层均匀，不准有剥落现象（可求助于砂轮生产厂家）。电镀 CBN 后，要对砂轮进行修磨，使尺寸和精度达到要求。

选用的磨床应具有高的刚性和高的主轴精度（径向跳动和轴向窜动≤0.05mm），装工件（转子）于分度装置上，最好有能喷射的冷却装置，工件槽定位机构的定位精度在 0.05mm 以内。

磨削转子槽时先要校正，使转子槽与砂轮中心一致。如图 1-57 所示，将特制的塞片紧紧地塞入基准槽后用以下方法校正：在对刀块右端塞入特制塞片并予以固定，摇进台面，使砂轮进入对刀块左端槽内，旋动调节螺钉，使螺钉两个端部接触砂轮两侧面，然后退出砂轮，旋动调节螺钉使两侧各有 0.05～0.1mm 的磨量。砂轮工进，磨削螺钉两端部。

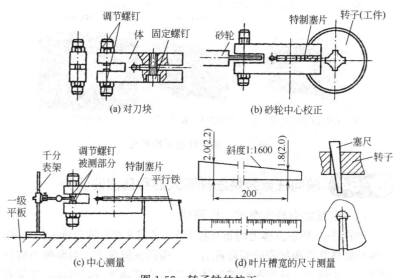

图 1-57　转子轴的校正

拆下对刀块，以右端槽为基准，特制塞片为定位基准安置于平行铁上，用千分表测量调节螺钉的两个端部，即可测得砂轮与转子槽中心的偏差值。

第 4 节
柱塞泵的维修

轴向柱塞泵的外观如图 1-58 所示。

| A4FO型 | A2FO型 | A4VSO型 |

A10 VSO型(中压泵)型　　A10VSO...ER型　　K3V型

图 1-58　轴向柱塞泵的外观

54. 轴向柱塞泵是怎样吸入油和压出油的？

（1）定量轴向柱塞泵的工作原理

如图 1-59 所示缸体上均布有若干个（7 或 9 个）轴向排列的柱塞，柱塞与缸体孔以很精密的间隙配合，一端顶在斜盘上，当泵轴与缸体固连一起旋转时，柱塞既能随缸体在泵轴的带动下一起转动，又能在缸体的孔内灵活往复移动，柱塞在缸体内自下而上旋转的半周内逐渐向右伸出［图 1-59(b)］，使缸体孔右端的工作腔体积不断增加，产生局部真空，油液经配油盘上吸油腔被吸进来；反之当柱塞在其自上而下回转的半周内逐渐向左缩回缸内，使密封工作腔体积不断减小，将油从配油盘上的排油腔向外压出。缸体每转一转，每个柱塞往复运动一次，完成一次压油和一次吸油。缸体连续旋转，则每个柱塞不断吸油和压油，给液压系统提供连续的压力油。另外，在滑靴与斜盘相接触的部分有一个油室，压力油通过柱塞中间的小孔进入油室，在滑靴与斜盘之间形成一个油膜，起着相互支承作用，从而减少了磨损。

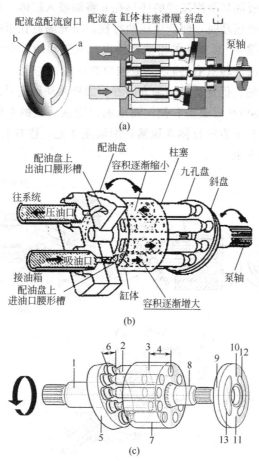

图 1-59 定量斜盘式轴向柱塞泵的工作原理

1—驱动轴；2—柱塞；3—柱塞截面；4—柱塞行程；5—斜盘；6—倾斜角；
7—缸体；8—贯通轴（与件 1 一体）；9—配流盘；10—顶部死区中心；
11—底部死区中心；12—吸油配流槽；13—排油配流槽

（2）斜轴式柱塞泵的工作原理

如图 1-60 所示，当原动机带动泵轴 5 旋转时，通过中心轴 4 的球铰，带动柱塞 6 及缸体 3 一起旋转，缸体 3 在具有腰形槽的平面或球面配流盘 2 上作滑动旋转。由于泵轴 5 和缸体 3 轴线有一夹角 γ，柱塞由下止点向上止点方向运动时便获得一个吸油行程，通过后盖上的吸油口及配流盘的腰形孔 b 将油吸入缸体。当柱塞由上止点向下止点运动时，便产生压油行程，将充满缸孔里的油经配流盘右侧腰形槽 a、后盖上的出油口排出，从驱动轴方向看，如果泵是顺时针方向旋转（右转），则吸油口在后盖的左侧，而压油口则在后盖的右侧；仍是从驱动轴方向看，如果驱动轴逆时针旋转（左转），则吸油口在后盖的右侧，而压油口则在后盖的左侧。中心弹簧 7 始终往左下方将缸体 3 顶紧在配油盘 2 上，往右上方将连杆 8 顶紧在泵轴 5 上。

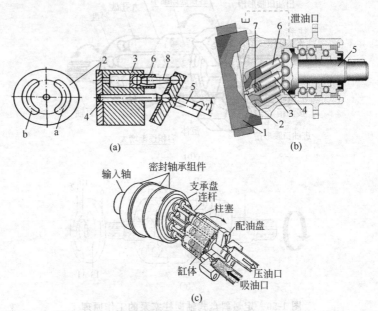

图 1-60　斜轴式定量轴向柱塞泵的工作原理

1—泵盖；2—配流盘；3—缸体；4—中心轴；5—泵轴；

6—柱塞；7—中心弹簧；8—连杆

缸体每转一周，每个柱塞各完成吸、压油一次，如通过变量机构改变泵轴和缸体轴线的夹角（斜盘倾角）γ，就能改变柱塞行程的长度，即改变液压泵的排量，改变斜盘倾角方向，就能改变吸油和压油的方向，即成为双向变量泵。

55. 变量轴向柱塞泵怎样进行变量？

如图 1-61 所示，利用泵内斜盘斜角 γ 的改变，使柱塞行程 h 大小改变，斜盘式轴向柱塞泵便可进行变量。斜盘斜角 γ 由变量机构带动，变量机构左推斜盘 1，角 γ 变小，柱塞行程 h 变小，泵输出流量变少；反之则泵输出流量增加。

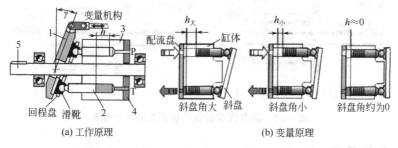

(a) 工作原理　　　　　　　　　　　(b) 变量原理

图 1-61　斜盘式变量轴向柱塞泵的工作原理
1—斜盘；2—柱塞；3—缸体；4—配流盘；5—泵轴

如图 1-62 所示为变量泵变量的情形。图 1-62（a），当斜盘斜角 γ 最大时，柱塞行程最大，泵输出流量最大；图 1-62（b），当斜盘斜角 γ 变小时，柱塞行程也变小，泵输出流量变小；图 1-62(c)，当斜盘斜角 γ 接近零时，柱塞行程也接近零，泵输出流量约为零。所以利用改变斜盘斜角的大小，可以对斜盘式轴向柱塞泵进行变量。图 1-62(d)，当斜盘斜角反向时，吸油口与压油口互换，泵成为反转泵。

总之，柱塞在缸体内左右运动，斜盘的倾角 γ 决定行程长短，斜盘的倾斜方向决定着泵是正转泵还是反转泵，能改变斜盘倾斜方向的泵为正反转泵。

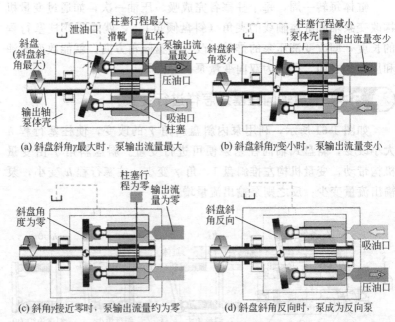

(a) 斜盘斜角γ最大时，泵输出流量最大　　(b) 斜盘斜角γ变小时，泵输出流量变小

(c) 斜角γ接近零时，泵输出流量约为零　　(d) 斜盘斜角反向时，泵成为反向泵

图 1-62　斜盘式变量轴向柱塞泵的工作原理

🛠 56. 斜盘式柱塞泵变量机构有哪些？

　　变量机构的控制方式虽然多种多样，但归纳起来，变量机构不外乎用变量缸（伺服缸）加偏置弹簧（复位弹簧）来控制斜盘角度的大小进行变量。变量缸有单作用缸与双作用缸之分（见图 1-63）。

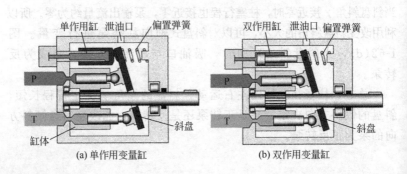

(a) 单作用变量缸　　　　　　　　(b) 双作用变量缸

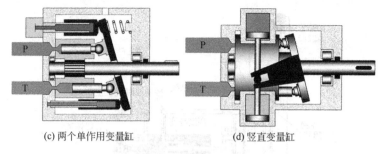

(c) 两个单作用变量缸　　　　　　　(d) 竖直变量缸

图 1-63　变量机构的变量方式

如轻型柱塞泵变量用一单作用缸外加一根强弹簧，构成诸如恒压变量之类的变量泵。

57. 各种变量轴向柱塞泵的工作原理是怎样的？

变量柱塞泵变量方式有多种方式，如压力补偿变量、恒压变量、负载传感变量、压力/流量控制复合变量等。

（1）压力补偿变量柱塞泵的工作原理

采用压力补偿控制器用于控制泵的排量，便是压力补偿变量柱塞泵。工作原理如下。

当泵出口压力 p 未超过调压螺钉所调定的调压弹簧的弹力时，压力补偿阀阀芯 4 在调压弹簧 7 的弹力的作用时，阀芯 4 处于下位，在回程弹簧 5 作用下，通过斜盘 6 摆动的力使变量控制柱塞处在最左侧，此时斜盘斜角 α 最大（流量调节螺钉所调），泵输出的流量最大 ［图 1-64(a)］。

当泵出口压力上升超过调压螺钉所调定的压力时，压力补偿阀（限压阀）阀芯 4 下腔压力产生的液压力克服弹簧力使压力补偿阀阀芯 4 上移，泵出油口 P 引来的压力油进入到控制柱塞左腔，控制柱塞推压偏置弹簧 5 右移，使斜盘斜角 α 变小，输出流量变小，从而限制了泵出口压力的再增加，即压力补偿变量 ［图 1-64(b)］。

（2）恒压变量柱塞泵的工作原理（图 1-65）

恒压变量柱塞泵与压力补偿变量柱塞泵基本相同，只不过伺服

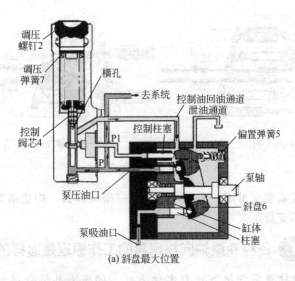

(a) 斜盘最大位置

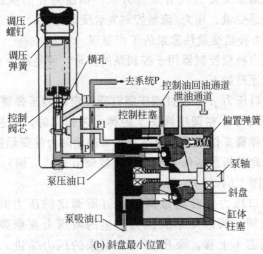

(b) 斜盘最小位置

图 1-64　压力补偿变量柱塞泵的工作原理

变量缸是由一个双作用缸或两支单作用缸进行控制。

如图 1-65(a) 所示，如果将图中的箭头看成泵的斜盘，只要系统压力低于恒压阀（PC 阀）4 的调压螺钉 5 所调定的压力时，恒压阀 4 阀芯处于左位，阀 4 右位工作，变量缸（双作用缸）1的有杆腔总通泵出口压力油，无杆腔 A→T，偏置弹簧 3 便将斜盘 2 始终偏置在最大斜角 β 的位置上，泵便以全流量输出（由流量调节螺钉设定）。一旦当系统压力（泵出油口压力）p 超过恒压阀 4 的调压螺钉 5 所调节的调定压力时，恒压阀 4 阀芯克服弹簧力 P_s 右移，阀 4 左位工作，P→A，泵出油口压力油 p 经 A 也进入伺服变量缸 1 的右侧的无杆腔，由于缸 1 的面积差，产生向左推力，控制活塞便克服偏置弹簧力，向左推压斜盘 2，斜盘斜角 β 变小，流量也就减小，直到满足调定压力下系统所需的流量为止。

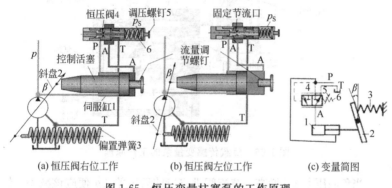

(a) 恒压阀右位工作　　(b) 恒压阀左位工作　　(c) 变量简图

图 1-65　恒压变量柱塞泵的工作原理

恒压阀 4 左端面上作用着泵的出口压力 p 产生的向右的液压力，恒压阀 4 右端面上作用着 p 经固定节流口减压为 p_s 产生的向左的液压力和弹簧 6 产生的弹力，两边的力平衡时决定着恒压阀阀芯处于左位还是右位。恒压阀实为一个三通式减压阀，可参阅本书有关章节的内容。

（3）负载传感变量泵的变量工作原理

如图 1-66 所示，变量缸为单作用缸，通过节流阀开口的大小调定，以及节流阀进出口前后压差 $\Delta p = p - p_L$，可决定出泵流到系统中去的流量 Q_L。当 LS 阀阀芯处于图示位置时，其向下的调压弹簧力与控制阀芯下端油压 p 产生的向上液压力相平衡。一旦泵主体部分上的控制柱塞左端 A 腔受到的液压力与偏置弹簧力平衡,斜盘平衡在某一斜角位置,泵输出一定的流量 Q_L。

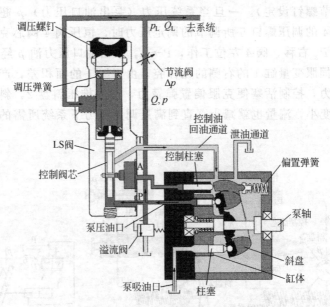

图 1-66 负载传感变量泵的工作原理

当负载压力 p_L 增高,节流阀进出口前后压差 Δp 便应该减小,但由于 LS 阀的反馈作用仍然能维持节流阀进出口前后压差 Δp 不变。

其作用原理是:当负载压力 p_L 增高(非图示位置),控制阀芯上向下的力便大于向上的力,不再平衡,于是控制阀芯下移,开启了控制柱塞左端 A 至回油 T 的通路,于是泵主体部分上的控制柱塞左端 A 腔受到的液压力与偏置弹簧力不再平衡,即偏置弹簧力大于控制柱塞左端 A 腔受到的液压力,于是斜角变大,泵输出的流量 Q 增大,通过节流阀的阻力增大,泵出口的压力 p 也增大,节流阀进出口前后压差 $\Delta p = p - p_L$ 不变,使 Q_L 不变。

反之当负载压力 p_L 降低,同样也能使节流阀进出口前后压差

$\Delta p = p - p_L$ 不变，仍能使 Q_L 不变。

这样，根据负载反馈信号可控制泵输出流量的泵叫负载传感变量泵，或叫负载敏感变量泵。

如图 1-67(a) 所示为负载传感变量泵回路，变量缸为双作用缸，担当负载传感补偿变量控制器（简称负载传感控制器）由节流阀与 LS 阀组成。

控制压力油来自外部（负载），此类控制器的压差出厂时有设定（例如 10 bar），控制补偿器阀芯动作的输入信号实际上就是加在回路主节流口上的压差，由于负载传感控制器在补偿控制工况下可保持回路主节流器上的压差恒定，因此，负载传感变量控制主要是表示对输出流量进行控制。输入转速的变化或负载（压力）的波动均不会对泵的输出流量及执行元件的速度产生影响。变量原理与前述负载敏感变量叶片泵相同。

在先导回路中增加一个节流孔（$\phi 0.8mm$）和一个先导压力阀，则可增加一个流量控制功能，如图 1-67(c) 所示。

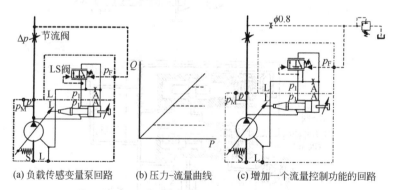

(a) 负载传感变量泵回路　　(b) 压力-流量曲线　　(c) 增加一个流量控制功能的回路

图 1-67　负载传感变量泵的变量回路图

（4）压力/流量控制复合变量泵的工作原理

这种泵采用上述由 PC 阀与 LS 阀共同组合的阀来对泵进行变量控制，便构成如图 1-68 所示的压力/流量控制复合变量泵，其工作原理是二者的叠加，能对负载压力与流量进行反馈控制，除了压力控制功能外，借助于负载压差，可改变泵的流量。泵仅提供执行机构的实际流量，泵输出与负载压力和流量相匹配的压力与流量，因而更节能，在注塑机上使用称为节能泵。节流阀的压差 Δp 在 $10\sim20$bar 之间调节。

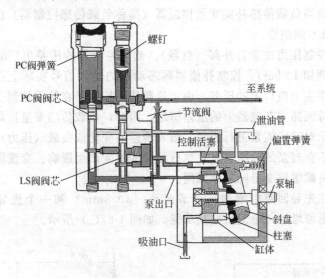

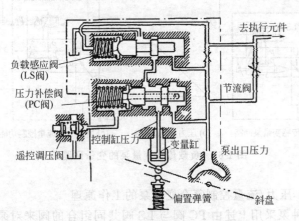

图 1-68　压力/流量控制复合变量泵的工作原理

图 1-69 为这种泵回路与压力-流量特性曲线。

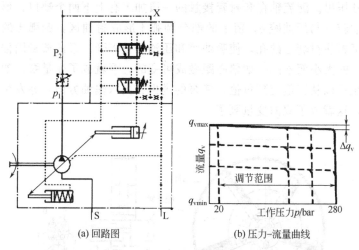

(a) 回路图　　　　(b) 压力-流量曲线

S—吸油口；P_1，P_2—压力油口；L—壳体泄油口；X—先导力油口

图 1-69　压力/流量控制复合变量回路与压力-流量曲线

🔧 58. 径向柱塞泵怎样吸入油和压出油？

（1）缸体旋转的径向柱塞泵的工作原理

缸体旋转的径向柱塞泵的工作原理如图 1-70 所示。这种泵由柱塞、缸体（转子）、衬套、定子及配流轴等主要零件所组成。柱塞径向排列在缸体中，缸体由电机（或发动机）带动连同柱塞一起旋转。依靠离心力的作用，柱塞在跟随缸体一起旋转的同时在缸体孔内往复滑动，抵紧在定子的内壁上。当转子作顺时针方向回转时，由于定子和转子之间有偏心距 e，在上半周柱塞向外伸出，缸体的柱塞孔腔（柱塞根部至衬套之间的容腔）体积逐渐增大，形成局部真空，因此油液经衬套（与转子孔紧配并与转子一起回转）上的油孔从配流轴的吸油口 b（与油箱相连）被吸入；当转子转到下半周，柱塞在定子内壁作用下逐渐向里推，柱塞腔容积逐渐减小，向配流轴的压油口 c 排油（压油）。当转子回转一周，每个柱塞往复一次，压吸油各一次。转子不断回转便连续吸、压油。配流轴固定不动，油液从配流轴上半部两个油孔 a 流入，从下半部的两个油孔 d 压出。配流轴在和衬套接触的一段加工有上下两个缺口，形成吸油腔 b 与压油腔 c，留下的部分圆弧 f 形成封油区，圆弧 f 的长度可封住衬套上的孔，使吸油腔和压油腔被隔开。泵的流量因偏心距 e 的大小而不同：如偏心距做成可变的，泵就成了变量泵；如偏心距可以从正值变到负值，使泵的进出方向（输油方向）亦发生变化，这就成了双向变量泵了。

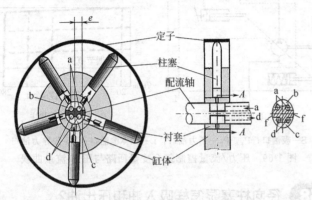

图 1-70　轴配流式径向柱塞泵工作原理

从上述这种泵的工作原理可知，因衬套与配流轴之间有相对运动，则两者之间必然有间隙，并且配流轴上封油长度尺寸较小，因而必然产生间隙泄漏，在配流轴和衬套间隙配合 f 处，一边为高压（c 处），一边为低压（b 处），这样配流轴上受到很大的单边径向载荷，为了不使配流轴处因液压压差产生的径向力导致变形和因金属接触而咬死，两者之间的间隙还不能太小，这就更增加了泄漏，因此，这种轴配流的径向柱塞泵的最高工作压力常常不应超过 20MPa。

为了克服上述缺点，出现了阀配流的径向柱塞泵。

（2）缸体固定的阀式配流径向柱塞泵的工作原理

这种阀式配流的径向柱塞泵工作原理如图 1-71 所示，偏心轮直接作用在柱塞上，柱塞在弹簧的作用下总是紧贴偏心轮，偏心轮转一圈柱塞就完成一个双行程，其值为 2e。

当柱塞朝下运动时，在 a 腔里产生真空，液体在外界大气压作

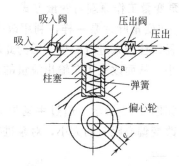

图 1-71 阀式配流径向柱塞泵工作原理

用下克服吸入阀的弹簧力及管道阻力进入其中；与此同时，压出阀在弹簧力及液体压力的作用下紧密封闭；当柱塞朝上运动时，a 腔的容积减小，液体压力增高，被挤压打开压出阀而油从压力管道压出，与此同时，吸入阀在弹簧力及液体压力作用下紧密封闭，因此容积效率较上述轴配流式要高。

　　由于偏心轮和柱塞端部是线接触，产生很大的挤压应力。同时，偏心轮和柱塞端部之间有滑移产生。为了减弱这些影响，柱塞和偏心轮直径都不宜过大，因而实际使用中的这种泵均是多柱塞的结构。多柱塞的排列方式有两种：一种为径向排列式，一种为直列式（图 1-72）。后者称为曲柄连杆式柱塞泵，由于曲柄连杆机构重量大、惯性大，因而转速不能太高。

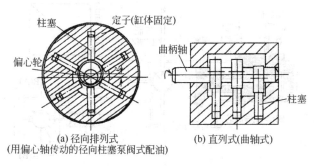

(a) 径向排列式
(用偏心轴传动的径向柱塞泵阀式配油)

(b) 直列式(曲轴式)

图 1-72 径向排列式与直列式

（3）径向柱塞泵变量工作原理与变量方式

① 变量原理　和变量叶片泵一样，利用改变定子和转子之间的偏心距，便可对径向柱塞泵进行变量，因为此时改变了每一径向柱塞往复行程的大小，从而改变了泵输出流量的大小。

② 变量方式

a.手动变量　如图 1-73 所示，通过手动控制，调定调节螺钉的左右位置，便可改变偏心距 e 的大小，对泵进行变量。

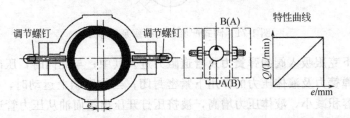

图 1-73　手动变量

b.机动变量　如果在图 1-73 中的两调节螺钉的位置上，设置两个控制柱塞 1 和 2，且从泵的出口引入控制油，通入两大小控制柱塞的两个控制腔，其中控制柱塞 1 的控制油，先经杠杆操纵的三通阀，用机动的方式操纵杠杆，使阀芯移动，控制了控制柱塞 1 的移动位置，从而改变了径向柱塞泵定子和转子之间的偏心距，可对泵进行变量（见图 1-74）。

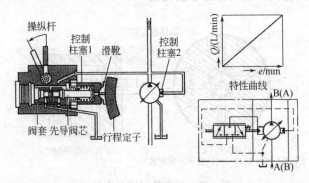

图 1-74　机动变量

c.恒压变量（压力补偿变量） 如图 1-75 所示，在泵上装设一各种不同的补偿器（控制阀），这样控制压力油在进入控制柱塞之前先经过补偿器，便可对径向柱塞泵进行多种形式的变量控制，构成不同控制方式的变量泵。

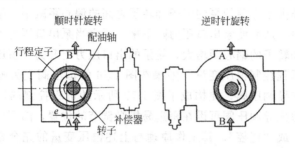

图 1-75 在泵上装设补偿器

如果补偿器为恒压阀（压力补偿阀），便构成了图 1-76 所示的压力补偿变量泵，其工作原理完全类似于前述的各种变量叶片泵。和前述的各种轴向变量柱塞泵不同之处也仅在于：轴向变量柱塞泵只有一个方向有控制柱塞，控制斜盘的斜角大小，而靠设在相对面的弹簧使变量斜盘复位；此处的径向变量柱塞泵有两个大小控制柱塞，利用两柱塞的液压力差进行偏心距大小的自动调节，进行变量。

此处的恒压阀也实际为一只三通减压阀（PC 阀），其工作原

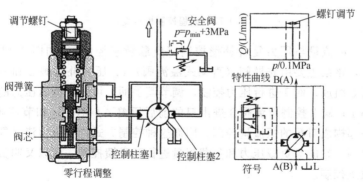

图 1-76 恒压变量

理为：当负载压力，即泵的出口压力上升超过了恒压阀调节螺钉所调定的压力时，阀芯上抬，打开了控制柱塞缸1左腔与油箱的通道，控制柱塞缸1左腔压力下降，使柱塞缸1向右的液压力减小，而柱塞缸2的控制油因泵出口压力的增大使向左的液压力反而增大。这样由于力差使泵的定子和转子之间的偏心距减小，泵输出的流量减少，从而使泵出口压力降下来；反之当泵出口压力下降，则泵定子和转子的偏心距增大，使泵的出口压力上升为"恒压"。

d. 远程控制恒压变量　如果在图1-76的恒压阀上另外外接一直动式先导调压阀，便构成了图1-77所示的远程控制的恒压变量泵。压力先导调压阀可设在稍远易操纵调节的位置，因而称为"远程控制"或"遥控"。其工作原理与上述恒压变量的完全相同，不同之处是此处先导调压阀也可参与压力的调节。

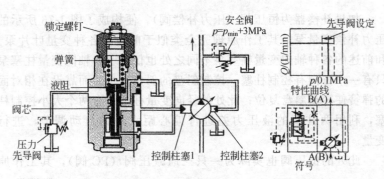

图 1-77　远程控制恒压变量

e. 流量与压力复合补偿控制（负载敏感控制）　如图1-78所示，该泵主要由先导阀（直动式溢流阀）1、压力补偿阀2和节流阀3组成。阀1进行压力控制，调节其手柄，可设定恒压压力的大小 p；阀2控制节流阀3进出口的前后压差 Δp 不变，和节流阀3一起构成对泵的恒流量控制。因而这种控制方式称为压力流量复合控制。它能对负载压力和负载流量进行双反馈控制，所以又叫负载敏感控制。

f. 恒功率控制　所谓恒功率控制是指泵在一定转速下，压力×流量＝常数。如图1-79（a）所示，泵出口压力油分三路：一路作用

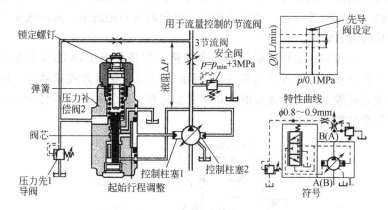

图 1-78　流量与压力复合补偿控制（负载敏感控制）

在小柱塞 1 上，一路进入恒功率阀，另一路进入敏感柱塞，并利用不同刚度的两根弹簧 1 和 2，组成图 1-79（b）所示的两级恒功率控制。

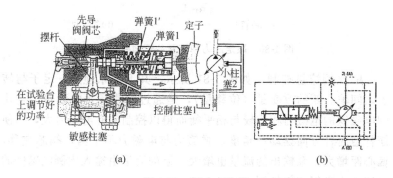

(a)　　　　　　　　　　　　　　　　　　(b)

图 1-79　恒功率控制

如果负载压力升高，即泵的出口压力升高，通过上述三条油路的控制，可使定子和转子之间的偏心距减小，使泵的流量降下来；反之如果负载压力下降，通过上述控制可使定子和转子之间的偏心距增大，使输出流量增大。两种情况均维持压力和流量之积等于常数，为恒功率。敏感柱塞的作用是随时可以对柱塞 1 的位移量进行反馈控制，例如当泵出口压力增大，敏感柱塞上抬，摆杆顺时针摆动，恒压阀芯右移，使定子和转子之间的偏心距减小，从而减少了泵的流量输出。

g. 限定压力和流量的恒功率变量　如果将图 1-78 的压力和流量复合补偿变量方式与图 1-79 所示的恒功率变量方式相结合，便成为可限定压力和流量的恒功率变量控制，其工作原理和特性曲线的叠加如图 1-80 所示。

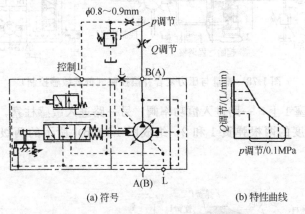

(a) 符号　　　　　　　(b) 特性曲线

图 1-80　限定压力和流量的恒功率控制

h. 比例流量控制　如图 1-81 所示，其工作原理是：定子与转子之间偏心距的改变量（位移量），是通过检测弹簧的弹簧力与比例电磁铁的电磁力相比较与相平衡而得以控制的。电磁力大，则使摆杆逆时针方向摆动一角度，弹簧力与电磁力不平衡，阀芯左移，偏心距增大，泵输出的流量也增大。泵的流量由输入比例电磁铁的电流大小进行比例控制。

i. 液压比例流量控制　这种变量控制方式如图 1-82 所示。其工作原理为：当从外部引入不同压力的控制油，作用在先导柱塞上，使摆杆逆或顺时针方向摆动，带动主阀芯向左或向右移动，偏心定子的机械位移反馈是通过控制油的不同压力产生与压力成比例的液压力与弹簧力相平衡，而对泵进行变量的。

j. 力调节变量　如图 1-83 所示的弹簧回程的柱塞副，利用弹

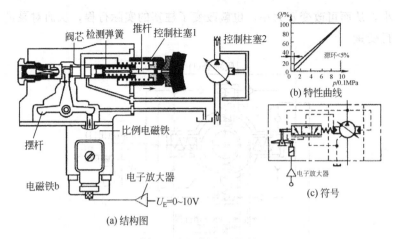

图 1-81 比例流量控制

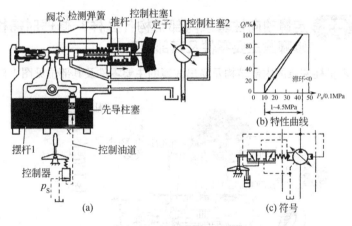

图 1-82 液压比例流量控制

簧的弹力随行程的变化而变化的特点，通过调节减压阀的出口压力，使进入偏心轮腔的油液压力大小得以控制和改变，此液压力作用在柱塞端面上，例如图中左边的柱塞的液压作用力向左作用在柱塞右端面上，柱塞左边的弹簧回程力向右作用在柱塞上，当此两种力平衡时，柱塞右端面与偏心轮外径之间可留下一段间隔距离 δ。调节减压阀出口压力值，可改变作用在柱塞右端面上液压力的大小，从而可改变 δ 大小，也就改变了柱塞的实际行程，从而对泵进行变量。

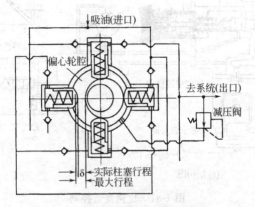

图 1-83　力调节方式变量的原理

⚒ 59. 定量轴向柱塞泵内部结构什么样？修理时需检修哪些主要零件及其部位？

定量柱塞泵的内部结构及易出故障的主要零件及其部位见图 1-84。

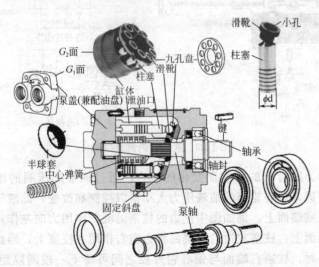

图 1-84　定量柱塞泵结构及其易出故障主要零件

定量柱塞泵易出故障的零件有：缸体、柱塞与滑靴、中心弹簧、泵轴、轴承与油封等。定量柱塞泵易出故障的零件部位有：G_1、G_2、柱塞外圆柱面、缸体、柱塞孔内表面等的磨损拉伤。

⚒ 60. 变量柱塞泵的内部结构什么样？修理时需检修哪些主要零件及其部位？

变量柱塞泵易出故障的零件有：缸体、柱塞与滑靴、中心弹簧、泵轴、轴承与油封等。易出故障的零件部位有：G_1、G_2、G_3、G_4 面等的磨损拉伤（见图 1-85）。

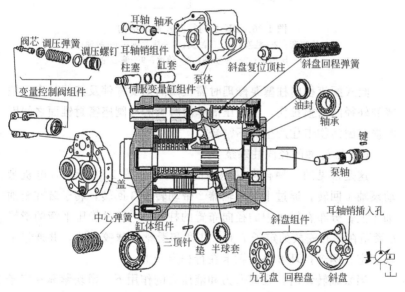

图 1-85　变量柱塞泵结构及其易出故障主要零件

⚒ 61. 径向柱塞泵内部结构什么样？修理时需检修哪些主要零件及其部位？

（1）RK 系列径向柱塞泵

它是德州液压机具厂从德国引进技术生产的一种径向柱塞泵，为阀式配流。如图 1-86 所示，驱动轴 7 旋转带动偏心轮 9 和轴承 8 旋转，迫使柱塞 2 作上下往复运动。当柱塞向下运动时，压油单向阀 3 关闭，泵从打开的吸油单向阀 5 从油箱吸入油液；当柱塞向上运动时，吸油单向阀 5 关闭，压力油从打开的压油单向阀 3 向液压系统输出油液。这种泵有 7 个柱塞和 9 个柱塞两种，径向排列。

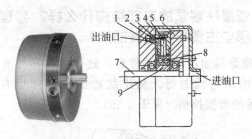

图 1-86　RK 系列径向柱塞泵结构
1—柱塞套；2—柱塞；3—压油阀；4—法兰盘；5—吸油阀；
6—压力板；7—驱动轴；8—轴承；9—偏心轮

阀式配流径向柱塞泵修理时需检修的主要零件及其部位有：柱塞的外径的磨损拉伤，吸、压油单向阀阀芯与阀座密封锥面之间因磨损或因污物卡住产生的不密合。

（2）轴配油的径向柱塞泵

这是常见的一种径向柱塞泵的结构，如图 1-87 所示，电机带动泵轴 1 回转，通过十字联轴器 2 带动转子 3 回转，转子装在配油轴 4 上；分布在转子中的径向布置的柱塞 5，通过静压平衡的滑靴 6 紧贴在偏心安放的定子 7 上；柱塞和滑靴以球铰相连，并通过卡环锁定；两个挡环 8 将滑靴卡在行程定子上。

当泵轴转动时，在离心力和液压力的作用下，滑块紧靠在定子上；由于定子偏心布置，柱塞作往复运动，每一个工作腔 a 的容积在跟随转子回转的过程中，容积由增大到缩小，进行压吸油。柱塞往复行程为定子偏心距的两倍；定子的偏心距可由设置在泵体 12 的左右两边的大小控制柱塞 9 和 10 进行控制和调节。调节方式如上所述。控制阀 11 安放位置如图 1-87 所示，油液的吸入和压出通过泵体和配油轴上的流道，并由配油轴上的吸排油口控制；泵体内产生的液压力几乎完全被静压平衡的表面所吸收，所以支承传动轴的滚动轴承只受外力作用便可。

　教你成为 **一流** 液压维修工

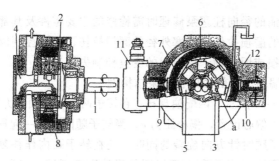

图 1-87   轴配油的径向柱塞泵结构

1—泵轴；2—十字联轴器；3—转子；4—配油轴；5—柱塞；6—滑靴；
7—定子；8—挡环；9,10—控制柱塞；11—变量控制阀；12—泵体

图 1-88(a) 为径向柱塞泵和辅助泵（如齿轮）组成一体的结构；图 1-88(b) 为两只单泵组成双联泵的结构。

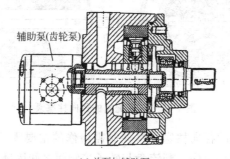

(a) 单泵加辅助泵

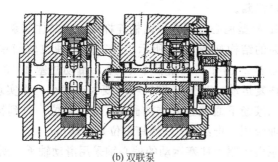

(b) 双联泵

图 1-88   轴配流的径向柱塞泵

轴配油的径向柱塞泵修理时需检修的主要零件及其部位有：配油轴外径的磨损拉伤，柱塞外径的磨损拉伤，变量控制阀与阀体孔之间因磨损或因污物卡住造成的变量控制失灵等。

（3）端面配油的径向柱塞泵结构例

如图 1-89 所示，两配油盘布置在转子两侧，使轴向力得以平衡。定子和转子偏心设置，偏心距为 e。当转子随同泵轴一起回转时，柱塞在随转子顺时针方向旋转的同时，还在转子孔内作往复运动，使每一工作容腔 V 的容积在下半圆的吸油窗口区域，容积逐渐增大，为吸油；在上半圆的压油窗口，容腔 V 的容积逐渐减小，为压排油。

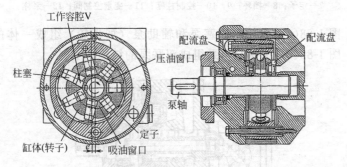

图 1-89　端面配流的径向柱塞泵

端面配油的径向柱塞泵修理时需检修的主要零件及其部位有：柱塞外径的磨损拉伤，配流盘与转子接触面之间因磨损或因污物卡住造成的内泄漏。

（4）BFW 型偏心直列式（曲柄连杆式）径向柱塞泵

这种泵的结构如图 1-90 所示。其工作原理也较简单，曲轴 1 上通过偏心套 2（3 个）和销轴 3（3 个）带动柱塞 4（3 个）在缸体 5 中作往复运动，改变 V 腔容积（变大或变小）而实现吸排油。吸油时，油液经下通道进入进油阀 6（销子限位）再到缸体 5 中。被挤压的油液顶开排油阀 7（螺钉限位）而输出。

这种泵由于驱动柱塞运动的偏心轴采用滑动轴承，所以承载能力大，寿命长，结构尺寸小；柱塞用销轴带动强制回程，较之弹簧回程，其工作可靠性强；同时这种泵密封容易解决，因而压力可达

40MPa，但由于柱塞数量少，不可能太多，因而流量脉动大；并且柱塞直径不能做得太大，因而流量范围只能是 2.5～100L/min；而且泵的自吸能力极差，须装在油面之下 300mm。

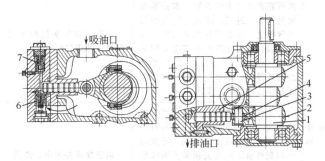

图 1-90　BFW-01 型曲柄连杆式柱塞泵

1—曲轴；2—偏心套；3—销轴；4—柱塞；5—缸体；6—进油阀；7—排油阀

　　直列式径向柱塞泵修理时需检修的主要零件及其部位有：柱塞外径的磨损拉伤，偏心套内径的磨损，曲轴外径的磨损等。

62. 柱塞泵无流量输出，不上油怎么办？

表 1-20　柱塞泵无流量输出，不上油故障排除方法

故障现象	查找故障的方法（找原因）	排除故障的相应对策
无流量输出，不上油	1.查原动机（电机或发动机）转向是否正确	泵转向不一致时应纠正转向
	2.查油箱油位	油位过低时补油至油标线
	3.查启动时转速：如启动时转速过低，吸不上油	应使转速达到液压泵的最低转速以上
	4.查泵壳内启动前是否灌满了油；启动前泵壳内未充满油，存在空气，柱塞泵不上油	应卸下泵泄油口的油塞往泵内注满油，排尽空气，再开机

故障现象	查找故障的方法（找原因）	排除故障的相应对策
无流量输出，不上油	5.查进油管路是否漏气：进油管路裸露在大气中的管接头未拧紧或密封不严，进气；或进油管破裂与大气相通，或者焊接处未焊牢。这样难以在泵吸油腔内形成必要的真空度（因与大气相通），泵内吸油腔与外界大气压接近相等，大气压无法将压力油压入泵内	更换进油接头处的密封，对于破损处补焊焊牢
	6.查柱塞泵的中心弹簧是否折断或漏装：中心弹簧折断或漏装时使柱塞回程不够或不能回程，导致缸体和配流盘之间失去顶紧力而彼此不能贴紧而存在间隙，缸体和配流盘间密封不严，这样高低压油腔相通而吸不上油	须更换或补装中心弹簧
	7.查配油盘（注：有些泵配油窗口设在泵盖上而省去了配油盘）G_1 面与缸体贴合的 G_2 面间是否拉有很深沟槽：如果拉有很深沟槽，压吸油腔相通，吸油腔形不成一定的真空度吸不上油而无流量输出	此时要平磨修复配合面（G_1 面与 G_2 面）

 63. 柱塞泵输出流量大为减少，出口压力提不高怎么处理？

此故障表现为执行元件动作缓慢，压力上不去。

表 1-21 柱塞泵输出流量大为减少，出口压力提不高故障排除方法

故障现象	查找故障的方法（找原因）	排除故障的相应对策
输出流量大为减少，出口压力提不高	1.查配油盘与缸体贴合面（G_1 面与 G_2 面）的接触情况：当两面之间有污物进入、接合面拉毛与拉有较浅沟槽时，压吸油腔间存在内漏，压力越高内泄漏越大	应清洗去污，并将已拉毛拉伤的配合面进行研磨修理

故障现象	查找故障的方法（找原因）	排除故障的相应对策
输出流量大为减少，出口压力提不高	2.查柱塞与缸体孔之间的配合：二者滑动配合面磨损或拉伤成轴向通槽，使柱塞外径 ϕd 与缸体孔 ϕD 之间的配合间隙增大，造成压力油通过此间隙漏往泵体内空腔，内泄漏增大，导致输出流量不够	可刷镀柱塞外圆 ϕd、更换柱塞或采用将柱塞与缸体研配的方法修复。保证二者之间的间隙在规定的范围内（ϕD 与 ϕd 之间的标准间隙一般为 $25\sim 26\mu m$）
	3.查吸油阻力：柱塞泵虽具有一定的自吸能力，但如吸入管路过长及弯头过多，吸油高度太高（>500mm）等原因，会造成吸油阻力大而使柱塞吸油困难，产生部分吸空，造成输出流量不够自吸	一般国内柱塞泵推荐在吸油管道上不要安装滤油器，否则也会造成油泵吸空，这与其他形式的油泵是不同的。但这样做会带来吸入污物的可能，笔者的经验是在油箱内吸油管四周隔开一个大的空间，四周用滤网封闭起来，同样与使用普通滤油器的效果一样。对于流量大于160L/min 的柱塞泵，宜采用倒灌
	4.查拆修后重新装配是否正确：拆修后重新装配时，如果配油盘之孔未对正泵盖上安装的定位销，因而相互顶住，不能使配油盘和缸体贴合，造成高低压油短接互通，打不上油	装配时要认准方向，对准销孔，使定位销完全插入泵盖内又插入配油盘孔内，另外定位销太长也贴合不好
	5.查油泵中心弹簧是否折断或疲劳：中心弹簧折断或疲劳，使柱塞不能充分回程，缸体和配油盘不能贴紧，密封不良而造成压吸油腔之间存在内泄漏而使输出流量不够	此时应更换定心弹簧（中心弹簧）

故障现象	查找故障的方法（找原因）	排除故障的相应对策
输出流量大为减少，出口压力提不高	6.对于变量轴向柱塞泵，包括轻型柱塞泵则有多种可能造成输出流量不够：如压力不太高时，输出流量不够，则多半是内部因摩擦等原因，使变量机构不能达到极限位置，造成斜盘偏角过小所致；在压力较高时，则可能是调整误差所致	此时可调整或重新装配变量活塞及变量头，使之活动自如，并纠正调整误差
	7.紧固螺钉未压紧，缸体径向力引起缸体扭斜，在缸体与配油盘之间产生楔形间隙，内泄漏增大，而产生输出流量不够	紧固螺钉应按对角方式逐步拧紧
	8.油温太高，泵的内泄漏增大而使输出流量不够	应设法降低油温
	9.各种形式的变量泵均用一些相应控制阀与控制缸来控制变量斜盘的倾角。当这些控制阀与控制缸有毛病时，自然影响到泵的流量、压力和功率的匹配。由于柱塞泵种类繁多，读者可对照不同变量形式的泵和各种不同的压力反馈机构	在弄清其工作原理的基础上，查明压力上不去的原因，予以排除。轻型柱塞泵PC阀的调节螺钉调节太松，未拧紧，泵的压力也上不去
	10.因系统内其他液压元件造成的漏损大，误认为是泵的输出流量不够	可在分析原因的基础上分别酌情处理，而不要只局限于泵
	11.液压系统其他元件的故障：例如安全阀未调整好、阀芯卡死在开口溢流的位置、压力表及压力表开关有毛病、测压不准等	应逐个查找，予以排除。要注意液压系统外漏大的位置

64. 柱塞泵噪声大，振动怎么处理？

表1-22　柱塞泵噪声大、振动故障排除方法

故障现象	查找故障的方法（找原因）	排除故障的相应对策
噪声大，振动	1.查泵进油管是否吸进空气，造成泵噪声大、振动和压力波动大	要防止泵因密封不良，吸油管阻力大（如弯曲过多，管子太长）引起吸油不充分、吸进空气的各种情况的发生

故障现象	查找故障的方法（找原因）	排除故障的相应对策
噪声大，振动	2. 查泵和发动机（或电机）同轴度是否超差	泵和发动机安装不同轴，使泵和传动轴受径向力。重新调整同轴度
	3. 查伺服活塞与变量活塞运动不灵活，出现偶尔或经常性的压力波动	如果是偶然性的脉动，多是因油脏、污物卡住活塞的原因所致，污物冲走又恢复正常，此时可清洗和换油。如果是经常性的脉动，则可能是配件拉伤或别劲，此时应拆下零件研配或予以更换
	4. 对于变量泵，可能是由于变量斜盘的偏角太小，使流量过小，内泄漏相对增大，因此不能连续对外供油，流量脉动引起压力脉动	此种情况可适当增大斜盘的偏角，消除内泄漏
	5. 前述的"松靴"，即柱塞球头与滑靴配合松动产生噪声、振动和压力波动大	可适当铆紧柱塞球头与滑靴的配合
	6. 半球套磨损或破损	半球套磨损或破损时，予以更换 
	7. 经平磨修复后的配油盘，三角眉毛槽变短，产生困油引起比较大的噪声和压力波动	可用什锦三角锉将配油盘的三角槽适当修长 

65. 柱塞泵压力表指针不稳定怎么处理？

表1-23 柱塞泵压力表指针不稳定故障排除方法

故障现象	查找故障的方法（找原因）	排除故障的相应对策
压力表指针不稳定	1.查配油盘与缸体或柱塞与缸体之间是否严重磨损	严重磨损时，其内泄漏增大。此时应检查、修复配油盘与缸体的配合面；单缸研配，更换柱塞；紧固各连接处螺钉，排除漏损
	2.查进油管是否堵塞：堵塞时，吸油阻力变大及漏气等都有可能造成压力表指针不稳定	此时可疏通油路管道洗进口滤清器，检查并紧固进油管段的连接螺钉，排除漏气

 66. 柱塞泵发热，油液温升过高，甚至发生卡缸烧电机的现象怎么处理？

表1-24 柱塞泵发热，油液温升过高，甚至发生卡缸烧电机故障排除方法

故障现象	查找故障的方法（找原因）	排除故障的相应对策
发热，油液温升过高，甚至发生卡缸烧电机的现象	1.查泵柱塞与缸体孔、配油盘与缸体结合面之间是否因磨损和拉伤，导致内泄漏增大	泄漏损失的能量转化为热能造成温升。可修复柱塞和缸体孔之间的间隙，使之滑配，并使缸体与配油盘端面密合
	2.查泵内其他运动副是否拉毛，或因毛刺未清除干净，机械摩擦力大，松动别劲，产生发热	可修复和更换磨损零件
	3.查泵是否经常在接近零偏心或系统工作压力低于8MPa下运转，使泵的漏损过小，从而由泄油带走的热量过小，而引起泵体发热。高压大流量泵当成低压小流量泵使用时反而引起泵体发热	可在液压系统阀门的回油管分流一根支管，通于油泵回油的下部放油口内，使泵体产生循环冷却
	4.查油液黏度：油液黏度过大，内摩擦力大；油液黏度过低，内泄漏大。两种情况都会产生发热温升	必须按规定选用油液黏度
	5.查泵轴承：泵轴承磨损，传动别劲，使传动扭矩增大而发热	更换合格轴承，并保证电机与泵轴同轴

教你成为 *一流* 液压维修工

67. 柱塞泵被卡死，不能转动怎么处理？

此故障发生时应立即停泵检查，以免造成大事故。一般要拆卸解体泵。

表 1-25　柱塞泵被卡死，不能转动故障排除方法

故障现象	查找故障的方法（找原因）	排除故障的相应对策
柱塞泵卡死，不能转动	1.首先查明是否漏装了泵轴上的传动键	如漏装则补装
	2.查滑履是否脱落：原因多半为柱塞卡死或负载超载所致	此时需重新包合滑履，必要时更换滑履
	3.查柱塞是否卡死在缸体内：多为油温太高或油脏引起	查明温升原因采取对策，油脏要及时换新油
	4.查柱塞球头是否被折断	必要时换新的柱塞
	5.查半球套是否破损：笔者解体过多台韩国某公司产的柱塞泵因半球头热处理不好而破损，导致泵不能转动	更换半球套

 68. 柱塞泵松靴怎么处理？

滑靴与柱塞头之间的松脱叫松靴，是轴向柱塞泵容易发生的机械故障之一。运行过程中的轴向柱塞泵产生松靴时，轻者引起振动和噪声的增加，降低系统的使用寿命，重者使柱塞颈部扭断或柱塞头从滑履中脱出，使高速运转中的泵内零件被打坏，导致整台昂贵的柱塞泵的报废，造成严重的事故。

产生松靴的原因和排除方法见表 1-26。

表 1-26　柱塞泵松靴故障排除方法

故障现象	查找故障的方法（找原因）	排除故障的相应对策
松靴	1.松靴故障大多数是在柱塞泵的长期运行过程中逐步形成的，主要是由于运行时油液污染得不到有效的控制所致，滑靴与柱塞头接合部位受到大量污染颗粒的楔入，产生相对运动副之间的磨损所致	可采取重新包合的方法来解决。柱塞泵生产厂家现基本上采用三滚轮式收口机包合球头。使用厂家无此条件，可采取在车床上重新滚压一下的方法（见下图），需自制滚轮及夹具（夹持滑靴），滚压

故障现象	查找故障的方法（找原因）	排除故障的相应对策
松靴	2.先天性不足：例如滑靴内球面加工不好表面粗糙度太高，运行一段时间后，内球面上的细微凸峰被磨掉，使柱塞球头与滑靴内球面的柱塞滑靴运动副的间隙增大而产生松靴现象	时要注意进刀尺寸，且仔细缓慢进行，否则容易产生包死现象，这样便由"松靴"变成"紧靴"了。但如果滑靴磨损拉毛严重，则需更换
	3.使用时间已久，松靴难以避免。因为长久运动过程中，吸油时，柱塞球头将滑靴压向止推盘；压油时，将滑靴拉向回程盘，每分钟上千次这样的循环，久而久之，造成滑靴球窝窝底部磨损和包口部位的松弛变形，产生间隙，而导致松靴现象	卡盘　夹具　滑靴　柱塞　顶尖　辗压滚子

✖ 69. 柱塞泵变量机构及压力补偿机失灵怎么处理？

表1-27　柱塞泵变量机构及压力补偿机失灵故障排除方法

故障现象	查找故障的方法（找原因）	排除故障的相应对策
变量机构及压力补偿机失灵	1.查控制油路：是否被污物阻塞；控制油管路上的单向阀弹簧是否漏装或折断；单向阀阀芯是否密合	可分别采取净化油、用压缩空气吹通或冲洗控制油道、补装或更换单向阀弹簧、修复单向阀等措施
	2.查变量头与变量体磨损：例如国产CY型柱塞泵（见图1-91）变量头25与变量壳体16上的轴瓦圆弧面K之间磨损严重，或有污物毛刺卡住，转动不灵活造成失灵，导致变量机构及压力补偿机失灵	磨损轻时可用刮刀刮削好使圆弧面配合良好后装配再用，如两圆弧面磨损拉伤严重，则需更换
	3.查变量柱塞（或伺服活塞）18是否卡死不能带动伺服活塞运动、弹簧芯轴10是否别劲卡死：应设法使之灵活，并注意装配间隙是否合适	变量柱塞以及弹簧芯轴如为机械卡死，可研磨修复，如油液污染，则清洗零件并更换油液

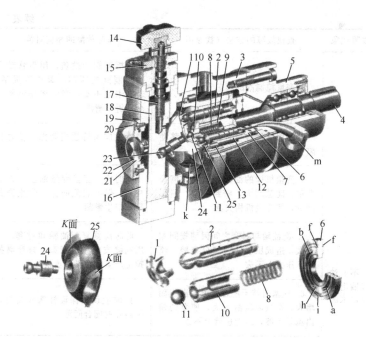

图 1-91　国产 CY 型柱塞泵结构

1—滑履；2—柱塞；3—泵体；4—传动轴；5—前盖；6—配油盘；7—缸体；
8—定心弹簧；9—外套；10—弹簧芯轴（内套）；11—钢球；12—钢套；
13—滚柱轴承；14—手柄；15—锁紧螺母；16—变量壳体；17—螺杆；
18—变量柱塞；19—盖；20—铁皮；21—刻度盘；22—标牌；
23—销轴；24—斜盘（变量头）；25—压盘

70. 径向柱塞泵不上油或输出的流量不够怎么处理？

表 1-28　径向柱塞泵不上油或输出的流量不够故障排除方法

故障现象	查找故障的方法（找原因）	排除故障的相应对策
不上油或输出的流量不够	1.对于阀式配油的径向柱塞泵，可能是吸排油单向阀有故障；当只要有一个钢球漏装或锥阀芯漏装，则吸不上油；当钢球（或锥阀芯）与阀座相接触处粘有污物，或者磨损有较深凹坑时，则可能吸不上油或者不能充分吸油造成输出流量不够	此时应拆修泵，漏装零件时，应补装上；对磨损严重的钢球，应予以更换；对于锥阀式吸排油阀可在小外圆磨床上，修磨阀芯锥面

故障现象	查找故障的方法（找原因）	排除故障的相应对策
不上油或输出的流量不够	2. 变量控制阀的阀芯卡死	可拆开阀的端盖，用手移动变量控制阀的阀芯，看是否灵活，若被卡死不动，则应将操纵部分全部拆下清洗
	3. 滑块楔得过紧，偏心机构移动阻力大	滑块应保持适当间隙，使之移动灵活
	4. 变量机构的油缸控制柱塞磨损严重，间隙增大，密封失效，泄漏严重，使变量机构失灵	此时需：更换变量油缸的控制柱塞，保证装配间隙，防止密封失效产生泄漏
	5. 配油轴与衬套之间因磨损间隙增大，造成压吸油腔部分窜腔，流量、压力上不去	此时应修复配油轴和衬套，采用刷镀或电镀再配磨。衬套磨损拉毛严重时，必须更换
	6. 柱塞与转子配合间隙因磨损而增大，造成内泄漏增大，使泵的输出流量不够，压力也就上不去	此时应设法保证柱塞外圆与转子内孔的配合间隙
	7. 缸体上个别与柱塞配合的孔失圆或有锥度，或者因污物卡死，使柱塞不能在缸孔内灵活移动	此时拆修柱塞泵，并修复缸孔和柱塞外圆精度，并清洗装配，保证合适的装配间隙
	8. 辅助泵（齿轮泵）的故障，使控制主泵的控制油压力流量不够	针对辅助泵的种类，如为齿轮泵则参阅齿轮泵的故障与排除方法进行检查修理
	9. 查各种变量方式的径向柱塞泵的定子和转子之间的偏心距是否总处在最小偏心距状况下而出现无流量输出或输出流量不够的故障	查明是什么原因导致定子和转子之间的偏心距，总处在最小偏心距状况，采取对策

✖ **71.** 径向柱塞泵出口压力调不上去怎么处理？

这一故障是指：液压系统其他调压部分均无故障，而压力上不去。

表 1-29　径向柱塞泵出口压力调不上去故障排除方法

故障现象	查找故障的方法（找原因）	排除故障的相应对策
出口压力调不上去	1. 表 1-28 中泵流量上不去的故障，均会产生压力上不去的故障	参阅表 1-28 中的相应对策
	2. 液压系统油温太高，泵的内泄漏量太大，使泵的容积效率下降，供给负载的流量便不够，那么就很难在满足负载压力下提供足够的负载流量，只有使泵压力降下来，因而泵压力上不去	此时应检查油温过高所产生的原因，加以排除
	3. 变量控制装置有故障：例如恒压变量径向柱塞泵，当恒压阀的阀芯卡死在上端位置，或者恒压阀的弹簧折断及漏装，或者阀调节螺钉拧入的深度不够，均可能造成泵压上不去的故障	可在查明原因后做出处理

72. 径向柱塞泵噪声过大，伴有振动，压力波动大怎么处理？

表 1-30　径向柱塞泵噪声过大，伴有振动，压力波动大故障排除方法

故障现象	查找故障的方法（找原因）	排除故障的相应对策
噪声过大，伴有振动，压力波动大	1. 油面过低，吸油压力大，造成吸油不足，吸进空气或产生气穴	此时应检查油面，清洗滤油器
	2. 定子环内表面拉毛磨损，与柱塞接触时有径向窜动，导致流量压力脉动，产生噪声	此时可研磨修复定子环内表面，并修磨柱塞头部球面
	3. 内部其他零件损坏	可根据情况更换有关零件，例如轴承等
	4. 电机与泵轴不同轴	应校正同轴，同轴度在 0.1mm 以内

73. 径向柱塞泵操纵机构失灵，不能改变流量及油流方向怎么处理？

径向柱塞泵的变量方式很多，弄明白要排除故障的泵，到底是

属于何种变量方式，这种变量方式的工作原理怎样，是排除故障的关键所在。

表 1-31　径向柱塞泵操纵机构失灵，不能改变流量及油流方向故障排除方法

故障现象	查找故障的方法（找原因）	排除故障的相应对策
操纵机构失灵，不能改变流量及油流方向	1.用电磁阀控制的泵可能是电磁阀产生故障，使操纵机构动件失灵	此时应检查电磁阀
	2.变量控制阀阀芯卡死不动	拆下清洗修理
	3.滑块楔紧，移动阻力大	滑块应保持适当间隙，使之灵活移动
	4.齿轮泵（辅助泵）不上油，压力上不来	可按本章第2节修理好齿轮泵

🔧 74. 怎样分析与排除变量柱塞泵的故障？

以萨澳丹佛斯（SAUER-DANFOSS）公司产的 45 系列 F 型开式变量轴向柱塞泵为例。

（1）外观与结构

如图 1-92 所示，该泵斜盘变量机构设计为双伺服活塞（双缸）控制式，斜盘支撑轴承为镀聚合物托架支承。双控制活塞中的偏置活塞（小活塞）作用力方向为斜盘角度增大方向，而另一变量伺服活塞（大活塞）使斜盘向减小角度的方向。在通入相同压力下，因变量伺服活塞直径大于偏置活塞直径，引起斜盘变量。缸体随输入轴一起旋转同时带动缸体上的 9 个往复活塞将液压油从泵输入口传送到输出口。缸体弹簧（中心弹簧）通过一回程盘将柱塞滑靴紧压在斜盘上。泵配油盘为双金属材料，这样的工艺有助于提高泵的容积效率及减少噪声。轴支撑选用圆锥滚子轴承，轴端采用唇型氟化橡胶圈密封。可选择压力补偿 PC 控制（一个可调阀芯，未画）或负载敏感 LS 控制（两个可调阀芯）。来自系统的压力油通过控制阀芯调节后引到变量活塞底部推动斜盘变量。

（2）变量方式（图 1-93）

① PC 控制。PC 控制满足液压回路流量变化下，压力恒定应

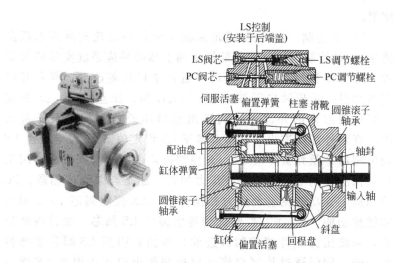

图 1-92　45 系列 F 型开式变量轴向柱塞泵的外观与结构

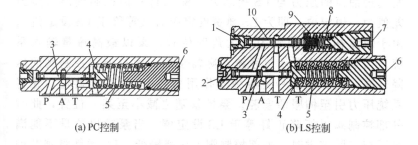

(a) PC 控制　　　　　　　　(b) LS 控制

图 1-93　变量轴向柱塞泵的变量方式

1，2—堵头；3—PC 控制阀芯；4—PC 调节螺堵；5—弹簧；6—PC 控制阀芯；
7—LS 调节螺堵；8—弹簧；9，10—LS 控制阀芯

用需求。PC 控制实时调节泵输出流量，泵输出压力保持不变。PC
设定压力由 PC 调节螺堵 4 及弹簧 5 设定。系统压力作用于 PC 阀
芯 6 非弹簧侧，当系统压力达到 PC 设定值时，PC 阀芯换位并将
系统压力引至伺服活塞，斜盘角度减小。当系统压力低于 PC 设定
值时，PC 弹簧将阀芯朝相反方向推，伺服活塞与泵壳体相通，斜
盘角度增加。斜盘角度实时调节以便保持系统输出压力为 PC 设

定值。

　　② LS控制。LS控制满足泵输出流量与系统实际需求匹配要求。LS控制通过反馈外部控制阀上压降感应系统实际流量需求。外部控制阀打开或关闭时，进出油口压差改变。阀芯开口度增加时，进出油口压差减小。阀关闭时，压差增加。LS控制根据反馈回来的外部控制阀进出油口压差信号调节泵排量大小，直到外部阀进出油口压差等于LS设定值。LS设定值由LS调节螺堵7及弹簧8决定。LS控制模块由两个滑阀组成，用来控制伺服控制活塞腔与系统压力相通，还是与泵壳体相通。PC控制阀芯3功能见前面压力补偿描述。LS控制阀芯10实现负载敏感功能。PC阀芯控制优先等级高于LS阀芯。通过内部油道，系统压力（外部控制阀进油口压力）引至LS阀芯非弹簧腔一侧。同时通过控制口将外部控制阀出口压力引至LS阀芯弹簧腔一侧。LS阀芯动态调节至某一平衡点，此时来自外部控制阀进油口的压力与LS阀芯另一侧来自外部控制阀出口压力差值为一恒定值，即为LS弹簧设定压力（等价于LS设定值）。由于斜盘初始被偏置为最大角度位置，泵以最高流量输入系统。当泵输出流量超过系统实际需求时，通过外部控制阀的压降升高，此压差信号克服弹簧作用力将LS阀芯推换位，并将系统压力引至伺服活塞腔。泵排量随之减小至某一位置，此时外部控制阀上压降正好等于LS设定值。当泵输出流量不能满足系统实际需求时，外部控制阀上压降降低，LS弹簧将阀芯朝相反方向推，将伺服活塞腔与泵壳体相通。泵排量随之增加至某一位置，此时外部控制阀上压降正好等于LS设定值。当外部控制阀位于中位机能时，LS信号油路与油箱相通。此时无反馈控制压力作用于LS阀芯上无弹簧腔一侧，泵排量调节至某一位置，此时系统输出压力等于LS设定值，泵处于待命模式。LS阀芯与PC阀芯为串联回路，PC阀芯可越过LS阀芯起作用。一旦系统压力达到PC设定值时，PC阀芯将切断LS阀芯与伺服活塞腔相连油路，并将系统压力引至伺服活塞，使得泵排量减小。

75. 变量柱塞泵系统噪声或振动异常怎样分析与排除?

表 1-32　变量柱塞泵系统噪声或振动异常故障分析与排除方法

故障原因	描述	处理方法
油箱中油位	油箱中油液不足将导致吸空	加液压油至合适位置
系统中空气	系统中含气量过高产生噪声或导致控制信号不稳定	排出空气并拧紧管接头。检查吸油管路是否漏气
泵吸油路压力/真空度	吸油工况不合适将导致泵性能异常,流量输出低	改善泵吸油路压力/真空度,吸油口压力应为 0.5~0.8bar
联轴器	联轴器松动或对中不正确将导致噪声或振动异常	维修或更换联轴器,确认联轴器选择是否正确
轴安装对中	轴与联轴器偏心将导致噪声或振动异常	轴正确对中安装
液压油黏度超过限定值	液压油黏度过高或温度过低将导致泵吸油不足或控制调节不正确	工作前系统预热,或在特定的工作环境温度下,选用合适黏度的液压油

76. 变量柱塞泵工作元件响应迟缓怎样分析与排除?

表 1-33　变量柱塞泵工作元件响应迟缓故障分析与排除

故障原因	描述	处理方法
外部溢流阀设定	外部溢流阀设定过低将导致系统响应迟缓	根据机器推荐要求,调节外部溢流阀设定。外部溢流阀设定值应高于 PC 设定值以确保工作正确
PC 及 LS 控制设定值	PC 设定值过低将导致泵不能满排量输出。LS 设定过低将限制泵输出流量	调整 PC 及 LS 设定:PC 控制压力设定范围为 100~260bar,LS 控制压力设定范围为 12~40bar
LS 控制压力信号	LS 信号不正确将导致不能正确工作	检查系统管路以确保返回泵的 LS 控制信号正确
系统内泄漏	内部组件磨损导致泵不能正确工作	如需维修应联系指定维修商

故障原因	描述	处理方法
液压油黏度超过限定值	液压油黏度过高或温度过低将导致泵吸油不足或控制调节不正确	工作前系统预热，或在特定的工作环境温度下，选用合适黏度的液压油。 表： 工况 / 黏度/（mm²/s） 最低 持续 9 最低 间歇 6.4 最高 持续 110 最高 间歇（冷启动） 1000
外部系统控制阀	外部系统控制阀可能导致系统响应不合适	维修外部方向控制阀，如有必要更换
泵壳体压力	高壳体压力可导致系统反应迟缓	检查保证壳体回油路通畅
泵吸油压力/真空度	吸油真空度过高将导致低输出流量	检查吸油压力是否合适

77. 变量柱塞泵系统温度过高怎样分析与排除？

表1-34 变量柱塞泵系统温度过高故障分析与排除方法

故障原因	描述	处理方法
油箱油位	油箱中油液不足以满足系统冷却需求	加液压油至合适位置，确认油箱大小是否合适
散热器及风扇供给空气流量及温度	空气流量不足或空气温度过高，以及散热器选型不合适，不能满足系统冷却需求	清洗，维修散热器。如有必要更换
外部溢流阀设定	油液通过外部溢流阀将增加系统发热	根据机器推荐重新调整溢流阀设定。外部溢流阀设定应高于泵上PC设定值
泵吸油压力/真空度	高吸油真空度将增加系统发热	改善泵吸油工况/真空度

78. 变量柱塞泵输出流量过低怎样分析与排除？

表1-35 变量柱塞泵输出流量过低故障分析与排除方法

故障原因	描述	处理方法
油箱油位	油箱中油液不足将限制泵输出流量，并导致泵内部组件损坏	加液压油至合适位置
液压油黏度超过限定值	液压油黏度过高或温度过低将导致泵吸油不足或控制调节不正确	工作前系统预热，或在特定的工作环境温度下，选用合适黏度的液压油
外部溢流阀设定	外部溢流阀设定低于PC设定，导致泵输出流量过低	根据机器推荐重新调整溢流阀设定。外部溢流阀设定应高于泵上PC设定值
PC及LS控制设定值	PC设定值过低将导致泵不能满排量输出	调整PC及LS设定
泵吸油压力/真空度	高吸油真空度将导致泵输出流量过低	改善泵吸油工况/真空度
输出转速	低输入转速将降低泵输出流量	调整泵输入转速
泵旋向	旋向不正确将导致输出流量过低	使用正确旋向泵

79. 变量柱塞泵压力流量不稳定怎样分析与排除？

表1-36 变量柱塞泵压力流量不稳定故障分析与排除方法

故障原因	描述	处理方法
系统是否含有空气	系统中含气量过高将导致泵工作异常	加压至PC设定，便于系统排气。检查吸油路是否存在泄漏，排除空气渗入点
控制阀芯	控制阀芯卡住将导致泵工作异常	检查阀芯在安装孔内是否运动灵活。清洗或更换
LS设定值	低LS设定将导致系统不稳定	调整LS设定至合适值
LS控制信号管路	LS控制信号管路堵塞，干扰泵正常控制信号	排除堵塞物
外部溢流阀或PC设定值	PC设定值与外部溢流阀设定值差异太小	调整外部溢流阀或PC控制设定至合适水平。高压溢流阀设定必须高于PC设定，以确保系统工作正常
外部溢流阀	外部溢流阀震颤将导致返回泵控制信号不稳定	调节溢流阀或更换

✖ 80. 变量柱塞泵系统压力不能达到 PC 设定值怎样分析与排除?

表 1-37　变量柱塞泵系统压力不能达到 PC 设定值故障分析与排除方法

故障原因	描述	处理方法
PC 设定	系统压力不能达到 PC 设定值	调整 PC 设定
外部溢流阀设定	外部溢流阀设定低于泵上 PC 设定	根据机器推荐重新调整溢流阀设定。外部溢流阀设定必须高于泵上 PC 设定值
PC 控制弹簧	弹簧折断、损坏或未安装都可导致泵工作异常	如有必要,更换弹簧
PC 控制阀芯是否磨损	PC 控制阀芯磨损将导致控制内泄漏	如有必要,更换阀芯
PC 控制阀芯是否正确安装	PC 控制阀芯安装不正确将导致工作异常	正确安装控制阀芯
PC 控制是否污染	污染物可能影响 PC 阀芯换向	清洗 PC 控制组件,采取合适的措施排除污染

✖ 81. 变量柱塞泵高吸油真空度怎样分析与排除?

高吸油真空度导致吸空,并由此损坏泵内部组件。

表 1-38　变量柱塞泵高吸油真空度故障分析与排除方法

故障原因	描述	处理方法
油液温度	低温导致油液黏度升高,进而引起吸油真空度增加	工作前系统预热
吸油粗滤	吸油粗滤堵塞或压降过高将导致高吸油真空度	清洗过滤器/排除堵塞物
吸油管路	管接头或弯管过多,管路过长将导致吸油真空度过高	去掉部分管接头,简化布管油路
液压油黏度超过限定值	液压油黏度过高将导致泵吸油不足	工作前系统预热,或在特定的工作环境温度下,选用合适黏度的液压油

82. 如何修理缸体孔与柱塞的配合面？

目前轴向柱塞泵的缸体有三种形式：整体铜缸体；全钢缸体；镶铜套钢制缸体。缸体上柱塞孔数有七孔、九孔等，缸体孔与柱塞外圆配合间隙如表1-39所示。

表1-39　柱塞与缸孔的配合间隙与极限间隙　　　　　　　mm

柱塞与缸	孔相配直径	$\phi16$	$\phi20$	$\phi25$	$\phi30$	$\phi35$	$\phi40$
相配标准	间隙	0.015	0.025	0.025	0.030	0.035	0.040
相配极限	间隙	0.040	0.050	0.060	0.070	0.080	0.090

① 对缸体孔镶铜套者，如果铜套内孔磨损基本一致，且孔内光洁、无拉伤划痕，则可研磨内孔，使各孔尺寸尽量一致，再重配柱塞；如果铜套内孔磨损拉伤严重，且内孔尺寸不一致，则要采用更换铜套的方法修复。

铜套在压入缸体孔之前，先按尺寸一致的一组柱塞（7或9件）的外径尺寸，在保证配合尺寸的前提下加工好铜套内孔，然后压入铜套，注意压入后，铜套内径会略有缩小。

在缸体孔内安装铜套的方法有：缸体加温（用热油）热装或铜套低温冷冻挤压，外径过盈配合；采用乐泰胶粘着装配，这种方法的铜套外径表面要加工若干条环形沟槽；缸孔攻螺纹，铜套外径加工螺纹，涂乐泰胶后，旋入装配。

② 对原铜套为熔烧结合方式或缸体整体铜件者，修复方法为：采用研磨棒，研磨修复缸孔；采用坐标镗床或加工中心，重新镗缸体孔；采用金刚石铰刀（在一定尺寸范围可调，市场有售）铰削内孔。

③ 对于缸体孔无镶入铜套者，缸体材料多为球墨铸铁，在缸体孔内壁上有一层非晶态薄膜或涂层等减摩润滑材料，修复时不可研去。修理这些柱塞泵，就要求助专业修理厂和泵的生产厂家。

83. 如何修理柱塞？

柱塞一般是球头面和外圆柱表面的磨损与拉伤，且磨损后，外圆柱表面多呈腰鼓形。

柱塞球头表面一般在修理时，只能采取与滑靴内球面进行对研的方法，因为磨削球面需要专门的设备，而这是泵用户单位不可能具备的。

柱塞外圆柱面的修复可采用的方法有：无心磨、半精磨外圆后镀硬铬，镀后再精磨外圆并与缸体孔相配；电刷镀，即在柱塞外圆面刷镀一层耐磨材料，一边刷镀一边测量外径尺寸；热喷涂、电弧喷涂或电喷涂，喷涂高碳马氏体耐磨材料；激光熔敷，即在柱塞外圆表面熔敷高硬度耐磨合金粉末，柱塞材料有 20CrMnTi 等。

🔧 84. 如何修理缸体与配流盘？

缸体与配流盘之间的配合面，其结合精度（密合程度）对泵的性能影响非常大，密合不好，影响泵输出流量和输出压力，甚至导致泵不出油的故障，必须进行重点检查，重点修复。

配油盘有平面配流和球面配流两种结构形式。对于球面配流副，在缸体与配流盘凹凸接合面之间，如果出现的划痕不深，可采用对研的方法进行修复；如果划痕很深，因为球面加工难度较大，只有另购予以更换。当然也可采用银焊补缺的办法和其他办法进行修补，但最后还是要对研球面配合副。对于平面配流盘，则可用高精度平面磨床磨去划痕，再经表面软氮化热处理，氮化层深度0.4mm 左右，硬度为 900～1100HV；缸体端面同样可经高精度平面磨床平磨后，再在平板上研磨修复，磨去的厚度要补偿到调整垫上。配油盘材料为 38CrMoAlA 之类。

另一个检查修复的方法是在二者中的一个相配表面上涂上红丹，用另一个去对研几下，如果二者去掉红丹粉的面积超过 80%，则也说明修复是成功的。

平面配流形式的摩擦副可以在精度比较高的平板上进行研磨。

缸体和配流盘在研磨前，应先测量总厚度尺寸和应当研磨掉的尺寸，再补偿到调整垫上。配流盘研磨量较大时，研磨后应重新热处理，以确保淬硬层硬度。柱塞泵零件硬度标准为：柱塞推荐硬件84HS，柱塞球头推荐硬度＞90HS，斜盘表面推荐硬度＞90HS，配流盘推荐硬度＞90HS。

 85. 如何修复柱塞球头与滑靴内球窝的配合副？

柱塞球头与滑靴球窝在泵出厂时一般二者之间只保留 0.015～0.025mm，但使用较长时间后，二者之间的间隙会大大增加，只要不大于 0.3mm，仍可使用，但间隙太大会导致泵出口压力、流量的脉动增大的故障，严重者会产生松靴、脱靴故障，甚至可能会导致因脱靴而泵被打坏的严重事故。出现压力、流量脉动苗头时，要尽早检查是否松靴可能带来的脱靴现象，尽早重新包靴，决不可忽视。

86. 如何修理斜盘(止推板)？

斜盘使用较长时间后，平面上会出现内凹现象，可平磨后再经氮化处理。如果磨去的尺寸（例如 0.2mm）并未完全磨去原有的氮化层时，也可不氮化，但斜盘表面一定要经硬度检查。

87. 更换轴承有哪些注意事项？

柱塞泵如果出现游隙，则不能保证上述摩擦副之间的正常间隙，破坏泵内各摩擦副静压支承的油膜厚度，从而降低柱塞泵的使用寿命。一般轴承的寿命平均可达 10000h，折合起来大约为两年多的时间，超过此时间，应酌情更换。

轴承更换时，应换成与拆下来的旧轴承上标注型号相同的轴承或明确可以代用的轴承。此外要注意某些特殊要求的泵所使用的特殊轴承，例如德国力士乐公司针对 HF 工作液，在 E 系列柱塞泵中采用了镀有"RR"镀层的特殊轴承。对径向柱塞泵可参阅上述内容进行。

斜盘平面被柱塞球头刮削出沟槽时，可采用激光熔敷合金粉末的方法进行修复。激光熔敷技术既可保证材料的结合强度，又能保证补熔材料的硬度，且不会降低周边组织的硬度。

也可以采用铬相焊条进行手工堆焊，补焊过的斜盘平面需重新热处理，最好采用氮化炉热处理。不管采取哪种方法修复斜盘，都必须恢复原有的尺寸精度、硬度和表面粗糙度。

88. 泵轴花键损坏如何修理?

① 将原轴的花键部分铣去成六角形。

② 加工一内六角套,长度按原花键长度尺寸,外径按原花键外径尺寸,压入铣成六角形的泵轴上,并进行焊接。加工套时应确保套的壁厚不得小于 10mm。

③ 在已焊好的部位加工花键。

89. 怎样不拆泵来判断泵内泄漏大?

柱塞泵结构较复杂,拆修柱塞泵不是一件很容易的事。这里介绍一种不拆开泵而可判断泵内泄漏大的方法:可以先手摸泄油管,如果发热厉害再拆开泵泄油管,肉眼观察从泄油管漏出的油量大小和泄油压力是否较大。正常情况下,从泄油管正常流出的油是无压和流量较小(只有一根细线状),反之则要拆泵检查修理。

90. 怎样用简易真空法鉴定柱塞与缸体孔的配合松紧度?

用右手食指盖住柱塞顶部孔,左手将柱塞慢慢向外拉出,此时右手食指应感到有吸力,当拉到约有柱塞全长 2/5 时,很快松开柱塞,此时柱塞在真空吸力的作用下迅速回到原位置,说明此柱塞可继续使用。否则,应换新件或待修复。

91. 怎样检查缸体与配流盘之间配合面的泄漏?

缸体与配流盘修复后,可采用下述方法检查配合面的泄漏情况,即在配流盘面涂上凡士林油,把泄油道堵死,涂好油的配流盘平放在平台或平板玻璃上,再把缸体放在配流盘上,在缸孔中注入柴油,要间隔注油,即一个孔注油,一个孔不注油,观察 4h 以上,柱塞孔中柴油无泄漏和窜通,说明缸体与配流盘研磨合格。

另一个检查修复的方法是在二者中的一个相配表面上涂上红丹,用另一个去对研几下,如果二者去掉红丹粉的面积超过 80%,

则也说明修复是成功的。

在维修中更换零件应尽量使用原厂生产的零件，这些零件有时比其他仿造的零件价格要贵，但质量及稳定性要好，如果购买售价便宜的仿造零件，短期内似乎是节省了费用，但由此出带来了隐患，也可能对柱塞泵的使用造成更大的危害。

第 5 节

螺 杆 泵

螺杆泵具有流量脉动小、噪声低、振动小、寿命较长、机械效率高等突出优点，广泛应用在船舶（甲板机械、螺旋推进器的可变螺距控制）、载客用电梯、精密机床和水轮机调速等液压系统中。还可用来抽送黏度较大的液体和其中带有软的悬浮颗粒的液体，因此在石油工业和食品工业中亦有应用。但螺杆泵工艺难度高，限制了它的使用。

按螺杆数分有单螺杆泵、双螺杆泵、三螺杆泵；按用途分有液压用泵和输送用泵（例如在石油工业和食品工业中使用）。

92. 单螺杆泵工作原理与结构是怎样的？

（1）工作原理

单螺杆泵由定子和转子组成。一般，定子是用丁腈橡胶衬套浇铸粘接在钢体外套内而形成的一种腔体装置，定子内表面呈双螺旋曲面，转子用合金钢的棒料经过精车、镀铬并抛光加工而成，转子有空心转子和实心转子两种。定子与转子以偏心距 e 偏心放置，与转子外表面相配合。这样在转子和定子衬套间能形成多个密封腔室，以充满工作液体。转子的转动能够使密封腔室连同其中的工作液体连续地沿轴向推移，并在推移过程中进行机械能和液压能的相互转化。转子的运转，将各个密封腔内的介质连续地、匀速地从吸入端传输到压出端［图1-94(a)］。单螺杆泵的工作原理如同丝杆螺

母啮合传动 [图 1-94(b)、(c)]，此处当螺杆（丝杆）转动时，液体（相当于螺母）则将产生向上的轴向移动，将液体或夹杂有硬颗粒的混合液体泵出。

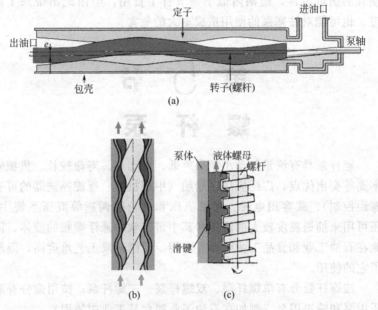

图 1-94 单螺杆泵的工作原理

（2）结构

如图 1-95 所示，单螺杆泵的螺杆具有圆形的法向截面，套在由特种合成橡胶制成的外套中旋转，外套与螺杆偏心设置。由于为橡胶螺套，即便液体中含有固体异物，也不会损伤螺纹面，所以单螺杆泵主要用作输送泵使用。目前国外这种单螺杆泵的流量（容量）为 1～2000L/min，最高工作压力为 1MPa 左右，能输送各种液体乃至带固体颗粒或黏稠液体。

单螺杆泵的基本结构如图 1-95 所示，它主要由一个圆形截面的单头螺杆（转子）和一个椭圆形截面的具有双头螺纹的衬套（定子）组成。螺杆通常由金属制成，而衬套多用弹性材料丁腈橡胶制成。

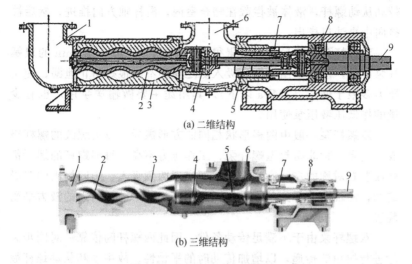

(a) 二维结构

(b) 三维结构

图 1-95 G 型单螺杆泵的结构

1—排出体；2—转子；3—定子；4—万向节；5—中间轴；
6—吸入室；7—轴密封；8—轴承座；9—输入轴

由于衬套是双头的，所以它的螺旋导程是转子导程的两倍。这样，当螺杆与衬套互相啮合时，就会形成一个轴向长度为 t 的封闭容腔，这些封闭容腔被螺杆与衬套的啮合线完全隔开，可见，单螺杆泵属密封型螺杆泵。

当螺杆以不大的偏心距 e 在衬套中啮合旋转时，螺杆与泵缸间与右端吸口相通的工作容积不断增大而吸入液体，然后与吸口隔离，沿轴向不断推移至排出端，转而再与左端排出口相通，该空间容积又不断减小而排出液体，因而泵得以吸排液体。

由于螺杆的中心线与泵缸的中心线存在一个偏心距 e，因此在主动轴 9 和螺杆 2 之间必须加装万向轴。为了保护万向轴的联结部分，使它不受工作液体的侵蚀，通常都在其上加挠性的保护套。

93. 双螺杆泵的工作原理与结构是怎样的？

（1）工作原理

图 1-96 所示的双螺杆泵与齿轮泵十分相似，主动螺杆转动，

带动从动螺杆，液体被拦截在啮合室内，沿杆轴方向推进，然后被挤向中央油口排出。

双螺杆泵的流量可以做得很大，国外已有 10000L/min 的双螺杆泵产品，但由于出油侧和吸入侧之间还不能很好防止泄漏，使用压力多限于低压（3MPa 以下）。其用途主要做输送泵用，也有少量的作低压液压泵使用。

双螺杆泵一般由两根形状相同的方形螺牙、双头螺纹的螺杆组成。它是一种非密封型螺杆泵，工作压力不高。每根螺杆的螺牙都做成左右对称的左、右螺纹，从而实现两侧吸入、中间排出的双吸结构，使轴向力得到基本平衡，否则需加装平衡轴向力的液力平衡装置。

双螺杆泵由于不满足传动条件，因此两螺杆间依靠一对同步齿轮进行扭矩的传递，以增加传动时的平稳性。故主动和从动螺杆彼此不直接接触，两根螺杆间及螺杆与泵体之间的间隙靠同步齿轮和轴承来保证，磨损小，不必设可备更换的缸套。

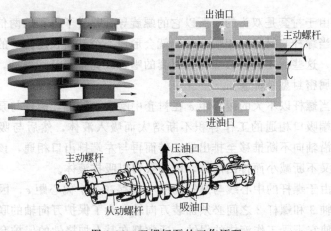

图 1-96　双螺杆泵的工作原理

（2）结构

双螺杆泵如图 1-97(a)、(b) 所示，分为外置轴承结构和内置轴承结构，其具体实例见图 1-97(c)。

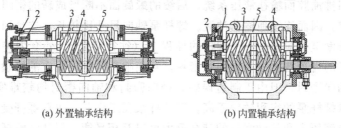

(a) 外置轴承结构　　　　　　　　(b) 内置轴承结构

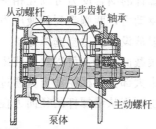

(c) IMO公司内置轴承的双螺杆泵结构

图 1-97　双螺杆泵的结构例

1—同步齿轮；2—轴承；3—从动齿轮；4—主动齿轮；5—泵体

94. 三螺杆泵的工作原理与结构是怎样的?

（1）工作原理

在垂直于轴线的剖面内，主动螺杆和从动螺杆的齿形由几对摆线共轭曲线所组成（见图 1-98）。螺杆的啮合线把主动螺杆和从动螺杆的螺旋槽分割成若干密闭容积。当主动螺杆旋转时，即带动从动螺杆旋转。由于三根螺杆的螺纹是相互啮合的，因此，随着空间啮合曲线的移动，密闭容积就沿着轴向移动。主动螺杆每转一转，各密闭容积就移动一个导程（双头螺杆时为两个螺距之和）的距离。在吸油腔一端，密闭容积逐渐增大，完成吸油过程；在压油腔一端，密闭容积逐渐减小，完成压油过程。

主动螺杆与从动螺杆相啮合，在每一个导程中形成一个包容在外套内腔和啮合面间的密封工作容腔。主从动螺杆旋转时，由于啮合线沿螺旋面的滑动，工作容腔将沿轴向由螺杆的一端连续地向另一端移动，这样工作容腔中充满的油液（工作介质）也就从吸油腔带到排油腔而输往液压系统，后续的螺旋面不断形成新的密闭工作容腔，因而连续地输出油液。螺杆泵轴向尺寸比较长，这是因为外套长度至少应盖住一个螺杆的导程 T（往往多个），外套内壁与三螺杆的齿顶圆构成径向间隙密封，互相啮合的螺旋面上的接触线构成轴向密封。但由于制造误差，径向密封和轴向密封均较难实现，所以螺杆泵的容积效率不高。三螺杆泵在工作时，主动螺杆受到的径向液压力和从动螺杆的啮合反力可以互相平衡，但从动螺杆仅单侧承受主动螺杆的驱动力，两侧受到的液压力也不相等，其径向力是不平衡的。这一般从设计上适当选择好主、从动螺杆的直径比例及从动螺杆的凹螺线截面尺寸，可以利用液压力产生的转矩使从动螺杆自行旋转而卸去大部分机械驱动力，通过适当限制每一个导程级所建立的压差，也可将从动螺杆的径向力控制在合理范围内。

从动螺杆
主动螺杆
从动螺杆

一组密封腔

图 1-98　三螺杆泵的工作原理

（2）结构

图 1-99 所示为瑞典依莫（IMO）公司的三螺杆泵结构，泵常用工作压力可达 21 MPa，个别品种可达 35～40MPa，转速为 1500～5000r/min，每转排量 1.7～8570cm³/r，噪声不大于 70dB。主要用于精密机床、载客用电梯液压系统以及船舶甲板机械、石油工业和食品工业中。

螺杆泵中工作介质的压力沿轴线逐渐升高，这一压差对螺杆副产生一个由排油腔指向吸油腔的轴向推力，它将使螺杆间的摩擦力增大，加剧磨损，为补偿轴向力三螺杆泵中采取了以下措施。

① 将排油腔设置在主动螺杆轴伸端一侧（右侧），这样可减少工作油液压力对螺杆的作用面积。

② 在排油腔侧——泵的轴伸端处设置一直径较大的轴向力平

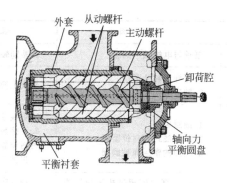

图 1-99　IMO 公司三螺杆泵结构

衡圆盘，此盘与外壳内壁构成间隙密封，这样轴向力平衡圆盘左边受排油腔压力油作用，平衡圆盘右边被隔成了卸荷腔，这样作用到平衡圆盘左右两侧的压差产生的液压力可抵消主动螺杆上所受到的大部分轴向力。

③ 将排油腔的压力油通过主动螺杆中心通道引到螺杆左端轴承后腔内，平衡衬套隔开轴承后腔与泵吸油腔，这样在轴承后腔形成压力油腔，产生一部分向右推力，即在从动螺杆上仍保留一小部分向右推力（轴向力），以保证啮合线上的压紧密封。主动螺杆上最后剩余的轴向力由设在吸油腔一侧的推力轴承平衡。

🔧 95. 怎样对螺杆泵进行故障排查？

表 1-40　螺杆泵的故障排查方法

故障现象	产生原因	排除方法
泵不出油	1.有大量空气吸入 2.电机反转 3.进、出油管接反 4.油液黏度太高 5.吸油时吸入真空度超过规定值	1.紧固漏气处 2.纠正方向 3.调正 4.更换符合规定的油液 5.排除吸油管道堵塞点
流量急剧下降	1.安全阀失灵或有脏物关不严 2.转速和油液黏度低于规定指标 3.螺杆和衬套磨损，配合间隙增大	1.更换或修复安全阀，排除脏物 2.更换符合规定的油液 3.更换新件

故障现象	产生原因	排除方法
泵有振动	泵轴与电机轴不同轴	调整同轴度
抱轴	1.螺杆或衬套磨伤 2.轴套磨伤	检查更换
轴封处外泄漏大	1.油封破损 2.泵轴油封密封位磨损 3.端面的密封面被磨损	1.更换油封 2.更换泵轴或螺杆泵轴上的密封位置 3.更换或修复
泵有振动噪声,压力表、真空表指针剧烈跳动	1.吸入真空度超过规定值（或进油管滤油器堵塞） 2.进油管吸入空气或油中吸入大量空气 3.油液黏度太大,或进油管太长、太细、弯头过多 4.安全阀失灵	1.检查吸油管与滤油器消除堵塞 2.检查吸油管接头,并设法排气 3.加温或设法减少吸油阻力 4.检查调试
泵吸入口处真空度超过规定值	1.油温过低、黏度太大 2.进油管或滤油器堵塞 3.进油管过长、过细、弯头太多	1.启动油箱加热器 2.检查疏通或清洗滤油器 3.要减少吸油阻力
排油压力下降	1.螺杆或衬套磨损 2.配合间隙过大	1.更换 2.修复或换泵
电机超载	1.油的黏度太大 2.电压太低	1.更换符合规定的油 2.查出原因排除故障

第2章

执行元件——液压缸和液压马达

液压缸和液压马达是液压系统的液压执行元件，是向外做功的元件，是液压设备的"手"。

第1节
液 压 缸

✕ 96. 什么是液压缸？

液压缸是液压系统中的一种执行元件，其作用是将油液的压力能转换成机械能，输出的是直线力和直线运动。

✕ 97. 液压缸怎样分类？

① 按结构特点不同，可将液压缸分为活塞缸、柱塞缸、伸缩缸和摆动缸等类型。

② 按作用方式来分，液压缸有单作用式和双作用式两种：单作用式液压缸中的液压力只能使活塞（或柱塞）单方向运动，反方向运动必须依靠外力（重力或弹簧力）实现；双作用式液压缸可由液压力实现两个方向的运动。

✖️ 98. 液压缸的工作原理与结构怎样？

液压缸在结构上往往设置有排气装置、缓冲装置、密封装置等，其典型结构如图 2-1 所示。

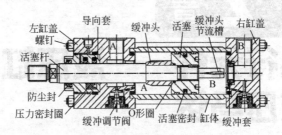

图 2-1　液压缸的结构特点

（1）排气装置

液压系统在安装或修理后，系统内油液是排空的，液压系统使用过程中也难免要混进一些空气，如果不将系统中的空气排除，会引起颤抖、冲击、噪声、液压缸低速爬行以及换向精度下降等多种故障，所以在液压缸中设置排气装置非常必要。

常见的排气装置如图 2-2 所示，排气时稍微松开螺钉，排完气后再将螺钉拧紧，并保证可靠密封。

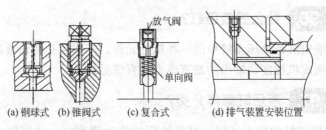

(a) 钢球式　(b) 锥阀式　(c) 复合式　(d) 排气装置安装位置

图 2-2　液压缸的排气装置

（2）缓冲装置（图 2-3）

对大型液压缸，其运动部件（活塞与活塞杆等）的质量较大，当运动速度较快时，会因惯性而具有较大的动量。为减小具有较大动量的运动部件在到达行程终点时产生的机械冲击冲撞缸盖，影响设备的精度，并可能损坏设备造成破坏性事故的发生，采取在液压缸上设置缓冲装置是非常必要的。

对于消除活塞到达终点时产生的有害冲击，有两种方法可以使用：一种是在液压缸外部设置机械吸震装置和在液压控制回路上想办法，例如在液压系统中设置减速回路或制动回路；另一种方法是在液压缸本身结构上想办法解决，在液压缸上设置缓冲装置是一个可行的办法。

缓冲装置有两种：一种为节流式，它是指在液压缸活塞运动至接近缸盖时，使低压回油腔内的油液，全部或部分通过固定节流或可变节流器，产生背压形成阻力，达到降低活塞运动速度的缓冲效果，图 2-3(a)、(b)、(c)、(d)、(e)、(f) 均属于此类；另一类为卸载式，它是指在活塞运动至接近缸盖时，双向缓冲阀 2 的阀杆先触及缸盖，阀杆沿轴向被推离起密封作用的阀座，液压缸两腔通过缓冲阀 2 的开启而使高低压腔互通，缸两腔的压差迅即减小而实现缓冲。

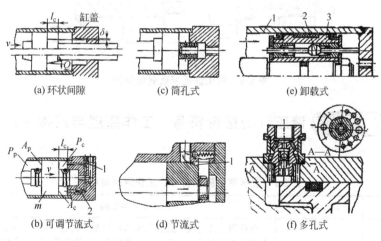

图 2-3　液压缸的缓冲装置

（3）密封装置

密封的作用：用来阻止液压缸内部压力工作介质的泄漏和阻止外界灰尘、污垢和异物的侵入。

液压缸需要密封的部位有两类（见图 2-4）：一类是无相对运动的部位，一类则是有相对运动的部位。前者采用静密封，后者采用动密封。液压缸需要使用静密封的部位有：活塞与活塞杆之间的连接部位（多采用双向密封）；缸筒与端盖之间（单向密封）。液压缸需要采用动密封的部位有：活塞与缸筒孔之间（活塞用密封，双向或单向）的密封，防止液压缸高低、压腔窜腔；活塞杆与缸盖或导向套之间（单向密封）的密封，防止液压缸向外泄漏。

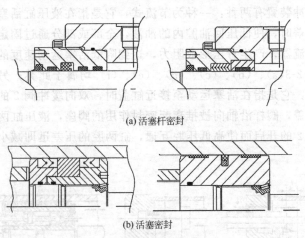

(a) 活塞杆密封

(b) 活塞密封

图 2-4　液压缸需要密封的部位

⚒ 99. 液压缸的图形符号、工作原理与结构是怎样的？

表 2-1　液压缸的图形符号、工作原理与结构

	图形符号	工作原理与结构
单作用缸	活塞式液压缸	单作用活塞式液压缸的工作原理如图 2-5(a) 所示：当压力油从 A 口流入，活塞受力压缩弹簧向右输出单方向的力和速度（直线运动），反方向退回运动要依靠弹簧力（或重力及外负载力）实现，返回力须大于无杆腔背压力和液压缸各部位的摩擦力 单作用活塞式液压缸的结构如图 2-5(b) 所示

续表

<table>
<tr><th></th><th>图形符号</th><th>工作原理与结构</th></tr>
<tr><td rowspan="2">单作用缸</td><td>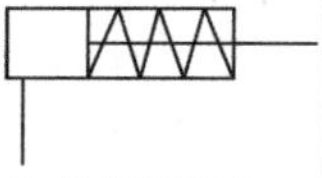
活塞式液压缸</td><td>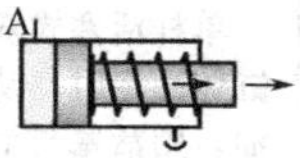
A
(a) 工作原理
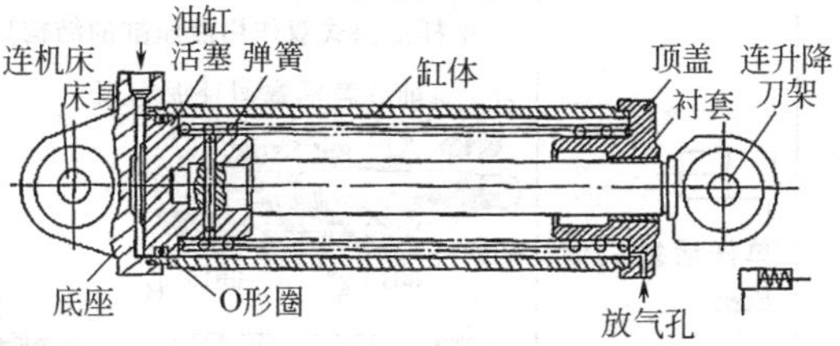
油缸
连机床
活塞 弹簧
缸体
顶盖
连升降
床身
衬套
刀架
底座
O形圈
放气孔
(b) 结构
图 2-5　单作用活塞式液压缸的工作原理与结构</td></tr>
<tr><td>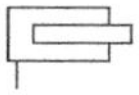
柱塞式液压缸</td><td>当活塞式液压缸行程较长时，缸体孔的加工难度大，使得制造成本增加，此时可采用柱塞缸。柱塞缸缸体内孔无需加工，只需缸盖（导向套）很短的内孔加工与柱塞外径配合便行。柱塞缸是单作用缸
单作用柱塞式液压缸的工作原理如图 2-6(a)、(b) 所示。图 2-6(a) 中，压力油从油口 A 进入缸筒时，柱塞受液压力作用向右运动，反方向（向左）的运动要依靠外力（如重力）来实现
如需双向运动，则应两个柱塞缸对装，各管一个方向的运动 [图 2-6(b)]
柱塞式液压缸的结构见图 2-6(c)
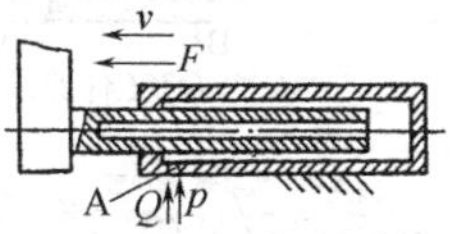
v
F
A
Q
p
(a)
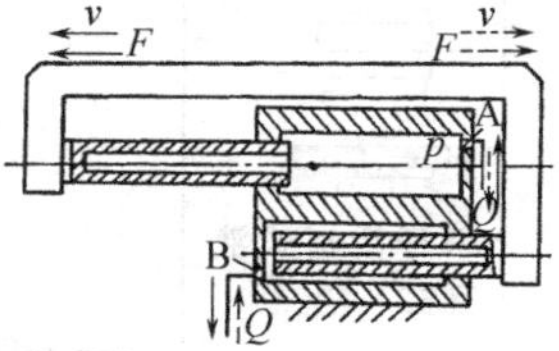
v
F
v
F
A
p
B
Q
(b)
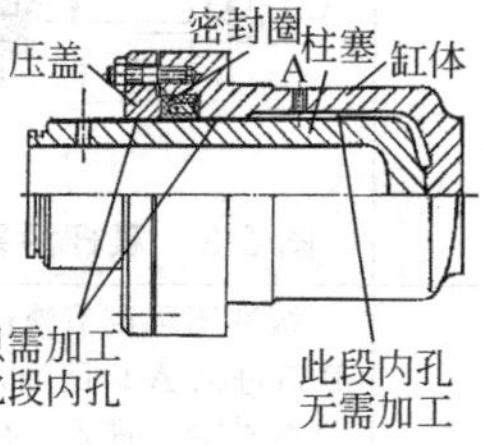
密封圈
压盖
柱塞
缸体
A
只需加工
此段内孔
此段内孔
无需加工
(c)
图 2-6　单作用柱塞式液压缸的工作原理与结构</td></tr>
</table>

图形符号	工作原理与结构

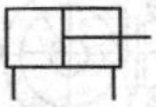

<table>
<tr><td rowspan="3">双作用缸</td><td>单杆活塞式液压缸</td><td>

单杆活塞式双作用液压缸的工作原理如图 2-7(a) 所示：当缸体固定时，从油口 A（或 B）进油，由油口 B（或 A）回油，则活塞与活塞相连接的活塞杆向右（左）运动。活塞往复运动速度不相等

单杆活塞式双作用液压缸的结构见图 2-7(b) 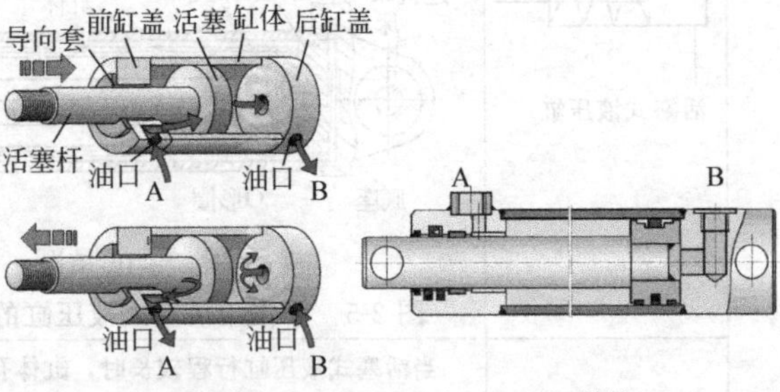

(a) 工作原理   (b) 结构

图 2-7　单杆活塞式双作用液压缸的工作原理与结构

</td></tr>
<tr><td> 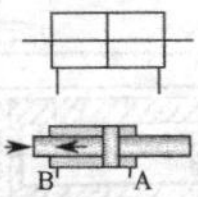双杆活塞式液压缸</td><td>

双杆活塞式双作用液压缸的工作原理如图 2-8(a) 所示：当从油口 A 进油，另一端油口 B 回油，如活塞杆固定时，则缸体向右运动；反之向左运动。在输入同样流量下活塞往复运动速度相等

双杆活塞式双作用液压缸的结构如图 2-8(b) 所示 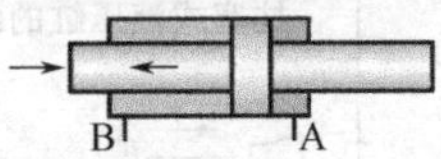

(a) 工作原理 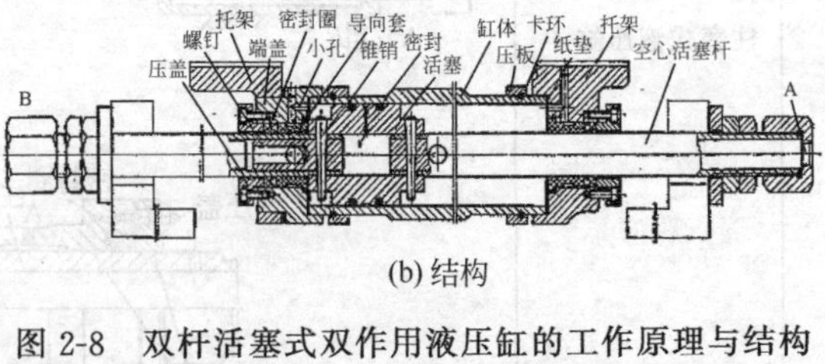

(b) 结构

图 2-8　双杆活塞式双作用液压缸的工作原理与结构

</td></tr>
<tr><td> 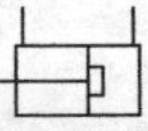缓冲不可调节液压缸</td><td>

缓冲不可调节液压缸的工作原理与结构如图 2-9 所示：当从 B 口进油 A 口回油，缓冲套 6 未进入 a 孔时，活塞快速左行；当缓冲套 6 进入 a 孔时，因缓冲套 6 上开有三角节流槽，回油产生逐步节流，缸进入减速缓冲行程。由于三角节流槽设计好便不能再调节，所以为缓冲不可调节液压缸

</td></tr>
</table>

图形符号	工作原理与结构
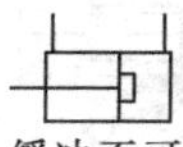 **缓冲不可调节液压缸**	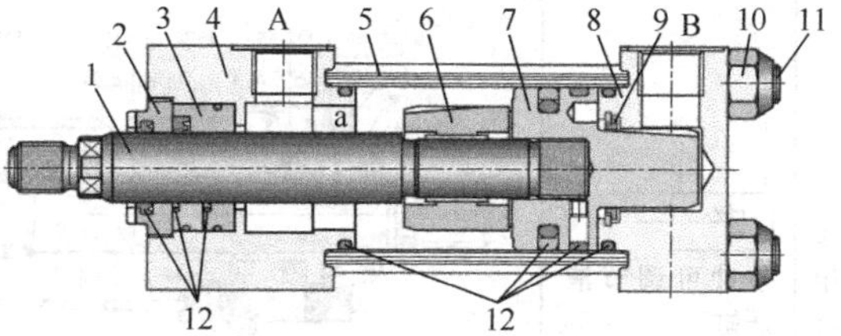 图 2-9　缓冲不可调节液压缸的工作原理与结构 1—活塞杆；2—端盖；3—导向套；4—缸头；5—缸筒； 6—缓冲套；7—活塞；8—缸底；9—缓冲环； 10—螺母；11—拉杆； 12—成套密封（防尘圈、活塞杆密封、活塞密封）

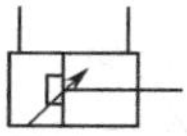

双作用缸

缓冲可调节液压缸的工作原理与结构如图 2-10 所示：当缓冲柱塞未进入 b 孔时，回油畅通，活塞快速右行 [图 2-10(a)]；当缓冲柱塞进入 b 孔时，回油只能通过 a 孔再经节流阀回油，活塞缓冲慢速右行，叫做"缓冲" [图 2-10(b)]。由于可调节节流阀开口的大小，即可调节缓冲速度，为可调节缓冲

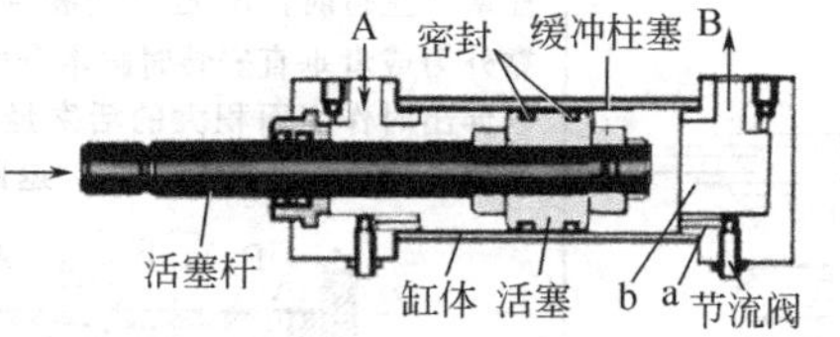

(a) 不缓冲时快速右行

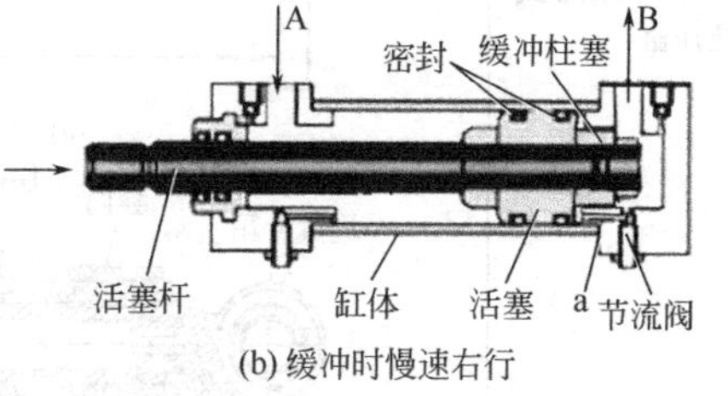

(b) 缓冲时慢速右行

图 2-10

缓冲可调节液压缸

图形符号	工作原理与结构

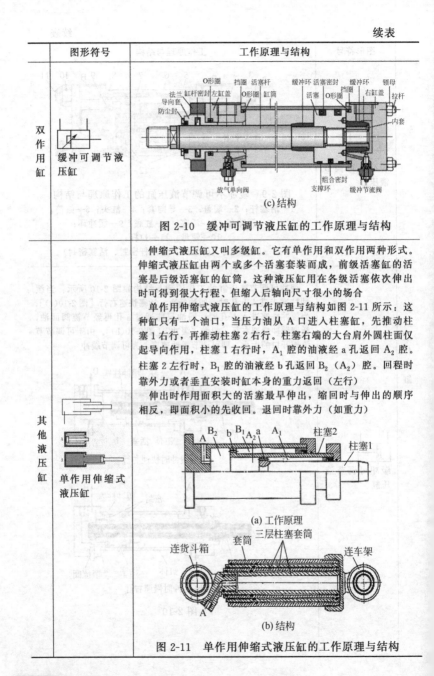

双作用缸

缓冲可调节液压缸

(c) 结构

图 2-10 缓冲可调节液压缸的工作原理与结构

其他液压缸

单作用伸缩式液压缸

伸缩式液压缸又叫多级缸。它有单作用和双作用两种形式。伸缩式液压缸由两个或多个活塞套装而成，前级活塞缸的活塞是后级活塞缸的缸筒。这种液压缸用在各级活塞依次伸出时可得到很大行程、但输入后轴向尺寸很小的场合

单作用伸缩式液压缸的工作原理与结构如图 2-11 所示：这种缸只有一个油口，当压力油从 A 口进入柱塞缸，先推动柱塞 1 右行，再推动柱塞 2 右行。柱塞右端的大台肩外圆柱面仅起导向作用，柱塞 1 右行时，A_1 腔的油液经 a 孔返回 A_2 腔。柱塞 2 左行时，B_1 腔的油液经 b 孔返回 B_2（A_2）腔。回程时靠外力或者垂直安装时缸本身的重力返回（左行）

伸出时作用面积大的活塞最早伸出，缩回时与伸出的顺序相反，即面积小的先收回。退回时靠外力（如重力）

(a) 工作原理

(b) 结构

图 2-11 单作用伸缩式液压缸的工作原理与结构

	图形符号	工作原理与结构
其他液压缸	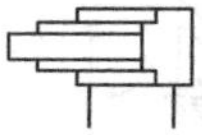 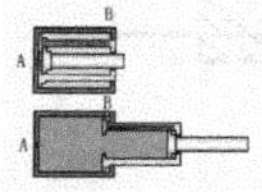 ![图形符号] 双作用伸缩式 液压缸	双作用伸缩式液压缸的工作原理与结构如图 2-12 所示：与单作用伸缩缸不同点是此处有两个油口。伸出时，A 进油，B 回油，作用面积大的活塞最早伸出；缩回时，B 进油，A 回油时，环型作用面积大的先收回 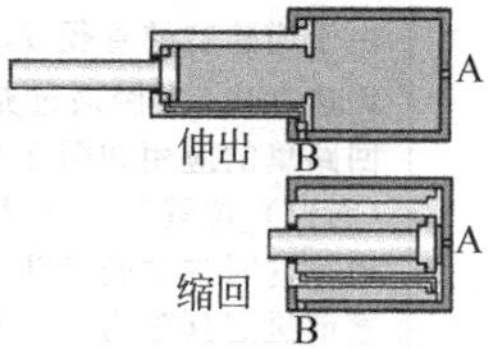 (a) 工作原理 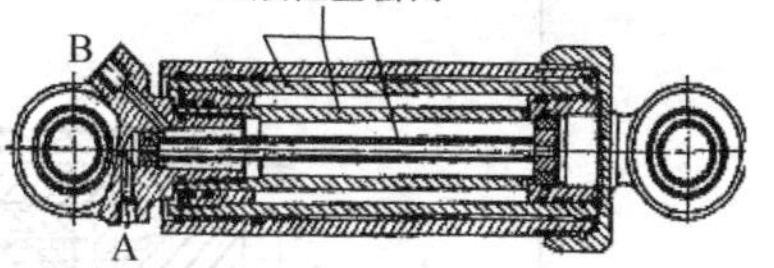 (b) 结构 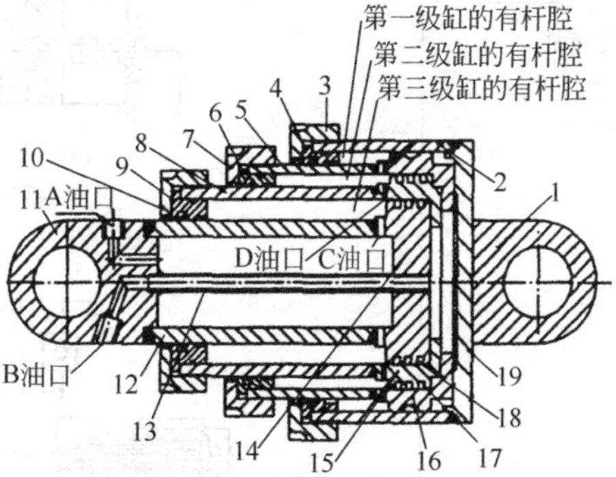 (c) 结构(垃圾站推铲油缸) 图 2-12　双作用伸缩式液压缸的工作原理与结构 1—底耳；2—缸筒 I ；3—压盖 I ；4—缸盖 I ； 5—缸筒 II ；6—缸盖 II ；7—压盖 II ；8—缸筒 III ；9—缸盖 III ； 10—压盖 III ；11—杆头；12—活塞杆；13—油管；14—活塞 III ； 15—活塞 II ；16—活塞 I ；17，18—密封件；19—缸底

图形符号	工作原理与结构
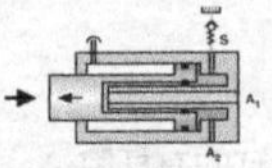 其他液压缸 增速缸	增速缸的工作原理与结构如图 2-13 所示 增速缸是由一个双作用活塞式油缸和一个单作用柱（活）塞式油缸组成，大活塞 1 的中部即作为增速油缸，带密封的活塞 2（或柱塞）在其中滑动，活塞 2 固定于大缸的缸底上，因而结构紧凑。活塞空程向前时，压力油仅从 a 输往增速缸。由于增速缸的直径 d_3 小，所以活塞 1 前进（向左）时推力小而速度快。b 腔通过充液阀 3 补油，而 C 腔回油。增速缸连在回路里的应用如图 2-13(b) 所示，当换向阀 1 切换到"前进"（右位）位置时，压力油 p 经 B 进入增速缸，将活塞快速推出。这时主油腔产生真空，充液阀 3 打开，进行充液。当活塞前进遇到阻力时（例如合上模），管道中的油压升高，单向顺序阀 2 开启，油也进入主油缸，充液阀自动关闭，这时转入低速工作行程。工作完毕后，换向阀 1 切换到"退回"（左位）位置，压力油进入活塞杆腔，顶开充液阀，活塞退回 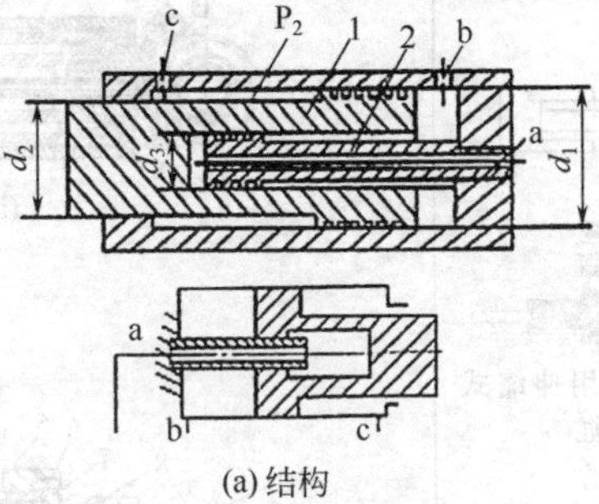 (a) 结构 1,2—活塞 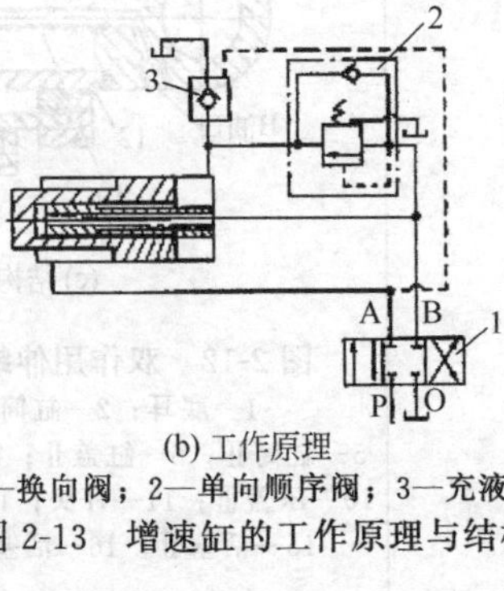 (b) 工作原理 1—换向阀；2—单向顺序阀；3—充液阀 图 2-13　增速缸的工作原理与结构

<table>
<tr><th></th><th>图形符号</th><th>工作原理与结构</th></tr>
<tr><td rowspan="2">其他液压缸</td><td>增压缸
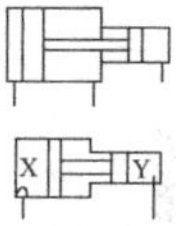
X
Y</td><td>增压缸的工作原理与结构如图 2-14 所示：p_2 比 p_1 放大了 A_1/A_2 倍，利用这一点增压缸可将输入的较低压力的油变换为较高压力的油，供液压系统中的高压支路使用
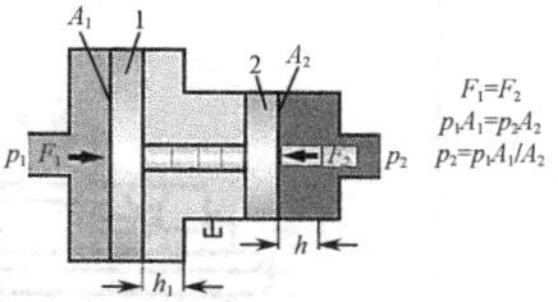
A1
1
2
A2
p1
F1
F2
p2
h
h1
F1=F2
p1A1=p2A2
p2=p1A1/A2

(a) 工作原理
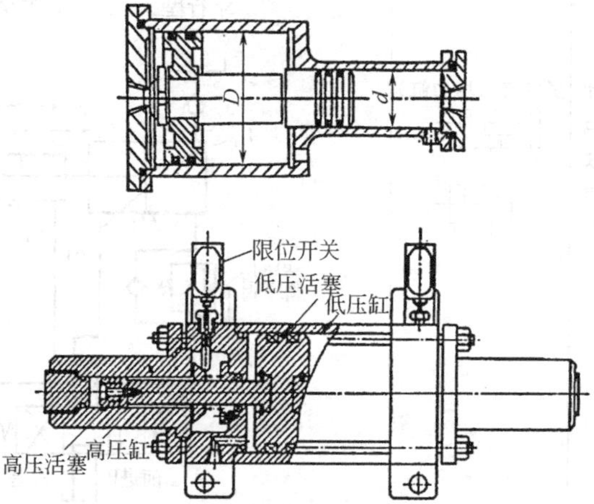
D
d
限位开关
低压活塞
低压缸
高压活塞
高压缸

(b) 结构
图 2-14　增压缸的工作原理与结构</td></tr>
<tr><td>多位缸（增力缸）
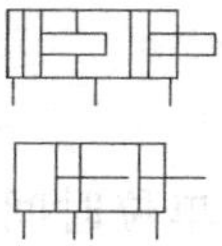</td><td>多位缸（增力缸）的工作原理与结构如图 2-15 所示：串联的两个液压缸，可以增大缸的推力。两缸缸径可以一样大，也可不一样大，当活塞开始前进时，换向阀处于“前进”位置，顺序阀关闭，由小缸带动向右快进，当活塞杆碰上工件后，缸的压力上升，顺序阀打开，大缸右腔进油，进行增力；反之，当换向阀处于“后退”位时，松开工件
利用改变各油口通入压力油的不同组合，缸有几个不同位置，构成数字缸</td></tr>
</table>

图形符号	工作原理与结构
其他液压缸	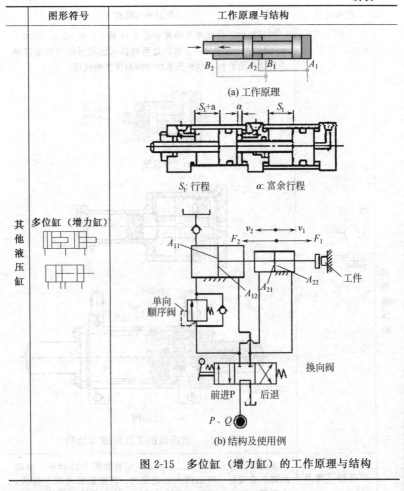

<table>
<tr><td>多位缸（增力缸）</td></tr>
</table>

(a) 工作原理

S_t: 行程　　　$α$: 富余行程

(b) 结构及使用例

图 2-15　多位缸（增力缸）的工作原理与结构

100. 液压缸的主要技术参数有哪些？

① 进入液压缸的流量 Q 与活塞的运动速度 v　单位时间内进入液压缸缸体（缸筒）内的油液体积，称为流量；单位时间内压力油液推动活塞（或柱塞）移动的距离，叫运动速度。

② 压力 p 与推力（或拉力）F　油液作用在单位面积上的压

强 $p=F/A$，叫压力；压力油液作用在活塞（或柱塞）上产生的液压力，叫推力。

③ 功 W 和功率 N　液压缸所做的功 $W=FS$（S 为活塞行程）；功率 $N=Fv=pQ$。

101. 压力、流量、推力和运动速度之间怎样计算？

（1）双活塞杆双作用液压缸的计算

双活塞杆液压缸的活塞两端都带有活塞杆，分为缸体固定和活塞杆固定两种安装形式，如图 2-16 所示。

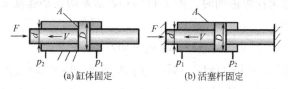

(a) 缸体固定　　　　　(b) 活塞杆固定

图 2-16　双活塞杆液压缸活塞运动速度与牵引力的计算

如果双活塞杆液压缸的两活塞杆直径相等（或不相等），则当输入流量 Q 和油液压力不变时，其往返运动速度和推力相等（或不相等）。则缸的运动速度 v 和推力 F 分别计算如下。

输入液压缸的流量 Q 是由活塞有效面积 A 和所要求的活塞杆运动速度 v 确定的，故有

$$Q=Av\eta_v/10=\pi(D^2-d^2)v\eta_v/40(\text{L/min})$$

$$v=40Q/\pi\eta_v(D^2-d^2)(\text{m/min})$$

活塞杆的推力（或拉力）可由液缸两腔的压力差来求出

$$F=(p_1-p_2)A\times10\eta_m=10\pi(D^2-d^2)\times(p_1-p_2)\eta_m(\text{N})$$

式中　　Q——输入液压缸的流量，L/min；

　　　　A——活塞有效工作面积，cm^2；

　　　　v——活塞的运动速度，m/min；

　　p_1，p_2——分别为缸的进、回油压力，bar；

　　D，d——分别为活塞直径和活塞杆直径，cm；

　　η_v，η_m——分别为缸的容积效率和机械效率。

这种液压缸常用于要求往返运动速度相同的场合。以上为缸体固定、活塞杆运动的各项基本计算公式，若为活塞杆固定而缸体运动，同样可推导出类似的基本公式。

注意图中同样是左边进油、缸体固定和活塞杆固定时运动方向的区别。

（2）单活塞杆双作用液压缸的计算

活塞仅有一端带有活塞杆，两个进出油口，所以单活塞杆液压缸两腔有效面积 $A_1 \neq A_2$，如果分别由两油口进入相同流量油液时，活塞两个方向的运动速度和输出力（推力）是不相等的。其简图及油路连接方式如图 2-17 所示。

① 当无杆腔进油时 [图 2-17(a)]，活塞的运动速度 v_1 和推力 F_1 分别为

$$Q = A_1 v_1 = \pi D^2 v_1$$
$$v_1 = Q/A_1 = 40Q/\pi D^2 \quad F_1 = p_1 A_1 - p_2 A_2 = 10\pi [p_1 D^2 - p_2 (D^2 - d^2)]/4 = 10\pi [D^2(p_1 - p_2) + d^2 p_2]/4$$

② 当有杆腔进油（设 $Q = Q'$）时 [图 2-17(b)]，活塞的运动速度 v_2 和推力 F_2 分别为

$$v_2 = Q'/A_2 = 40Q/\pi (D^2 - d^2)$$
$$F_2 = p_2 A_2 - p_1 A_1 = 10\pi [p_2(D^2 - d^2) - p_1 D^2]/4$$
$$= 10\pi [(p_2 - p_1) \times D^2 - p_2 \times d^2]/4$$

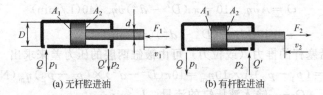

(a) 无杆腔进油   (b) 有杆腔进油

图 2-17 双作用单活塞杆液压缸

比较上述各式，可以看出：$v_2 > v_1$，$F_1 > F_2$；液压缸往复运动时的速度比为

$$v_1/v_2 = (D^2 - d^2)/D^2 = 1 - d^2/D^2$$

上式表明：当活塞杆直径愈小时，速度比接近 1，在两个方向

上的速度差值就愈小。

（3）双作用单活塞杆液压缸的差动连接（差动缸）的计算

当双作用单活塞杆液压缸两腔同时通入压力油时，由于无杆腔的有效作用面积大于有杆腔的有效作用面积，使得活塞向右的作用力大于向左的作用力，因此，活塞向右运动，活塞杆向外伸出；与此同时，又将有杆腔的油液挤出，使其流进无杆腔，从而加快了活塞杆的伸出速度，单活塞杆液压缸的这种连接方式被称为差动连接，或叫差动缸（图 2-18）。

$$v_3 = (Q + Q')/A_1 = 40 \left[Q + \pi(D^2 - d^2)v_3\right] / \pi D^2$$

整理后活塞的运动速度 v_3 得

$$v_3 = 40Q/\pi d^2$$

式中　Q，Q'——分别表示从无杆腔进入（或流出）和从有杆腔流出（或进入）的流量，L/min；

　　　　A_1——活塞有效工作面积，cm^2；

　　　　v_3——活塞的运动速度，m/min；

　　p_1，p_2——分别为缸的进、回油压力，bar；

　　　D，d——分别为活塞直径和活塞杆直径，cm。

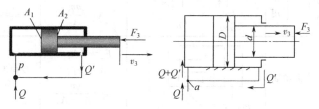

图 2-18　液压缸的差动连接

差动连接时，液压缸的有效作用面积是活塞杆的横截面积，运动速度比无杆腔进油时的大，而输出力则较小。

从上面的分析可以看出，差动连接是在不增加液压泵容量和功率的条件下，实现快速运动的有效办法。

如图 2-19 所示双作用单活塞杆液压缸在无杆腔进油、有杆腔进油与差动连接时，如果进入缸的流量 Q 相同，得到的运动速度是不相同的，即 $v_3 > v_2 > v_1$。

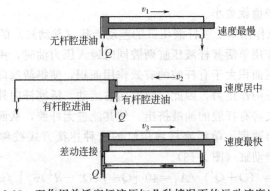

图 2-19　双作用单活塞杆液压缸几种情况下的运动速度比较

（4）液压缸的运动参数与动力参数的计算汇总（见表 2-2）

表 2-2　液压缸的运动参数与动力参数的计算汇总

类型			符号	正向速度、负载	反向速度、负载
活塞缸	单杆	非差动缸	单作用	推力　速度 $F_1 = A_1 p \eta_m$ $v_1 = \dfrac{q \eta_v}{A_1}$	无
			双作用	$F_1 = (A p_1 - A_2 p_2) \eta_m$ $v_1 = \dfrac{q \eta_v}{A_1}$	$F_2 = (A_2 p_1 - A_1 p_2) \eta_m$ $v_2 = \dfrac{q \eta_v}{A_2}$
		差动缸		$F_3 = (A_1 - A_2) p_1 \eta_m$ $v_3 = \dfrac{q \eta_v}{A_1 - A_2}$	反向不差动，同上
	双杆	缸体固定		$F_1 = (p_1 - p_2) A_1 \eta_m$ $v_1 = \dfrac{q \eta_v}{A_1}$	$F_1 = F_2$ $v_1 = v_2$
		活塞杆固定		同缸体固定	同缸体固定

（5）柱塞缸（柱塞式液压缸）的计算

例如图 2-20 中，柱塞缸柱塞运动，缸筒固定，压力为 p 流量为 Q 的压力油通入柱塞缸中，柱塞外径为 d，柱塞缸所产生的推力 F 和运动速度 v 为

$$Q=vA \quad v=Q/A=4Q/(\pi d^2) \qquad F=pA=p\pi d^2/4$$

推力：$F=pA\eta_{\mathrm{m}}=\pi d^2 p\eta_{\mathrm{m}}/4$

输出速度：$v=4Q\eta_{\mathrm{v}}/\pi d^2$

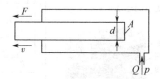

图 2-20　柱塞式液压缸的计算

102. 液压缸不动作怎么办？

表 2-3　液压缸不动作故障排除方法

故障现象	查找故障的方法（找原因）		排除故障的相应对策
液压缸不动作	1. 查是否有压力油进入液压缸	① 查液压缸前的换向阀是否未换向（特别是中位卸载的换向阀），无压力油进入液压缸	检查换向阀未换向的原因并排除
		② 查液压泵是否未供油	检查液压泵和主要液压阀的故障原因并排除
		③ 查溢流阀是否将泵来油全部溢流回油箱了	检查溢流的故障
	2. 有油液进入，则查进入液压缸的油液有没有足够压力	① 系统有故障，主要是泵或溢流阀有故障	检查泵或溢流阀的故障原因并排除
		② 内部严重泄漏，活塞与活塞杆松脱，密封件严重损坏	紧固活塞与活塞杆并更换密封件
		③ 因压力调节阀有故障，系统调定压力过低或压力调节阀有故障	排除压力阀故障，并重新调整压力，直至达到要求值；必要时重新核算工作压力，更换可调大一些的调压元件

故障现象	查找故障的方法（找原因）	排除故障的相应对策
2.有油液进入，则查进入液压缸的油液有没有足够压力	④ 活塞上的密封圈（例如图2-21、图2-22所示的O形圈、格来圈、斯来圈）漏装或严重损坏、缸体孔拉有很深沟槽及活塞杆上锁定活塞的螺母松脱时，造成油缸进回油腔严重导通—窜腔时，缸便不能运动 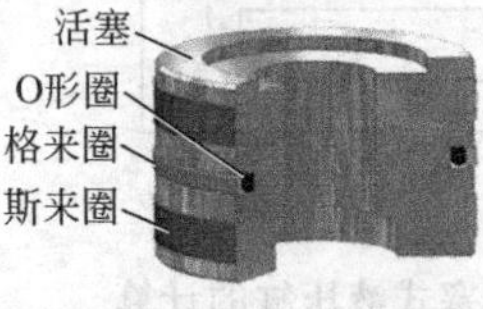 图 2-21　油缸局部结构	可采取更换活塞上的密封圈和其他修理措施 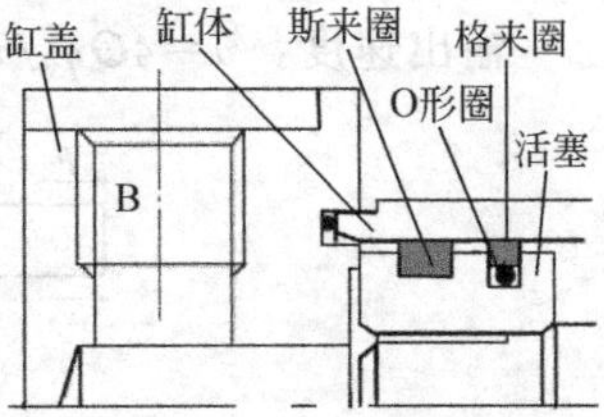 图 2-22　活塞图例
液压缸不动作 **3.有油进入，压力也要达到要求，则查负载是否过大，液压缸推不动,缸仍然不动作**	① 查负载是否过大（比预定值大）：特别要检查是否因液压缸安装不好造成的附加负载过大	须校正将油缸装正确
	② 查是否液压缸与负载的连接：负载的连接方式不正确时造成缸移动时别劲	可改刚性固定连接为活动关节式连接或球头连接，且面最好为球面（图2-23）
	③ 液压缸结构上存在问题：如图2-24(a)中活塞端面与缸筒端面紧贴在一起，启动时活塞承力面积不够，故不能推动负载图2-24(b)具有缓冲装置的缸筒上单向阀回路被活塞堵住	采用图2-24(c)、(d)的方法在活塞端面上要加一凹槽（通油槽），使工作液体迅速流进活塞的工作端面排除
	④ 液压缸装配不良（如活塞杆、活塞和缸盖之间同轴度差，液压缸与工作台平行度差、导向套与活塞杆配合间隙过小等）导致活塞杆移动"别劲"，憋住不能动	
	⑤ 液压回路引起的原因，主要是液压缸背压腔油液未与油箱相通，连通回油的换向阀未动作，截止阀未打开、节流阀关死等，造成回油受阻	可酌情处理

故障现象	查找故障的方法（找原因）	排除故障的相应对策
液压缸不动作	3.有油进入，压力也达到要求，则查负载是否过大，液压缸推不动，缸仍然不动作	⑥ 脏物进入滑动部位卡住缸使之不能动	清洗
		⑦ 活塞杆上镀的硬铬脱落卡住活塞杆，此时须立即停机处理，以免积瘤堆集，更加难办	修磨活塞杆，重镀硬铬

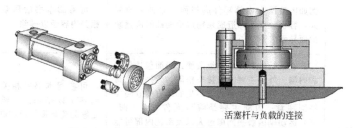

活塞杆与负载的连接

图 2-23　缸与负载的活动关节式的连接方式

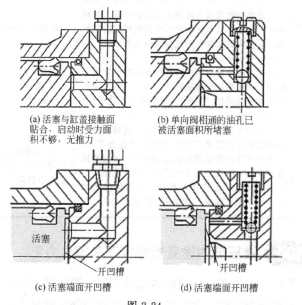

(a)活塞与缸盖接触面贴合，启动时受力面积不够，无推力

(b)单向阀相通的油孔已被活塞面积所堵塞

活塞

开凹槽

(c)活塞端面开凹槽

开凹槽

(d)活塞端面开凹槽

图 2-24

103. 液压缸的运动速度达不到规定的调节值（欠速）怎么办？

这种故障是指即使全开流量调节阀，油缸速度也快不起来，欠速。

表 2-4　液压缸的运动速度达不到规定的调节值（欠速）故障排除方法

故障现象	查找故障的方法（找原因）	排除故障的相应对策
液压缸的运动速度达不到规定的调节值（欠速）	1.查液压泵的供油量是否不足，压力不够：例如因液压泵内部零件磨损而使泵的内泄漏大，容积效率下降造成泵输送给油缸的流量减少而导致欠速	可参阅本书液压泵的相关内容予以排除
	2.查系统是否存在大量漏油：漏油包括外漏和内漏。外漏主要因管接头松动，管接头密封破损等，特别是油箱内看不见的地方的管路要特别注意；内漏主要是液压元件（泵、阀、缸）运动副因磨损间隙过大以及系统内部可能有部位被击穿等	可参阅本书中相关的内容予以排除，保证有足够的流量提供给油缸
	3.查是否溢流阀有故障：如溢流阀阀芯卡死在打开位置，总是大量油液从溢流阀溢流回油箱，会使得进入油缸的流量减少而欠速	排除溢流阀故障
	4.查油缸内部两腔（工作腔与回油腔）是否窜腔：产生油缸欠速故障的"窜腔"较之油缸不能动作故障的"窜腔"，在程度上要轻微些	参阅上述处理可在查明原因的基础上予以排除
	5.查是否因油缸别劲产生欠速：这种故障多指油缸的速度随着行程的不同位置速度下降，但速度下降的程度随行程不同而异。多数原因在于装配、安装质量不好而造成的，别劲使油缸负载增大，工作压力提高，内泄漏随之增大，泄漏增加多少，速度便会降低多少	可参阅前述因别劲产生油缸不动作的类似方法予以排除

104. 液压缸中途变慢或停下来怎么办？

一般对长油缸而言，当缸体孔壁在某一段区域内拉伤厉害、发生胀大或磨损严重时，会出现油缸在该段局部区域慢下来（其余位置正常），此时须修磨油缸内孔，重配活塞。

🔧 105. 液压缸在行程两端或一端，缸速急剧下降怎么办？

为吸收运动活塞的惯性力，使其在油缸两端进行速度交换时，不致因过大的惯性力产生冲缸振动，常在油缸两端设置缓冲机构（加节流装置增大背压）。但如果缓冲节流调节过度会使缸在缓冲行程内速度变得很慢。如果通过加大缓冲节流阀的开启程度还不能使速度增快，则应适当加大节流孔直径或加大缓冲衬套与缓冲柱塞之间的间隙，否则会导致油缸两端欠速。

🔧 106. 液压缸产生爬行怎么办？

所谓爬行，是指液压缸在低速运动中，出现一快一慢、一停一跳、时停时走、停止和滑动相互交替的现象。爬行现象的原因，既有液压缸之外的原因，也有液压缸自身的原因。

表 2-5　液压缸产生爬行故障排除方法

故障现象	查找故障的方法（找原因）	排除故障的相应对策
产生爬行	1. 查缸内是否进入空气	① 如果是油液中混入空气、从液压泵吸进空气，可先排除液压泵进气故障 ② 对新液压缸、修理后的液压缸或设备停机时间过长的液压缸，缸内与管道中均会进有空气。可通过液压缸的放气塞排气，对于未设置有专门排气装置的油缸，可先稍微松动油缸两端的进出口管接头，并往复运行数次让油缸进行排气。如从接头位置漏出的油由白浊变为清亮后，说明空气已排除干净，此时可重新拧紧管接头。对用此法也难以排净空气的油缸，可采用加载排气和往缸内灌油排气的方法排掉空气 ③ 对缸内会形成负压的而易从活塞杆吸入空气情况，要注意活塞杆密封设计的合理性。例如图 2-25 中采用活塞杆密封（如 Y 形），从唇缘内侧加压，则唇部张开有密封效果。但若缸内变成负压，唇部不能张开，反方向大气压（为正）反而压缩张开唇部，使空气进入缸内。必要时可增设一反向安装密封 ④ 开机后先让油缸以最大行程和最大速度运动 10min，迫使气体排出

续表

故障现象	查找故障的方法（找原因）	排除故障的相应对策
产生爬行	1. 查缸内是否进入空气	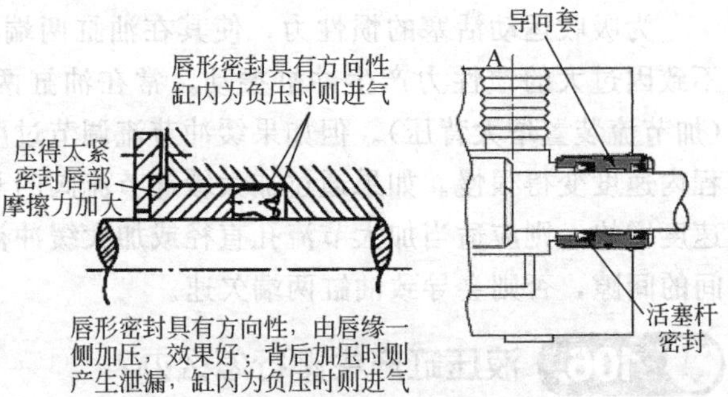导向套 A 唇形密封具有方向性 缸内为负压时则进气 压得太紧 密封唇部 摩擦力加大 活塞杆 密封 唇形密封具有方向性，由唇缘一侧加压，效果好；背后加压时则产生泄漏，缸内为负压时则进气 图 2-25　活塞杆密封
	2. 查液压缸是否装配精度差	应提高液压缸的装配质量。如活塞杆与活塞不同心时校正二者同轴度；活塞杆弯曲时校直活塞杆，活塞杆与导向套的配合采用 H8/f8 的配合，应严格按尺寸标准和质量标准使用正规厂家合格的密封圈。采用 V 形密封圈时，应将密封摩擦力调整到适中程度
	3. 查液压缸是否安装精度差	①负载与活塞杆连接点尽量靠近导轨滑动面；②活塞杆轴心线与载荷中心线力求一致；③与导轨的接触长度应尽量取长些；④载荷与油缸的连接位置应以油缸的推力不使载荷发生倾斜为准；⑤导向要好，加工精度与装配精度要好，并注意润滑（图 2-26） 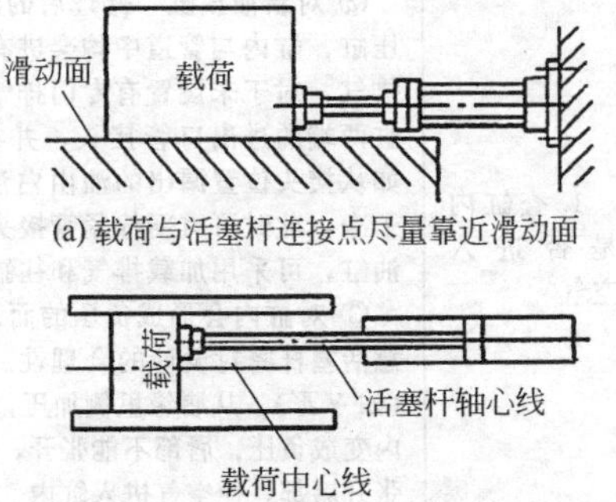滑动面 载荷 (a) 载荷与活塞杆连接点尽量靠近滑动面 载荷 活塞杆轴心线 载荷中心线 (b) 活塞杆轴心线与载荷中心线不重合，会产生一阻力矩，应二者重合 图 2-26　液压缸安装精度

故障现象	查找故障的方法（找原因）	排除故障的相应对策
产生爬行	4.查液压缸端盖密封是否压得太紧或太松	调整密封圈使之不紧不松，导向套装同心，保证活塞杆用手（或仅用榔头轻敲）便可来回移动，而活塞杆上稍挂一层油膜
	5.查是否导轨的制造与装配质量差、润滑不良等	如果是则使摩擦力增加，受力情况不好，出现干摩擦，阻力增大，导致爬行。可采取清洗疏通导轨润滑装置、重新调整润滑压力和润滑流量、在导轨相对运动表面之间涂一层防爬油（如二硫化钼润滑油）等措施，必要时重新铲刮导轨运动副

 107. 液压缸出现自然行走和自由下落的故障怎么办？

这一故障是指当发出停止信号或切断运行油路后，油缸本应停止运动，但它还在缓慢行走；或者在停机后，微速下落（每小时落1mm至数毫米），这种故障隐藏着安全隐患。

表2-6　液压缸出现自然行走和自由下落的故障排除方法

故障现象	查找故障的方法（找原因）	排除故障的相应对策
出现自然行走和自由下落	1.水平安装油缸的自然行走 在采用O型中位机能的换向阀控制的单杆油缸的液压回路（图2-27）中液压缸本应该是可靠在任意位置停止运动。但有时停止后，往往出现活塞杆自然移动的故障——自然行走 其原因是由于换向阀阀芯与阀孔之间因磨损而间隙增大所致。当配合间隙增大后，P腔的压力油通过此间隙泄漏到A腔与B腔，由于阀芯处于中位，封油长度L大致相等，所以A、B腔产生大致相等的压力，又由于是差动缸，无杆腔（左边）活塞承压面积大于有杆腔活塞承压面积，产生的液压力不相等，所以活塞杆右移。这样又使得有杆腔的压力上升使油液通过阀芯间隙泄漏到T腔，更促使活塞向右移动，产生自然行走的故障	重新配磨阀芯使间隙减少或使用间隙小、内泄漏小的新阀；另外也可改用Y型中位职能的换向阀（A、B、T连通），或者最好是采用锥阀式换向阀 图2-27　水平安装油缸的自然行走

故障现象	查找故障的方法（找原因）	排除故障的相应对策
出现自然行走和自由下落	2.垂直立式安装油缸的自由下落（图2-28） 如立式注塑机、液压机等的油缸多为垂直安装，停机后往往出现活塞以每小时或数小时下降数毫米的微速自然下落的故障。这将危及安全，导致损坏塑料模具和机件的事故性故障 引起立式油缸自由下落的主要原因还是泄漏。泄漏来自两个方面：一是油缸本身（活塞与缸孔间隙）；一是控制阀。图2-28（a）所示的平衡支撑回路，虽然使用了顺序阀进行调节，以保持油缸下腔适当的压力，支撑重物 W（活塞、活塞杆及塑料模具），不使其下落，而且换向阀也采用了 M 型，封闭了油缸两腔油路。但由于油缸活塞杆的泄漏和重物 W 的联合作用，以及单向顺序阀的泄漏，会导致油缸下腔压力缓慢降低，而出现支撑力不够而导致油缸活塞杆的自由下落	使产生泄漏的元件（油缸、控制阀等）尽力减少泄漏，但实际上这些泄漏或多或少不可避免。最好的办法是采用图中（b）所示的液控单向阀，液控单向阀为座阀式阀，较之圆柱滑阀式的顺序阀，内泄漏可以说小得多。当然如果液控单向阀的阀芯与阀座之间有污物或因其他原因导致不密合时，同样会引起泄漏产生自由下落。 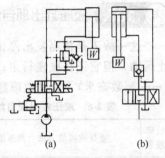 图2-28　垂直立式安装油缸的自由下落

108. 液压缸运行时剧烈振动，噪声大怎么办？

表2-7　液压缸运行时剧烈振动，噪声大故障排除方法

故障现象	查找故障的方法（找原因）	排除故障的相应对策
液压缸运行时剧烈振动，噪声大	1.查液压缸是否进了空气：油缸进了空气，会带来噪声、振动和爬行等多种故障	查明液压缸进气的原因，予以排除
	2.滑动金属面的摩擦声：当滑动面配合过紧，或因拉毛拉伤，会出现接触面压力过高，油膜被破坏，造成干摩擦声，拉伤则造成机械摩擦声	当出现这种不正常声响时，应立即停车，查明原因。否则可能导致滑动面的烧接，酿成更大事故

故障现象	查找故障的方法（找原因）	排除故障的相应对策
液压缸运行时剧烈振动，噪声大	3.因密封而产生的摩擦声和振动： ① V形密封圈被过度压紧，尤其是丁酯橡胶（常用）制造的 V形圈会因此而产生摩擦声（较低沉）和振动 ② 防尘密封如 L形和 U形密封圈压得过紧，从形态上看，有刮削污物的作用强，但滑动面的油膜将被切破而发生异常声响	① 适当调节密封圈的松紧度 ②遇此情况，可适当减少调节力，用很细的金相砂纸轻轻打磨密封唇边的飞边和活塞杆的外圆面，旋转打磨，不要直线打磨，打磨时注意勿使唇边和活塞杆受伤，否则解决了噪声，引来了漏油。必要时可更换唇边光洁无飞边的密封圈。支承环外径过大要减少
	4.内部泄漏也会产生异常声响：因缸壁胀大，活塞密封损坏等，压油腔的压力油通过缝隙高速泄往回油腔，常发出带"嗞嗞"声的不正常声音	排除液压缸内部泄漏
	5.查油缸剧烈振动是否与回路有关：如图2-29所示的回路中，油缸下降时产生剧烈振动，并伴有"咔哒咔哒"的噪声 图2-30(a)所示的回路中，重物 M 越过中间位置后，油缸的负载突然改变（由正值负载变为负值负载），在负值负载的作用下高速前进，使 A 点（或 B 点）压力下降，甚至可能变成真空，于是液控顺序阀 b（或 a）关闭，油缸停止运动，接着 A 点压力又上升，又打开液控顺序阀 b（或 a），周而复始，造成振动 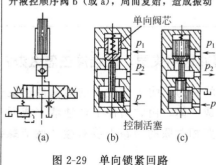 图 2-29　单向锁紧回路	回路振动故障可选用图2-29(c) 的外泄式液控单向阀，而不要使用图2-29(b) 的内泄式液控单向阀。因为油缸下降时油液经单向阀流回油箱时，节流缝隙（单向阀阀芯开度）将因油缸活塞下落而减少，p_1 便增大，p_2 也随之增大，控制活塞下落，有可能使单向阀阀芯关闭，油缸停止下降，背压 p_2（通油池）也下降，p_2 下降到某值时，控制活塞在压力油作用下又推开单向阀，油缸又开始下落，产生下落时的振动和"咔哒咔哒"的噪声。采用外泄式液控单向阀，可排除此故障

故障现象	查找故障的方法（找原因）	排除故障的相应对策
液压缸运行时剧烈振动，噪声大		解决图 2-30 所示系统的振动，可在顺序阀出口处 A、B 各增设一节流阀，用以限制重物 M 的运动速度，使控制压力维持一定值，保证顺序阀能可靠开启 在有负值负载的液压设备中，为排除此类故障，宜采用回油节流调速，而不应采用进油节流调速。回油节流调速回路中，背压可较大，外加负值负载增大时，此背压也增大，因而油缸速度稳定，不会出现上述情况 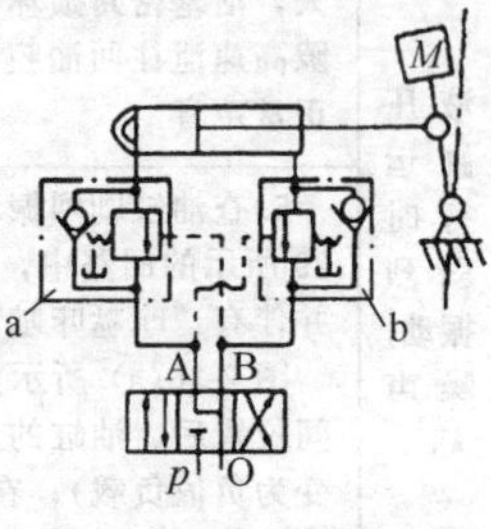 图 2-30 增设节流阀排除系统振动

109. 液压缸缓冲作用失灵，缸端冲击怎么办？

设置缓冲装置的目的是为了防止惯性大的活塞冲击缸盖，一般缓冲柱塞与活塞杆作成一体，由它堵住工作油液（或回油）的主要通路，在与此主通路相并联的回路上装有缓冲调节螺钉（节流阀）。

表 2-8　液压缸缓冲作用失灵，缸端冲击故障排除方法

故障现象	查找故障的方法 （找原因）	排除故障的相应对策
缓冲过度：所谓缓冲过度是指缓冲柱塞从开始进入缸盖孔内进行缓冲到活塞停止运动时为止的时间间隔太长，另外进入缓冲行程的瞬间活塞将受到很大的冲击力	1. 节流阀的开度调得太小 采用固定式缓冲装置（无缓冲调节阀）时，当缓冲柱塞与衬套的间隙太小，也会出现过度缓冲现象	1. 应适当调大缓冲节流阀 2. 可将缸盖拆开，磨小缓冲柱塞或加大衬套孔，使配合间隙适当加大，消除过度缓冲（见图 2-31） 图 2-31　消除过度缓冲 图 2-32
	2. 缓冲调节阀（缓冲调节螺钉）未拧入而处于全开状态	重调缓冲调节阀
	3. 缓冲装置设计不当，惯性力过大：当活塞惯性力大时，如关小缓冲节流阀，则进入缓冲行程瞬间的冲击力就大；反之如开大缓冲节流阀，冲击力虽下降，但缓冲速度又降不下来	要解决好此矛盾，须重新设计合理的缓冲机构

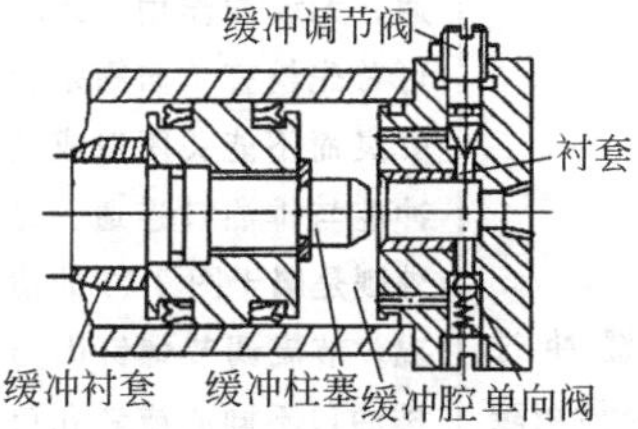

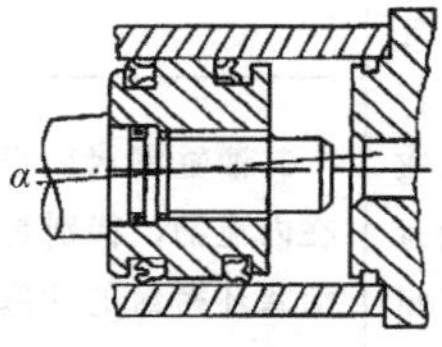

故障现象	查找故障的方法 （找原因）	排除故障的相应对策
缓冲过度： 所谓缓冲过度是指缓冲柱塞从开始进入缸盖孔内进行缓冲到活塞停止运动时为止的时间间隔太长，另外进入缓冲行程的瞬间活塞将受到很大的冲击力	4. 缓冲节流阀虽关死，但不能节流，缓冲腔与排油口仍然处于连通，无缓冲作用。此时可首先检查单向阀是否失灵而不能关闭造成缓冲腔与排油口连通。另外则是属于图 2-33 的情况，节流调节螺钉因与排油口不同心或者孔口破裂，不与节流锥面密合	可照图 2-33 用修正钻模予以修正同心，修正后的排油口会比原来孔径大些，所以要加大缓冲节流阀锥面的直径 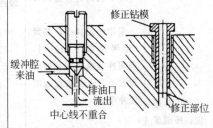 图 2-33　修正钻模
	5. 油缸密封破损，存在内泄漏，特别是采用活塞环密封的活塞，内泄漏量大。如果载荷减少，而缓冲腔内背压增高，此时会从活塞环反向泄漏，缓冲速度流量 $Q=Q_1+Q_2$，Q_1 为活塞内泄漏的流量，Q_2 为从缓冲节流阀流出的流量。当 Q_1 大，Q 也就大，则缓冲行程的速度也就大，从而失去缓冲效果。尤其当缓冲行程处于增压作用较大的活塞杆一侧，这种情况更为常见	这时可以采用加多道活塞环或改用其他的密封方式来解决（图 2-34） 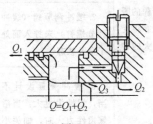 图 2-34

故障现象	查找故障的方法 （找原因）	排除故障的相应对策
缓冲过度：所谓缓冲过度是指缓冲柱塞从开始进入缸盖孔内进行缓冲到活塞停止运动时为止的时间间隔太长，另外进入缓冲行程的瞬间活塞将受到很大的冲击力	6.缓冲装置中的单向阀因钢球（或阀芯）与阀座之间夹有异物或钢球阀座密合面划伤而不能密合，阻止不了缓冲行程时，缓冲腔内的油液向排油口排走，而使缓冲失效	可排除单向阀故障，使之在缓冲行程中能闭合
	7.活塞密封失效：此情况同上述5。缓冲腔内的油液压力要吸收惯性力，因此缓冲腔压力往往超过工作腔压力。当活塞密封发生破坏时，油液将从缓冲腔倒漏向工作腔（左腔），使活塞不减速（类似差动），缓冲失效	修复失效活塞密封
	8.缓冲柱塞或衬套（缸盖）上有伤痕或配合过松	此时从缓冲腔流向排油口的流量增加了这一渠道（本来只经缓冲节流阀），使缓冲流量增大，这样便不能实现缓冲减速
	9.镶装在缸盖上的衬套脱落：因活塞杆弯曲倾斜，缓冲柱塞与衬套不同心以及衬套与缸盖孔配合过松等原因，缓冲柱塞与衬套接触压力增高，衬套承受轴心力，衬套便有脱落的危险。衬套脱落后，缓冲失效，而且会发生"撞缸"事故	设计时需考虑好衬套的受力情况，并用骑马螺钉将衬套加以紧固

故障现象	查找故障的方法 （找原因）	排除故障的相应对策
缓冲行程段出现"爬行"	加工不良，如缸盖、活塞端面的垂直度不符合要求，在全长上活塞与缸筒间隙不匀，缸盖与缸筒不同轴，缸筒内径与缸盖中心线偏差大，活塞与螺母端面垂直度不符合要求造成活塞杆挠曲等	对每个零件均仔细检查，不合格的零件不准使用
	2.装配不良，如缓冲柱塞与缓冲环相配合的孔有偏心或倾斜等	重新装配确保质量

 110. 液压缸外泄漏怎么办？

表 2-9　液压缸外泄漏故障排除方法

故障现象	查找故障的方法（找原因）	排除故障的相应对策
外泄漏	1.查密封件是否装配不良导致破损： ① 密封件装配时，往往要经过螺纹、花键、键槽与锐边等位置，稍不注意便容易造成密封唇部被尖角切破 ② 液压缸装配时端盖装入，活塞杆与缸筒不同心，使活塞杆伸出困难，加速密封件磨损 ③ 密封件安装差错，例如密封件装错及漏装，密封压盖未装好，不能压紧，如压盖安装有偏差、紧固螺钉受力不匀、紧固螺钉过长等	装配好密封件 ① 要采取好的装配方法和一些专用装配工具，避免切破密封唇部现象的发生 ② 可拆开检查，重新装配 ③ 按对角顺序拧紧各螺钉，拧紧力要一致，使各螺钉受力均匀，按螺孔深度合理选配螺钉长度
	2.查密封件质量是否有问题：当反复更换新密封圈均解决不了漏油问题时可能属于这种情况	应确认密封圈是否购自非正规厂家的产品，密封材质尺寸有否问题，密封件是否保管不善自然老化变质

故障现象	查找故障的方法（找原因）	排除故障的相应对策
外泄漏	3.查密封部位的加工质量是否符合要求：如沟槽尺寸及精度不符合要求、密封表面粗糙、未倒角等	应按有关标准设计加工沟槽尺寸，不符合要求的要修正到要求的尺寸，修正并去毛刺
	4.查密封件的使用条件：如油不清洁、黏度过低、油温过高、周围环境温度太高等	分别采取更换适宜的干净油液、查明温升原因，采取隔热设置油冷却装置等措施

🛠 111. 液压缸怎样检查和修理？

油缸各部分拆卸后，应检查如下所述重点零件和重要部位，以确定哪些零件可以再用，哪些需要经修理后再用，哪些应予以更换。

🛠 112. 如何修理液压缸缸体（缸筒）？

拆卸后的液压缸缸筒应进行的检查如下。

① 缸孔的尺寸及公差（一般为 H8 或 H9，活塞环密封时为 H7，间隙密封时为 H6）。

② 内孔表面粗糙度（$\sqrt{\frac{0.8}{}} \sim \sqrt{\frac{0.2}{}}$）。

③ 缸孔的几何精度（圆度与圆柱度误差应小于直径尺寸公差的 1/3～1/2）。

④ 缸孔轴线直线度误差（500mm 长度上应不大于 0.03mm）。

⑤ 缸筒端面对轴线的垂直度误差（在 100mm 直径上应不得大于 0.04mm）。

⑥ 检查耳环式液压缸耳环孔的轴线对缸筒轴线的位置误差（参考值为 0.03mm）和垂直度误差（在 100mm 长度上不大于 0.1mm）。

⑦ 检查轴耳式液压缸的轴耳轴线与缸筒轴线的位置误差（不大于 0.1mm）和垂直度误差（在 100mm 长度上不大于 0.1mm）。

⑧ 缸孔表面伤痕检查（图 2-35）。

用户在经过上述检查后可对液压缸缸筒进行如下的修理：对于内孔拉毛、局部磨损及因冷却液进入缸筒孔内而产生的锈斑，或者出现较浅沟纹，即便是较深线状沟纹，但此沟纹是圆周方向而非轴向长直槽形，均可用极细的金相砂纸或精油石砂磨，或者进行抛光。但如果是轴向较深的长沟槽，深度大于 0.1mm 且长度超过 100mm，则应镗磨或珩磨内孔，并研磨内孔。精度与表面粗糙度按上述说明中括号内尺寸的要求予以确保。不具备此修理条件时，也可先去油去污，用银焊补缺。也可购置精密冷拔无缝钢管，国内已有厂家生产，可以直接用来作缸筒，无需加工内孔。

珩磨分粗珩、精珩两种。二者方法相同，只是所用油石的粒度不同而已。粗珩时，油石的粒度为 80，精珩油石的粒度则为 160～200。精珩后，再用 0 号砂布包在珩磨头表面对孔进行抛光。有条件时珩磨可在专用的珩磨机上进行，无条件时也可在车床上珩磨。缸体内表面损坏较轻的也可采用手动珩磨法或者在立式钻床上进行珩磨。珩磨时，缸体转速为 200r/min 左右，珩磨头往复移动速度为 10～12m/min。磨出的花纹呈 45°角交叉状为最好，珩磨余量为 0.1～0.15mm。珩磨铸铁缸体时，采用煤油或柴油润滑。珩磨钢制缸体时，冷却润滑采用混合液（煤油占 80%，猪油占 18%，硫磺占 2%），若钢件硬度较高，可再加入 10% 左右的油酸。修复后的缸体，两端面对轴线的垂直度误差为 0.04mm，缸体内孔的圆度和圆柱度误差不得超过内孔直径公差的一半，缸体内孔的表面粗糙度应为 $Ra0.4～0.2\mu m$。

🔧 113. 如何修理液压缸活塞杆？

① 拆卸后的活塞杆应检查的项目主要如下。

a. 活塞杆外径尺寸及公差（f7～f9）。

b. 与活塞内孔的配合情况（H7/f8）。

c. 外圆的表面粗糙度（$Ra\ 0.32\mu m$ 左右）。

d. 活塞杆外径各台阶及密封沟槽的同轴度（允差 0.02mm）。

e. 活塞杆外径圆度及圆柱度误差（不大于尺寸公差的 1/2）。

f. 螺纹及各圆柱表面的拉伤情况。

g. 镀硬铬层的剥落情况。

h. 弯曲情况（直线度≤0.02mm/100mm）。

② 活塞杆的修理视情况而定。

a. 径向的局部拉痕和轻度伤痕，对漏油无多大影响，可先用榔头轻轻敲打，消除凸起部分，再用细砂布或油石砂磨，如图2-36所示，再用氧化铬抛光膏抛光。当轴向拉痕较深或者超过镀铬层时，须先磨去（磨床）镀铬层后再电镀修复或重新加工，中心孔破坏时，磨前先修正中心孔。镀铬层单边镀厚0.05～0.08mm，然后精磨去0.02～0.03mm，保留0.03～0.05mm厚的硬铬层，最好采用"尺寸镀铬法"，即直接镀成尺寸，不再磨削，抛光便可，这样更确保所镀硬铬层不易脱落。

图2-35 缸筒的修理

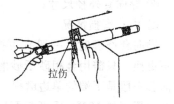

图2-36 活塞杆的修理

b. 设备上使用的油缸活塞杆，材料各异，更换修理重新加工时一般可采用45、40Cr、35CrMo等材料，并且在粗加工后进行调质。其硬度在229～285HB之间，根据需要可经高频淬火至45～55HRC。加工精度可参阅上述检查项目括号内数值。一般活塞杆外径对轴线的径向跳动不得大于0.02mm，活塞杆外径的圆度和圆柱度误差不得大于直径公差的一半。活塞杆长500mm以上时，外圆的直线度误差不得大于0.03mm（活塞杆过长时可适当放宽）。活塞杆装活塞处的台肩端面对轴线的垂直度误差，不得大于0.04mm。活塞杆弯曲时应校直（控制在0.08mm/rn以内）。

c. 活塞杆弯曲时的修理方法为：首先在V形架上用千分表检查，然后在校直机上进行校直，也可用手压机人工校直。修复后活塞杆的直线度误差在 500mm 长度上不得超过 0.03mm，活塞杆的圆度和圆柱度误差不得大于其自身直径公差的一半。

d. 活塞杆与活塞的同轴度超差的修理：首先将活塞杆放在 V 形架上，用千分表检查，如发现同轴度超差，可将活塞杆与活塞拆开，进一步查明原因，如果是活塞杆本身的精度问题，则应更换。一般为保证活塞杆与活塞的同轴度，二者要先装配成一体后再进行精加工。

🔧 114. 如何修理液压缸导向套？

活塞杆导向套拆检的内容有：

① 内孔尺寸与公差（公称尺寸与活塞杆一致，公差为 H8 左右）；

② 导向套外径尺寸；

③ 内孔磨损情况。

导向套修理时，一般宜更换。但轻度磨损（在 0.1mm 以内）可不更换，只需用金相砂纸砂磨掉拉毛部位。对水平安装的油缸，导向套一般是下端的单边磨损，磨损不太严重时，可将导向套旋转一个位置（如 180°）重新装配后再用。

🔧 115. 如何修理活塞？

活塞拆检的项目有：

① 活塞外径尺寸及公差（f 7～f 9）。

② 活塞外圆表面的粗糙度（不低于 $Ra0.32\mu m$）及磨损拉毛情况。

③ 活塞外径和内孔的圆度、圆柱度误差（不大于尺寸公差的 1/2）。

④ 活塞端面对轴线的垂直度误差（不大于 0.04mm）。

⑤ 与活塞杆配合的内孔尺寸（以 H7 为宜）。

⑥ 密封沟槽与活塞内孔外圆的同轴度情况（不大于 0.02mm）。

间隙密封形式的活塞，磨损后须更换。但装有密封圈的活塞可放宽磨损尺寸限度。活塞装在活塞杆上时，二者同轴度不得大于活塞直径公差的 1/2，活塞与缸孔配合一般选用 H8/f 7 为好。一般修理更换活塞时外径的精加工应在与活塞杆配装后一起磨削。

116. 液压缸修理时如何处理密封？

油缸修理时，原则上密封应全部换新，换新前应先查明原来的密封破损原因，以免再次以同样原因损坏密封。

117. 液压缸有哪几种实用的修理方法？

可采用电刷镀结合钎焊修复拉伤液压缸电刷镀结合钎焊的工艺步骤如下。

① 清洗油污。将工件（如活塞杆）固定在工作台上，用金属清洗剂洗掉工件上的油污，采用三角刮刀或其他方法彻底刮掉工件上被拉伤沟槽内的油污和杂质；用丙酮将液压缸内表面擦洗干净，再用电净液进行电化学清洗，电压为 12～15V，工件接负极，清污时间为 60～90s；电化学清洗后，用清水冲洗干净。

② 活化。用 2 号活化液作电化学除污，目的是清除工件上的氧化物。工件接正极，电压为 10～12V，时间控制为 40～60s；待工件呈黑色或灰黑色时再用清水冲洗干净，然后用活化液进行电化学清洗，目的是彻底清除工件组织中的杂质，机件接正极，电压为 16～20V，时间为 50～90s；待工件表面呈银白色后，再用清水冲洗干净。

③ 刷镀快速镍。在处理好的工件表面闪镀快速镍，电压为 18V，工件接负极，镀笔快速摆动；闪镀 3～5s 后，待机件表面呈现淡黄色的镀层时将电压降至 12V，刷镀速度为 9～11m/min，继续刷镀；当快速镍镀层厚度达到 1～3μm 时，用清水冲洗干净。

④ 刷镀碱铜层。快速镍层镀好后，再刷镀碱铜层。镀碱铜溶液时，电压为 6～8V，工件接负极，刷镀速度为 9～14m/min；待碱铜层厚度增至 20～50μm 后，用清水冲洗干净。

⑤ 钎焊合金。将刷镀好的工件表面用净绸布擦干，在需焊补的部位涂氧化锌焊剂，再用 300～500W 电烙铁将钎焊合金依次焊补到拉伤的部位，直至要求的尺寸；然后，先用刮刀削钎焊合金层

至所需形状，再用油石将其打磨光滑。

⑥ 清洗。用电净液清洁刮削后的钎焊层表面，并清除油污与杂质；用2号活化液清除其表面的氧化物；电化学清洗的时间要严格控制，以防合金表面变黑；先用3号活化液清除杂质，再进行钎焊表面碱铜的快速热刷镀。

⑦ 刷镀碱铜。目的是增强钎焊表面的强度。刷镀电压为6～8V，机件接负极，刷镀速度为9～14m/min，碱铜厚度为30～50μm。用清水清洗后再刷镀快速镍，刷镀电压为12V，机件接负极，刷镀速度为9m/min，刷镀快速镍的厚度为60μm；用清水冲洗机件，并用净绸布擦干后即可装配使用。

✖ 118. 怎样修复柱塞缸？

（1）苏柱塞外圆的修复

采用如下工艺修复柱塞外圆：拆卸—校直—磨外圆—除油、除锈—镀铁—镀硬铬—磨外圆至尺寸（表面粗糙度 $Ra1.6μm$）—质检—装配。

（2）柱塞油缸缸体的修复

由于柱塞油缸缸体孔与柱塞外径相配长度不长，因而可用镶嵌内套的方法修复。所镶内套选用耐磨损材料，例如锡青铜、耐磨铸铁、不锈钢等。不锈钢耐酸碱、耐腐蚀，用它做衬套可免去所镶套的内孔表面处理问题。修复工艺：拆卸—两端分别平头倒内、外角—粗镗油缸内孔（尺寸与所镶内套的外径尺寸，保证为轻压配）—镶套—镗床镗内孔、滚压至尺寸（尺寸与柱塞外径滑配，表面粗糙度 $Ra0.8μm$）—质检—装配。

✖ 119. 什么是FJY电刷镀修复技术？

电刷镀修复技术已逐渐成为修复液压元件的主要方法。特别是在西北工业大学研制成功FJY系列环保、快速、超厚、多功能刷镀技术以后，用超厚刷镀法修复局部缺陷非常方便。此法已大量成功修复液压缸活塞杆，FJY系列电刷镀技术已表现出替代常规修复技术的潜力。西北工业大学的FJY电刷镀修复技术简介如下。

（1）镀铬液压杆电刷镀工艺流程

机械整形（用电动磨头将缺陷处拓展至适合镀笔良好接触）→电净→水洗→去氧化膜（各种活化处理）→铬面活化→铬面底镍→水洗→高速厚铜填坑（镀厚能力 3mm 以上）→机械修磨（修磨至平滑过渡）→电净→水洗→铬面活化→铬面底镍→水洗→耐磨面层→水洗→机械修磨→表面抛光。

（2）修复工艺说明

均匀磨损的液压杆很容易修理，比较有效的方法是先磨去表面的电镀层（主要是磨去镀铬层。如果直接在镀铬表面电镀，结合力难以保证。虽然有人采用阳极刻蚀的办法活化镀铬层，但常常因难以确保活化效果，修复可靠性不高），然后按常规电镀修复工艺进行电镀修复。

对于在工作现场出现的点坑破坏、电击伤破坏、碰伤破坏等深度大（毫米级）、面积小的局部损坏的修复（如图 2-37 所示），不适合采用电镀修复法。FJY 系列快速超厚电刷镀修复技术是解决这类问题的最佳选择，其工艺说明如下。

① 机械整形　用电动磨头打磨待修部位至弧形平滑过渡，保证镀笔能够接触到凹坑的底部（如图 2-38 所示）。

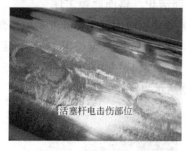

活塞杆电击伤部位

修磨至平滑过渡后才能刷镀

图 2-37　局部破坏照片　　　　图 2-38　机械整形

② 电净　电净的作用是除去工件表面的油污。为了防止油污污染镀液，镀液可能流过的地方都应该进行电净处理。电净的面积可以大一些、次数可以两次以上，确保经过此步骤后，工件上的油污能够彻底除尽。

③ 活化　液压杆的材质多为经调质处理的碳素结构钢。一般用

2号活化和3号活化去除钢铁表面的氧化膜、渗碳体和游离碳（过饱和碳）。用FJY全能铬面活化液去除镀铬层表面的氧化膜。如果不用铬面活化液处理镀铬面，铬面上的镀层与镀铬层结合不牢，镀后修磨时难以实现平滑过渡，使用时毛糙的边界会刮伤油封。

④ 铬面底镍　镀铬面底镍的作用是在修复部位刷镀出结合牢固的底层（其作用与盖楼房时打地基的作用相似，只有把地基打牢了，楼房才能稳固），镀铬面底镍的时间不宜太长，以施镀面呈均匀的亮白色为宜。如果底层呈灰色（或暗灰色），应磨去底层，重新进行镀前处理和镀底镍工序。

⑤ 高速厚铜填坑　液压杆的局部破坏深度一般在0.5～3mm之间，用FJY系列快速超厚高堆积厚铜填坑，刷镀时间约0.5～1h（一般情况下，1mm的深度可以在15～20min内填平）。图2-39所示为刷镀快速厚铜填坑。

⑥ 机械修磨　用仿形磨具修磨刷镀面，按照由粗到细的顺序修磨至平滑过渡并符合公差要求。

⑦ 镀耐磨面层　耐磨面层是为了提高表面硬度和耐腐蚀性，一般选用镍及其合金作面层。因面层是覆盖在铜层和铬层之上的，所以在镀面层之前，仍需要进行铬面活化、铬面底镍工序。

⑧ 表面抛光　表面抛光的作用是精修刷镀面，用细砂纸蘸抛光膏抛磨刷镀面，使表面达到镜面光泽。表面抛光有双重作用，其一是提高密封性能，其二是防止磨伤油封。按照此刷镀方法修复镀铬液压杆、油缸，使用效果与新件相当。图2-40所示为修复后的液压杆。

图2-39　快速厚铜填坑

图2-40　修复后的工件

采用 FJY 系列电刷镀修复工艺现场修复镀铬油缸活塞杆局部损伤，可以克服其他修复方法存在的种种问题，修复后工件的使用寿命与新件相当，是一种修复成本低、操作简便、生产效率高的新型维修方法，该技术特别适合修复镀铬零部件的局部缺陷。

🔧 120. 油缸缸体孔如何进行珩磨修复？

珩磨修复油缸缸体孔，使用珩磨头。珩磨头的结构分为机械扩涨式与液压扩涨式两大类。图 2-41 为机械扩涨式珩磨头本体 1 通过浮动联轴器和机床主轴连接，磨条 5 用黏结剂和磨条座 4 固结在一起装入本体 1 的槽中，磨条座两端由弹簧箍 6 箍住，使磨条经常自动收缩，珩磨头工作尺寸的调节靠调节锥 2 实现。当旋转螺母 7 往下时，推动调节锥向下移动，通过顶块 3 使磨条径向张开，当磨条与孔表面接触后，继续旋转螺母 7 便可获得工作压力；反之将螺母 7 拧向上时，压力弹簧 8 便把调节锥向上移，磨条便因弹簧箍 6 而收缩。

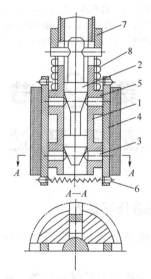

图 2-41　机械扩涨式珩磨头
1—本体；2—调节锥；3—顶块；4—磨条座；5—磨条；
6—弹簧箍；7—螺母；8—压力弹簧

图 2-42 为液压扩涨式珩磨头，油石的涨缩由调节的液压压力大小而定，其他同机械扩涨式珩磨头。

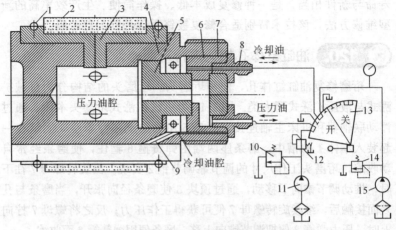

图 2-42　液压扩涨式珩磨头

1—弹簧卡座；2—油石；3—油石座；4—本体；5—隔油套；6—导流板；
7—连接板；8—管接头；9—通油孔；10—溢流阀；11—泵；12—减压阀；
13—换向阀；14—冷却泵安全阀；15—冷却泵

第2节

液 压 马 达

🔧 121. 什么是液压马达？

液压马达是能量能换装置，与液压缸一样它也是液压系统中的执行元件。

液压马达习惯上是指输出旋转运动的，将液压泵提供的液体的压力能转变为机械能的能量转换装置。液压马达简称油马达，按结构主要分为齿轮马达、叶片马达和柱塞马达几类。另外也分为高速小扭矩与低速大扭矩两种。

🔧 122. 为什么有了电马达（电机）还要液压马达？

① 功率密度大：如 60kW 的电机质量为 500～600kg，而 60kW 的液压马达质量可能只有 50kg。在一些对体积要求紧凑又无电源的地方，如吊机的卷扬、工程机械的行走等只能用液压马达。

② 控制性能好：液压控制可以使液压马达实现无级变速，响应速度快，这点比电机好很多。

③ 电机变速要采用较贵的变频电机或伺服电机，变速范围小；而液压马达可轻松地从每分钟数百转变到每分钟不到一转，省去了机械变速装置。

🔧 123. 液压泵和液压马达结构上有何不同？

液压泵是在原动机驱动下旋转，输入转矩和转速即机械能，输出一定流量的压力油即液压能。液压马达则相反，是在一定流量的压力油推动下旋转，而输出转矩和旋转运动的转速，即将液压能转换成机械能。

从结构原理上讲，液压泵和液压马达可互换使用，这叫做液压泵和液压马达的可逆性。但事实上，由于使用目的不一样，对结构的要求有某些差异。

① 液压泵的吸油腔压力一般为局部真空，为改善吸油性能和增加抗汽蚀能力，通常把吸油口做得比排油口大，而液压马达的排油腔压力高于大气压力，所以没有上述要求。

② 液压马达需要正、反转，所以内部结构上应具有对称性，而液压泵一般是单方向旋转，可不考虑上述要求。如叶片马达的叶片只能径向布置，而不能像叶片泵那样叶片前倾或后倾。轴向柱塞马达的配油盘要采用对称结构等。

③ 液压马达由于其转速范围要求很宽，在确定轴承结构形式及其润滑方式时，要保证其能正常工作，当液压马达转速很低时要选用滚动轴承或静压轴承，否则不易形成润滑油膜，而液压泵的转速高且变化小，故没有这个要求。

④ 液压马达的最低稳定转速要低，而液压泵的转速变化很小。

⑤ 要求液压马达有较大的启动扭矩，以便于从静止状态带负荷启动，而液压泵无此要求。

⑥ 液压泵在结构上必须保证有自吸能力，而液压马达没有这个要求。

⑦ 叶片泵是靠叶片随转子高速旋转产生的离心力而使叶片贴紧定子起密封使用，形成工作容积。若将它当液压马达用，因启动时没有力使叶片贴紧定子，不起密封作用，马达无法启动。

✪ 124. 液压马达如何分类？

① 按结构形式分有齿轮马达（包括外啮合渐开线齿轮马达和内啮合摆线齿轮马达等）、叶片马达（单作用和双作用）、柱塞马达（包括轴向和径向柱塞马达）。

② 按工作速度范围分为高速马达和低速马达：额定转速超过500r/min 称为高速马达；低于 500r/min 称为低速马达。高速马达主要有齿轮马达、叶片马达和轴向柱塞马达。优点是转动惯量小，便于启动、换向和制动；轴向柱塞马达还可实现无级调速。缺点是启动机械效率低，低速稳定性差。由于高速马达输出转矩较小，故又称为高速小扭矩马达。低速液压马达主要包括曲轴连杆马达、径向平衡马达、内曲线径向柱塞马达以及摆线马达等。低速液压马达具有较好的低速稳定性，较高的启动机械效率；可以直接和工作机构相连，大大简化机器的传动装置。通常低速液压马达的输出转矩较大，可达几千牛·米至几万牛·米，故又称低速大扭矩液压马达，它广泛应用在重载高压系统中。缺点是转动惯量大，制动较为困难。

③ 按作用次数分为单作用液压马达和多作用液压马达。单作用液压马达主要包括齿轮液压马达、偏心叶片马达、轴向柱塞马达、曲轴连杆和径向平衡液压马达。单作用液压马达结构比较简单，工艺性较好，造价低。但在相同性能参数下，比多作用液压马达结构尺寸稍大，输出转速脉动较大，低速稳定性能差，难实现完全的液压平衡，使轴承载荷加大，有关表面磨损增加。多作用液压马达主要包括通常的叶片马达和内曲线径向柱塞液压马达，结构比较复杂，个别零件加工比较困难，需要较好的钢材，因而造价高。只要结果

参数选取合理，可使液压马达的转速无脉动，从而使低速稳定性能好，由于转子的径向力能够实现完全平衡，因而启动机械效率较高。

④ 按液压马达排量是否可调分为定量和变量液压马达。

🔧 125. 启动液压马达有哪两点重要注意事项？

① 启动液压马达之前，壳体要注满油。壳体始终要充满油，提供内部润滑。否则将拉坏油马达，铸成大错。

② 泄漏连接：壳体泄漏管必须全口径，不受节流，并且从泄油口直接连到油箱，使壳体保持充满油液。泄漏管的配管必须避免虹吸现象，泄油管要使它在油箱液面以下终结，其他管路不得连接该泄油管。

🔧 126. 有关液压马达的名词术语有哪些？

工作压力：输入马达油液的实际压力，其大小决定于马达的负载。

额定压力：按试验标准规定，使马达连续正常工作的最高压力。

压差：马达进口压力与出口压力的差值称为马达的压差。

背压：液压马达的出口压力称为背压，为保证液压马达运转的平稳性，一般液压马达的背压取为 $0.5\sim1$ MPa。

排量、流量：液压马达的排量 V_M、理论流量、实际流量、额定流量及泄漏量的定义，与液压泵类似，所不同的是指进入液压马达的液体体积，不计泄漏时的流量称理论流量 q_{Mt}，考虑泄漏流量为实际流量 q_M。

液压马达的启动性能：液压马达的启动性能主要由启动转矩和启动机械效率来描述。启动转矩是指液压马达由静止状态启动时液压马达轴上所能输出的转矩。启动转矩通常小于同一工作压差时但处于运行状态下所输出的转矩。

启动机械效率：是指液压马达由静止状态启动时，液压马达实际输出的转矩与它在同一工作压差时的理论转矩之比。

启动转矩和启动机械效率的大小，除与摩擦转矩有关外，还受转矩脉动性的影响，当输出轴处于不同相位时，其启动转矩的大小稍有差别。

最低稳定转速：最低稳定转速是指液压马达在额定负载下，不出现爬行现象的最低转速。液压马达的最低稳定转速除与结构形式、排量大小、加工装配质量有关外，还与泄漏量的稳定性及工作压差有关。一般希望最低稳定转速越小越好，这样可以扩大液压马达的变速范围。

液压马达的制动性能：当液压马达用来起吊重物或驱动车轮时，为了防止在停车时重物下落或车轮在斜坡上自行下滑，对其制动性要有一定的要求。

制动性能一般用额定转矩下，切断液压马达的进出油口后，因负载转矩变为主动转矩使液压马达变成泵工况，出口油液转为高压油液由此向外泄漏导致马达缓慢转动的滑转值给以评定。

液压马达的工作平稳性及噪声：液压马达的工作平稳性用理论转矩的不均匀系数 $\delta_M = (T_{tmax} - T_{tmin})/T_t$ 评价。不均匀系数除与液压马达的结构形式有关外，还取决于马达的工作条件和负载的性质。与液压泵相同，液压马达的噪声亦分为机械噪声和液压噪声。为降低噪声，除设计时要注意外，使用时也要重视。

🛠 127. 液压马达的主要性能参数计算是怎样的?

(1) 转速和容积效率

① 转速 液压马达在其排量一定时，其理论转速 n_t 取决于进入马达的流量 q_M，即

$$n_t = q_M/V_M$$

② 容积效率 η_{Mv} 由于马达实际工作时存在泄漏，并不是所有进入液压马达的液体都推动液压马达做功。一小部分液体因泄漏损失掉了，所以计算实际转速时必须考虑马达的容积效率 η_{MV}。当液压马达的泄漏流量为 q_1 时，则输入马达的实际流量为 $q_M = q_t + q_1$，液压马达的容积效率定义为理论流量与实际输入流量之比，即

$$\eta_{Mv} = q_t/q_M = (q_M - q_1)/q_M = 1 - q_1/q_M$$

则马达实际输出转速 n_M 为

$$n_M = (q_M - q_1)/V_M = q_M \eta_{Mv}/V_M$$

(2) 转矩和机械效率

由于马达实际存在机械损失而产生损失转矩 ΔT，使得实际转矩 T 比理论转矩 T_t 小，即马达的机械效率 η_{Mm} 等于马达的实际

输出转矩与理论输出转矩的比。

设马达的进、出口压力差为 Δp，排量为 V_M，不考虑功率损失，则液压马达输入液压功率等于输出机械功率，即

$$\Delta p q_t = T_t \omega_t$$

因为 $q_t = V_M n_t$，$\omega_t = 2\pi n_t$，所以马达的理论转矩 T_t 为

$$T_t = \Delta p V_M / 2\pi$$

上式称为液压转矩公式。显然，根据液压马达排量 V_M 的大小可以计算在给定压力下马达的理论转矩的大小，也可以计算在给定负载转矩下马达的工作压力的大小。

由于马达实际工作时存在机械摩擦损失，计算实际输出转矩 T 时，必须考虑马达的机械效率 η_{Mm}。当液压马达的转矩损失为 ΔT 时，则马达的实际输出转矩为 $T = T_t - \Delta T$。液压马达的机械效率定义为实际输出转矩 T 与理论转矩 T_t 之比。即

$$\eta_{Mm} = T/T_t = (T_t - \Delta T)/T_t = 1 - \Delta T/T_t$$

（3）功率与总效率

马达实际输入功率为 $p q_M$，实际输出功率为 $T\omega$。

马达总效率 η_M：实际输出功率与实际输入功率的比值。

① 输入功率 P_{Mi}

液压马达的输入功率 P_{Mi} 为液压功率，即进入液压马达的流量 q_M 与液压马达进口压力 p_M 的乘积。即

$$P_{Mi} = p_M q_M$$

② 输出功率 P_{MO}

液压马达的输出功率 P_{MO} 等于液压马达的实际输出转矩 T_M 与输出角速度 ω_M 的乘积，即

$$P_{MO} = T_M \omega_M$$

③ 液压马达的总效率

液压马达的总效率 η_M 为

$$\eta_M = P_{MO}/P_{Mi} = 2\pi n_M T_M / p q_M = \eta_{Mm} \eta_{Mv}$$

由上式可知：液压马达的总效率等于机械效率与容积效率的乘积，这一点与液压泵相同。但必须注意，液压马达的机械效率、容积效率的定义与液压泵的机械效率、容积效率的定义是有区别的。

128. 常用液压马达的技术性能参数是怎样的？

表 2-10 常用液压马达的技术性能参数

类型\性能参数	排量范围 /（cm³/r）		压力/MPa		转速范围/（r/min）	容积效率/%	总效率/%	启动机械效率/%	噪声	价格
	最小	最大	额定	最高						
外啮合齿轮马达	5.2	160	16~20	20~25	150~2500	85~94	85~94	85~94	较大	最低
内啮合摆线转子马达	80	1250	14	20	10~800	94	76	76	较小	低
双作用叶片马达	50	220	16	25	100~2000	90	75	80	较小	低
单斜盘轴向柱塞马达	2.5	560	31.5	40	100~3000	95	90	20~25	大	较高
斜轴式轴向柱塞马达	2.5	3600	31.5	40	100~4000	95	90	90	较大	高
钢球柱塞马达	250	600	16	25	10~300	95	90	85	较小	中
双斜盘轴向柱塞马达	250	480	20.5	24	5~290	95	91	90	较小	高

类型 \ 性能参数	排量范围 /(cm³/r)		压力/MPa		转速范围 /(r/min)	容积效率/%	总效率/%	启动机械效率/%	噪声	价格
	最小	最大	额定	最高						
单作用曲柄连杆径向柱塞马达	188	6800	25	29.3	3～500	>95	90	>90	较小	较高
单作用无连杆型径向柱塞马达	360	5500	17.5	28.5	3～750	95	90	90	较小	较高
多作用内曲线滚柱传力径向柱塞马达	215	12500	30	40	1～310	95	90	95	较小	高
多作用内曲线钢球柱传力径向柱塞马达	64	10000	16～20	20～25	3～1000	93	>85	95	较小	较高
多作用内曲线横梁传力径向柱塞马达	1000	40000	25	31.5	1～125	95	90	95	较小	高
多作用内曲线滚轮传力径向柱塞马达	8890	150774	30	35	1～70	95	90	95	较小	高

[例] 液压马达输出转矩和转速的计算

某液压马达的排量 $V_M = 250\text{mL/r}$，入口压力为 9.8MPa，出口压力为 0.49MPa，其总效率 $\eta_M = 0.9$ 容积效率 $\eta_{Mv} = 0.92$，当输入流量为 22L/min 时，求液压马达输出转矩和转速各为多少？

解：

① 液压马达的理论流量 q_{tM} 为

$$q_{tM} = q_M \eta_{Mv} = 22 \times 0.92 \text{L/min} = 20.24 \text{L/min}$$

② 液压马达的实际转速

$$n_M = \frac{q_{tM}}{V_M} = \frac{20.24 \times 10^3}{250} \text{r/min} = 80.96 \text{r/min}$$

③ 液压马达的输出转矩

$$T_M = \frac{\Delta p_M V_M}{2\pi} \times \frac{\eta_M}{\eta_{Mv}} = \frac{(9.8 - 0.49) \times 10^6 \times 250 \times 10^{-6} \times 0.9}{2\pi \times 0.92} \text{N} \cdot \text{m}$$
$$= 362.56 \text{N} \cdot \text{m}$$

或者

$$T_M = \frac{\Delta p_M q_M}{2\pi n_M} \eta_M = \frac{9.31 \times 10^6 \times 22 \times 10^{-3}}{2\pi \times 80.96} \times 0.9 \text{N} \cdot \text{m}$$
$$= 362.56 \text{N} \cdot \text{m}$$

✖ 129. 齿轮马达为什么可输出转矩和旋转运动？

如图 2-43 所示，两个相互啮合齿轮的中心分别为 O 和 O'，啮

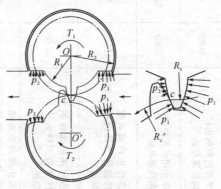

图 2-43　齿轮马达的工作原理

合点半径为 R_c 和 R_c'，中心为 O 的齿轮连接带负载的输出轴。

当高压油 p_1 进入齿轮马达的进油腔，作用在进油腔两齿轮的齿面上，产生逆时针方向转矩；回油腔的低压油 p_2，也作用在回油腔两齿轮的齿面上，产生顺时针方向转矩。而 p_1 远大于 p_2，逆时针方向转矩远大于顺时针方向转矩，所以两齿轮在两转矩 T_1 与 T_2 的作用下，齿轮马达可按图所示方向连续地旋转，并输出扭矩。

130. 齿轮马达的结构什么样？

如图 2-44 所示，齿轮马达在结构上与齿轮泵非常相似，但齿轮马达为了适应正反转要求，进出油口相等、具有对称性、进出两个油口均要通压力油，因而不能像齿轮泵那样将泄油通过内泄油道引到吸油腔去（采用内泄式），而应有单独外泄油口将各部位的泄漏油引出壳体外。为了减少启动摩擦力矩，采用滚动轴承；为了减少转矩脉动，齿轮马达的齿数比泵的齿数要多。

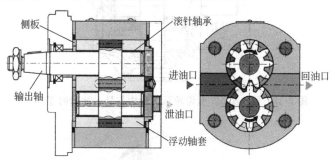

图 2-44 齿轮马达的结构

131. 怎样在设备上迅速找到齿轮马达？

维修时为了在设备上迅速找到齿轮马达，要知晓齿轮马达的外观，齿轮马达的外观如图 2-45 所示。

132. 齿轮马达易出故障的零件及其部位有哪些？

齿轮马达易出故障的零件有（见图 2-46、图 2-47）：长短齿轮轴、侧板、体壳、前后盖、轴承与油封等。

图 2-45 齿轮马达的外观

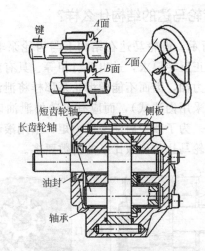

图 2-46 国产 GM5 型齿轮马达结构与易出故障的零件图

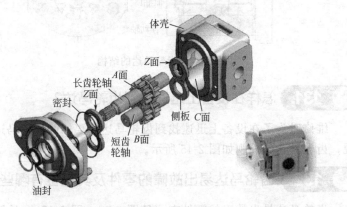

图 2-47 美国派克公司 PGM 齿轮马达立体分解图

齿轮马达易出故障的零件部位有：①长短齿轮轴的齿轮端面（如 A、B 面）和轴颈面的磨损拉伤；②侧板或前后盖与齿轮贴合面（Z 面）的磨损拉伤；③体壳 C 面磨损拉伤；④轴承磨损或破损；⑤油封破损等。

 133. 怎样排查齿轮马达输出轴油封处漏油的故障？

表 2-11　齿轮马达输出轴油封处漏油故障排除方法

故障现象	查找故障的方法（找原因）	排除故障的相应对策
输出轴油封处漏油	1.查与泄油口连接的泄油管内是否背压太大：如泄油管通路因污物堵塞或设计过小，弯曲太多时，要予以处置	使泄油管畅通，且泄油管要单独引回油池，而不要与油马达回油管或其他回油管共用，油封应选用能承受一定背压的
	2.查马达轴回转油封是否破损或安装不好：油封破损或安装时箍紧弹簧脱落会从输出轴漏油	此时，要研磨抛光油马达轴，更换新油封

134 怎样排查齿轮马达转速降低，输出扭矩降低的故障？

表 2-12　齿轮马达转速降低，输出扭矩降低故障排除方法

故障现象	查找故障的方法（找原因）	排除故障的相应对策
转速降低，输出扭矩降低	1.GM 型齿轮油马达侧板的 Z 面或主从动齿轮的两侧面（A 面与 B 面）磨损拉伤，造成高低压腔之间的内泄漏量大，甚至窜腔	根据情况研磨或平磨修理侧板与主从动齿轮接触面，可先磨去侧板、两齿轮拉毛拉伤部位，然后平磨，并将油马达壳体端面也磨去与齿轮磨去的相同尺寸，以保证轴向装配间隙
	2.齿轮油马达径向间隙超差，齿顶圆与体壳孔间隙太大，或者磨损严重	根据情况更换主从动齿轮
	3.油泵的供油量不足：油泵因磨损和径向间隙增大、轴向间隙增大，或者油泵电机与功率不匹配等原因，造成输出油量不足，进入齿轮油马达的流量减少	排除油泵供油量不足的故障：例如清洗滤油器，修复油泵，保证合理的轴向间隙，更换能满足转速和功率要求的电机等

故障现象	查找故障的方法（找原因）	排除故障的相应对策
转速降低，输出扭矩降低	4.液压系统调压阀（例如溢流阀）调压失灵压力上不去、各控制阀内泄漏量大等原因，造成进入油马达的流量和压力不够	排除各控制阀的故障，特别是溢流阀，应检查调压失灵的原因，并针对性地排除
	5.油液温升，油液黏度过小，致使液压系统各部内泄漏量大	选用合适黏度的油液，降低油温
	6.工作负载过大，转速降低	检查负载过大的原因，使之与齿轮马达能承受的负载相适应

 135. 怎样排查齿轮马达噪声过大，振动和发热的故障？

表 2-13　齿轮马达噪声过大，振动和发热故障排除方法

故障现象	查找故障的方法（找原因）	排除故障的相应对策
噪声过大，振动和发热	1.系统中进了空气，空气也进入齿轮油马达内，因：a) 滤油器因污物堵塞；b) 泵进油管接头漏气；c) 油箱油面太低；d) 油液老化，消泡性差等原因，造成空气泡进入油马达内	排除液压系统进气的故障，例如：a) 清洗滤油器，减少油液的污染；b) 拧紧泵进油管路管接头，密封破损的予以更换；c) 油箱油液补充添加至油标要求位置；d) 油液污染老化严重的予以更换等
	2.齿轮马达本身的原因：a) 齿轮齿形精度不好或接触不良；b) 轴向间隙过小；c) 马达滚针轴承破裂；d) 油马达个别零件损坏；e) 齿轮内孔与端面不垂直，前后盖轴承孔不平行等原因，造成旋转不均衡，机械摩擦严重，导致噪声和振动大的现象	尽力消除齿轮油马达的径向不平衡力和轴向不平衡力产生的振动和噪声，例如：a) 对研齿轮或更换齿轮；b) 研磨有关零件，重配轴向间隙；c) 更换已破损的轴承；d) 修复齿轮和有关零件的精度；e) 更换损坏的零件；f) 避免输出轴过大的不平衡径向负载

136. 怎样排查齿轮马达最低速度不稳定，有爬行
现象的故障？

表 2-14　齿轮马达最低速度不稳定，有爬行现象故障排除方法

故障现象	查找故障的方法（找原因）	排除故障的相应对策
最低速度不稳定，有爬行现象	1.查系统是否混入空气：油液的体积弹性模量即系统刚性会大大降低	防止空气进入液压马达
	2.查油马达回油背压是否太小：未安装背压阀，空气从回油管反灌进入齿轮油马达内	在液压马达回油装一个背压阀，并适当调节好背压压力的大小，这样可阻止齿轮马达启动时的加速前冲，并在运动阻力变化时起补偿作用，使总负载均匀，马达便运行平稳，相当于提高了系统的刚性
	3.齿轮马达与负载连接不好，存在着较大同轴度误差，使齿轮油马达受到径向力的作用，从而造成马达内部配油部分高低压腔的密封间隙增大，内部泄漏加剧，流量脉动加大。同时，同轴度误差也会造成各相对运动面间摩擦力不均而产生爬行现象	注意液压马达与负载的同轴度，尽量减少油马达主轴因径向力造成偏磨及相对运动面间摩擦力不均而产生的爬行现象
	4.齿轮的精度差，包括角度误差和形位公差，它一方面影响马达流量不均匀而造成输出扭矩的变动，另一方面在油马达内易造成内部流动紊乱，泄漏不均，更造成流量脉动，低速时排量油马达表现更为突出	如果是液压马达的齿轮精度不好造成的，可对研齿轮，齿轮转动一圈时一定要灵活均衡，不可有局部卡阻现象。另外尽可能排量大一点的齿轮马达，使泄漏量的比例小，相对提高了系统刚度，这样有助于消除爬行、降低马达的最低稳定转速
	5.油温和油液黏度的影响：油温增高，一方面内泄漏加大影响速度的稳定性，另一方面油温使黏度变小，润滑性能变差，影响到运动面的动静摩擦因数之差	控制油温，选择合适的油液黏度，以及采用高黏度指数的液压油

🔧 137. 什么是摆线马达？

如果内齿轮马达是摆线齿形（非渐开线齿形），称为摆线马达或转子马达。摆线马达是应用得很普遍的液压马达之一，是一种低速中扭矩多作用液压马达，结构上是由一对一齿之差的内啮合摆线针柱行星传动机构所组成，采用一齿差行星减速器原理，所以这种马达是由高速液压马达与减速机构组合而成的低速大扭矩液压元件。它在工程机械、石化机械、船舶运动、轻工机械等设备上有着广泛的应用。

🔧 138. 摆线液压马达的工作原理是怎样的？

摆线马达转动是由承受马达进口压力的摆线齿轮面积差产生的不平衡力而形成的，即作用于这些不等承压面上的油压产生了马达传动轴的输出转矩。齿轮越大或油压力越高，输出轴产生的输出转矩越大。进入摆线转子马达的油液与流出马达的油液是通过一个具有腰形进、出口的配流盘分开的。

（1）轴配流（油）摆线液压马达的工作原理

如图 2-48 所示，转子与定子是一对摆线针齿啮合齿轮，转子具有 Z_1（$Z_1 = 6$ 或 8）个齿的短幅外摆线等距线齿形，定子具有 $Z_2 = Z_1 + 1$ 个圆弧针齿齿形，转子和定子形成 Z_2 个封闭齿间容积。图中 $Z_2 = 7$，则有 1、2、3、4、5、6、7 七个封闭齿间容积。其中一半处于高压区，一半处于低压区。定子固定不动，其齿圈中心为 O_2，转子的中心为 O_1。转子在压力油产生的液压力矩的作用下以偏心距 e 为半径绕定子中心 O_2 作行星运动，即转子一方面在绕自身的中心 O_1 作低速自转的同时，另一方面其中心 O_1 又绕定子中心 O_2 作高速反向公转，转子在沿定子滚动时，其进回油腔不断地改变，但始终以连心线 O_1O_2 为界分成两边，一边为进油，容腔容积逐渐增大；另一边排油，容积逐渐缩小，将油液挤出，通过配流轴（输出轴），再经油马达出油口排往油箱。

由于定子固定不动，转子在压力油［如图 2-48(a) 中 7、6、5 腔为压力油］的作用下，产生力矩，以偏心距 e 为半径绕定子中心 O_2 作行星运动。这样转子的旋转运动包括自转和公转，公转是转子

中心 O_1 围绕定子中心 O_2 旋转，转子的自转通过鼓形花键联轴器传给输出轴。输出轴旋转时，其外周的纵向槽（见图 2-48）相对于壳体里的配流孔的位置发生变化，使齿间容积适时地从高压区切换到低压区而实现配流，所以输出轴又为配油轴，这样使转子得以连续回转。

从图 2-48 所示的转子周转过程中油腔变化的情况可以看出，转子的自转方向与高压油腔的周转方向相反。当转子从图 2-48(a)零位自转 1/6 周转到图 2-48(f) 时，转子的中心 O_1 绕定子的中心 O_2 以 e 为偏心距旋转了一周，于是高压油腔相应地变化了一周。因而如果转子每转一周，油腔的变化将是 6 周，排量为 $6 \times 7 = 42$ 个齿间容积。由此可见，这相当于在由转子轴直接输出的马达后面接了一个传动比为 6：1 的减速器，使输出力矩放大 6 倍，所以摆线液压马达的力矩对质量比值较大。另外，输出轴每转一周，有 42

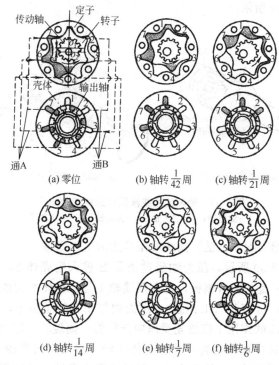

图 2-48　摆线液压马达的工作原理

个齿间容积依次工作，所以能够得到平稳的低速旋转。

如果 $Z_1=8$，则 $Z_2=8+1=9$。当8个齿的转子公转一圈时，9个容腔的容积各变化一次（高压→低压），转子转一圈时，要公转8圈，即可产生 $8\times9=72$ 次容腔容积变化。所以，摆线马达体积虽小，却具有多作用式的大排量，既放大了力矩，又起到减速效果（6:1或8:1），因而为低速中、大扭矩马达。同时因为旋转零件小，所以惯性小，使马达的启动、换向及调速等均较为灵敏；单位功率的质量约为 0.5kg/kW，单位功率的体积约为 $332cm^3/kW$，远远超过其他类型的液压马达的同一指标。但摆线马达运转时没有间隙补偿，转子和定子以线接触进行密封，且整台油马达中的密封线较长，因而引起内漏，效率有待提高。

配流轴与输出轴为一体，同时转动，从而不同转角下的配油状况如图2-49所示。

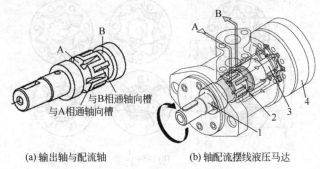

(a) 输出轴与配流轴　　　　　(b) 轴配流摆线液压马达

图 2-49　轴配流摆线液压马达的工作原理
1—输出轴；2—配流轴；3—传动轴；4—马达芯子

（2）端面配流（油）摆线液压马达的工作原理

如图2-50所示，压力油经过油孔B进入后壳体8，通过辅助盘4、配流盘3和后侧板，进入摆线轮1与针柱体2间的封闭容腔变大的高压区容腔（工作腔），压力油作用在转子齿上，使转子旋转；在油压的作用下摆线轮受压向低压腔一侧旋转，摆线轮相对针柱体中心做自转和公转，并通过传动轴6将其自转传给输出轴7，同时通过配流轴5，使配流盘与摆线轮同步运转，以达到连续不断地配油。回油从封闭容腔变小的低压区容腔排出低压油，如此循环，摆线转子马达轴不断旋转并输出扭矩而连续工作。

改变输出的流量，就能输出不同的转速。改变进油方向，即能改变摆线马达的旋转方向。

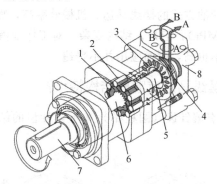

图 2-50　端面配流摆线液压马达的工作原理
1—摆线轮；2—针柱体；3—配流盘；4—辅助盘；5—配流轴；
6—传动轴；7—输出轴；8—后壳体

（3）阀配流（油）摆线液压马达的工作原理

图 2-51 是一种采用滑阀进行配油的摆线马达的工作原理，

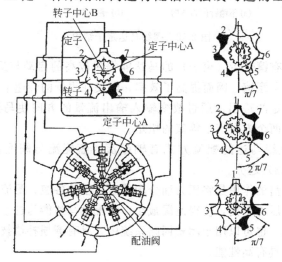

图 2-51　滑阀配流的摆线马达配流工作原理

通过与输出轴同步旋转的偏心轮来操纵 z 个滑阀机构，进行连续的配流。其工作过程与内燃机的机械凸轮式点火分配器十分类似。因此，这种滑阀配油的精度相当高，且可大大改善困油现象。

采用这种配油方式的摆线马达，机械效率高，噪声低，工作压力高（可达 21MPa），但是，结构复杂，对工作油液的清洁度要求较高，制造成本也高，因而应用并不普遍。

🔧 139. 摆线马达有哪些结构特点？

① 定子上有镶针齿（圆柱销）和不镶针齿的结构之分（见图2-52）。

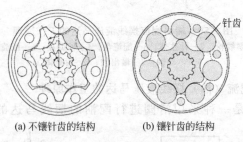

（a）不镶针齿的结构　　　（b）镶针齿的结构

图 2-52　摆线马达定子结构

具有有镶针齿（滚子）的马达能提供较高的启动与运行扭矩，滚子减少了摩擦，因而提高了效率，即使在很低的转速下输出轴也能产生稳定的输出。通过改变输入输出流量的方向使马达迅速换向，并在两个方向产生等值的扭矩。

② 摆线马达的配流方式有轴配流、盘配流与阀配流的结构（见图2-53）之分。

配流盘的作用是将压力油分配给定转子的各腔，配流盘两密封端面保持压力平衡，使得泄漏最小，盘配流马达能与柱塞泵共用于同一系统，也可以用于闭式回路系统中，具有磨损补偿技术的配流盘使马达具有高性能。

教你成为 **一流** 液压维修工

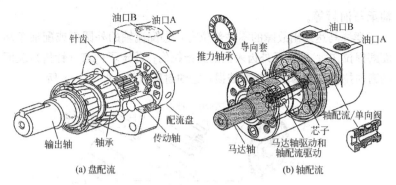

图 2-53　摆线马达的配流方式

⚒ **140.** 怎样在设备上迅速找到摆线马达？

　　维修时为了在设备上迅速找到摆线马达，要知晓其外观，摆线马达的外观如图 2-54 所示。

图 2-54　摆线马达外观

⚒ **141.** 摆线马达易出故障的零件及其部位有哪些？

　　维修摆线马达时先要了解它的哪些零件及其部位易导致出故障，摆线马达易出故障的零件有：配流轴或配油盘、转子、定子、轴承与油封等。

　　摆线马达易出故障的零件部位有：①配流轴的外圆面或配油盘端面磨损拉伤;；②转子外齿表面的磨损拉伤；③定子内齿（针齿）表面的磨损拉伤；④轴承磨损或破损；⑤油封破损等。如图 2-55 所示。

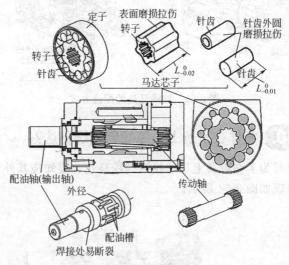

图 2-55　摆线马达

🔧 142. 怎样排查摆线马达运行无力的故障？

表 2-15　摆线马达运行无力故障排除方法

故障现象	查故障方法	故障原因分析	排除方法
马达运行无力	1. 查定子与转子是否配对太松	马达在运行中，马达内各零部件处于相互摩擦的状态下，如果系统中的液压油油质过差，则会加速马达内部零件的磨损。当定子体内针齿磨损超过一定限度后，将会使定子体配对内部间隙变大，无法达到正常的封油效果，就会造成马达内泄过大。表现出的症状就是马达在无负载情况下运行正常，但是声音会比正常的稍大，在负载下则会无力或者运行缓慢	更换外径稍大一点的针齿（圆柱体）

故障现象	查故障方法	故障原因分析	排除方法
马达运行无力	2. 查输出轴与壳体孔之间是否因磨损内泄漏大	液压油不纯，含杂质，导致壳体内部磨出凹槽，从而内泄大，以致马达无力	更换壳体或者整个配对

143. 怎样排查摆线马达低转速下速度不稳定，有爬行现象的故障？

表 2-16　摆线马达低转速下速度不稳定，有爬行故障排除方法

故障现象	查故障方法	故障原因分析	排除方法
低转速下速度不稳定，有爬行现象	1. 查系统是否混入有空气	空气会使油液的体积弹性模量即系统刚性大大降低，这样在运动阻力变化时便会出现运动不均匀的现象	1. 防止空气进入油马达 2. 在油马达回油装一个背压阀，并适当调节好背压压力的大小，这样可阻止齿轮马达启动时的加速前冲，并在运动阻力变化时起补偿作用，使总负载均匀，马达便运行平稳，相当于提高了系统的刚性
	2. 查转子的齿面是否拉毛拉伤	拉毛的位置摩擦力大，未拉毛的位置摩擦力小，这样就会出现转速和扭矩的脉动，特别是在低速下便会出现速度不稳定 转子齿面的拉毛，除了油中污物等原因外，主要是转子齿面的接触应力大。对于6个齿转子和7个齿定子之间的齿面，接触应力最大高达30MPa，转速和扭矩的脉动率也超过2%，因此齿面易拉毛，低速性能差	摆线马达的最低转速最好不小于 10r/min，改成 8 齿转子和 9 齿定子，并且选择较小的短幅系数和较大的针径系数，可使齿面的最大接触应力减少至 20MPa 左右，马达的转速脉动率可降至 1.5% 左右，低速性能得到改善，最低转速能稳定在 5r/min 左右
	3. 查油马达回油背压是否太小	未安装背压阀，空气从回油管反灌进入齿轮油马达内	在油马达回油装一个背压阀，并适当调节好背压压力的大小

144. 怎样排查摆线马达转速降低，输出扭矩降低的故障?

表2-17　摆线马达转速降低，输出扭矩降低的故障排除方法

故障现象	查故障方法	故障原因分析	排除方法
转速降低，输出扭矩降低	1. 查转子和定子接触线的接触状况	由于摆线马达没有间隙补偿（平面配流的除外）机构，转子和定子以线接触进行密封，且整台马达中的密封线较长，如果因转子和定子接触线因齿形精度不好、装配质量差或者接触线处拉伤时，内泄漏便较大，造成容积效率下降，转速下降以及输出扭矩降低	1. 如果是针轮定子，可更换针轮，并与转子研配
	2. 查转子和定子的啮合位置、配流轴或配流盘的装配位置是否正确	转子和定子的啮合位置，以及配流轴和机体的配流位置，这两者的相对位置对应的一致性对输出扭矩有较大影响，如两者的对应关系失配，即配流精度不高，将引起很大的扭转速和输出扭矩的降低	2. 注意保证配流精度，提高配流轴油槽和内齿相对位置精度、转子摆线齿和内齿相对位置精度及机体油槽和定子针齿相对位置精度是非常重要的
	3. 查配流轴是否磨损	内泄漏大，影响了配油精度；或者因配流套与油马达体壳孔之间配合间隙过大，或因磨损产生间隙过大，影响了配油精度，使容积效率低，而影响了油马达的转速和输出扭矩	3. 可采用电镀或刷镀的方法修复，保证合适的间隙

145. 怎样排查摆线马达不转或者爬行的故障?

表2-18　摆线马达不转或者爬行故障排除方法

故障现象	查故障方法	故障原因分析	排除方法
马达不转或者爬行	1. 查定子体配对平面配合间隙是否过小	1. 如BMR系列马达的定子体平面间隙应大致控制在0.03~0.04mm的范围内，这时如果间隙小于0.03mm，就可能发生摆线轮与前侧板或后侧板咬的情况发生，这时会发现马达运	1. 磨摆线轮平面，使其与定子体的平面间隙控制在标准范围内

故障现象	查故障方法	故障原因分析	排除方法
马达不转或者爬行		情况严重的会使马达直接咬死，导致不转	
	2. 查紧固螺钉是否拧得太紧	2. 紧固螺钉拧得太紧会导致零件平面贴合过紧，从而引起马达运转不顺或者直接卡死不转	2. 在规定的力矩范围内拧紧螺钉
	3. 查输出轴与壳体之间是否咬坏	3. 当输出轴与壳体之间的配合间隙过小时，将会导致马达咬死或者爬行，当液压油内含有杂质也会发生这种情况	3. 更换输出轴与壳体（或配油套）配对

⚒ 146. 怎样排查摆线马达启动性能不好，难以启动的故障？

有些摆线马达（如国产 BMP 型）是靠弹簧顶住配流盘而保证初始启动性能的，如果此弹簧疲劳或断裂，则启动性能不好；国外有些摆线马达采用波形弹簧压紧支承盘，并加强支承盘定位销，可提高马达的启动可靠性。

⚒ 147. 怎样排查摆线马达向外漏油故障？

表 2-19　摆线马达向外漏油故障排除方法

故障现象	查故障方法	故障原因分析	排除方法
向外漏油	1. 查轴端的外漏	1. 由于马达在日常使用中油封与输出轴处于不停的摩擦状态下，必然导致油封与轴接触面的磨损，超过一定限度将使油封失去密封效果，导致漏油	需更换油封，如果输出轴磨损严重需同时更换输出轴

故障现象	查故障方法	故障原因分析	排除方法
向外漏油	2.查封盖处的外漏油	2.封盖下面的O形圈压坏或者老化而失去密封效果	更换该O形圈即可
	3.马达夹缝漏油	3.马达壳体与前侧板，或前侧板与定子体，或定子体与后侧板之间的O形圈发生老化或者压坏	更换该O形圈即可

 148. 怎样排查摆线马达内泄漏大的故障？

表2-20　摆线马达内泄漏大的故障排除方法

故障现象	查故障方法	故障原因分析	排除方法
内泄漏大	1.查定子体配对平面配合间隙是否过大	1.如BMR系列马达的定子体平面间隙应大致控制在0.03～0.04mm的范围内（根据排量不同略有差异），如果间隙超过0.04mm，将会发现马达的外泄明显增大，这也会影响马达的输出扭矩。另外，由于一般客户在使用BMR系列马达时都会将外泄油口堵住，当外泄压力大于1MPa时，将会对油封造成巨大的压力从而导致油封也漏油	1.磨定子体平面，使其与摆线轮的配合间隙控制在标准范围内
	2.查输出轴与壳体配合间隙是否过大	2.输出轴与壳体配合间隙大于标准时，将会发现马达的外泄显著增加	2.更换新的输出轴与壳体配对
	3.查是否使用了直径过大的O形圈	3.过粗的O形圈将会使零件平面无法正常贴合，存在较大间隙，导致马达泄漏增大	3.更换符合规格的O形圈
	4.查紧固螺钉是否未拧紧	4.紧固螺钉未拧紧会导致零件平面无法正常贴合，存在一定间隙，会使马达泄漏大	4.在规定的力矩范围内拧紧螺钉

149. 怎样排查摆线马达其他一些常见的故障?

表 2-21　摆线马达其他一些常见的故障排除方法

故障现象	原因分析	排除方法
1.输出轴断掉	1.一般由于马达的输出轴是由露在外部的轴与内部的配油部分焊接起来的,因此该焊接部分的好坏以及外力的作用将直接影响轴的寿命,该故障也是经常发生的	1.更换输出轴或重焊修复
2.传动轴断掉	2.传动轴是连接摆线轮与输出轴的一根轴,作用是将摆线轮的转动输送到输出轴上,当马达长时间处在超负荷的情况下,或者输出轴受到外界一个反方向的力时,将有可能导致传动轴断掉。传动轴断掉一般都伴随着输出轴的齿和摆线轮的齿都咬掉的情况	2.更换传动轴,如其他零件损坏需一同更换
3.轴挡断掉	3.轴挡位于输出轴上,用于固定轴承(BMR 系列都是 6206 轴承)。轴挡比较脆,当输出轴受到一个纵向力的冲击时,很容易会导致轴挡碎裂,而碎屑会引起更大的故障,比如:碎片刺破油封,进入轴承使轴承咬坏,使输出轴咬坏	3.更换轴挡,根据损坏的程度进行更换零件
4.法兰断裂	4.故障比较常见,主要是马达受到过冲击或者铸件本身的质量问题引起的	4.更换壳体

150. 摆线马达定子、转子如何修理?

　　转子的修复为(见图 2-56):轻度拉毛或磨损经去毛刺、研磨再用;磨损严重者可刷镀外圆修复,或测量后用线切割慢走丝加工齿形,再经热处理后更换新件。

　　定子的修复为(见图 2-56):如为镶针齿者轻度拉毛或磨损经去毛刺、研磨再用;磨损严重者可放大外径加工新针齿换用;如不为镶针齿者,可与转子一样加工更换。

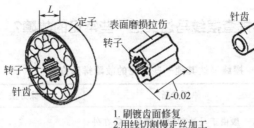

1.刷镀齿面修复
2.用线切割慢走丝加工

重新加工修复

图 2-56　定子、转子的修理

🔧 151. 摆线马达配油轴或配油盘如何修复？

配油轴的修复为（见图 2-57）：轻度拉毛或磨损经去毛刺、研磨再用；严重者可刷镀外圆修复或重新加工。

配油盘的修复为（见图 2-57）：A 面磨损拉伤轻微者经研磨再用；严重者可经平磨、表面氮化后再用。

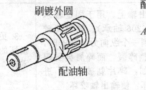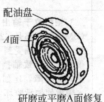

研磨或平磨A面修复

图 2-57　配油轴或配油盘的修复

🔧 152. 什么是叶片马达？

叶片式液压马达简称叶片马达。当压力油通入定子（凸轮环）和叶片顶端之间形成的密封工作腔后，作用在叶片上产生力，使转子产生旋转运动并输出扭矩的液压元件叫叶片马达。

🔧 153. 叶片马达有哪些特点？如何分类？

叶片式液压马达体积小，转动惯量小，动作灵敏，可适用于换向频率较高的场合，但泄漏量较大，低速工作时不稳定。因此叶片式液压马达一般用于转速高、转矩小和动作要求灵敏的场合。

叶片式液压马达简称叶片马达，它有高速低扭矩和低速大扭矩两种，在液压设备上均有较多的使用。

🔧 154. 叶片马达和叶片泵有什么不同？

叶片泵一启动便由电机带动旋转产生离心力，在定子（凸轮环）和叶片顶端之间形成可靠的密封，形成密封容积；而叶片马达在刚启动时无离心力将叶片甩出，无法在定子（凸轮环）和叶片顶端之间形成可靠的密封而形成密封容积，必须找到其他使叶片伸出的方法。使叶片马达启动前保证叶片伸出的常用方法有以下两种。

一种方法是弹簧加载叶片［图2-58(a)、(b)］，使得叶片持续地伸出，是在叶片底部腔内安装螺旋弹簧来完成对叶片的加载的；另一种叶片加载的方法是采用小钢丝弹簧（例如燕尾弹簧），该钢丝弹簧通过柱销固连在转子上，当叶片在转子槽内移动时，两个弹簧端部始终顶着交错的叶片底端。

另一种方法则是将液压压力引入到叶片的下端，采用这种方法时，在起始时不让油液进入叶片工作腔区域，而先进入叶片的底部，直到叶片完全伸出顶靠在凸轮环内表面上，并在叶片顶端形成可靠的密封，此时油液压力升高，到克服内置单向阀的弹簧力时，单向阀开启，油液随即进入叶片工作腔室，在马达传动轴上产生扭矩。在此情况下，内置的单向阀起着顺序动作的功能。

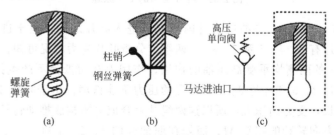

图 2-58 叶片油马达的结构特点

由于叶片马达需要正反转，因而叶片槽是径向分布的，且体壳内一般有两个单向阀，进、回油腔的压力经单向阀选择后再进叶片底部 [图 2-58(c)]。

🔧 155. 叶片马达的工作原理是怎样的？

叶片马达由双作用定量叶片泵引伸而来，传动轴上的输出转矩是通过油压作用于向外伸出的叶片上而产生的，在叶片马达中，引起传动轴旋转所必需的不平衡力矩是由于叶片的承压部分存在面积差的结果。

(1) 高速低扭矩叶片马达工作原理

其工作原理如图 2-59 所示，高速低扭矩叶片马达与双作用叶片泵一样，其定子内表面曲线由四个工作区段（两段短半圆弧与两段长半径圆弧）和四个过渡区段（过渡曲线）组成，定子和转子同心地安装着，通常采用偶数个叶片，且在转子中对称分布，工作中转子所承受的径向液压力相平衡。

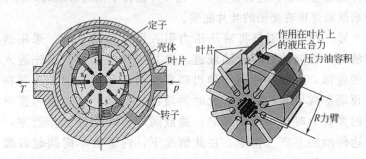

图 2-59　叶片马达的工作原理

压力油 p 从进油口通过内部流道进入叶片之间，位于进油腔的叶片有 3、4、5 和 7、8、1 两组。分析叶片受力状况可知，叶片 4 和 8 的两侧均承受高压油的作用，作用力互相抵消不产生扭矩。而叶片 3、5 和叶片 8、1 所承受的压力不能抵消。由于叶片 5 和 1 悬伸长，受力面积大，所以这两组叶片合成力矩构成推动转子沿顺时针方向转动的扭矩 M。而处在回油腔的 1、2、3 和 5、6、7 两组叶片，由于腔中压力很低或者受压面积很小，所产生的扭矩可以忽略不计。因此，转子在扭矩 M 的作用下顺时针方向旋转。改变输油方向，液压马达可反转。所以叶片式马达一般都是双作用式的定量马达，而极少有采用单作用变量马达的形式。

叶片马达的输出扭矩取决于输入油压 p 和马达每转排量 q，转速 n 取决于输入流量 Q 的大小。

高速小扭矩叶片马达，叶片在转子每转中，在转子槽内伸缩往复两次，有两个进油压力工作腔，两个排油腔，称之为双作用。

（2）低速大扭矩叶片马达的工作原理

如上所述，高速小扭矩叶片马达是从双作用定量叶片泵引申而来，在转子每转中，叶片在转子槽内伸缩往复两次，只有两个进油压力工作腔，两个排油腔，很难获得低速和大扭矩。

低速大扭矩叶片马达压力油进入马达内输出扭矩和转速的工作原理与上述高速低扭矩叶片马达相同，但由于"低速"和"大扭矩"的需要，在结构上采取了两项措施。

① 增加工作腔数：同样的流量要进入多个工作腔（多作用），显然转速降低；同时多个工作腔，使叶片在每转中有更多的叶片承受压力来产生扭矩。

目前低速大扭矩叶片马达多采用 4~6 个工作腔。另外，转子的回转半径也尽可能大些，这样压力油作用在叶片上所产生力矩的力臂可增大，从而能产生大的扭矩。

② 增加叶片数：与增加工作腔数一样，叶片数的增加，承受高压油的叶片数便大为增加，产生扭矩也大为增加，采用了这两项措施后，合起来便能获得低速和大扭矩。

图 2-60 为低速大扭矩叶片马达具有四个工作腔的定子形状。定子内表面有四段等径圆弧和四段凹入的曲线，四段凹入曲线构成四个工作腔，叶片在转子每转中伸缩四次，因此可获得较大的输出扭矩。每两叶片间的封闭容积在每转中变大变小四次，进排油各四次。图 2-60(a) 中四个工作腔的形状均相同，每个工作腔凹入的升程相同，叫均等分割。图 2-60(b) 中，有两相对工作腔的曲线升程比另两相对的工作曲线升程大一倍，叫"不均等分割"。升程大，则叶片的伸出量大，压力油作用在叶片上的受力面积大，能产生更

大的转矩，因而低速大扭矩叶片马达多采用增加工作腔数与加大升程的方法。图 2-60(c) 中有六个工作腔。

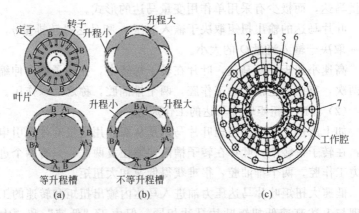

图 2-60 叶片马达的工作腔数与升程大小

1—叶片；2—定子；3—转子；4—摆铰；5—推杆；6—弹簧；7—定位销

(3) 叶片马达变挡工作原理

由于叶片马达采用了定量叶片泵多作用的结构形式，不能变量变速，但它可以变挡（有级变速）。为了方便说明问题起见，以四作用（四个工作腔）叶片马达为例（图 2-60），说明其变挡原理。

图 2-61(a) 与 (c)，当变挡控制阀 2 处于图示中间位置时，泵 1 来的压力油同时进入四个等升程工作腔分摊，叶片马达 3 全排量工作。由于泵来的流量由四个工作腔分摊，油马达转速最低，扭矩最大；当变挡控制阀 2 处于右位时，压力油只进入 A_1 相对的两工作腔，A_2 相对的两腔通过阀 2 右位回油池，此时泵来的油只需进入两个工作腔，因而转速增加 1 倍，而输出扭矩只有阀 2 中位时的 1/2。阀 2 处于左位的情况也相同。

图 2-61(b) 与 (c)，如果四个工作腔为不等分分割曲线（叶片伸出不等升程），设两相对工作腔 A_1 的曲线升程是两相对工作腔 A_2 的曲线升程的 2 倍，则有：当阀 2 处于中位时，泵来的流量 Q 同时进入四个工作腔，马达 3 以全流量 Q 工作，此时马达 3 的转速最低，设为 n，输出扭矩 M 最大；当阀 2 处于左位时，压力油只进入 A_1 两

教你成为 一流 液压维修工

工作腔，而两 A_2 工作腔通过阀 2 左位连通油箱，此时马达 3 的转速为 $1.5n$，输出扭矩为 $2M/3$；当阀 2 处于右位时，压力油只进入叶片马达 3 的两 A_2 工作腔，两 A_1 工作腔通过阀 2 及单向阀 4 通油箱，马达 3 的转速为 $3n$，输出扭矩为 $M/3$。因此，在工作压差和泵输入流量不变的情况下，可分别得到 $M \times n$（全额扭矩 × 额定转速）、$2M/3 \times 3n/2$、$M/3 \times 3n$ 三挡不同转速和扭矩的变换。

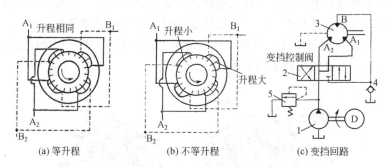

(a) 等升程　　　　　(b) 不等升程　　　　　(c) 变挡回路

图 2-61　四工作腔低速大扭矩叶片式液压马达变挡原理

图 2-62 为六工作腔低速大扭矩叶片式液压马达变挡原理，工作原理与上述类似。

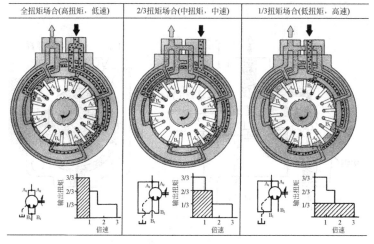

图 2-62　六工作腔低速大扭矩叶片式液压马达变挡原理

（1）高速小扭矩叶片马达的结构

高速小扭矩叶片马达是在双作用定量叶片泵的结构基础上而成的，但与叶片泵在结构上主要存在两点差异。

① 叶片泵由电机带动，叶片顶部可靠旋转产生的离心力顶在定子内曲面上，而叶片马达刚启动未旋转无离心力，为确保密封容腔的形成，只有在结构上安设图 2-63(a) 中的燕尾弹簧顶住叶片。

② 叶片马达要正反转，所以结构上设有图 2-63(b) 中的梭阀，实现压力进油与回油的切换。

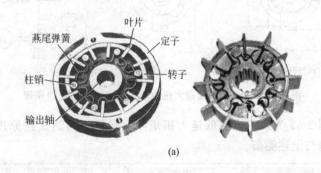

(a)

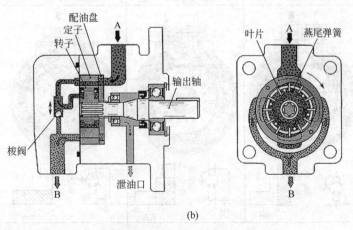

(b)

图 2-63 高速小扭矩叶片马达的结构

（2）低速大扭矩叶片马达的结构

① M 系列叶片马达。此处列举图 2-64 所示的 M 系列叶片马达，这种马达国内外均有多家厂家生产。如型号 51M300，51 为系列号，300 表示定子环排量为 315mL/r；额定压力连续 15.5MPa，间歇 17.5MPa；最高转速 2200～2400r/min。M 系列马达扭矩系数 0.5～5.05N·m/bar，排量 31.5～315cm³/r；结构特点是采用了弹簧叶片。

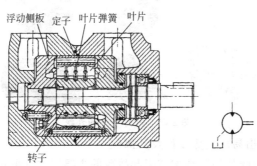

图 2-64　M 系列叶片马达

② 可变挡的叶片马达。为了增大叶片马达的输出扭矩，低速大扭矩叶片马达不再只是叶片泵的双作用，而是多作用，如图 2-65 为三作用叶片马达的结构，为不等分升程，顶紧叶片往定子内曲

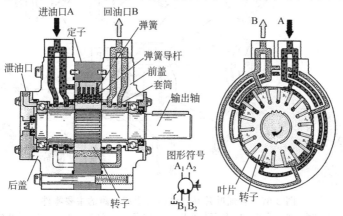

图 2-65　低速大扭矩叶片马达的结构

面，采用了多个（图中为 5 个）圆柱弹簧。

🛠 157. 怎样排查叶片马达的故障?

（1）在设备上迅速找到叶片马达

维修叶片马达时，为了在设备上迅速找到叶片马达，要知晓叶片马达的外观，叶片马达的外观如图 2-66 所示。

图 2-66　叶片马达的外观

（2）查出易出故障零件及其部位

① 普通叶片马达结构与引起故障的主要零件（见图 2-67）。

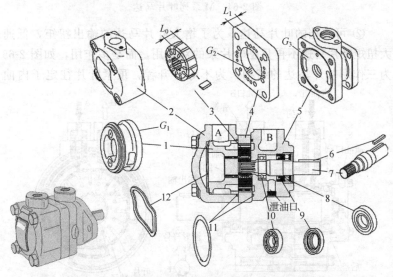

图 2-67　普通叶片马达结构与引起故障的主要零件

1—配油盘；2—后盖；3—转子与叶片；4—体壳；5—前盖；6—键；7—输出轴；
8—轴承；9—油封；10—轴承；11—O 形圈；12—波形弹簧垫

叶片马达易出故障的零件有：配油盘、转子、定子（体壳）、叶片、轴承与油封等。

叶片马达易出故障的零件部位有：配油盘端面（G_1）磨损拉伤；转子端面的磨损拉伤；定子内表面（G_2）的磨损拉伤；轴承磨损或破损；油封破损等。

② 维修弹簧式叶片马达时主要查哪些易出故障零件及其部位（见图 2-68）。

叶片马达易出故障的零件有：配油盘 2 与 7、转子 3、定子 6、叶片 5、轴承 8 与油封 9 等。

叶片马达易出故障的零件部位有：配油盘 2 与 7 的端面（G_1、G_3）磨损拉伤；转子 3 端面的磨损拉伤；定子 6 内表面（G_2）的磨损拉伤；弹簧 4 与叶片 5；轴承 8 磨损或破损；油封 9 破损等。

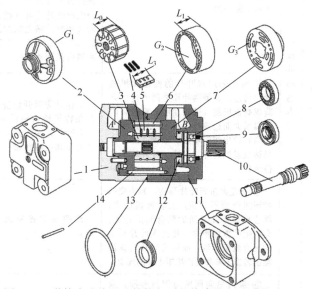

图 2-68　弹簧式叶片马达结构与引起故障的主要零件 M2742s
1—后盖；2，7—配油盘；3—转子；4—弹簧；5—叶片；6—定子；
8—轴承；9—轴封（油封）；10—输出轴；11—前盖；
12—浮动侧板；13—O形圈；14—定位销

158. 叶片马达输出转速不够（欠速），输出扭矩也低怎么办？

表 2-22　叶片马达输出转速不够（欠速），输出扭矩也低故障排除方法

故障现象		查找故障的方法（找原因）	排除故障的相应对策
输出转速不够（欠速），输出扭矩也低	1. 查油马达本身	① 转子 3 与配油盘 2 滑动配合面（A 面）之间的配合间隙过大，或者 A 面上拉毛或拉有沟槽。这是高速小扭矩叶片马达出现故障频率最多的故障。磨损拉毛轻微者，可研磨抛光转子端面和定子端面	磨损拉伤严重时，可先平磨转子 3 端面（尺寸 L_0）和配油盘 A 面，再抛光。注意此时叶片和定子也应磨去相应尺寸，并保证转子与配油盘之间的间隙在 0.02～0.03mm 的范围内
		② 叶片因污物或毛刺卡死在转子槽内不能伸出	清除转子叶片槽和叶片棱边上的毛刺，但不能倒角，叶片破裂时换叶片。如果是污物卡住，则应对叶片马达进行拆洗并换油；并且要适当配研叶片与叶片槽，保证叶片和叶片槽之间的间隙为 0.03～0.04mm，叶片在叶片槽内能运动自如
		③ 对于采用双叶片的低速大扭矩叶片马达，如果两叶片之间卡住也会造成高低压腔（进回油腔）窜腔，内泄漏增大而造成叶片马达的转速无法提高和输出扭矩不够。不管高速叶片马达或者低速叶片马达，叶片均不应被卡住	卡住时应拆开清洗，使叶片在转子槽内能灵活移动；对双叶片，两叶片之间也应相对滑动灵活自如
		④ 低速大扭矩叶片马达，如果变挡控制阀换挡不到位，或者磨损厉害，阀芯与阀体孔之间的配合间隙过大，会产生严重内泄漏，使进入叶片马达的压力流量不够，而造成叶片马达的输出转速不够和输出扭矩不够的现象	修理变挡控制阀（方向阀）
		⑤ 泵内单向阀座与钢球磨损，或者因单向阀流道被污物严重堵塞，使叶片底部无压力油推压叶片（特别在速度较低时），使其不能牢靠顶在定子的内曲面上	修复单向阀，确认叶片底部的压力油能可靠推压叶片顶在定子内曲面上

故障现象	查找故障的方法（找原因）		排除故障的相应对策
输出转速不够（欠速），输出扭矩也低	1.查油马达本身	⑥ 定子内曲线表面磨损拉伤，造成进油腔与回油腔部分窜通	可用天然圆形油石或金相砂纸砂磨定子内表面曲线，当拉伤的沟槽较深时，根据情况更换定子或翻转180°使用
		⑦ 推压配油盘的支承弹簧疲劳或折断	更换弹簧
		⑧ 油马达各连接面处贴合或紧固不良，引起泄漏	仔细检查各连接面处，拧紧螺钉，消除泄漏
	2.查油泵供给叶片油马达的流量是否足够		可参阅第1章对应叶片泵的"输出流量不够"的故障现象内容进行分析与排除
	3.查供给油马达的压力油压力是否不够		供给油马达的压力不够，有油泵与控制阀（如溢流阀）的问题，有系统的问题，可参阅有关部分采取对策
	4.查其他原因	① 油温过高或油液黏度选用不当	应尽量降低油温，减少泄漏，减少油液黏度过高或过低对系统的不良影响，减少内外泄漏
		② 滤油器堵塞造成输入油马达的流量不够	清洗滤油器

159. 叶片马达负载增大时，转速下降很多怎么办？

表 2-23　叶片马达负载增大时，转速下降很多故障排除方法

故障现象	查找故障的方法（找原因）	排除故障的相应对策
转速下降很多	1.与上述一样的方法查找	同上述
	2.查油马达出口背压是否过大	可检查背压压力
	3.查进油压力是否过低	可检查进口压力，采取对策

160. 叶片马达噪声大、马达轴振动严重怎么办？

表 2-24　叶片马达噪声大、马达轴振动严重故障排除方法

故障现象	查找故障的方法（找原因）	排除故障的相应对策
噪声大、振动严重	1. 查联轴器及带轮同轴度是否超差过大：同轴度超差过大，或者外来振动	可校正联轴器，修正带轮内孔与外 V 带槽的同轴度，保证不超过 0.1mm，并设法消除外来振动，如油马达安装支座刚性应好，可靠牢固
	2. 查油马达内部零件是否磨损及损坏：如滚动轴承保持架断裂，轴承磨损严重，定子内曲线拉毛等	可拆检油马达内部零件，修复或更换易损零件
	3. 叶片底部的扭力弹簧是否过软或断裂：可更换合格的扭力弹簧	但扭力弹簧弹力不应太强，否则会加剧定子与叶片接触处的磨损
	4. 查定子内表面是否拉毛或刮伤	修复或更换定子
	5. 查叶片两侧面及顶部是否磨损及拉毛	可参阅叶片泵相应内容，对叶片进行修复或更换
	6. 查油液黏度是否过高、油泵吸油阻力是否增大、油液是否不干净、污物是否进入油马达内	可根据情况处理
	7. 查空气是否进入油马达	采取防止空气进入的措施，可参阅叶片泵有关部分
	8. 查油马达安装螺钉或支座是否松动而引起噪声和振动	可拧紧安装螺钉，支座采取防振加固措施
	9. 查油泵工作压力是否调整过高，使油马达超载运转	可适当减少油泵工作压力和调低溢流的压力

 161. 叶片马达内、外泄漏大怎么办？

表 2-25　叶片马达内、外泄漏大故障排除方法

故障现象	查找故障的方法（找原因）	排除故障的相应对策
内、外泄漏大	1. 查输出轴轴端油封是否失效：例如油封唇部是否拉伤、卡紧弹簧是否脱落与输出轴相配面磨损是否严重等	可更换油封、修复输出轴与油封相配面（或错开一个位置）

故障现象	查找故障的方法（找原因）	排除故障的相应对策
内、外泄漏大	2. 查前盖等处 O 形密封圈损坏、外漏严重，或者压紧螺钉未拧紧	可更换 O 形圈，拧紧螺钉
	3. 查管塞及管接头是否未拧紧，因松动产生外漏	可拧紧接头及改进接头处的密封状况
	4. 查配油盘平面度是否超差或者使用过程中是否磨损拉伤造成内泄漏大	可按其要求修复
	5. 查轴向装配间隙是否过大造成内泄漏	修复后其轴向间隙应保证在 0.04～0.05mm 之内
	6. 查油液温升是否过高、油液黏度是否过低、铸件是否有裂纹	酌情处理

 162. 叶片马达不旋转，不启动怎么办？

表 2-26　叶片马达不旋转，不启动故障排除方法

故障现象	查找故障的方法（找原因）	排除故障的相应对策
不旋转，不启动	1. 查溢流阀是否调节不良或故障，系统压力是否达不到油马达的启动转矩而不能启动	可排除溢流阀故障，调高溢流阀的压力
	2. 查泵是否有故障：如泵无流量输出或输出流量极小	可参阅泵部分的有关内容予以排除
	3. 查换向阀是否动作不良：检查换向阀阀芯有无卡死，有无流量进入油马达	可拆开油马达出口，检查有无流量输出，油马达后接的流量调节阀（出口节流）及截止阀是否打开等
	4. 查叶片油马达的容量是否选用过小而带不动大负载	在设计时应充分全面考虑好负载大小，正确选用能满足负载要求的油马达，即更换为大挡次的油马达
	5. 查叶片油马达的叶片是否卡住或破裂	

163. 叶片马达速度不能控制和调节怎么办？

表 2-27　叶片马达速度不能控制和调节故障排除方法

故障现象	查找故障的方法（找原因）	排除故障的相应对策
速度不能控制和调节	1.当采用节流调速（进口、出口或旁路节流）回路对油马达调速时，可检查流量调节阀是否调节失灵，而造成叶片马达不能调速	
	2.当采用容积调速的油马达，应检查变量泵及变量油马达的变量控制机构是否失灵，是否内泄漏量大。查明原因，予以排除	
	3.采用联合调速回路的油马达，可参照进行处理	

 164. 叶片马达低速时转速颤动，产生爬行怎么办？

表 2-28　叶片马达低速时转速颤动，产生爬行故障排除方法

故障现象	查找故障的方法（找原因）	排除故障的相应对策
低速时，转速颤动，产生爬行	1.查油马达内是否进了空气	查明原因予以排除
	2.查油马达回油背压是否太低	一般油马达回油背压不得小于 0.15MPa
	3.查内泄漏量是否较大	减少内泄漏可提高低速稳定性能
	4.查装设的蓄能器是否有故障：装入适当容量的蓄能器，可起到减振、吸收脉动压力的作用，可明显降低油马达的转速脉动变化率	排除蓄能器故障

 165. 叶片马达低速时启动困难怎么办？

表 2-29　叶片马达低速时启动困难故障排除方法

故障现象	查找故障的方法（找原因）	排除故障的相应对策
低速时启动困难	1.对高速小扭矩叶片马达，多为燕式弹簧（见图 2-69）折断	予以更换
	2.对于低速大扭矩叶片马达，则是顶压叶片的弹簧折断，使进回油窜腔，不能建立起启动扭矩来	可更换弹簧。系统压力不够者应查明原因将系统油压调上去

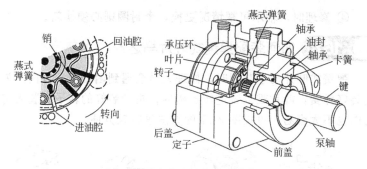

图 2-69　叶片马达的燕式弹簧

🛠 166. 如何修理叶片马达?

① 定子经常在 G_2 处有拉伤的情况,可用精油石或金相砂纸打磨。

② 配油盘常常出现在图 2-70 所示的 G_3 面上出现拉伤和汽蚀性磨损,磨损拉伤不严重时,可用油石或金相砂纸打磨再用,磨损严重者须平磨修复;转子两端面的拉伤,可酌情处理。

③ 叶片主要是修理其顶部圆弧面,可在油石上来回摆动修圆,详见图 2-70(c) 所示。

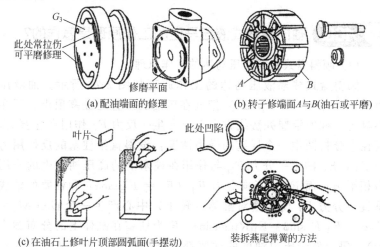

(a) 配油端面的修理　　(b) 转子修端面A与B(油石或平磨)

(c) 在油石上修叶片顶部圆弧面(手摆动)　　装拆燕尾弹簧的方法

图 2-70　叶片马达的主要修理位置

④ 修理时，轴承可视情况更换，密封圈则必须换新。

167. 如何装配弹簧式叶片马达？

　　弹簧式叶片马达装配时，修理人员会遇到困难。一方面因为要先装好弹簧，叶片难以装进转子槽内；再者装好的转子要装入定子孔内也不太容易。可按图 2-71 的方法进行较方便。

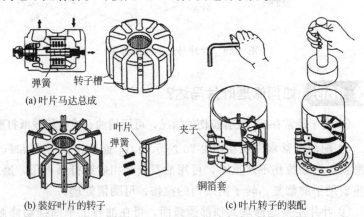

弹簧　　转子槽
(a)叶片马达总成

叶片
弹簧　　夹子

铜箔套

(b) 装好叶片的转子　　　　(c)叶片转子的装配

图 2-71　叶片马达修理时的装配技巧

168. 轴向柱塞式液压马达的工作原理是怎样的？

　　(1) 倾斜盘式柱塞液压马达的工作原理

　　倾斜盘式柱塞液压马达的工作原理如图 2-72 所示。油液压力产生的力 P（$P = p\pi d^2$）把处在压油腔位置的柱塞顶出，压在斜盘上，柱塞滑履处法线方向上要产生一反力 F_L 作用在柱塞上，现在来分析图中一个柱塞的受力情况：设斜盘给柱塞的反作用力为 F_L，F_L 的水平分力 F_H 与作用在柱塞上的高压油产生的作用力相平衡；而 F_L 的径向分力 F_T（$F_T = F_H \tan\alpha$）和柱塞的轴线垂直，分力 F_T 使柱塞对缸体（转子）中心产生一个转矩 $M_0 = F_T a = F_T R \sin\phi = F_H R \tan\alpha \sin\phi$（$R$ 为柱塞在缸体上的分布圆半径）。每个处于压力油区的柱塞都会产生这种转矩，从而形成总转矩 M_2。

随着角度 ϕ 的变化，柱塞产生的转矩也跟着变化。整个油马达所能产生的总转矩是由所有处于压力油区的柱塞产生的转矩所组成，所以总转矩也是脉动的。当柱塞的数目较多且为单数时，则脉动较小。

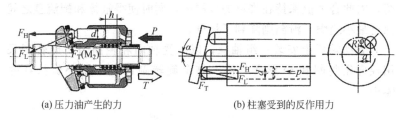

(a) 压力油产生的力　　　　　　　(b) 柱塞受到的反作用力

图 2-72　倾斜盘式柱塞液压马达的工作原理

如果斜盘摆动斜角 α 固定不能变，则为定量斜盘式柱塞液压马达；如果斜盘摆动斜角 α 的大小做成可以改变的，则为变量斜盘式柱塞液压马达。斜盘式定量或变量轴向柱塞马达，输出速度都与供油流量成正比，输出的转矩都随高低压端（进出油口）压力差的增大而增大。变量马达的容积，也即马达的吸入流量，可通过调节斜盘倾角来改变。

（2）倾斜缸式柱塞液压马达的工作原理

当柱塞数为 7 时，3 或 4 个缸体孔位于压力侧的配流腰形孔处，而另外 4 或 3 个则在回油侧腰形孔处。如压力油从配流盘腰形孔由 P 孔进入马达推动柱塞在缸体孔内前后运动。这种运动由输出轴的柱塞球铰转化为旋转运动。缸体因柱塞而一起转动，并在输出轴产生转矩。当该柱塞随同缸体转到与配流盘回油腰形孔孔的位置，回油流出回到系统或油箱中〔见图2-73(a)〕。

倾斜缸式柱塞液压马达的工作原理与倾斜盘式柱塞液压马达相同〔见图 2-73（b）〕，进入柱塞油液压力产生力 P（$P = p\pi d^2$）把处在压油腔位置的柱塞顶出，压在斜盘上，柱塞滑履球头处法线方向上要产生一反力 F_L 作用在柱塞的球头上，垂直分力 F_T 使输出轴产生一转矩力 M_2，每个处于压力油区的柱塞都会产生这种转矩力。转矩大小的计算与倾斜盘式柱塞液压马达相似。

采用球面形状的配流盘，相当于缸体支承在一个无转矩的轴承上，作用在缸体上的全部力都作用在一个点上，这样弹性变形引起的横向偏移不会增加缸体和配流盘之间的泄漏。在空转和启动时，缸体被垫圈推向配流盘，随着压力的升高，液压力达到了静压平衡，因此合力值保持在许可的范围内，同时使得缸体和配流盘之间保持最小缝隙，泄漏则降到了最低。

驱动轴承上安装一组轴承，以承受轴向和径向力。旋转副采用径向密封圈和 O 形密封圈。整个旋转副通过压紧环保持在壳体中。

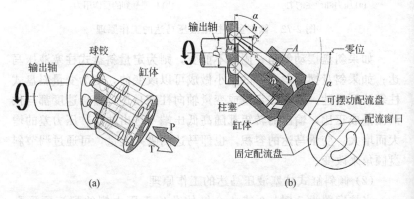

图 2-73　定量或可变倾角 α 的斜轴式结构的示例图

🔧 169. 轴向柱塞式液压马达如何进行变量调节？

定量马达的摆角 α 由壳体设定为固定值；变量马达的摆角则可在一定范围内无级调节，通过改变摆角大小，得到柱塞的不同行程 h，因而产生可调节的排量容积。

与倾斜盘式柱塞液压马达一样，变量调节（斜轴的摆角调节）既可采用机械式的定位螺钉（如图 2-74），也可采用液压式的定位活塞进行调节。控制则可以为机械的，液压的或电气的。常见的调节方式是：手动调节螺钉调节、用比例电磁铁的比例调节、压力和功率控制调节等。随着角度的增加，排量和扭矩也增大；反之，这些数值则相应减小。

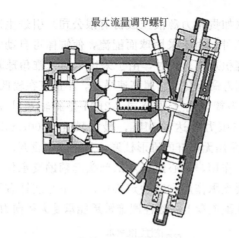

图 2-74 柱塞液压马达变量调节

 170. 轴向柱塞马达有哪些结构?

（1）PVBQA 系列定轻型轴向柱塞马达

图 2-75 所示的 PVBQA 系列定轻型轴向柱塞马达为邵阳维克液压公司（原湖南邵阳液压件厂）引进美国维克斯公司产品，为通轴式结构，属大扭矩型。

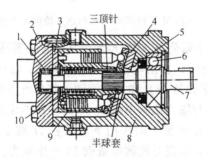

图 2-75　PVBQA 系列定轻型轴向柱塞马达结构
1，6—轴承；2—端盖；3— 配油盘；4—止推板；5—轴封；
7—传动轴；8—壳体；9—缸体组件；10—中心弹簧

（2）A2FM 型斜轴式轴向柱塞马达

A2FM 型斜轴式柱塞定量马达为德国力士乐公司产品，国内有多家厂家（如贵州力源液压股份有限公司）引进生产。缸体摆角有 25°和 20°两种。由于采用球面配流，使缸体可自动定心，减少泄漏，提高了容积效率。同时，由于采用一对大锥角球轴承及双金属缸体，使使用寿命提高。它属高速马达，不适宜在较低转速下使用。

图 2-76 为德国力士乐公司 A2FM 型斜轴式柱塞定量马达结构，最大工作压力可达 40MPa，最大转速 8000r/min，最大扭矩 1270N·m。采用无连杆的锥形柱塞，且柱塞用密封环密封；中心连杆起缸体定心作用，中心连杆左部球头起辅助支承作用；球面配流盘起缸体主要支承作用和辅助定心作用，中心连杆右下端的弹簧可使缸体紧贴在配流盘上；滚柱圆锥轴承能承受大径向力和轴向推力。

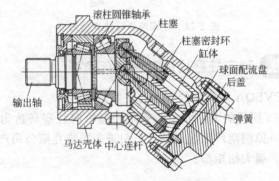

图 2-76　A2FM 型柱塞式斜轴马达（德国力士乐公司）

（3）德国力士乐公司 A7V 型斜盘式变量柱塞马达结构

如图 2-77 所示，它由马达芯（含缸体 3、柱塞 2、配流盘 4、中心轴 14 和顶紧弹簧 16）和控制阀两大部分所组成。

马达的排量与输入比例电磁铁 12 的控制电流成比例。当未通入电流时，在复位弹簧 7 的作用下，阀芯 17 被下推呈初始状态；当比例电磁铁通入电流时比例电磁铁 12 产生推力，通过传力件 13 和长推杆 10 作用在阀芯 17 上，当此推力足以克服起点调节弹簧 7 和反馈弹簧 8 的弹力之和时，控制阀阀芯 17 上移，使控制腔 a、b 接通，变量活塞 9 带动配流盘 1 向下顺时针方向移动，马达的排量增大，实现变量（此时机芯倾角变大）；在机芯倾角变大的过程中，件 9 也不断压缩反馈弹簧 8，直至弹簧上的压缩力略大于比例电磁铁的电磁力时，阀芯 17 关闭，使控制活塞 9 定位在与输入电流成比例的某一位置上。

值得注意的是：液压马达的排量必须有最小排量的调节限制。因为如果在极小的排量下，则因扭矩太小马达不能旋转。为此一般斜轴式柱塞马达上均设置有最小流量限位螺钉（如图 2-77 中的件 5），用来限制斜轴的最小倾角，最小流量限位螺钉有些国家也称最小行程调节器；另外，还要有系统最小工作压力的限定，例如美国派克公司的同类液压马达最小工作压力限定为 40bar，否则不能变量。

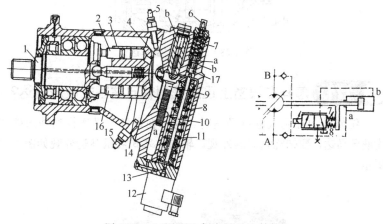

图 2-77 A7V 型比例变量马达结构

1—输出轴；2—柱塞；3—缸体；4—配流盘；5—最小流量限位螺钉；6—调节螺钉；
7—控制起点调节弹簧；8，11—反馈弹簧；9—控制活塞；10—推杆；
12—比例电磁铁；13—调节套；14—中心弹簧；15—最大流量限位螺钉；
16—顶紧轴；17—阀芯

（4）美国 Parker 公司的 F12 型斜轴式定量柱塞马达

图 2-78 为美国派克（Parker）公司的 F12 型斜轴式定量柱塞马达结构，缸体通过支承轴支承在外壳上（轴支承缸体结构），压力油通过固定配流盘进入转子缸体，推动柱塞顶紧在输出轴左端面上的球铰副上，其产生的切向力使转子缸体回转，并将旋转运动通过锥齿轮副传递给输出轴，使输出轴输出旋转运动和转矩。缸体由支承轴支承，中心连杆为辅助支承作用。中心连杆上的弹簧使缸体始终压在配流盘上。

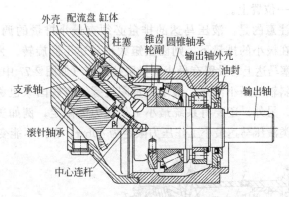

图 2-78　F12 型定量马达

外壳　配流盘　缸体
柱塞
锥齿轮副
圆锥轴承
输出轴外壳
油封
支承轴
输出轴
滚针轴承
β
中心连杆

🔧 **171.** 怎样在设备上迅速找到轴向柱塞式液压马达？

　　维修轴向柱塞式液压马达时，为了在设备上迅速找到轴向柱塞式液压马达，要知晓它们的外观，轴向柱塞式液压马达外观如图 2-79 所示。

(a) 定量轴向柱塞式液压马达

(b) 变量轴向柱塞式液压马达

图 2-79　轴向柱塞式液压马达的外观

172. 轴向柱塞式液压马达易出故障的零件及其部位有哪些?

轴向柱塞马达易出故障的零件有：配油盘、缸体、输出轴、三顶针、半球套、柱塞、滑靴、九孔盘、输出轴等。

轴向柱塞马达易出故障的零件部位有：①配油盘端面（G_3）磨损拉伤；②缸体端面 G_1 的磨损拉伤与缸体孔的磨损；③中心弹簧折断；④柱塞外圆的磨损拉伤；⑤输出轴轴颈磨损；⑥轴承磨损或破损；⑦油封破损等（见图 2-80）。

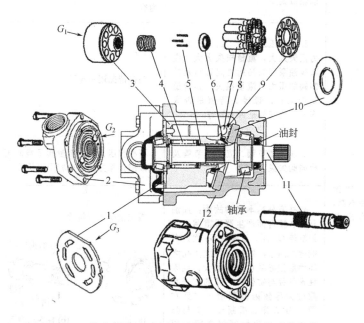

图 2-80　轴向柱塞式液压马达易出故障的零件及其部位
1—过流盘；2—后盖；3—缸体；4—中心弹簧；5—三顶针；6—半球套；7—柱塞；
8—滑靴；9—九孔盘；10—回程盘（斜盘）；11—输出轴；12—体壳

173. 轴向柱塞马达转速提不高，输出扭矩小怎么办?

油马达的输出功率 $N = pQ\eta$（p 为输入油马达的液压油的压

力；Q 为输入油马达的流量；η 为油马达的总效率）。输出转矩 $T = pQn/2irn$（n 为液压马达的转速）。因此，产生这一故障的主要原因是：①输油马达的压力 p 太低；②输入油马达的流量 Q 不够；③油马达的机械损失和容积损失。排除方法见表 2-30。

表 2-30　轴向柱塞马达转速提不高，输出扭矩小故障排除方法

故障现象	查找故障的方法（找原因）	排除故障的相应对策
转速提不高，输出扭矩小	1.查液压泵供油压力不够，供油流量太少	可参阅液压泵的"故障排除"款中有关"流量不够和压力不去"的有关内容
	2.从液压泵到油马达之间的压力损失太大，流量损失太大，应减少油泵到油马达之间管路及控制阀的压力、流量损失，如管道是否太长，管接头弯道是否太多，管路密封是否失效等	根据情况逐一排除
	3.压力调节阀、流量调节阀及换向阀失灵	可根据压力阀、流量阀及换向阀有关故障排除方法的内容予以排除
	4.柱塞马达本身的故障：如油马达各接合面产生严重泄漏，例如缸体 G_1 面、过流盘 G_3 面、右端盖之间、柱塞外径与缸体孔之间因磨损导致内泄漏增大；或因柱塞外径与缸体孔之间的配合间隙过大导致内泄漏增大（见右图）；中心弹簧折断或疲劳与弹力不够、三顶针磨损变短等原因，无法顶紧造成轴向间隙大产生内泄漏；或拉毛导致相配件的摩擦别劲等、容积效率与机械效率降低等	根据情况予以排除 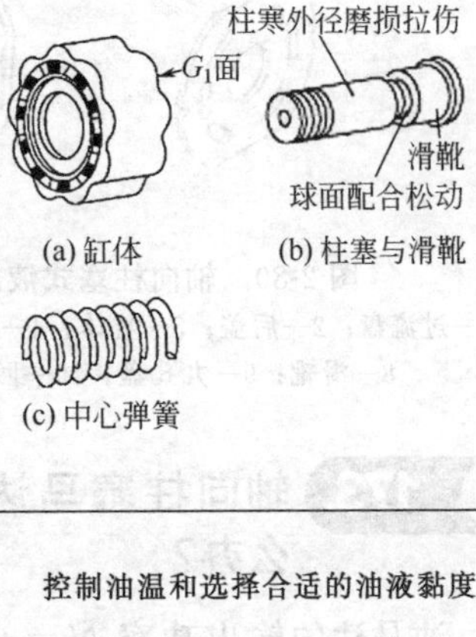 G_1面 (a) 缸体 柱塞外径磨损拉伤 滑靴 球面配合松动 (b) 柱塞与滑靴 (c) 中心弹簧
	5.如因油温过高与油液黏度使用不当等原因	控制油温和选择合适的油液黏度

174. 轴向柱塞马达噪声大，振动怎么办？

表2-31 轴向柱塞马达噪声大，振动故障排除方法

故障现象	查找故障的方法（找原因）	排除故障的相应对策
噪声大，振动	1.查油马达输出轴上的联轴器是否安装不同心、松动等；联轴器松动或对中不正确将导致噪声或振动异常	可校正各联轴器的同轴度。维修或更换联轴器，并确认联轴器选择是否正确
	2.查检查油箱中油位：油箱中油液不足将导致吸空并产生系统噪声	加液压油至合适位置并确保至马达油路通畅
	3.查油管各连接处是否松动（特别是马达供油路）：空气残留于系统管路或马达内，由此产生系统噪声和振动	可排出空气并拧紧管接头
	4.查柱塞与缸体孔是否因严重磨损而间隙增大，带来噪声和振动	可刷镀重配间隙，或重新购买一组柱塞换上
	5.查柱塞头部与滑靴球面配合副是否磨损严重：磨损严重，带来噪声和振动	可更换柱塞与滑靴组件 柱塞外圆柱 球面副 阻尼孔 滑靴
	6.查输出轴两端的轴承与轴承处的轴颈是否磨损严重	可用电镀或刷镀轴颈位置修复轴，并更换轴承 磨损
	7.查是否存在外界振源：外界振源可能产生共振	找出振动原因消除外界振源的影响，且将油马达安装牢固
	8.查液压油黏度是否超过限定值：液压油黏度过高或温度过低将导致吸空，噪声异常	工作前系统应预热，或在特定的工作环境下，选用合适黏度的液压油

175. 轴向柱塞马达内外泄漏量大，发热温升严重怎么办？

内外泄漏量大是导致发热温升的主要原因，可根据上述情况，找出导致内外泄漏量大故障产生原因后，便不难排除发热温升严重的故障。见表 2-32。

表 2-32 轴向柱塞马达内外泄漏量大，发热温升严重故障排除方法

故障现象	查找故障的方法（找原因）	排除故障的相应对策
外泄漏量大	1. 输出轴的骨架油封损坏	1. 更换输出轴的骨架油封
	2. 油马达各管接头未拧紧或因振动而松动	2. 拧紧松动的管接头
	3. 工艺堵头油塞未拧紧或密封失效	3. 拧紧工艺堵头油塞
	4. 温度过高引起非正常漏油过多	4. 查明温升原因，予以排除
	5. 马达各接触面磨损	5. 拆开检查：研磨各接触面、换密封
	6. 各密封处的密封圈破损等	6. 更换密封
内泄漏量大	1. 柱塞与缸体孔磨损，配合间隙大	1. 刷镀柱塞外圆柱
	2. 中心弹簧疲劳、缸体与配油盘的配油贴合面磨损，引起内泄漏增大等	2. 更换中心弹簧

176. 轴向柱塞外泵带刹车装置的柱塞马达刹不住车怎么办？

表 2-33 轴向柱塞外泵带刹车装置的柱塞马达刹不住车故障排除方法

故障现象	查找故障的方法（找原因）	排除故障的相应对策
柱塞马达刹不住车	1. 查刹车摩擦片是否过度磨损	可分解、检查修理，超过磨损量限定值时予以更换
	2. 查刹车活塞是否卡住	可分解、检查修理
	3. 查刹车解除压力是否不足	可对回路进行检查与修理
	4. 查摩擦盘上的花键是否损坏	可分解、修理或更换

177. 轴向柱塞泵柱塞液压马达不转动怎么办？

表 2-34　轴向柱塞泵柱塞液压马达不转动故障排除方法

故障现象	查找故障的方法（找原因）	排除故障的相应对策
马达不转动	1.查系统压力是否上不去：如回路中的溢流阀工作不正常、柱塞卡滞、柱塞被堵塞、回路中安全阀的设定值不正确等	可排除溢流阀故障、拆卸卡滞部位，进行清洗与修理、正确设定压力值
	2.查工作负载是否过大	查明原因，采取对策
	3.查刹车油缸活塞是否卡住在制动位置	进行回路检查与修理，排除刹车油缸活塞卡住、刹车油路堵塞等情况

 178. 轴向柱塞泵不能变速或变速迟缓怎么办？

表 2-35　轴向柱塞泵不能变速或变速迟缓故障排除方法

故障现象	查找故障的方法（找原因）	排除故障的相应对策
不能变速或变速迟缓	1.查伺服控制信号管路上压力：控制油路堵塞或受限制将导致马达变量缓慢或不能切换，从而不能变速或变速迟缓	应确保控制信号管路通畅，无限流，并有足够控制压力去切换马达排量
	2.查控制供油或回油管路上阻尼孔安装是否正确，有没有堵塞：控制供油或回油管路上限尼孔决定马达变量时间。阻尼孔越小，响应时间越长，管路堵塞将延长响应时间，从而变速迟缓	应确保马达上控制阻尼孔安装正确，堵塞时进行清洗，如有必要予以更换

 179. 径向柱塞式液压马达有什么特点？如何分类？

　　径向柱塞式液压马达简称径向柱塞马达，为低速液压马达。它的主要特点是：排量大，体积大，转速低，可以直接与工作机构连接，不需要减速装置，使传动机构大大简化。它的输出扭矩较大，可达几千到几万牛·米，因此又称为低速大扭矩液压马达。缺点是：体积大、重量大。其中内曲线多作用径向柱塞油马达由于是多作用，可以传递大扭矩，且扭矩脉动可大大减少，其低速稳定性较好，但结构较复杂，定子多作用曲线加工比较困难（需专用设备）。

径向柱塞马达按其每转作用次数，可分为单作用式（如曲轴连杆式柱塞液压马达）和多作用式（如多作用内曲线径向柱塞式液压马达）。

多作用内曲线油马达，按切向力的传递方式不同，可分为以柱塞传力、横梁传力、连杆传力和导向滚轮传力四种结构形式。

⚒ 180. 径向柱塞式液压马达的工作原理是怎样的？

（1）曲轴连杆式柱塞液压马达的工作原理

如图 2-81 所示，在壳体 1 的圆周上均布有五只（或七只）柱塞缸，柱塞 2 的底部通过球铰与连杆 3 连接在一起，连杆的端部是一个圆柱面，与偏心轴（曲轴）4 的偏心圆柱面相配合，配油轴（配油阀）和曲轴 4 连接在一起，并同时转动。

配油轴在旋转过程中，通过轴向通道将压力油分配到相应的柱塞缸，例如图中为缸 $\mathbb{IV}$ 与缸 $\mathbb{V}$ 进高压油的情形。有高压油的柱塞所产生的液压力 F 分别分解为分力 F_4 与 F_5 通过连杆 3 传递到曲轴的偏心圆上。F_4 与 F_5 的作用方向是沿着连杆中心线，指向偏心圆的圆心 O_1，每个力均可分解成两个力。例如 F_4 可分解成 N_4 和 T_4 [见图 2-81(e)]，N_4 为沿着曲轴旋转中心 O 与偏心圆圆心 O_1 的连线 OO_1 的法向力，T_4 为垂直于连线的切向力。T_4 力对曲轴中心 O 产生扭矩，推动曲轴逆时针方向转动。F_5 也同样可分解成 T_5（切向力），使曲轴逆时针方向旋转。轴的转动带动配油轴旋转，图 2-81(b) 为转过 90°时，为 $\mathbb{V}$、$\mathbb{I}$、$\mathbb{II}$ 三个缸进高压油；图 2-81(c) 为转过 180°时，$\mathbb{II}$、$\mathbb{III}$ 两个缸进高压油；图 2-81(d) 为转过 270°时，$\mathbb{III}$、$\mathbb{IV}$ 两个缸进压力油，转到 360°时，又为图 2-81(a)，如此循环。

缸体每转一转，每个柱塞往复移动 x 次。由于 x 和 z 不 等，所以任一瞬时总有一部分柱塞处于进油区段，使缸体转动。由于马达作用的次数多，并可设置较多的柱塞（还可制成双排、三排柱塞结构），所以排量大、尺寸小。当马达的进、回油口互换时，马达将反转。

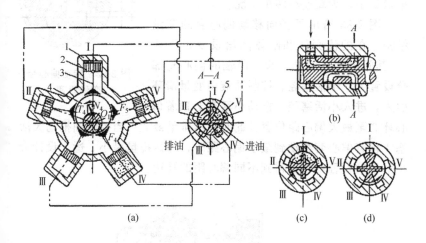

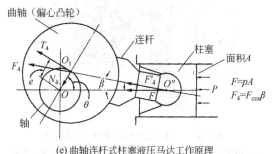

(e)曲轴连杆式柱塞液压马达工作原理

图 2-81　曲轴连杆式柱塞液压马达的工作原理

1—壳体；2—柱塞；3—连杆；4—曲轴；5—配油轴

（2）变量径向柱塞马达的工作原理

如果在上述马达中，偏心值做成可以改变的，则成了变量马达，通过改变偏心轮的偏心距实现变排量。

图 2-82 所示是转动偏心套的变量原理。图中 O 为曲轴旋转中心，O_1 为固定偏心轮中心，O_2 为可以转动的偏心套外圆中心。图示是偏心距最大 e 位置，马达排量最大，为低速大转矩工况。偏心套通过特殊机械转动 $180°$，O_2 转至 O_2' 位置，偏心距最小，马达排量最小，为高速小转矩工况。

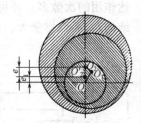

图 2-82　转动偏心套变量原理

图 2-83 给出了径向移动偏心套的变量结构。在配流壳体和缸体间增设变量滑环 4，其间用螺钉固结一起。曲轴的偏心轮部分设置大、小活塞腔。控制油液由变量滑环引入，进入小活塞腔，推动小活塞 2 顶着偏心环 3 至最大偏心距位置，此时马达排量最大；当控制油推动大活塞 1 顶着偏心套移动到最小偏心距时，马达排量最小。适当设计大小活塞的行程，可以得到不同偏心距的马达。

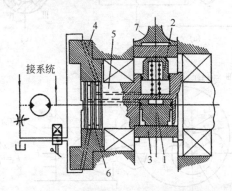

图 2-83　径向移动偏心套的变量结构
1—大活塞；2—小活塞；3—偏心环；4—滑环；5—偏心轴；6—密封环；7—连杆

（3）多作用内曲线液压马达的工作原理

如图 2-84 所示，柱塞 3 装在转子 4 内，柱塞上的滚子（或钢球）2 沿定子内曲面（导轨）滚动，定子的内表面做成多曲线式，图中为四段重复曲线，多的可以是十几段，转子在每转中，柱塞来回往复多次，作用的次数和定子内曲线重复的次数一样。柱塞作往复运动时靠配油轴 5 配油，配油轴是固定不动的，配油轴上的轴向孔 a、b 和油马达的进出油口相通。

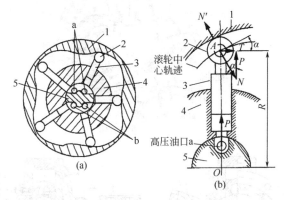

图 2-84　多作用内曲线液压马达的工作原理
1—定子；2—滚轮（钢球）；3—柱塞；4—转子；5—配油轴

当压力油从 a 进入柱塞 3 下腔时，柱塞 3 向上产生液压力 P，将其分为切向力 T 和法向力 N，法向力使滚子压向定子内曲面，切向力产生一带动转子 4 的旋转力，此力 T 乘以 OA（R）便为产生的力矩的大小。图中有两个柱塞产生这种力矩，共同产生油马达的输出扭矩。

181. 径向柱塞式液压马达有哪几种结构？

（1）曲轴连杆式柱塞液压马达的结构

曲轴连杆式柱塞液压马达分为轴配流与盘配流两种结构形式。

① 轴配流径向柱塞马达的结构

图 2-85 为国产 JMD 型径向柱塞马达（斯达法马达）的结构。星形壳体 7 按径向在圆周上均匀分布有柱塞缸。每一缸中均装有柱塞，每一柱塞的中心球窝中装有连杆 2 小端的球头，连杆大端的凹形圆柱面紧贴在与输出轴 4 成一整体的偏心轮的外缘上，并通过一对挡圈 3 压住连杆 2，以防止与偏心轮脱离。输出轴（曲轴）一端为输出。另一端通过十字联轴器 5 带动配油轴（阀）6 旋转。

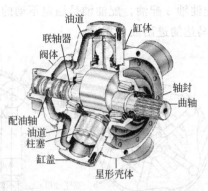

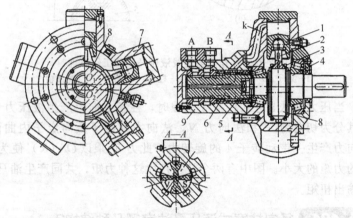

图 2-85　JMD 型径向柱塞液压马达结构

1—柱塞；2—连杆；3—挡圈；4—输出轴（曲轴）；5—联轴器；
6—配油轴（配油阀）；7—星形壳体；8—偏心轮；9—阀体

② 盘配流曲轴连杆式星形液压马达的结构

如图 2-86 所示，这种马达的缸体和柱塞围绕中央的偏心轴以星形排列。与偏心轴的位置相对应，5（双排列有 10）个柱塞在旋转过程中有 2 或 3（双排列约有 6）个与供油口相连（压力端），其余柱塞与回油口（油箱）相连。压力油通过控制器 1 供给缸体腔。

工作液体通过油口 A 和 B 进、出油马达。油液通过配流机构和壳体 1 上的流道 D 进入柱塞缸腔 F 或流出柱塞缸腔 F，柱塞和柱塞缸支承在偏心轴上的圆形表面和盖上。柱塞和缸体的静压平衡使马达在低摩擦状态下运行，因而效率高。柱塞缸体内 E 腔中的压力直接作用在偏心轴上。5 个柱塞缸中有 2 或 3 个柱塞缸分别和进油或回油相连接。配流机构由配流板 8.1 和配流阀 8.2 组成。配流板由销钉固定在壳体上，而配流阀和偏心轴一起转动。配流阀上的孔将配流板和柱塞缸连接起来。平衡环 8.3 在弹簧压缩力和液压力共同作用下能补偿其间隙。这使马达有很好的抗温度冲击的能力以及能在整个寿命期内保持恒定的性能。壳体 1 的 F 腔内泄漏油来自柱塞和配流板，并由泄漏油口 C 引出。

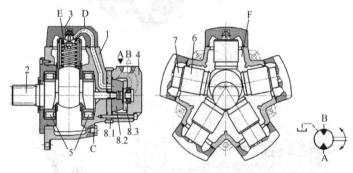

图 2-86　MR 和 MRE 型盘配流液压马达

1—壳体；2—偏心环（偏心轴）；3—盖；4—配流体；5—滚柱轴承；6—柱塞缸；
7—柱塞；8.1，8.2，8.3—配流机构；C—泄油口；D—油道；E、F—油腔

③ CLJM 型的变量式径向柱塞马达

图 2-87 所示为国产 CLJM 型的变量式径向柱塞马达的结构，曲轴 5 上装有小活塞 2 和大活塞 1，偏心环 3 和曲轴 5 做成分离式的，而不像前述定量马达那样，二者做成一体，其目的是为了可调节偏心距的大小。

偏心环 3 内侧是两侧平行的长槽，与输出轴上的方滑块两侧面相配，方滑块的另外两面相对装有大小活塞 1 和 2，在长槽里支撑着偏心环 3。大小活塞腔分别与曲轴里的控制油路相连，当 Y 口进油，即小活塞腔进油、大活塞腔回油时，小活塞在压力油的作用下将偏心环 3 推至最大偏心位置，此时马达排量和输出转矩最大，转

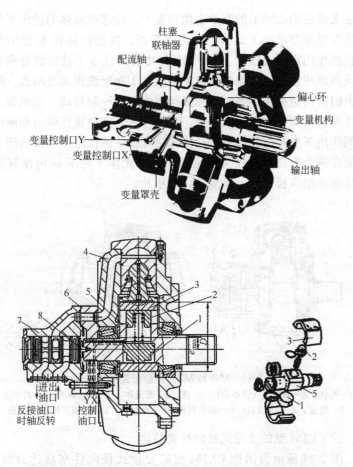

图 2-87 径向柱塞马达（国产 CLJM 型）变量的结构

1—大活塞；2—小活塞；3—偏心环；4—壳体；5—曲轴；6—隔套；7—配流器；

D—偏心环外径；e_{max}—偏心环与输出轴之间的最大偏心距

速最低。当 X 口进油，即小活塞腔回油、大活塞腔进油时，偏心环 3 推至最小偏心位置，此时马达为小排量。这样就构成了复式变量马达。

由此按进入控制油口 X 与 Y 的控制油方式的不同，复式马达有着不同的输出特性。在供油量相同的情况下，输出转速提高，而输出扭矩相应降低。偏心距的改变可在马达运转中平稳进行，可利用马达本身压力油作控制油，省去了控制油源。这种马达可以和定量泵组合构成容积调速回路，有效地实现恒功率调速；特别适合用于牵引绞车或驱动车辆的车轮。

（2）多作用内曲线液压马达的结构

① 球塞式低速大扭矩液压马达的结构

如图 2-88 所示，这种 QJM 型液压马达也为一种多作用径向柱塞液压马达，其柱塞为球塞式。由吸油口流进的高压油，通入固连在后盖上的内阀流道内，再经过用螺钉固定在与轴一起回转的转子上的外阀流道，进入径向设置在转子上的缸孔内，因而将由柱塞球面座包住的钢球顶压在具有多段凹凸曲线的定子凸轮环的凸轮斜面上，由此产生的反作用力使轴和转子回转。各柱塞往复运动产生的旋转力的方向由定子的凹凸内曲线与内阀的油口的位置关系决定。

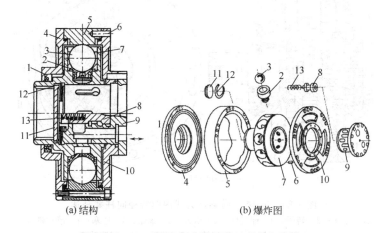

(a) 结构　　　　　　　　　　(b) 爆炸图

图 2-88　QJM 型球塞式液压马达结构（国产）

1—轴封；2—柱塞；3—钢球；4—前端盖；5—定子；6—定位销；7—转子（缸体）；
8—变速阀；9—配油轴；10—后端盖；11—封头；12—卡圈；13—弹簧

② NJM 型横梁传力式内曲线径向柱塞马达的结构

NJM 型横梁传力式内曲线径向柱塞马达的外观与结构如图 2-89 所示。

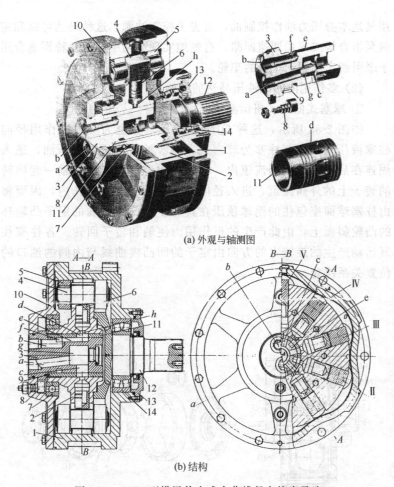

(a) 外观与轴测图

(b) 结构

图 2-89　NJM 型横梁传力式内曲线径向柱塞马达

1—定子；2—转子；3—配流轴；4—横梁；5—滚轮；6—柱塞；7—滚动轴承；

8—微调螺钉；9—圆柱销；10—盖板；11—配流轴套；

12—输出轴；13—前盖；14—轴承

182. 怎样排查曲轴连杆式径向柱塞液压马达的故障?

　　① 排查时先要知晓曲轴连杆式柱塞液压马达的外观与结构（如图 2-90 所示）。

图 2-90　曲轴连杆式柱塞液压马达的外观与结构

② 故障排查。径向柱塞马达有许多类型，此处仅以宁波英特姆液压马达有限公司生产的 NHM 型低速大扭矩液压马达（图 2-91）为例对其故障原因和排除方法予以说明（见表 2-36）。

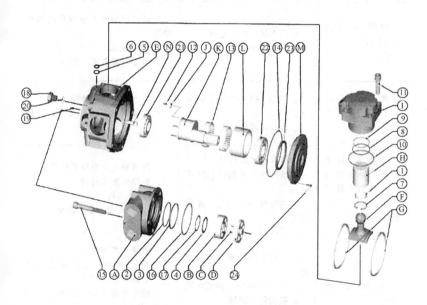

图 2-91　NHM 型低速大扭矩液压马达结构与立体分解图

A—通油盘；B—配油盘；C—定位环；D—垫块；E—壳体；F—连杆；G—卡环；H—柱塞体；I—柱塞；J—滚柱封块；K—曲轴；L—轴承套；M—封盖；N—双头键1—挡圈；2—密封环；3，4，6，9，10，14，16—O 形圈；5—密封环；7—孔用弹性圈；8—密封环；11—内六角螺钉；12—十字槽螺钉；13—滚柱；15—内六角螺钉；17—密封环；18—堵头；19—定位圆柱销；20—组合垫圈；21—后轴承；22—前轴承；23—油封

表 2-36　　NHM 型低速大扭矩液压马达的故障排查方法

故障现象	原因分析	排除方法
故障 1：旋转与预定方向相反	配油盘 B 装反	拆下并取出配油盘，旋转 180° 后重新装入
故障 2：转速下降运转不正常，输出扭矩下降	1.系统其他部分毛病 2.马达严重外泄漏 3.马达内泄漏大	1.排除系统故障 2.检查通油盘与壳体之间接触面 3.检查各零件之间接合的密封件 4.检查液压油的黏度和工作油温 5.检查各运动件的磨损情况
故障 3：马达不转且压力上不去	1.系统其他部分毛病 2.双头键 N 折断	1.检查配油盘上密封环的磨损情况 2.检查通油盘的磨损情况，铸件进出油口流道是否畅通
故障 4：马达不转而压力升不高	1.马达内部运动副相互咬住 2.负载超过设定值	1.检查系统，并排除 2.拆卸通油盘、配油盘，更换零件
故障 5：柱塞套或通油盘漏油或其他与壳体接触面漏油、输出轴端面漏油	1.铸件有气孔砂眼 2.该处橡胶密封件损坏或老化 3.油封损坏或老化、弹簧脱落	1.拆开检查，更换不良件 2.更换橡胶密封件 3.更换油封 4.调整间隙或更换轴承
故障 6：噪声大	1.连杆 F 与轴承套相咬破损坏 2.卡簧 G 断裂，轴承咬死 3.联轴器不同轴 4.外部振动 5.液压系统其他部位噪声	1.更换损坏零件 2.检查推力座上轴承是否损坏，对轴承进行间隙调整 3.检查并校正与马达相连联轴器的同轴度 4.采取防振措施 5.检查液压系统并排除
故障 7：温升太快	1.系统冷却不够 2.主要零件磨损严重	1.检查改善 2.同故障 4 中处理方法

183. 内曲线多作用液压马达输出轴不转动，不工作怎么办？

表2-37　内曲线多作用液压马达输出轴不转动，不工作故障排除方法

故障现象	原因分析	排除方法
输出轴不转动，不工作	① 输入液压马达的工作压力油压力太低需检查其工作压力	设法提高
	② 滚轮破裂，碎块卡在缸体与马达壳体之间。或者卡住滚轮的卡环断裂，滚轮从横梁上脱出卡在缸体与马达壳体之间	拆开液压马达修理，更换滚轮
	③ 柱塞卡住，以柱塞传力方式的内曲线多作用液压马达，柱塞一般较长，同时由于柱塞承受侧向力，容易产生柱塞卡住而使液压马达输出轴不能转动的现象	此时应拆开修理，注意柱塞在缸体孔内的装配精度，消除柱塞卡死现象
	④ 泄油管管接头拧入太长，使马达卡住	应使用短油管接头，避免拧入螺孔内过长而出现顶死现象
	⑤ 输出轴轴承烧死	宜更换

184. 内曲线多作用液压马达转速不够怎么办？

表2-38　内曲线多作用液压马达转速不够故障排除方法

故障现象	原因分析	排除方法
转速不够	① 配油轴与转子轴套之间的配合间隙过大，或因工作时间较长，油液不干净等原因，造成二者之间的相对运动副之间的磨损，使得间隙过大。因而产生进、排油之间的窜通，导致压力流量损失过大，而使进入柱塞的有效流量不够，使液压马达转速不快	此时应拆开液压马达，修复配油轴，使之与转子轴套的间隙在要求的范围内

故障现象	原因分析	排除方法
转速不够	② 柱塞和缸体（转子）孔的间隙太大	可采用刷镀或镀硬铬的方法适当加大柱塞外径，使柱塞与缸体孔的间隙保持在 0.015～0.03mm 的范围内。小直径（30～45mm）取小值，大直径（65～80mm）取大值
	③ 泵输入液压马达的流量不够	此时应排除泵的故障
	④ 负载过大	应使液压马达在规定的输出扭矩下使用
	⑤ 柱塞上的 O 形密封圈破损	予以更换

185. 内曲线多作用液压马达输出扭矩不够怎么办?

表 2-39　内曲线多作用液压马达输出扭矩不够故障排除方法

故障现象	原因分析	排除方法
输出扭矩不够	① 同上"转速不够"中①、②、③、⑤	同上"转速不够"中①、②、③、⑤
	② 输入液压马达的压力不够	此时应检查液压系统压力上不来的原因，例如是否溢流阀有故障等
	③ 液压马达内部各运动副间机械摩擦太大，内耗太大	此时要特别注意各运动副之间的摩擦力大小，注意加工装配精度

186. 内曲线多作用液压马达输出的转速变化大怎么办?

表 2-40　内曲线多作用液压马达输出的转速变化大故障排除方法

故障现象	原因分析	排除方法
输出的转速变化大	① 输入液压马达的流量变化太大	稳定进入液压马达的流量
	② 负载不均匀，时大时小	查明导致负载不均匀的原因予以排除

故障现象	原因分析	排除方法
输出的转速变化大	③ 柱塞有卡滞现象	清洗去毛刺
	④ 配油轴的安装位置不对，错位	可转动配油轴。消除输出轴转动不均匀的现象
	⑤ 定子（壳体）上导轨面出现不均匀磨损，也会产生转速不均匀现象	应予以修复或更换

 187. 内曲线多作用液压马达噪声大、有冲击声怎么办？

表 2-41　内曲线多作用液压马达噪声大、有冲击声故障排除方法

故障现象	原因分析	排除方法
	① 柱塞存在卡紧现象	应消除卡阻现象，使之在随转子转动过程中能灵活移动
	② 各运动副之间因磨损、间隙增大产生机械振动撞击	针对原因分别采取对策
	③ 输出轴支承（轴承）破损	更换轴承
	④ 定子导轨而拉有沟槽，毛刺伤痕，使滚柱在导轨上产生跳跃，出现振动	针对原因分别采取对策

188. 内曲线多作用液压马达外泄漏怎么办？

　　外泄漏的位置有输出轴轴封处、前后盖与马达壳体结合面等。发现外漏可根据外漏位置，针对性地拆开检查油封及密封破损情况；另外壳体内因内泄漏大导致泄油压力高、泄油管管径太小、泄油管路背压太大、与回油管共用一条管路均可能产生轴封处漏油及结合而漏油的现象，可查明原因，逐一排除。

189. 径向柱塞马达如何修理？

　　对马达的修复主要是指对配流盘、衬板、止推板及回程盘等常用易损件的修复。经检测表明，这些配件在磨损和腐蚀后，大都具

有三四次修复的加工余量，因此对其进行修复是可行的。由于这些配件的端面精度要求较高（见图 2-92），要求表面粗糙度 Ra 为 $0.2\mu m$、平面度为 $0.9\mu m$。这些表面失效后一般不能采用金相砂纸研磨修复，因为金相砂纸上的砂粒极易脱落，脱落后的砂粒容易镶嵌在工件表面上，从而影响它们的使用性能。

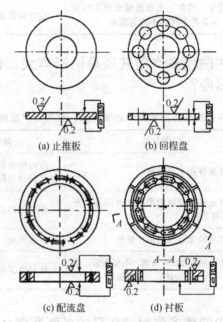

图 2-92 液压马达主要配件示意图

一般修复这些零件的修理方法如下。

① 采用研磨膏在平面慢速研磨机上进行手工研磨。

② 高速研磨的方法。采用研磨机和特制的固着磨料磨具，利用循环水进行冲洗和冷却，其加工原理如图 2-93 所示，压头通过压盖压在工件上面，其作用一是施加研磨压力，二是限制工件的移动，只允许工件绕压头回转中心转动。固着磨料是粘接在磨具表面上的，研磨时磨具与磨料同时旋转，工件在研磨加工力的作用下作随动旋转。冷却水通过磨具中间的孔，由下向上地流入研磨加工区，以对加工区进行冷却，并冲走从工件和磨具上掉下来的磨屑。

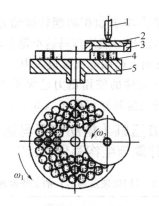

图 2-93　液压马达研启修复示意图

1—压头；2—压盖；3—工件；4—固着磨料；5—磨具

190. 摆动缸执行元件如何分类？

图 2-94　摆动缸执行元件分类

191. 什么是摆动缸？

摆动缸是指其输出轴能带动负载做往复摆动的执行元件，又称摆动液压马达，其分类如图 2-94 所示。其中叶片式能直接驱动负载同转，常称为"摆动液压马达"。其余的方式要通过齿轮齿条、链条、连杆和丝杠螺母带动负载摆动，本身结构中的柱塞仍然只做往复运动，所以称之为"摆动液压缸"。

192. 什么情况下使用摆动缸？

在需要输出来回摆动和扭矩的地方使用摆动缸。

摆动型执行元件结构简单紧凑，无需经减速器和其他机构，一般摆动缸用在需要输出小于 300° 的摆转运动并输出大的扭矩的地方。它效率高，内泄漏比一般液压马达小得多，因而它们广泛用于机床、矿山开采、石油、船舶舵机等设备中。

目前摆动型执行元件的使用压力已大于 20MPa，输出转矩可达数万牛·米，最低稳定转速可低至 0.01r/s。

 193. 摆动液压缸（摆动液压马达）的工作原理、有关计算与结构有何特点？

表 2-42　摆动液压缸（摆动液压马达）的工作原理、有关计算与结构

种类		说明
叶片式摆动液压马达	工作原理	图 2-95(a) 为单叶片式摆动液压马达的工作原理：当压力油从 A 孔进入壳体 3 的 A_1 腔内。作用在叶片 1 的左面上，产生液压力，推动与叶片 1 连接在一起的输出轴（转子）2 逆时针方向回转，缸内 B_1 腔的回油经 B 口排出；反之当压力油从 B 口进入缸内，则输出轴（转子）2 顺时针方向回转并输出扭矩 图 2-95(b) 为双叶片式摆动液压缸的工作原理，情况与上述单叶片式类似，不同之处是压力油从 A 口进入 A_1 腔后，再经过孔 a 进入 A_2 腔，使两叶片的上面或下面作用有液压力共同使输出轴 2 逆时针方向旋转并输出扭矩，因而比单叶片式摆动液压马达的输出扭矩大 (a) 单叶片式　　(b) 双叶片式 图 2-95　单叶片式摆动液压马达的工作原理图
	计算	输出扭矩 T 为 $$T = (R_1{}^2 - R_2{}^2)B(p_1 - p_2)\eta_m$$ 式中　B——叶片宽度； 　　　η_m——机械效率； 　　　R_1，R_2，p_1，p_2——见图 2-95 摆动角速度 ω 为：$\omega = 100Q\eta_v/[6\ (R_1{}^2 - R_2{}^2)B]$ 式中　η_v——容积效率 　　　Q——流入液压马达的流量

种类		说明
叶片式摆动液压马达	结构	单叶片式摆动液压马达的结构如图2-96所示，双叶片式摆动液压马达的结构如图2-97所示 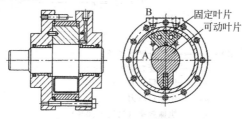 图2-96　单叶片结构 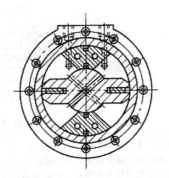 图2-97　双叶片式结构
齿轮齿条式摆动液压缸	工作原理	工作原理如图2-98所示：压力油从A进入液压缸，作用在活塞2的左端面上，推动活塞右行从B口回油，活塞杆3上的齿条以力F带动齿轮（输出轴）4逆时针转动；反之，如果从B口进油，A口回油，输出轴4顺时针方向转动。其特点是结构简单，密封容易，泄漏少，位置精度容易控制与保持。如果齿条3做得长一点，摆动角可超过360° 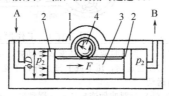 图2-98　齿轮齿条式 1—壳体；2—活塞；3—齿条（活塞杆）；4—输出轴（齿轮）

种类		说明
齿轮齿条式摆动液压缸	计算	输出转矩 T 和角速度。分别为： $$T = rF = r\frac{\pi D^2(p_1 - p_2)}{4}\eta_\mathrm{m}$$ $$\omega = \frac{200Q\eta_\mathrm{m}}{3\pi r D^2}$$ 式中　r——齿轮分度圆半径 　　　D——活塞受力面积 　　　p_1——进油口压力 　　　p_2——出油口压力 　　　η_m——机械效率（70%～80%）
	结构	图 2-99 为齿轮齿条式摆动液压缸的结构 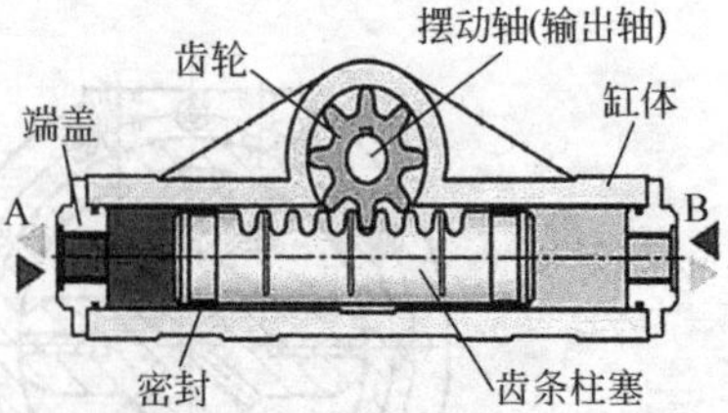 图 2-99　齿轮齿条式摆动液压缸的结构
曲柄连杆柱塞式摆动缸	工作原理	工作原理如图 2-100 所示：当压力油 p_1 从 A 口进入，推动活塞向左做直线移动，由活塞连杆带动曲柄并使输出轴反时针方向摆动；反之从 B 口进油，输出轴做顺时针方向摆动。它的特点是结构简单，摆角可调节，但摆角一般不超过 90° 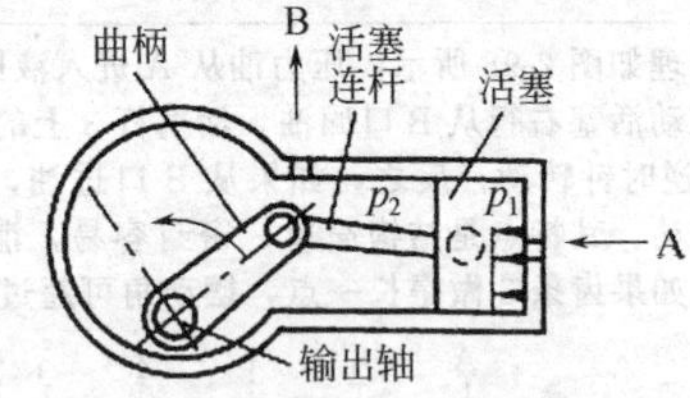 图 2-100　工作原理
	结构	图 2-101(a) 为单曲柄连杆柱塞式摆动缸，油口 A 与油口 B 交替地进排油，使柱塞左右运动，压下或上拉连杆，于是输出轴便产生顺或逆时针方向的摆转运动 图 2-101(b) 为双曲柄连杆柱塞式摆动缸，在摆动缸中，由两个交替受液压作用的柱塞 A 与 B 产生互相平行的相反上下运动。柱塞截面作用的液压力，由活塞杆 A 与 B 通过连杆传递到输出轴（与内燃机原理相似），使之产生摆动。轴向柱塞式摆动马达可达到 100°的摆动角

种类		说明
曲柄连杆柱塞式摆动缸	结构	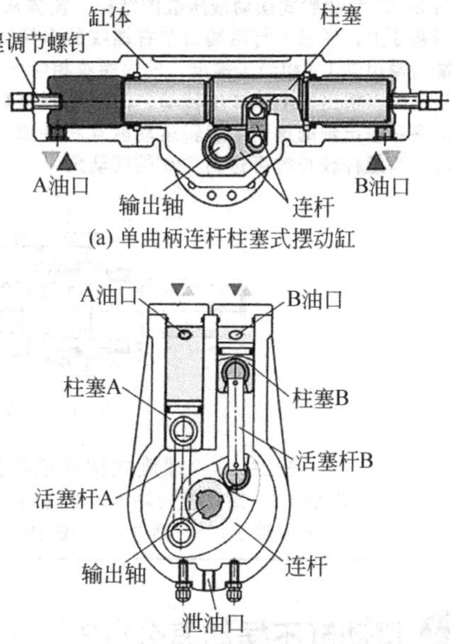 （a）单曲柄连杆柱塞式摆动缸 （b）双曲柄连杆柱塞式摆动缸 图 2-101　曲柄连杆柱塞式摆动缸的结构
活塞螺旋式摆动液压缸	工作原理	活塞螺旋式摆动液压缸的工作原理如图 2-102 所示：活塞与螺杆（输出轴）组成螺旋副，当压力油从 A 口进入 B 口回油时，推动两活塞向左移动，根据螺杆螺母副的传力和运动法则，当螺母（此处为活塞）移动时，螺杆（此处为输出轴）产生转动。压力油反向从 B 口进入 A 口回油时，活塞右行。输出轴反向转动。这种液压摆动缸输出转矩大，运转平稳，有导向杆导向，但螺纹副密封困难，内泄漏大，只能用于低压 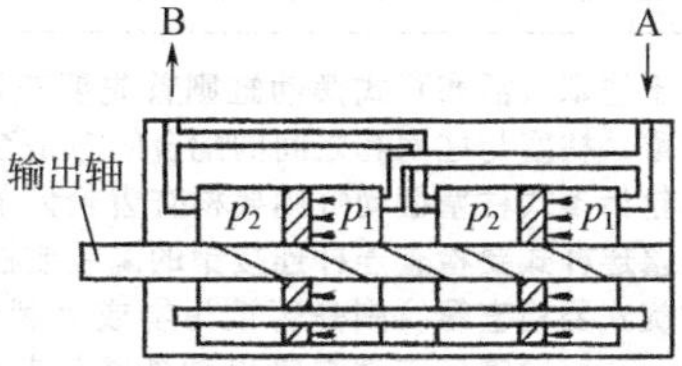 图 2-102　螺旋式摆动液压缸的工作原理

种类		说　明
活塞螺旋式摆动液压缸	结　构	图 2-103 为螺旋式摆动液压缸的结构，流体从 A 口或 B 口作用于加长型的活塞 6 上，活塞 6 与两端为左右螺纹的多螺线的螺杆 4 连成一体，螺杆左端与输出轴 1（相当于螺母）的内螺纹相啮合。当活塞 6 受液压油作用左右移动时，输出轴 1 就产生转动。由于螺杆两端的螺旋方向是相反的，所以活塞和输出轴的这两个旋转运动就互相叠加在一起，产生摆动。这种摆动马达当螺杆较长时可达到 720°的摆动角 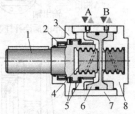 图 2-103　螺旋式摆动液压缸的结构 1—输出轴；2—滚针径向轴承；3—缸盖；4—左右螺纹螺杆； 5—平面轴承；6—活塞；7—缸体；8—内螺纹缸盖

 194. 摆动缸不摆动怎么办？

表 2-43　摆动缸不摆动故障排除方法

故障现象	排查方法
不摆动	1. 首先检查输入压力油的压力是否够，不够则查明原因，予以排除
	2. 再检查控制来回摆动的换向阀是否能可靠换向，是换向阀有问题，还是行程开关不发信号或者是其他电路故障。查明原因——排除
	3. 对叶片式摆动液压马达，则要查明固定轴瓦和叶片上的密封是否漏装或严重破损，造成进、回油的高、低压油窜腔情况，并加以排除
	4. 对于柱塞（活塞）式摆动缸则首要先查明柱塞上的密封是否漏装或破损严重，柱塞与柱塞孔之间的配合间隙是否太大。此外： 对齿轮齿条式柱塞摆动缸则要检查齿轮齿条是否别劲 对活塞连杆式要检查连杆连接销的漏装或松脱 对螺旋式要检查螺纹副是否被污物或毛刺卡住、活塞与导向杆之间是否别劲、活塞内螺旋花键与输出轴外螺旋花键是否卡死、配合别劲及轴线不同心的情况 查明上述原因后逐个采取措施排除

195. 摆动缸摆动角大小不稳定，摆角不到位怎么办？

表 2-44　摆动缸摆动角大小不稳定，摆角不到位故障排除方法

故障现象	排查方法
摆动角大小不稳定，摆角不到位	1.叶片式则是由于存在轻度内泄漏
	2.柱塞式也是由于柱塞密封存在不稳定的内泄漏
	3.各种柱塞式中，出现零件磨损的情况。例如齿轮齿条的磨损、链轮链条的磨损、连杆连接销的磨损、螺纹副的磨损、导向杆的磨损等，均可能造成摆动角不稳定的现象

第 3 章

控制元件——液压阀

液压控制阀是液压传动系统中的控制调节元件，用作控制油液的流动方向、压力或流量，以满足执行元件所需运动方向、力（或力矩）和速度的要求，使整个液压系统能按要求进行工作。液压阀种类很多，通常按照它在系统中的功用分为三大类。

方向控制阀：用来控制液压系统中的油液流动方向，以满足执行元件的运动方向要求。

压力控制阀：用来控制液压系统中的压力，以满足执行元件所需力或力矩的要求。

流量控制阀：用来控制液压系统中油液的流量，以满足执行元件运动速度的要求。

第 1 节

液压阀故障及维修概述

196. 液压阀为何会出故障？

① 液压阀使用时间已长，因磨损、汽蚀等因素造成的配合间隙过大，内泄漏增大。

② 生产厂家先天性的质量问题。

③ 液压油不干净，污染物沉积造成的液压阀阀芯卡紧或动作失常。

197. 液压阀主要修理内容有哪些？

① 滑阀类组件的阀芯与阀体内孔：当两者配合间隙比产品图纸规定装配间隙数值增大 $20\%\sim25\%$ 时，必须对阀芯采取增大尺寸的方法后进行配研修复。

② 锥阀类组件的阀芯与阀座：当圆锥形座阀密封接触面不良时，因锥阀可以在弹簧作用下自动补偿间隙，因此，只需研磨修配。

③ 阀类组件如卡死、拉毛、产生沟槽等的修理。

④ 调压弹簧的修理。

⑤ 密封件的更换等。

198. 维修液压阀的一般方法有哪些？

在液压阀维修实践中，常用的修复方法有液压阀清洗、零件组合选配、修理尺寸与恢复精度等。

（1）液压阀的拆卸清洗修理法

因为有 $70\%\sim80\%$ 的故障来自油液不干净，从而使阀类元件内部不干净，因而拆开清洗是一种维修方法之一。

对于因液压油污染造成油污沉积，或液压油中的颗粒状杂质导致的液压阀芯卡死引起的许多故障，一般经拆卸清洗后能够排除，恢复液压阀的功能。常见的清洗工艺如下。

① 检查清理。清除液压阀表面污垢：用毛刷、非金属刮板、绸布清除液压阀表面粘贴牢固的污垢，注意不要损伤液压阀表面。特别是不要划伤板式阀的安装表面。

② 拆卸。拆卸前要掌握液压阀的结构和零件间的连接方式，拆卸时记住各零件间的位置关系，作出适当标记。不可强行拆卸，否则，可能对液压阀造成损害。

③ 清洗。将阀体、阀芯等零件放在清洗箱的托盘上，加热浸泡，将压缩空气通入清洗槽底部，通过气泡的搅动作用，清洗掉残

存污物，有条件的可采用超声波清洗。

④ 二次精洗。用清洗液高压定位清洗，最后用热风干燥。有条件的企业可以使用现有的清洗剂，个别场合也可以使用有机清洗剂如柴油、汽油。一些无机清洗液有毒性，加热挥发可使人中毒，应当慎重使用；有机清洗液易燃，注意防火。选择清洗液时，注意其腐蚀性，避免对阀体造成腐蚀。清洗后的零件要注意保存，避免锈蚀或再次污染。

（2）选配修理法

液压阀使用一段时间后，由于磨损程度不同，维修时可将换下来的同一类型的多个液压阀都全部进行拆卸清洗，检查测量各零件，经检查如果阀芯、阀体属于均匀磨损，工作表面没有严重划伤或局部严重磨损，则可依据检测结果将零件归类，依据表 3-1 推荐的配合间隙进行选配修理。

表 3-1　液压阀阀孔与阀芯形状精度和配合间隙参考值

液压阀种类	阀孔（阀芯）圆柱度、锥度/mm	表面粗糙度 Ra/μm	配合间隙/mm
中低压阀	0.008～0.010	0.8～1.0	0.005～0.008
高压阀	0.005～0.008	0.4～0.8	0.003～0.005
伺服阀	0.001～0.002	0.05～0.2	0.001～0.003

（3）加工换零件、修复零件尺寸精度（恢复精度）维修法

如果阀芯、阀体磨损不均匀或工作表面有划伤，通过上述方法已经不能恢复液压阀功能，则需对阀芯、阀体（孔尺寸小的阀体与外径尺寸大的阀芯），对阀体孔采用铰削、磨削或研磨等方法进行修复，对阀芯采用电刷镀、磨削等方法进行修复，达到合理的形状精度、配合精度后装配。

换零件法是将已经失去配合精度的阀芯拆卸，测量并画出零件图，检查阀体导向孔或阀座的磨损或损坏程度，并依此加工新的阀芯或修复阀芯尺寸。这种维修方法维修精度高，适应面广，可完全恢复原有的精度，适合于有一定加工能力和维修能力的企业。

① 阀芯的加工与修复　阀芯的加工方法和加工工艺与一般轴

类零件相同，此处不予介绍。阀芯的修复方法有焊补、电镀、喷镀或刷镀等。下面简介刷镀工艺。

刷镀是修复磨损液压件零件的一种常用方法。刷镀速度快，结合强度高，简单灵活，刷镀可获得小面积、薄厚度（0.001～1.0mm）的快速镀层。除了用于修复阀类零件阀芯外圆面和阀孔外，它还可以修复如泵配油盘端面、齿轮泵齿轮端面、各种相配合的油封密封面、泵轴及油马达的轴承座或轴承相配合表面等其他磨损和配合间隙超差的液压件零件。

刷镀从本质上讲都是溶液中的金属离子在负极（工件）上放电结晶的过程，与一般槽镀相同。工件接电源负极，镀笔接电源正极（见图 3-1），靠浸满镀液的镀笔在工件表面上擦拭而获得电镀层。但是，刷镀中镀笔和工件有相对运动，因而被镀表面不是整体而只是在镀笔与工件接触的地方发生瞬时放电结晶，因而允许使用比槽镀大几倍到几十倍的电流密度（最高可达 $500A/dm^2$），因而镀积速度比槽镀快 5～50 倍。

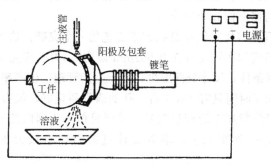

图 3-1　刷镀的工作原理与加工实例

用刷镀方法修复液压件需要购置专用电源设备（如 ZKD-1 型）和镀笔（如 ZDB1～ZDB4 号）。

根据零件不同形状，阳极有圆柱（SMⅠ）、圆棒（SMⅡ）、半圆（SMⅢ）、月牙（SMⅣ）、带状（SMⅤ）、平板（SMⅥ）及线状扁条（PI）等多种，石墨和铂-铱合金是比较理想的不溶性阳极材料。

刷镀电镀溶液包括：预处理溶液，提高镀层与基体的结合强度；电镀溶液；退镀溶液及钝化溶液，除去不合格镀层，改善镀层质量。

② 阀体孔的加工与修复

a.阀孔的粗加工　可采用钻孔、车加工和粗镗等方法。

b.孔的半精加工　半精加工阀体孔的方法有铰削、精铰、拉削、推挤孔、刚性镗铰与磨削等。

c.孔的精加工　目前用于阀孔的精加工方法有珩磨、研磨及金刚石铰刀铰孔等。研磨和珩磨是大家熟悉的工艺，此处只对金刚石铰刀加工与修复阀孔予以介绍。

金刚石铰刀加工阀孔是孔加工工艺的一个突破。这个方法加工精度高（圆度和圆柱度可在 0.001mm 以内），为实现完全互换性装配提供良好条件；尺寸分散度少，便于生产管理，生产率高而经济，每个阀孔加工时间只需 20s 左右，孔的表面质量好，没有磨粒残存。它是阀孔最终精加工的理想工具，是到目前为止国内外加工阀孔仍普遍采用的一项新工艺，笔者设计过的金刚石铰刀见图 3-2(a)所示。

前导向套的作用是引导待加工孔，使铰刀套顺利进入被加工孔内。后导向套用于退刀导向用，以保证工件加工孔的直线性，前后导向套为被加工孔长的 2/3 左右，均用 HT200 制造，前导向套外径尺寸比待加工孔尺寸小 0.02～0.03mm，后导向套外径尺寸比已加工孔径尺寸小 0.015～0.02mm。铰刀刀杆体用 40Cr 制造，经淬火磨 1:50 锥面，与刀套内锥面配研，接触面积不少于 80%。

金刚石铰刀的关键零件——刀套外圆表面上均匀地电镀上一层

经筛选的形状、颗粒、尺寸基本一致的金刚石颗粒或微粉。金刚石颗粒锋利的尖角形成铰刀众多的切削刃来切除阀孔余量，铰刀套上开有螺旋槽，便于通过 1:50 锥面调节不同加工尺寸，铰刀的切削部分导角直接影响金刚石铰刀的耐压度、加工表面粗糙度和切削时轴向力的大小，一般取为 0°15′～0°20′，圆柱校正部分的作用是修正孔径尺寸、摩擦抛光与保持铰刀套在孔中正确导向，长度一般可取孔长的 0.6～0.8 倍左右，倒锥导向部分主要起退刀作用，γ 角为 0°10′左右，长度顺、倒锥部分均为 15mm 左右 [图 3-2(b)]。

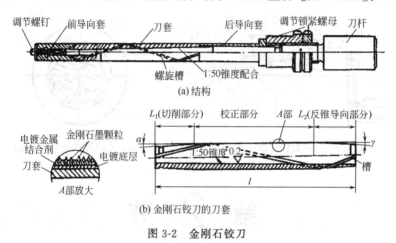

(a) 结构

(b) 金刚石铰刀的刀套

图 3-2　金刚石铰刀

铰刀套上的电镀金刚石主要根据加工余量与粗糙度来选择。由于人造金刚石磨削性能好，砂轮消耗小，这方面比天然金刚石优越，然而天然金刚石适于大负荷，比人造金刚石铰刀更适应大的切削量，为此，粗铰时因以切削与修正孔的几何精度为主，宜用粗粒度的天然金刚石，精铰时以降低表面粗糙度为主，宜用粒度细的人造金刚石。

金刚石铰刀铰孔对前工序的要求一般为表面粗糙度 $Ra0.8\mu m$ 左右，圆度、圆柱度在 0.01mm 之内便可。

金刚石铰刀加工一般可在普通机床上进行。液压件生产厂目前多用图 3-3 所示之类的简单专机进行加工。

一般工件往复一次 10～20s，主轴头转速以 400～750r/min

为宜。过高容易产生振动，太慢会使孔径和精度降低。切削时以煤油、弱碱性乳化液或者煤油 80％加 20％的 20♯机械油作冷却液。

d.用手动金刚石珩磨头修复阀孔　如图 3-4 所示，镶有金刚石或立方氮化硼的珩磨条，由楔块楔紧在芯轴内。导向块在工件孔中导向，用青铜或铸铁制造，磨损少且有较大的刚性，用手动使珩磨条往复和回转运动，便可修复已磨损的阀孔。如果操作得当，珩磨精度可达 0.001mm 左右。

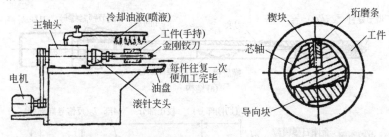

图 3-3　金刚石铰刀加工用简易专机　　图 3-4　手动珩磨头结构示意图

第 2 节

单向阀与液控单向阀

　　方向控制阀简称方向阀，在液压系统中，用以控制液流的流动方向。方向阀按其在液压系统中的不同功用可分为单向阀和换向阀两大类：单向阀可保证通过阀的液流只在一个方向上通过而不会反向流动，换向阀则常用以改变通过阀以后的液流方向。

⚒ 199. 什么是单向阀？

　　单向阀又叫止回阀、逆止阀。单向阀在液压系统中的作用是只允许油液以一定的开启压力从一个方向自由通过，而反向不允许通过（被截止）。它相当于电器组件中的二极管、交通道路中的单行道。

维修中要知道所要修的单向阀在哪儿,因而对安装在液压设备上各种单向阀的外表形状要熟知和认识。单向阀的外观如图 3-5 所示。

管式　　　　　板式直通式　　　板式直角式

图 3-5　单向阀的外观

油液流进流出直通,叫直通式;油液流进流出成直角,叫直角式。

如图 3-6(a) 所示,当 A 腔的压力油作用在阀芯上的液压力(向右),大于 B 腔压力油作用在阀芯上的液压力、弹簧力及阀芯摩擦阻力之和作用在阀芯上(向左)的力时,阀芯打开,油液可从 A 腔向 B 腔流动(正向导通);如图 3-6(b) 所示,当压力油欲从 B 腔向 A 腔流动时,由于弹簧力与 B 腔压力油的共同作用,阀芯被压紧在阀体座上,因而液流不能由 B 向 A 流动(反向截止)。

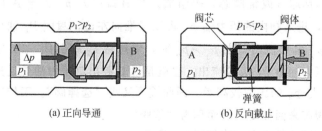

(a)正向导通　　　　　　　(b)反向截止

图 3-6　单向阀的工作原理

使单向阀阀芯正向打开的油液压力叫开启压力（p_k），开启压力越小越好。作背压阀使用时则要提高开启压力，因而其弹簧刚度较大。

单向阀的结构如图 3-7 所示。

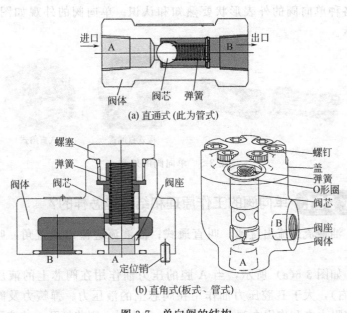

进口 A   出口 B

阀体   阀芯   弹簧

(a) 直通式 (此为管式)

螺塞
弹簧
阀体   阀芯   阀座
B   A   定位销

螺钉
盖
弹簧
O形圈
阀芯
B
阀座
阀体
A

(b) 直角式(板式、管式)

图 3-7　单向阀的结构

202.　梭阀的工作原理和结构是怎样的?

如图 3-8 所示，梭阀是两个单向阀的组合阀，它由阀体（阀套）和钢球（或锥阀芯）等组成。当 B 口压力 p_2 大于 A 口压力 p_1 时，进入阀内的压力油 p_2 将钢球推向左边，封闭 P_1 油口，压力油 p_2 由 C 流出；当 $p_1 > p_2$ 时，钢球将 P_2 口封闭，P_1 与 C 连通，压力油由 P_1 从 C 流出，也就是说 C 腔出口压力油总是选择取自 p_1 与 p_2 的压力较高者，因而梭阀又叫"选择阀"。工作时钢球或锥阀芯来回梭动，因而称为"梭阀"。

梭阀的外观和结构如图 3-9 所示。

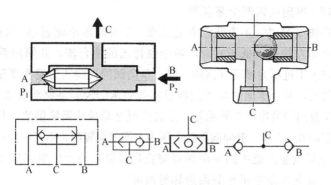

图 3-8　梭阀的工作原理、图形符号和结构

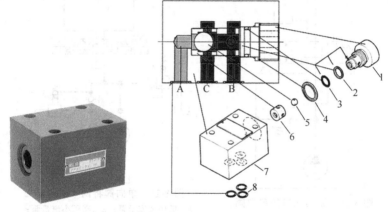

图 3-9　梭阀的外观和结构

1—螺堵（兼阀座）；2—密封挡圈；3，4，8—O形圈；5—钢球（阀芯）；6—阀座；7—阀体

203. 单向阀和梭阀有哪些应用回路？

（1）液压泵出油口的单向阀

图 3-10 中，单向阀 1 用于液压泵的出油口，可防止系统压力负载突然升高或停电时，系统仍处于保压状态，可阻止系统中的油倒流而损坏液压泵的现象，避免某些事故的发生。维修中拆卸泵时系统中的压力油也不会流失。

（2）单向阀将两个泵隔断

在图 3-11 中，1 为低压大流量泵，2 为高压小流量泵。2YA 通电缸 8 向左快进（低压）时，两个泵排出的油合流，共同向系统供油；缸 8 工进压力增高（高压）时，单向阀的反向压力便为高压，单向阀关闭，泵 2 排出的高压油经过虚线表示的控制油路将阀 5 打开，使泵 1 排出的油经阀 5 回油箱，由高压泵 2 单独往系统供油，其压力决定于阀 6。这样，单向阀将两个压力不同的泵隔断，不互相影响。

双泵供油系统中的单向阀可防止高压泵压力油反灌到低压泵出口，造成低压泵电机超载而烧坏等故障。

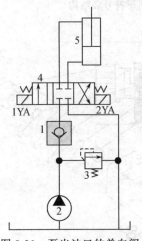

图 3-10　泵出油口的单向阀
1—单向阀；2—泵；3—溢流阀；
4—方向阀；5—液压缸

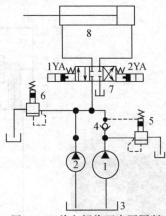

图 3-11　单向阀将两个泵隔断
1—低压大流量泵；2—高压小流量泵；
3—油箱；4—单向阀；5—卸荷阀；
6—溢流阀；7—电液动换向阀；
8—液压缸

（3）单向阀作背压阀用

在图 3-12 中，2YA 通电，高压油进入缸的无杆腔，活塞左行，有杆腔中的低压油经单向阀后回油箱。单向阀（背压阀）2 有一定力降，故在单向阀上游总保持一定压力，此压力也就是有杆腔中的压力，叫做背压。改变单向阀中的弹簧刚度，可得到不同的背压值，其数值一般取为 0.5～1MPa。在缸 4 的回油路上保持一定背压，可防止活塞的冲击，使活塞运动平稳。此种用途的单向阀也叫背压阀。

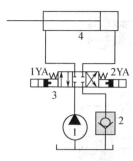

图 3-12　作背压阀用

另外在使用有三位四通初始中间位置为 M、H、K 型等滑阀机能电液阀的液压系统中电液阀采用内控供油的方式时，应选择开启压力稍大（如 1MPa）的单向阀，安装在电液阀的回油管路上，作背压阀用，可保证电液阀控制油的压力不低于背压阀的开启压力，方能使主阀芯能可靠换向。

（4）单向阀和其他阀组成复合阀

单向阀还可与其他元件（如节流阀、调速阀、顺序阀、减压阀等）相结合构成组合阀（如单向节流阀、单向调速阀、单向顺序阀、单向减压阀等）。

例如由单向阀和节流阀组成复合阀，叫单向节流阀（图 3-13）。在单向节流阀中，单向阀和节流阀共用一阀体。当液流沿虚线箭头所示方向流动时，因单向阀关闭，液流只能经过节流阀从阀体流出。若液流沿实线箭头所示

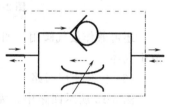

图 3-13　组成复合阀

相反的方向流动时，因单向阀的阻力远比节流阀为小，所以液流经过单向阀流出阀体。此法常用来快速回油，从而可以改变缸的运动速度。

（5）单向阀构成快速接头

如图 3-14 所示，用两个单向阀对向装配可组合成一个快速接头（快速拆装的管接头）。图 3-14(a) 所示的两件单向阀未装入一体前，$A_1 \rightarrow B_1$ 与 $A_2 \rightarrow B_2$ 油液不能流动。图 3-14(b) 所示，当两件单向阀按箭头方向一插，装入一体后，便相互顶开各自的单向阀阀芯，于是 $A_1 \rightarrow B_1 \rightarrow B_2 \rightarrow A_2$（或 $A_2 \rightarrow B_2 \rightarrow B_1 \rightarrow A_1$）形成一条通路，快速地将两条油路连通起来。反之用力一拔，两条油路便不通，从而构成一快速拆装的管接头。

液压系统的测压接头也属于这种快换接头，用于不需要经常观察压力的点，或用于液压初期调试或者故障检修时。如果需要测压，那么拿根测压软管（带一单向阀）一插就可以测该点压力。如果不需要就拔掉测压软管，测压接头中的单向阀多为球阀，不测压时可将油路封死，不往外漏油。

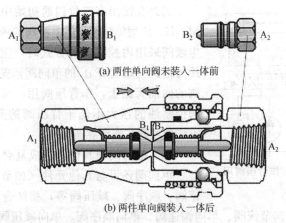

(a) 两件单向阀未装入一体前

(b) 两件单向阀装入一体后

图 3-14　构成快速接头

还可兼作放气阀用：如果系统中有气泡等可以把该接头顶开，放出气体。

（6）梭阀使用回路

图 3-15 所示回路中，无论换向阀处于左位还是右位工作，梭

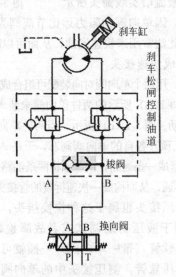

图 3-15　梭阀使用回路

教你成为 一流 液压维修工

阀均可选择压力高者进入刹车缸松闸，保证马达处于松闸状态，使马达均能正常工作正反转。

204. 单向阀和梭阀易出故障的零件及其部位有哪些？

单向阀易出故障零件及其部位如图 3-16、图 3-17 所示，单向阀易出故障的零件有：阀体、阀芯、阀座、弹簧等。

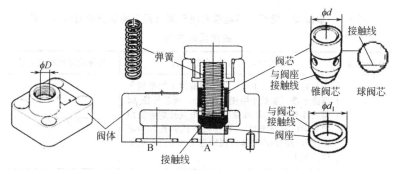

图 3-16　单向阀结构与易出故障的零件部位

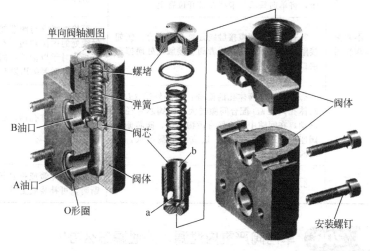

图 3-17　国产 I-63B 型单向阀（无阀座）

单向阀易出故障的零件部位有：阀芯与阀座的接触线的磨损

拉伤、阀体孔 ϕD 与阀芯外周 ϕd 的相配面的磨损拉伤，弹簧折断等。

　　由于梭阀是由两个单向阀复合而成，因而维修梭阀时查找易出故障零件及其部位与单向阀相同。

 205. **如何排除单向阀(梭阀) 不起单向阀作用(反方向油液也可通过) 的故障?**

表 3-2　单向阀（梭阀）不起单向阀作用（反方向油液也可通过）的
故障排除方法

故障现象	查找故障的方法（找原因）	排除故障的相应对策
不起单向阀作用	1.查阀芯是否卡死：例如因棱边上的毛刺未清除干净（多见于刚使用的阀）、阀芯外径 ϕd 与阀体孔内径 ϕD 配合间隙过小（特别新使用的单向阀未磨损时）、污物进入阀体孔与阀芯的配合间隙内而将单向阀阀芯卡死在打开或关闭位置上	可清洗去毛刺
	2.查阀体孔内沉割槽棱边上的毛刺未清除干净，将单向阀阀芯卡死在打开位置上	清除毛刺
	3.查阀芯与阀座接触线处是否能密合：例如接触线处有污物粘住或者阀座接触线处崩掉有缺口等而不能密合	可检查阀座与阀芯接触线处的内圆棱边，粘有污物时予以清洗；阀座有缺口时要敲出换新
	4.查阀芯与阀体孔的配合：阀芯外径 ϕd 与阀体孔内径 ϕD 配合间隙过大，使阀芯可径向浮动，在间隙中又恰好有污物粘住，阀芯偏离阀座中心（偏心距 e），造成内泄漏增大，单向阀阀芯将越开越大	阀芯与阀体孔的配合间隙可参阅表 3-1
	5.查弹簧是否漏装	漏装了弹簧或弹簧折断时，可补装或更换

206. **单向阀严重内泄漏、外泄漏怎么办?**

　　严重内泄漏这一故障是指压力油液从 B 腔反向进入时，单向阀的锥阀芯或钢球不能将油液严格封闭而产生泄漏，有部分油液从

A 腔流出。这种内泄漏反而在反向油液压力不太高时更容易出现。见表 3-3。

表 3-3　单向阀严重内泄漏、外泄漏故障排除方法

故障现象	查找故障的方法（找原因）	排除故障的相应对策
严重内泄漏	1.查阀芯（锥阀或球阀）与阀座的接触线（或面）是否密合，不密合的原因有：①污物粘在阀芯与阀座接触处的位置；②因使用日久，与阀座接触线（面）磨损有很深凹槽或拉有直条沟痕；③阀座与阀芯接触处内圆周上崩掉一块，有缺口或呈锯齿状	① 拆开清洗，必要时液压系统换油 ② 修磨阀芯锥面或更换淬火钢球 ③ 有缺口时将阀座敲出换新
	2.查重新装配后钢球或锥阀芯是否错位：阀芯与阀座接触位置改变，压力油沿原接触线的磨损凹坑泄漏	重新装配，更换淬火钢球
	3.阀芯外径 ϕd 与阀体孔内径 ϕD 配合间隙过大或使用后因磨损间隙过大	清洗，必要时电镀修复阀芯外圆尺寸
外泄漏	外泄漏用肉眼可以查看到，常出现在阀盖和进油口结合处，一般为密封圈损坏或漏装	可更换或补装

207. 怎样拆卸单向阀和梭阀？

　　拆卸单向阀和梭阀时注意按图 3-18 所示的顺序和方法进行拆卸。

208. 怎样修理阀芯？

　　阀芯主要是磨损，且一般为与阀座接触处的锥面 A 上磨成一凹坑，如果凹坑不是整圆，还说明阀芯与阀座不同心；另外是外圆面 ϕd 的拉伤与磨损。轻微拉伤与磨损时，可对研抛光后再用。磨损拉伤严重时，如果只是阀芯的 A 处有很深凹槽或严重拉伤，可将阀芯在精密外圆磨床严格校正修磨锥面；如果外径 ϕd 也磨损严重，可先刷镀外圆面 ϕd（或先磨去一部分，外圆再电镀硬铬），然后可作一芯棒打入 ϕB 孔内，芯棒夹在磨床卡盘内，一次装夹磨出 ϕd 面与锥面 A，以保证 ϕd 面与锥面 A 同轴（见图 3-19）。后再与阀体孔、阀座研配。

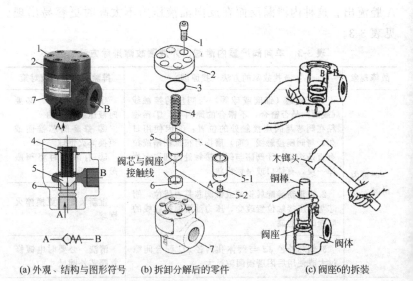

(a) 外观、结构与图形符号　　(b) 拆卸分解后的零件　　(c) 阀座6的拆装

图 3-18　单向阀的拆卸

1—螺钉；2—盖；3—O形圈；4—弹簧；5—阀芯；6—阀座；7—阀体

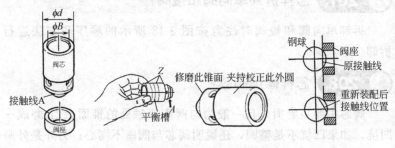

图 3-19　阀芯与阀座的修理

🔧 209. 怎样修复阀体孔？

阀体的修复部位一般是：

①与阀芯外圆相配的阀孔，修复其几何精度、尺寸精度及表面粗糙度；

②对于中低压阀，无阀座零件，阀座就在阀体上，所以要修复

阀体上的阀座部位。

　　阀孔拉伤或几何精度超差，可用研磨棒或用可调金刚石铰刀研磨或铰削修复。磨损严重时，可刷镀内孔或电镀内孔（这种修复方法要考虑成本），修好阀孔后，再重配阀芯。

🔧 210. 怎样简单检查单向阀阀芯与阀座的密合好坏？

　　按图 3-20 所示的方法将单向阀静置于平板或夹于虎钳上，灌柴油检查密合面的泄漏情况。如果 2h 以上，油面一点都不下降，则表示单向阀阀芯与阀座非常密合。若灌煤油漏得较慢也可，否则为不合格，须重磨阀芯。

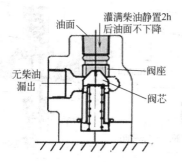

图 3-20　检查单向阀阀芯与阀座的密合好坏的方法

🔧 211. 液控单向阀的外观与图形符号什么样？

液控单向阀的外观与图形符号如图 3-21 所示。

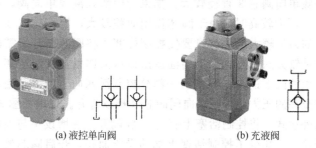

(a) 液控单向阀　　　　　　　(b) 充液阀

图 3-21　液控单向阀与充液阀的外观与图形符号

212. 普通液控单向阀的工作原理与结构是怎样的?

(1) 内泄式

当液压控制活塞 4 的下端无控制油 X 进入时,此阀如同一般单向阀,压力油可从 A 向 B 正向流动,不可以从 B 向 A 反向流动 [图 3-22(a)];但当从控制油口引入控制压力油 X 时,作用在控制活塞 4 的下端面上,产生的液压力使控制活塞 4 上抬,强迫单向阀芯 3 打开,此时主油流即可以从 A 流向 B,也可以从 B 流向 A [图 3-22(b)]。

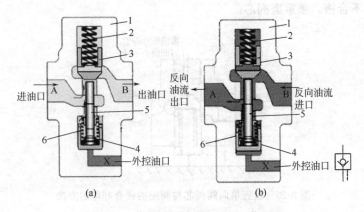

图 3-22 内泄式液控单向阀的工作原理
1—阀盖;2、6—弹簧;3—阀芯;4—控制活塞;5—顶杆

(2) 外泄式

一般单向阀芯 3 直径较大,如果为内泄式液控单向阀,反向油液进口 B 压力较高时,由于阀芯作用面积较大,因而阀芯 3 下压在阀座上的力是较大的,这时要使控制柱塞 4 将阀芯顶开所需的控制压力也是较大的,再加上反向油流出口压力作用在控制活塞 4 上端面上产生的向下的力,要抵消一部分控制活塞向上的力,因而外控油需要很高的压力,否则单向阀阀芯 3 难以打开。采用如图 3-23(a) 所示的外泄式,将控制活塞上腔与 A 腔隔开,并增设了与油箱相通的外泄油口,减少了控制活塞上端的受压面积,开启阀芯的力大为减小,它适用于 B (A) 腔压力较高的场合。

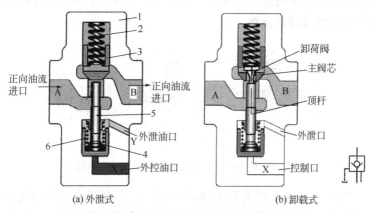

图 3-23　外泄式与卸载式液控单向阀的工作原理
1—阀盖；2，6—弹簧；3—阀芯；4—控制活塞；5—顶杆

（3）卸载式

外泄式仅仅解决了反向流出油腔 A 背压对最小控制压力的影响的问题，没有解决因 B 腔压力高使单向阀难以打开的问题。为此采用了图 3-23(b) 所示的卸载式液控单向阀，它是在单向阀的主阀芯上又套装了一小锥阀阀芯，当需反向流动打开主阀芯时，控制活塞先只将这个小锥阀（卸载阀芯）先顶开一较小距离，B 便与 A 连通，从 B 腔进入的反向油流先通过打开的小阀孔流到 A，使 B 腔的压力先降下来些，而后控制活塞可不费很大的力便可将主阀芯全打开，让油流反向通过。由于卸载阀阀芯承压面积较小，既使 B 腔压力较高，作用在小卸载阀芯上的力还是较小，这种分两步开阀的方式，可大大降低反向开启所需的控制压力。

213. 双向液控单向阀的工作原理与结构是怎样的？

其工作原理如图 3-24 所示，当压力油从 B 腔正向流入时，控制活塞 1 推开左边的单向阀 2，压力油一方面可以从 B→B_1 正向流动，同时 A_1 腔的油液可由 A_1→A 反向流动；反之，当压力油从 A 流入时，控制活塞 1 左移推开右边的单向阀，于是同样可实现 A→A_1 的正向流动和 B_1→B 的反向流动。换言之，双液控单向阀中，当一个单向阀的油液正向流动时，另一个单向阀的油液反向流动，并且不需要增设控制油路。

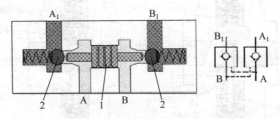

图 3-24　双向液控单向阀的工作原理与图形符号

当 A 与 B 口均没有压力油流入时，左、右两单向阀的阀芯在各自的弹簧力作用下将阀口封闭，封死了 $B_1 \rightarrow B$ 和 $A_1 \rightarrow A$ 的油路。如果将 A_1、B_1 接液压缸，便可对液压缸两腔进行保压锁定，故称之为"液压锁"。

图 3-25 为双向液控单向阀的结构。

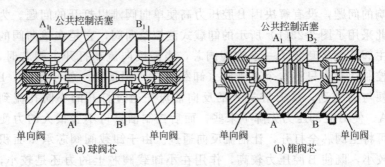

图 3-25　双向液控单向阀的结构

🔧 214. 充液阀的工作原理与结构是怎样的?

充液阀也为液控单向阀，其工作原理与内泄式液控单向阀相同，不过一般它用在给主液压缸快速下行时充液用而已。其结构与外观如图 3-26 所示。

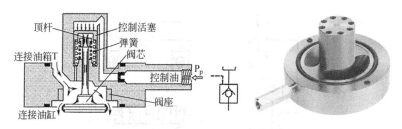

图 3-26　充液阀的工作原理与结构

🔧 215. 液控单向阀有哪些应用回路？

（1）液控单向阀用于液压缸的单向锁紧或双向锁紧

如图 3-27(a) 所示，阀 3 右位工作时，立式缸 5 的上腔供油，活塞下行，此时由于控制油口 K 为压力油，液控单向阀 4 打开，缸 5 下腔回油经阀 4→阀 3 右位→回油箱 T；阀 3 左位工作时，泵来压力油经阀 3 左位→液控单向阀 4→缸 5 下腔，缸 5 上行，缸 5 上腔回油→阀 3 左位→回油箱 T。

当阀 3 中位时，A 与 B 通回油，阀 4 关闭，缸 5 便因下腔回油通道因液控单向阀 4 闭锁而不能下行，将重物 G 牢靠支撑住，单向闭锁，叫单向液压锁。

如图 3-27(b) 所示，当 1YA 通电换向阀 3 左位工作时，压力油经阀 3 左位→液控单向阀 4→缸 6 无杆腔，A_1 来的控制压力油也加在液控单向阀 5 的控制口上，所以液控单向阀 5 也打开构成回油通路，缸 6 活塞右行，缸 6 右腔回油→B_2→阀 5→阀 3 左位→排回油箱；同理，若 2YA 通电阀 3 右位工作时，则活塞左行。若阀 3 中位时，A_1、A_2 管均不通压力油而连通回油箱，液控单向阀 4、5 的控制口均无压力，阀 4 和阀 5 的 B_1→A_1、B_2→A_2 均无油液流动，缸 6 双向均不能运动而闭锁。这样，利用两个液控单向阀，既不影响缸的正常换向动作，又可完成缸的双向闭锁。

锁紧缸的办法虽有多种，用液控单向阀的方法是最可靠的一种。

（2）液控单向阀（充液阀）用于快速运动时的主缸补充油液

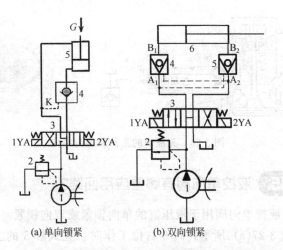

(a) 单向锁紧　　　　　　　　(b) 双向锁紧

图 3-27　利用液控单向阀的液压缸锁紧回路

如图 3-28 所示的压机，采用充液阀的主缸补充油液回路却可以获得比仅靠泵供油大得多的快速下行速度。

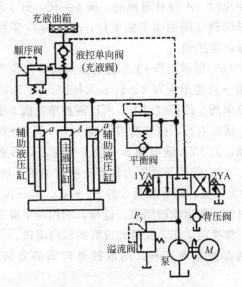

图 3-28　利用充液阀的主缸快速运动回路

当 2YA 通电时，辅助液压缸上腔进压力油而下行，此时因负载小，顺序阀未能打开主缸油腔不能进压力油，强制下行的结果主缸油腔必然形成一定真空度，于是大气压将充液油箱油液打开充液阀补入主缸油腔；当辅助液压缸下行到接触工件，负载增大，辅助液压缸上腔及顺序阀进口压力便也增大，顺序阀开启，压力油进入主缸油腔，进行加压工作行程。

当 1YA 通电时，辅助液压缸下腔进压力油而上行，此时因控制油路为压力油，充液阀打开，主缸油腔回油经充液阀回到充液油箱。

(3) 利用液控单向阀平衡支撑，防止立式油缸的自由下落

图 3-29 中，换向阀处于中位时，液控单向阀的控制油通油箱而关闭，因而立式油缸下腔被液控单向阀闭锁，无油液流动，缸活塞可以长期停留而不下落，可防止立式液压缸的活塞和滑块等活动部分因其重量与滑阀泄漏而下滑。

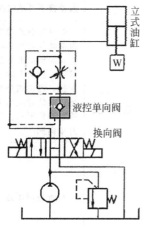

图 3-29　平衡支撑回路

216. 液控单向阀易出故障的零件及其部位有哪些？

液控单向阀易出故障的零件有：阀体、阀芯、阀座、弹簧、控制活塞等。

液控单向阀易出故障的零件部位有：阀芯与阀座接触线的磨损拉伤、阀体孔 ϕD 与阀芯外周 ϕd 相配面的磨损拉伤，配合间隙增大、控制活塞与阀体孔因磨损配合间隙增大、弹簧折断等。

217. 液控单向阀液控失灵怎么办？

由液控单向阀的原理可知，当控制活塞上未作用有压力油时，它如同一般单向阀；当控制活塞上作用有压力油时，正反方向的油液都可进行流动。所谓液控失灵指的是后者，即当有压力油作用于控制活塞上时，也不能实现正反两个方向的油液都可流

通。见表 3-4。

表 3-4　液控单向阀液控失灵故障排除方法

故障现象	查找故障的方法（找原因）	排除故障的相应对策
液控失灵	1.检查控制活塞是否因毛刺或污物卡住在阀体孔内；卡住后控制活塞便推不开单向阀造成液控失灵	此时，应拆开清洗，用精油石清除毛刺或重新研配控制活塞
	2.对外泄式液控单向阀，应检查泄油孔是否因污物阻塞，或者设计时安装板上未有泄油口，或者虽设计有，但加工时未完全钻穿；对内泄式，则可能是泄油口（即反向流出口）的背压值太高，而导致压力控制油推不动控制活塞，从而顶不开单向阀	清洗、正确设计、泄油口直连油箱，使泄油口背压值接近于零
	3.查控制压力	对 IY 型液控单向阀，控制压力应为主油路压力的 30%～40%，最小控制压力一般不得低于 1.8MPa；对于 DFY 型液控单向阀，控制压力应为额定工作压力的 60%以上。否则，液控可能失灵，液控单向阀不能正常工作
液控失灵	4.对外泄式液控单向阀，如果控制活塞因磨损而内泄漏很大，控制压力油大量泄往泄油口而使控制油的压力不够；对内、外泄式液控单向阀，都会因控制活塞歪斜别劲而不能灵活移动而使液控失灵	此时须重配控制活塞，解决泄漏和别劲问题

218. 为何未引入控制压力油时，单向阀却打开反向通油？

产生这一故障的原因和排除方法可参阅单向阀故障排除中的"不起单向阀作用"的内容。另外，当控制活塞卡死在顶开单向阀阀芯的位置上，也造成这一故障。可拆开控制活塞部分，查看是否卡死。如修理时更换的控制活塞推杆太长也会产生这种故障。

219. 为何引入了控制压力油，单向阀却打不开反向不能通油？

表3-5　引入了控制压力油，单向阀却打不开反向
不能通油故障排除方法

故障现象	查找故障的方法（找原因）	排除故障的相应对策
引入控制压力油时，单向阀却打不开反向不能通油	1.查控制压力是否过低	提高控制压力，使之达到要求值
	2.查控制活塞是否卡死：如油液过脏、控制活塞加工精度不好、与阀体孔配合过紧等均会造成卡死	可清洗，修配，使控制活塞移动灵活
	3.查单向阀阀芯是否卡死在关闭位置：原因有弹簧弯曲、单向阀加工精度低、油液过脏等	清洗，修配，使阀芯移动灵活、更换弹簧，过滤或更换油液
	4.控制管路接头漏油严重、控制阀端盖处漏油或管路弯曲，被压扁使控制油不畅通	紧固接头，消除漏油或更换管子、紧固端盖螺钉，并保证拧紧力矩均匀

220. 如何排除液控单向阀振动和冲击大，略有噪声的故障？

表3-6　液控单向阀振动和冲击大，略有噪声的故障排除方法

故障现象	查找故障的方法（找原因）	排除故障的相应对策
振动和冲击大，略有噪声	1.查是否有空气进入	空气进入系统及液控单向阀中，要消除振动和噪声首先要设法排除空气
	2.查液控单向阀的控制压力是否过高：在用工作油作为控制压力油的回路中，会出现液控单向阀控制压力过高的现象，也会产生冲击振动	此时可在控制油路上增设减压阀进行调节，使控制压力不至于过大

故障现象	查找故障的方法（找原因）	排除故障的相应对策
振动和冲击大，略有噪声	3.查回路设计是否正确：如图3-30（a）所示当未设置节流阀1时，会产生油缸活塞下行时的低频振动现象。因为油缸受负载W的作用，又未设置节流阀1建立必要的背压，这样油缸活塞下行时成了自由落体，所以下降速度颇快。当泵来的压力油来不及补足油缸上腔油液时，出现上腔压力降低的现象，液控单向阀2的控制压力也降低，阀2就会因控制压力不够而关闭，使回油受阻而使油缸活塞停下来；随后，缸上腔压力又升高，控制压力又升高使阀2又打开，油缸又快速下降。这样液控单向阀开开停停，油缸也降降停停，产生低频振动。在泵流量相对于缸的尺寸来说相对比较小时，此一低频振动更为严重	按图3-30(b)增设节流阀1 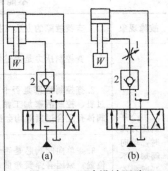 （a）　　　　（b） 图3-30　正确设计回路

221. 液控单向阀内、外泄漏大怎么办？

指的是单向阀在关闭时，封不死油，反向不保压，都是因内泄漏大所致。液控单向阀还多了一处控制活塞外周的内泄漏。除此之外，造成内泄漏大的原因和排除方法和普通单向阀的内容完全相同。

外泄漏用肉眼可以观察到，常出现在堵头和进油口以及阀盖等结合处，一般为密封圈损坏或漏装，可对症下药。

222. 怎样拆修液控单向阀？

按图3-31的所示方法重点检查阀座、阀芯和卸载阀阀芯的三个位置B、A、C。当阀座箭头所指B处有缺口或呈锯齿状时，要按图中所示方法卸下阀座，并予以更换，装入阀座时用木榔头对正敲入，防止歪斜；阀芯箭头所指A处（与阀座接触线）应为稍有印痕的整圆，如果印痕凹陷深度大于 0.2mm 或有较深的纵向划痕，则需在高精度外圆磨床上校正外圆，修磨锥面，直到 A 处不见凹痕划痕为止。

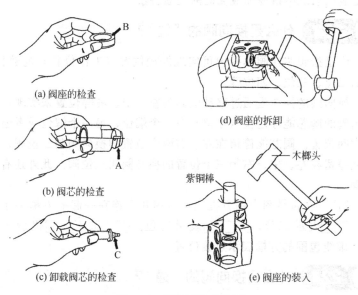

(a) 阀座的检查

(b) 阀芯的检查

(c) 卸载阀芯的检查

(d) 阀座的拆卸

紫铜棒　木榔头

(e) 阀座的装入

图 3-31　拆修液控单向阀

按图 3-31(d) 的方法检查卸载阀阀芯的 C 处，同样只应是稍有印痕的整圆。否则如凹陷很深，则需在小外圆磨床上修去锥面上的凹槽，并与阀芯内孔配研，然后清洗后将阀芯装入阀体。

第 **3** 节

换向阀的维修

换向阀主要由带有内部通道的阀体与一个可移动的阀芯所构成，利用阀芯在阀体孔内的移动，打开一些油的通道，关闭另一些通道，从而控制油液的流进和流出，即将内部通道接通或关断。换向阀在液压系统中扮演一个交通警察的作用，指挥着液流的流动方向。

换向阀被广泛用于油缸或液压马达等的启动、停止、转换方向、加速与减速。备有种类众多的阀来满足各种不同的需要。换向阀是液压系统中指挥油液流向的交通警察。

223. 什么是换向阀的"位"？

位是指阀芯在阀体孔内可实现停顿位置（工作位置）的数目：例如二位、三位、四位等。

换向阀的换向是通过移动阀芯到左、中、右等位置来实现，即换向阀的阀芯能够定位（停留）在一个端位、另一个端位或者还加上中间位置。阀芯能停留在左、右两个位置的换向阀叫二位阀，阀芯能停留在左、中、右等三个位置的换向阀叫三位阀。此外还有多位阀。

"位"在符号图中用方框表示。用几个连在一起的方框表示几位：□□表示二位，□□□表示三位。□□、□□仍表示二位，虚线包围的方框表示过渡位置。

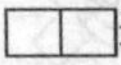

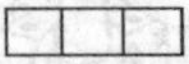

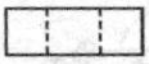

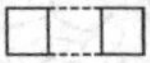

224. 什么是换向阀的"通"？

通指阀所控制的油路通道数目，对管式阀很容易判别，即有几根接管就是几通，但注意不包括控制油压油管和泄油管。例如二通、三通、四通等。所谓"二通阀"、"三通阀"、"四通阀"是指换向阀的阀体上有两个、三个、四个各不相通且可与系统中不同油管相连的油道接口，不同油道之间只能通过阀芯移位时阀口的开关来沟通。

在一个工作位置的方框上，连有几根出线便表示几通：⊡表示二通，⊿表示三通，□、□、□、□表示四通，方框中的箭头↑则表示在该工作位置阀所控制的油路是连通的，符号⊤表示油路是不通的，→表示全流量通过，⋈→表示经节流通过。

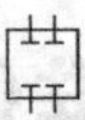

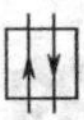

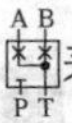

表 3-7 换向阀的工作原理

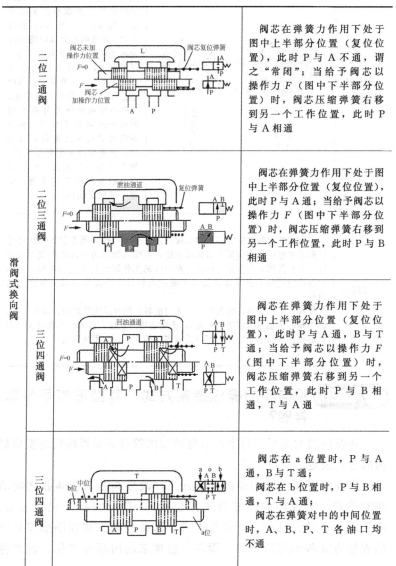

滑阀式换向阀	二位二通阀	阀芯在弹簧力作用下处于图中上半部分位置（复位位置），此时 P 与 A 不通，谓之"常闭"；当给予阀芯以操作力 F（图中下半部分位置）时，阀芯压缩弹簧右移到另一个工作位置，此时 P 与 A 相通
	二位三通阀	阀芯在弹簧力作用下处于图中上半部分位置（复位位置），此时 P 与 A 通；当给予阀芯以操作力 F（图中下半部分位置）时，阀芯压缩弹簧右移到另一个工作位置，此时 P 与 B 相通
	三位四通阀	阀芯在弹簧力作用下处于图中上半部分位置（复位位置），此时 P 与 A 通，B 与 T 通；当给予阀芯以操作力 F（图中下半部分位置）时，阀芯压缩弹簧右移到另一个工作位置，此时 P 与 B 相通，T 与 A 通
	三位四通阀	阀芯在 a 位置时，P 与 A 通，B 与 T 通； 阀芯在 b 位置时，P 与 B 相通，T 与 A 通； 阀芯在弹簧对中的中间位置时，A、B、P、T 各油口均不通

转阀式换向阀	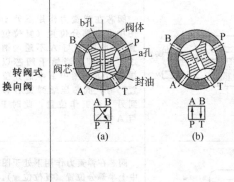	油路的接通或关闭是通过旋转阀芯（多用手动控制）中的沟槽和内部通孔来实现的。当阀芯处于图（a）的位置时，P来的压力油经阀芯沟槽再经a孔由B孔流出，即P与B相通，另外A口与T口相通，此为一工作位置；当阀芯逆时针方向旋转一定角度，P孔的油液经阀芯外圆上的封油长度隔开了B口，油液不能再通过a孔流到B口A口，而是通过a孔流向A口，即P口与A口相通，而B口则通过b孔与T口相通，实现了油路的切换
座阀式	座阀式换向阀包括锥阀式和球阀式。它是利用锥形阀芯的锥面或者球形阀芯的球面压在阀座上而关闭油路，锥面或球面离开阀座则使油路接通。单个锥阀式换向阀与球阀式换向阀的工作原理与单向阀相似，它们构成换向阀的工作原理详见本书后述内容及二通插装阀部分所介绍的内容 　　座阀式结构简单，密封性好，无内泄漏；同时反应速度快，动作灵敏；因为阀芯为钢球（或锥面柱塞），无轴心密封长度，换向时不会出现滑阀式那样的液压卡紧现象，可以适应高压的要求，使用压力高	

🔧 226. 换向阀的操纵控制方式及其图形符号是怎样的？

　　在换向阀的图形符号中，方框两端的符号表示操纵阀芯换位机构的方式及定位复位方式。

　　换向阀可用不同的操作控制方式，改变阀芯与阀体孔之间的相对位置，实现换向（变换工作位置），常用的有电磁、液动、电液动、手动、机动、气控等方式。这些控制方式在图形符号中的表达方式各国有所差异，而现在已越来越国际标准化，越来越统一。

表 3-8　换向阀的操纵方式

项目	操纵控制方式与图形符号	说明
手动操纵	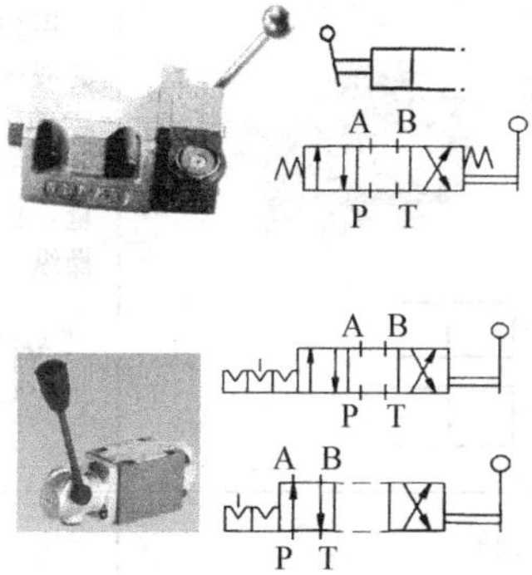	用手柄操纵阀芯移动换位的控制方式，用于通过流量不太大的换向阀 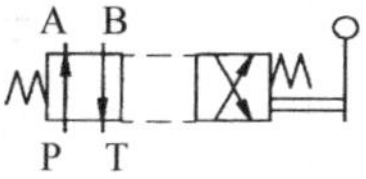
机动操纵	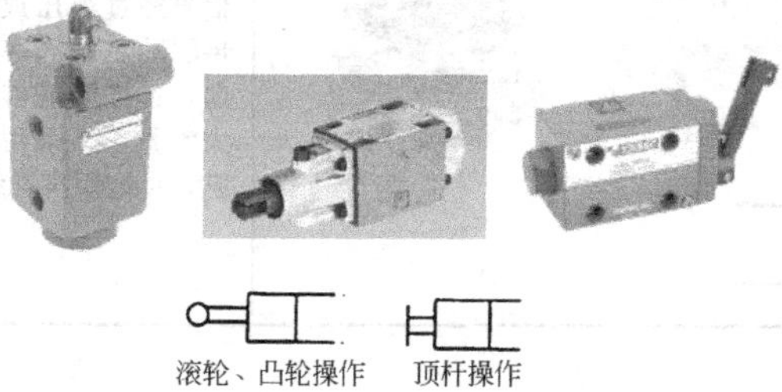 滚轮、凸轮操作　顶杆操作	用滚轮、凸轮或顶杆操纵，推动控制阀芯换向的方式，用于通过流量不太大的换向阀
电磁铁操纵	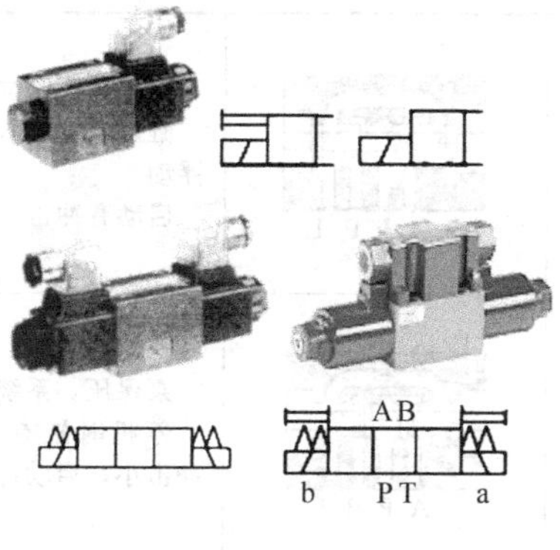	用电磁铁直接推动阀芯的换向方式，用于通过流量不太大的换向阀 按阀所装电磁铁的种类分为交流与直流、干式与湿式电磁换向阀 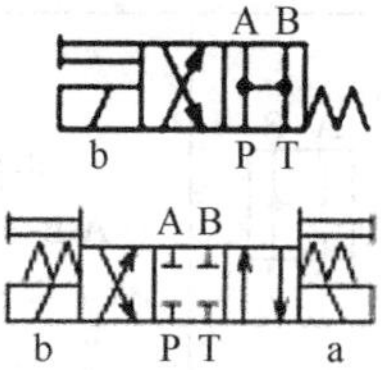

项目	操纵控制方式与图形符号	说明
液控操纵	液动控制--▶ □□ 气动控制-▷ □□	用控制压力油产生的液压力驱动主阀阀芯的换向，操纵力大，能够通过大流量，但只能近距离操纵
电液操纵		先导电磁阀将控制信号经过液压放大后再驱动主阀阀芯的换向，这样既能够通过大流量，又采用电操纵，可远距离操纵

🔧 227. 三位四通换向阀的中位机能特性是怎样的？

表 3-9　三位四通换向阀的机能特性

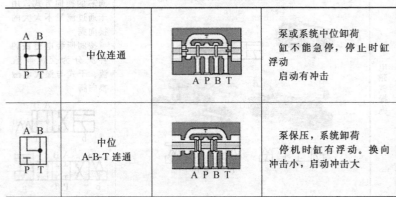

A B P T 中位连通	A P B T	泵或系统中位卸荷 缸不能急停，停止时缸浮动 启动有冲击
A B P T 中位 A-B-T连通	A P B T	泵保压，系统卸荷 停机时缸有浮动。换向冲击小，启动冲击大

中位 P-A-T 连接		泵中位卸荷 缸能急停 启动略有冲击
中位 P-A-B 连通		系统中位保压，但差动 缸中位停不住。换向冲击 和启动冲击均小
中位互不通		泵与系统中位保压 多缸互不干涉 换向冲击大
中位 P-T 通		泵中位卸荷，多缸系统 彼此干涉。换向冲击小
中位 A-T 连通		泵中位保压，A 腔卸荷。 启动有冲击。换向冲击 较小
中位 A-B-T 半连通		泵中位保压，系统中位 卸荷。换向冲击小，启动 冲击略大

第 4 节

电磁换向阀

电磁换向阀简称电磁阀，是用电磁铁的吸力移动阀芯换位、弹簧使阀芯复位的换向阀。电磁阀均是靠电磁铁通、断电指挥油流的通断，从而指挥油缸的运动及运动方向。

🔧 228. 电磁换向阀的工作原理与结构是怎样的？

（1）二位二通电磁阀

工作原理如图 3-32 所示，图 3-32（a）电磁铁未通电时，A 与 B 不通；图 3-32（b）电磁铁通电时，A 与 B 相通。叫常闭式。相反的情况叫常开式。

图 3-32（b）为国产二位二通电磁阀的结构。

注意：一般进口电磁阀无二位二通电磁阀这个品种，往往将下述二位四通电磁阀堵死两个油口替代。老的国产电磁阀有此品种。

（2）二位四通电磁阀

也是靠电磁铁通、断电指挥油流运动。当电磁铁线圈未通电，可动铁芯不与固定铁芯吸合，阀芯在弹簧力作用下上抬，此时油流状况为：P→A，B→T；当电磁铁线圈通电，可动铁芯与固定铁芯吸合，通过推杆下压阀芯，阀芯压缩弹簧下移，此时油流状况为：P→B，A→T。如图 3-33 所示。

（3）三位四通电磁阀

当两端电磁铁 1YA 与 2YA 均未通电，阀芯以弹簧对中，阀芯处于中位。A、B、P、T 各油口互不相通，以职能符号中间方框表示，油缸不运动 [图 3-34（a）]。

当电磁铁 1YA 通电，铁芯吸合，通过推杆推动阀芯移至右位，P 与 A 相通，B 与 T 相通。压力油进入油缸左腔，推动缸活塞组件向右运动；缸左腔回油由 B→T 回油箱 [图 3-34（b）]。

当电磁铁 2YA 通电，铁芯吸合，通过推杆推动阀芯左移，P 与 B 相通，A 与 T 相通。压力油进入油缸右腔，推动缸活塞组件向左运动；缸左腔回油由 A→T 回油箱。注意阀芯左位，而图形符号中，为右边方框表示 [图 3-34（c）]。

图 3-35（a）为干式交流三位四通电磁阀的结构，20 世纪大量采用，由于使用中电磁铁容易烧坏，现在使用量已很少了。

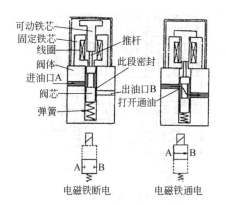

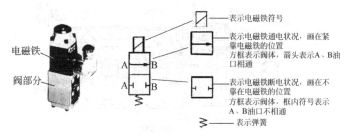

(a) 工作原理

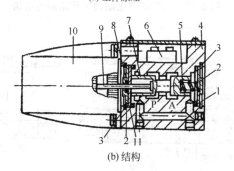

(b) 结构

图 3-32　二位二通工作原理与结构

1，8—O形圈；2—弹簧座；3—卡簧；4—阀体；5—复位弹簧；6—接线柱；

7—阀芯；9—推杆；10—电磁铁；11—挡片

图 3-35(b) 为德国博世-力士乐公司产的 4WE 型三位四通湿式电磁阀的结构，油液可进入电磁铁内，起润滑与冷却作用，使用寿命长。

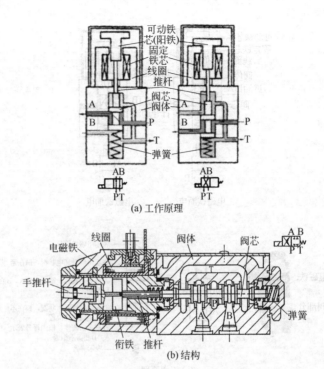

(a) 工作原理

(b) 结构

图 3-33　二位四通电磁阀工作原理与结构

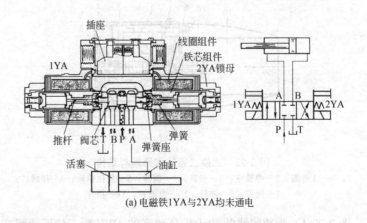

(a) 电磁铁1YA与2YA均未通电

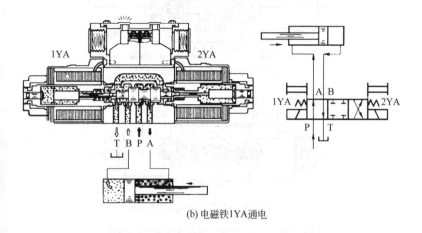

(b) 电磁铁1YA通电

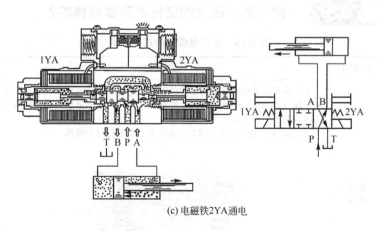

(c) 电磁铁2YA通电

图 3-34　三位四通电磁阀工作原理

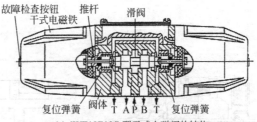

(a) 4WE10E10/L型干式电磁阀的结构

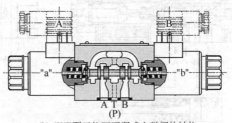

(b) 4WE型三位四通湿式电磁阀的结构

图 3-35　干式电磁阀与湿式电磁阀的结构

 229. 一些特殊电磁阀的结构原理是怎样的？

表 3-10　特殊电磁阀的结构原理

特殊阀	结构原理
锥阀式电磁阀	工作原理与滑阀式电磁阀相同，不过这类阀由输给电磁铁的电信号控制座阀（锥阀芯）的移动换位，控制油路开闭。由于是座阀式，故没有液压卡紧力，内泄漏也大大减小了。 图 3-36 为二位三通座阀式电磁阀外观、图形符号与结构 

特殊阀	结构原理
锥阀式 电磁阀	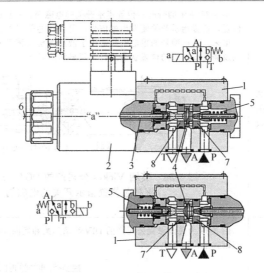 图 3-36　二位三通座阀式电磁阀外观、图形符号与结构 1—阀体；2—电磁铁；3—推杆；4—锥阀芯； 5—复位弹簧；6—手推杆；7，8—阀座
两个电 磁铁装在 阀一端的 电磁阀	两电磁铁共用一个衔铁，SOLb 通电，阀芯向左运动，SOLa 通电，阀芯向右运动，二者都不通电，阀芯在两端复位弹簧的作用下对中位。这种阀卸掉 SOLa 或者 SOLb 的接线，或者在工作过程中固定某一个电磁铁通断电，可构成二位四通阀。如图 3-37 所示 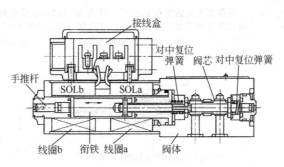 图 3-37　日本大京公司产的 JS G01－※C 型三位四通电磁阀

特殊阀	结构原理
带阀芯指示开关的电磁阀	图 3-38 所示的带阀芯位置指示开关的电磁阀，一旦阀芯处于弹簧复位位置，位置指示开关便发出电信号，可将阀芯何时处于弹簧复位位置指示出来。这种型号的单电磁阀适用于液压系统联锁和顺序动作等情况下以及需要知道阀的位置状态进行电气显示的场合 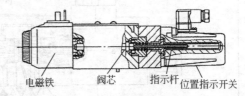 电磁铁　　　阀芯　　指示杆　位置指示开关 图 3-38　美国 Vickes 公司产的 DG4V-3···Sb 型 带阀芯位置指示开关的电磁阀
柔和换向式电磁阀	图 3-39 为美国派克公司产的 DIVW 系列柔和换向式电磁阀的结构，为三槽式三位四通电磁阀 控制换向时间的阻尼孔 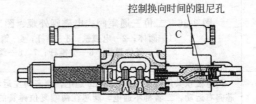 图 3-39　美国派克公司 DIVW 系列柔和式电磁阀结构 在湿式电磁铁的衔铁内有一个可控制和调节换向时间的阻尼螺塞，改变阻尼小孔直径尺寸大小，可控制电磁铁通断电时间长短，使阀芯切换时的加速度可降低到普通型的 1/5～1/4，因而换向柔和无冲击，如图 3-40 所示 拔出工具 3/32"六角扳手 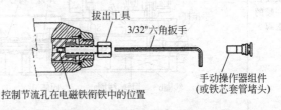 控制节流孔在电磁铁衔铁中的位置　　手动操作器组件 （或铁芯套管堵头） 图 3-40　更换阻尼的方法

特殊阀	结构原理
低功率 电磁阀	低功率电磁阀也像普通电磁阀一样为同轴式结构，但又有与普通电液阀相类似的双级（先导级与主级）的控制结构，能解决大流量问题。耗电省，电磁铁的控制功率最小的只有 2W，因而可用固体继电器和程序控制器 PC 直接控制，同样通流能力下，体积也比普通型电液阀（通流能力同）小很多（20%～30%），噪声低 　　它的结构如图 3-41 所示，工作原理如下：两端各设一个控制活塞 3，当两端电磁铁 SOLa 与 SOLb 均不通电时，控制活塞 3 在两端控制活塞的复位弹簧 9 的作用下处于图 3-41(a) 所示位置。此时两端先导控制腔的油液通过通道 DK 与主回油腔 R 相通，主阀芯 4 在其两端复位对中弹簧 5 的作用下处于中位。P 腔闭锁，A、B 腔与 R 腔相连通；当电磁铁 SOLa 通电，线圈 2 励磁，吸引铁芯向右移。通过推杆也推动控制活塞 3 右移，控制压力油经 PG 通道→阀套小孔→控制活塞 3 沉割槽→阀套另一小孔→主阀控制腔 P，推动主阀芯右移到位［图 3-41(b)］，与铁芯被吸引的相同方向使主阀芯 4 换位，压力油此时从 P→B，进入执行元件，使执行元件动作，执行元件另一端回油经 A→R 流回油箱。反之 SOLb 通电，SOLa 断电，阀芯 4 向左方向换位，控制活塞 3 左腔回油经 DR 通道→R→油箱，形成换向动作。主阀芯同样可以做成各种机能 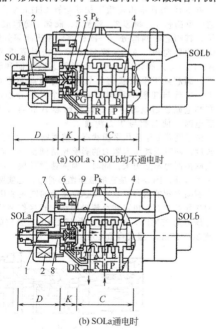 (a) SOLa、SOLb均不通电时 (b) SOLa通电时 图 3-41

特殊阀	结构原理

低功率
电磁阀

SOLa ⟨⟨⟩⟩ A B SOLb

PLT PLT

DR P R DR

⬇

SOLa A B SOLb

P R

(c) 图形符号

图 3-41 低功率电磁阀的结构原理与图形符号

高速电
磁换向阀

图 3-42 为日本川崎重工株式会社 2HE6 型高速电磁换向阀的结构。它由电磁铁 1、阀芯 2、弹簧 3、阀体 4 等组成，与普通电磁阀不同的是，其阀芯由两部分——圆柱部分和锥面部分组成，圆柱部分作为换向时的导向段，A、B 腔与 T 腔的密封靠锥面部分实现。当油液由 A、B 口进入阀体内部时，由于阀芯圆柱面和圆锥面两侧受压面积相等，阀芯处于平衡状态，靠弹簧力将阀芯锥面紧压在 A、B 腔阀口上，实现与 T 腔的密封。左右两个阀芯分别由两端电磁铁控制。当左端电磁铁通电时，衔铁推动阀芯 A 腔与 T 腔沟通；当右端电磁铁通电时，使 B 腔与 T 腔沟通

由于阀芯处于静压平衡状态，锥面密封又没有滑阀密封所必需的封油长度，同时受液压卡紧力的影响比滑阀要小，因此，推动锥阀芯开启的电磁控制力不必很大。同时，换向速度较快，换向频率可以提高，工作更为可靠。图 3-42 是它的液压图形符号，它实际上相当于两个二位二通电磁换向阀的组合。这种高速电磁换向阀主要用来作为高速电液换向阀的先导控制阀，也可在小流量回路中直接作为控制阀使用。它的最高工作压力为 25MPa，额定流量为 15L/min。换向时间：交流 8～14ms，直流 30～37ms，湿式直流 40ms 左右

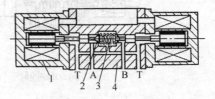

1 T A B T
2 3 4

特殊阀	结构原理
高速电磁换向阀	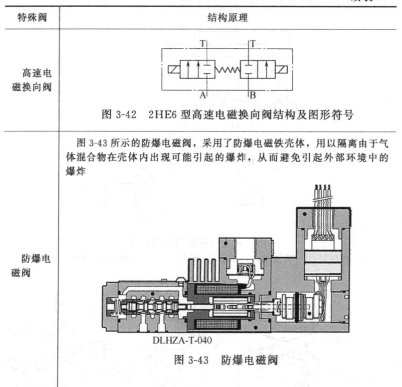图 3-42　2HE6 型高速电磁换向阀结构及图形符号
防爆电磁阀	图 3-43 所示的防爆电磁阀，采用了防爆电磁铁壳体，用以隔离由于气体混合物在壳体内出现可能引起的爆炸，从而避免引起外部环境中的爆炸 DLHZA-T-040 图 3-43　防爆电磁阀

🔧 230. 电磁阀有哪些应用回路？

如图 3-44 所示，电磁阀 4 用于控制液压缸 5 的换向，电磁铁 1YA 通电时缸 5 右行，电磁铁 2YA 通电时缸 5 左行；电磁阀 3 的电磁铁 3YA 通电时用于液压泵 1 升压，3YA 断电时使泵 1 卸压。

🔧 231. 电磁阀易出现故障的主要零件及其部位有哪些？

现在电磁阀多为湿式电磁阀，电磁阀易出现故障的零件及其部位主要有（图 3-45）：阀体内孔磨损、阀芯外径磨损、弹簧疲劳或折断、推杆磨损变短、电磁铁损坏等。

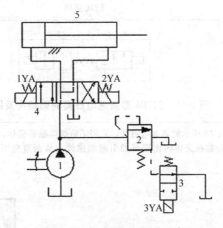

图 3-44　电磁阀的应用回路

1—液压泵；2—溢流阀；3—二位二通电磁阀；4—三位四通电磁阀；5—缸

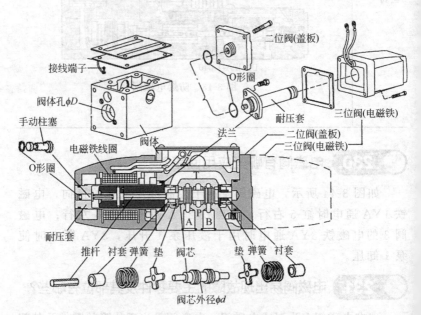

图 3-45　湿式电磁阀结构与组成的主要零件

232. 交流电磁铁发热厉害且经常烧掉怎么办？

表3-11 交流电磁铁发热厉害且经常烧掉故障排除方法

故障现象	查找故障的方法（找原因）	排除故障的相应对策
交流电磁铁发热厉害且经常烧掉	1.查电磁铁本身：① 线圈绝缘不好；② 电磁铁铁芯卡阻，吸不动；③ 电压太低或不稳定	① 更换电磁铁 ② 修理电磁铁 ③ 电压的变化值应在额定电压的±10%以内，必要时设置稳压电源
	2.查负载是否超载：① 换向阀使用压力超过规定的压力；② 换向流量超过规定值太多；③ 回油口背压过高	① 降低压力 ② 更换通径大一挡的电磁阀 ③ 调整背压使其在规定值内
	3.电磁阀换向频率太快	电磁阀换向频率不能超过规定值
	4.电磁阀阀芯摩擦力太大	采取降低阀芯摩擦力的修理措施
	5.电磁阀内复位弹簧太硬	更换合适的弹簧

 233. 交流电磁铁发叫，有噪声怎么办？

表3-12 交流电磁铁发叫，有噪声故障排除方法

故障现象	查找故障的方法（找原因）	排除故障的相应对策
交流电磁铁发叫，有噪声	1.查推杆是否过长	过长时修磨推杆到适宜长度
	2.查电磁铁铁芯接触面不平或接触不良	消除故障，重新装配达到要求

 234. 电磁阀不换向或换向不可靠怎么办？

表3-13 电磁阀不换向或换向不可靠故障排除方法

故障现象	查找故障的方法（找原因）	排除故障的相应对策
不换向或换向不可靠	1.查电磁铁故障： ① 电磁铁（多为交流干式电磁铁）线圈烧坏 ② 电磁铁推动力不足或漏磁 ③ 电气线路出故障，例如电路不能通电	① 检查原因，重绕电磁铁线圈，进行修理或更换 ② 检查原因，进行修理或更换 ③ 查明原因，消除故障 ④ 图 3-46 为常见进口电磁阀接线盒的有关情况说明，可参考对于直流线圈＋电引线必须接到"＋"标记端，用 3 芯引线（即公用零线）接入双电磁铁阀时，内端子对必须互连

故障现象	查找故障的方法（找原因）	排除故障的相应对策
不换向或换向不可靠	④ 电磁铁接线错误 ⑤ 电磁铁的动铁芯卡死	为了使指示灯正确指示通电电磁铁，要保证正确连接电磁铁引线，灯端子按正标记侧与电磁铁每外端子对公用 ⑤ 可拆洗修理或更换电磁铁
	2. 查是否杂质使电磁阀的阀芯卡死	如果是则进行清洗、换油并清洗过滤器
	3. 查自动复位对中式的弹簧是否折断、漏装与错装	如果是则予以补装或更换

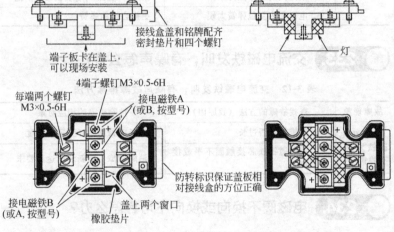

接线盒盖和铭牌配齐
密封垫片和四个螺钉

灯

端子板卡在盖上，
可以现场安装

4端子螺钉M3×0.5-6H

每端两个螺钉
M3×0.5-6H

接电磁铁A
（或B，按型号）

防转标识保证盖板相
对接线盒的方位正确

接电磁铁B
（或A，按型号）

盖上两个窗口

橡胶垫片

图 3-46　常见进口电磁阀接线盒

🛠 235. 电磁阀的内、外泄漏量大怎么办？

表 3-14　电磁阀的内、外泄漏量大故障排除方法

故障现象	查找故障的方法（找原因）	排除故障的相应对策
内、外泄漏量大	1. 查密封是否损坏	如有应更换密封
	2. 查阀芯外径或阀体孔是否磨损，使二者之间的配合间隙增大	可刷镀阀芯外径修复，或更换阀芯

236. 阀芯换向后通过阀的流量不足怎么办?

表 3-15　阀芯换向后通过阀的流量不足故障排除方法

故障现象	查找故障的方法（找原因）	排除故障的相应对策
通过阀的流量不足	1.电磁阀中推杆过短	更换适宜长度的推杆
	2.阀芯与阀体几何精度差，间隙过小，移动时有卡死现象，故不能到位保证足够大的开口	应配研达到要求
	3.弹簧太弱，推力不足，使阀芯行程不到位，不能到位保证足够大的开口	应更换适宜的弹簧

 237. 液动换向阀的工作原理是怎样的?

如图 3-47 所示，当从 X 口通入控制压力油，经盖 3 与阀体 1 内部 X 通道，再经顶盖 6 与端盖 3 进入阀芯 2 左端的弹簧腔 4，作用在阀芯左端端面上，产生的液压力压缩阀芯右端的弹簧 5′推动阀芯右移，这时主油路 P 与 B 通，A 与 T 通，阀芯右端弹簧腔 4′的控制回油经 Y 通道及 Y 口流回油箱；反之，当控制压力油从 Y 口进入，则主阀芯 2 压缩弹簧 5 左移，此时 P 与 A 通、B 与 T 通；若 X 口与 Y 口均未通入压力油，即都与油箱相通，则阀芯在两端对中弹簧 5 与 5′的作用下复中位（对中）而实现阀的中位机能。图中中位为 P、A、B、T 均互不相通的

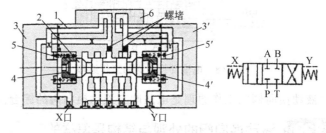

图 3-47　液动换向阀的工作原理

1—阀体；2—阀芯；3，3′—盖；4，4′—弹簧腔；5，5′—对中弹簧；6—顶盖

情况。选择阀芯台肩不同轴向尺寸，可构成其他形式的中位机能的阀。

🔧 238. 电液动换向阀的工作原理是怎样的？

如果在液动换向阀的顶部安装一小容量的电磁换向阀作为先导控制阀，通过电磁换向阀引入控制油来控制大流量（大通径）的液动换向阀（主阀）的阀芯的换位，这就是电液动换向阀。电液动换向阀既解决了大流量的换向问题，又保留了电磁阀可用电气来操纵实现远距离控制的优点。

因此电液动换向阀由两部分构成：先导级——电磁阀，主级——液动阀。即将图 3-47 的顶盖 6 拿掉，换上一电磁阀便成。控制压力油由电磁阀的 P 孔引入，油口 A 和 B 分别与液动阀主阀芯两端的控制腔—X 腔与 Y 腔相连，通过先导电磁阀的换向，改变着控制压力油从 X 腔（通先导阀 B 孔）或是从 Y 腔（通先导阀 A 腔）进入，便可推动主阀芯左右移动而换向，实现主油口 P、A、B、T 之间的不同相通状况。如图 3-48 所示。

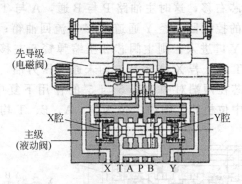

先导级
（电磁阀）

X腔   Y腔

主级
（液动阀）

X T A P B Y

图 3-48　电液动换向阀的工作原理

电液动换向阀的工作原理是电磁阀与液动换向阀的综合。

🔧 239. 液动换向阀的外观与结构是怎样的？

液动换向阀的外观与结构如图 3-49 所示。

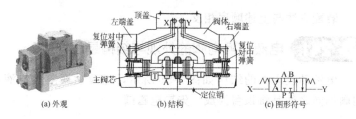

图 3-49　液动换向阀的外观与结构

🛠 240. 液动换向阀如何拆装?

　　液动换向阀的拆装方法如图 3-50 所示。注意液动换向阀有普通型、液压对中型和弹簧偏置三种,拆卸时可拆卸图中的四个螺钉(件 30、件 1-1、件 1-2 以及件 18 等),取下左右端盖(件 2-1、件 2-2、件 27、件 19 等),便可解体拆出阀内其他零件。

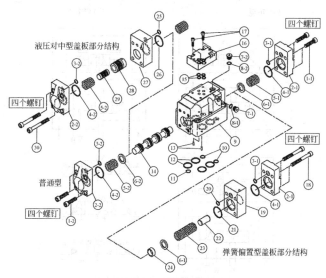

图 3-50　液动换向阀的拆装

1 (1-1、1-2)—四个螺钉;2 (2-1、2-2)—左右端盖;3,4—O 形圈;5—弹簧;
6 (6-1、6-2)—挡圈;7—螺堵;8—O 形圈;9—阀体;10,11,12—O 形圈;
13—定位销;14—主阀芯;15—O 形圈;16—顶盖;17,18—四个螺钉;
19—内端盖;20,21—O 形圈;22—定位杆;23—偏置弹簧;24—挡环;
25,26—O 形圈;27—内端盖;28,29—大、小柱塞;30—四个螺钉装配方法与上述顺序相反。

241. 电液动换向阀的外观与结构是怎样的?

电液动换向阀的结构如图 3-51 所示，电液动换向阀与液动换向阀不同之处是将顶盖换成一先导电磁阀。

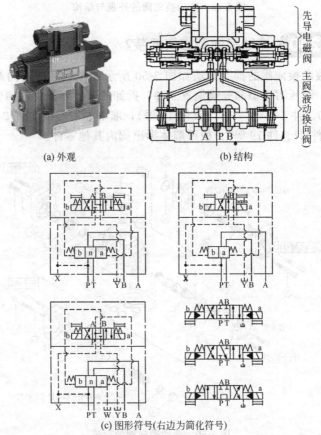

(a) 外观　　　　　　　　(b) 结构

(c) 图形符号(右边为简化符号)

图 3-51　电液动换向阀的结构

242. 电液动换向阀如何拆装?

以图 3-51 的液动换向阀为例，其拆装方法见图 3-52 所示。电液动换向阀由电磁阀与液动换向阀组合而成。松开图中的四个螺钉17，便可将先导电磁阀 16 从液动换向阀 9 上取下来，成为两大部分。此时可按上述方法分别对电磁阀 16 和液动换向阀 9 进行拆卸与装配。

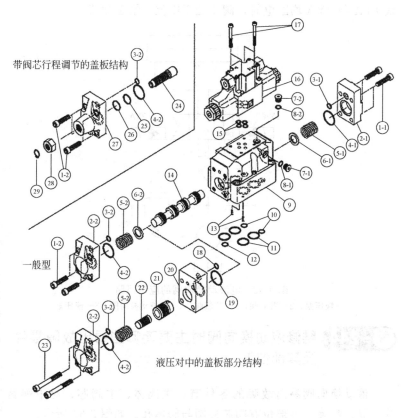

图 3-52　电液动换向阀的拆装

1，17，23—螺钉；2—左右端盖；3，4，8，10～12，15，18，19，25，26—O 形圈；
5—弹簧；6—挡圈；7—螺堵；9—液动换向阀；13—定位销；14—主阀芯；
16—先导电磁阀；20，27—端盖；21，22—大、小柱塞；24—柱塞；
28—锁母；29—弹簧卡圈

注意必须注意滑阀芯的装配方向，不能倒头装，它是有方向性的。

243. 电液动换向阀有哪些应用回路？

如图 3-53 所示，电液动换向阀 4 用于控制液压缸 5 的换向，电磁铁 1YA 通电时缸 5 右行；电磁铁 2YA 通电时缸 5 左行；电磁铁 1YA 与 2YA 均断电时，阀 4 处于中位，泵 1 卸荷。

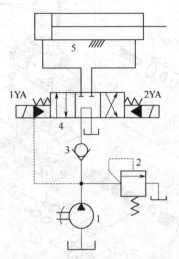

图 3-53　电液动换向阀的应用回路

1—液压泵；2—溢流阀；3—节流阀；4—电液动换向阀；5—液压缸

244. 维修液动换向阀时主要查哪些易出故障零件及其部位？

液动换向阀易出故障的零件有：主阀体、主阀芯、对中弹簧等；易出故障零件部位有阀芯外圆与阀体孔。如图 3-54 所示。

245. 维修电液动换向阀时主要查哪些易出故障零件及其部位？

电液动换向阀易出故障的零件有：先导电磁阀、主阀体、主阀芯、对中弹簧等；易出故障零件部位有阀芯外圆与阀体孔。如图 3-55 所示。

教你成为 *一流* 液压维修工

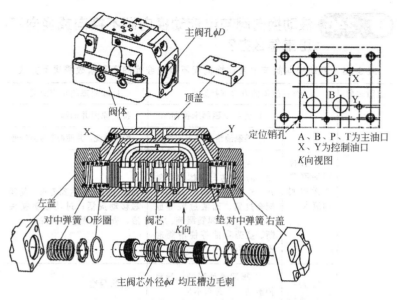

图 3-54　液动换向阀易出故障零件及其部位

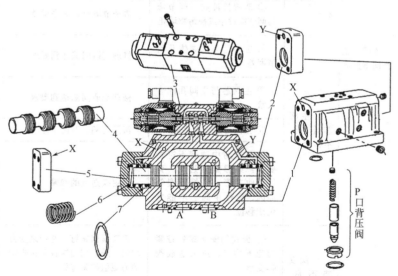

图 3-55　电液动换向阀易出故障零件及其部位

1—主阀体；2—右阀盖；3—先导电磁阀；4—主阀芯；
5—左阀盖；6—复位对中弹簧；7—O 形圈

液动换向阀与电液动换向阀不换向或换向不
正常怎么办？

表 3-16　液动换向阀与电液动换向阀不换向或换向不正常故障排除方法

故障现象	查找故障的方法（找原因）		排除故障的相应对策
不换向或换向不正常	1. 查控制油路是否无控制油流入	① 先导电磁阀未换向	检查原因并消除
		② 控制油路 X 或 Y 被堵塞	检查清洗，并使控制油路畅通
		③ 先导电磁阀故障，例如：a) 阀芯与阀体因零件几何精度差、阀芯与阀孔配合过紧、油液过脏等原因卡死；b) 弹簧漏装、折断、疲劳弯曲等使滑阀芯不能复位	修理配合间隙达到要求，使阀芯移动灵活；过滤或更换油液，查明原因予以排除
	2. 查控制油路压力是否不足	① 阀端盖处漏油，导致控制油压力是否不足	消除漏油
		② 滑阀排油腔一侧节流阀调节得过小或被污物堵死	清洗节流阀并适当调整
	3. 主阀芯卡死，不移位	① 主阀芯与主阀体几何精度差	修理配研间隙达到要求
		② 主阀芯与主阀孔配合太紧	修理配研间隙达到要求
		③ 主阀芯表面有毛刺	清除毛刺，冲洗干净
		④复位对中弹簧不符合要求：如弹簧力过大、弹簧弯曲变形、弹簧断裂等原因，致使主阀芯不能复位或移位	须更换适宜的弹簧
	4. 阀安装不良、阀体变形	① 板式阀安装螺钉拧紧力矩不均匀、过大造成阀体变形	重新紧固螺钉，并使之受力均匀，最好用力矩扳手按规定的力矩值拧紧螺钉
		② 管式阀阀体上连接的管子"别劲"	重新安装

故障现象	查找故障的方法（找原因）		排除故障的相应对策
不换向或换向不正常	5.油液变质或油温过高	① 油液过脏使阀芯卡死	过滤或更换
		② 油温过高，使零件产生热变形，而产生卡死现象	检查油温过高原因并消除
		③ 油温过高，油液中产生胶质，粘住阀芯而卡死	清洗、消除油温过高
		④ 油液黏度太高，使阀芯移动困难而卡住	更换适宜的油液

 247. 液动换向阀与电液动换向阀换向时发生冲击振动怎么办？

表3-17　液动换向阀与电液动换向阀换向时发生冲击振动故障排除方法

故障现象	查找故障的方法（找原因）	排除故障的相应对策
换向时发生冲击振动	1.液动换向阀和电液阀，因控制流量过大，阀芯移动速度太快而产生冲击	调小节流阀节流口减慢阀芯移动速度
	2.单向节流阀中的单向阀钢球漏装或钢球破碎，不起阻尼作用	检修单向节流阀
	3.电液阀中固定电磁铁的螺钉松动	紧固螺钉，并加防松垫圈

248. 液动换向阀阀芯换向速度调节失灵怎么办？

　　两个节流阀和两个单向阀组成双单向节流阀，可对主阀芯的换向速度进行控制，防止换向冲击；主阀两端的行程调节螺钉可调节主阀芯行程的大小，从而控制主阀芯各油口阀的开口量与遮盖量的大小，达到对流过阀口的流量控制。如果出现主阀芯换向速度调节失灵，则可能是因表3-18所列原因，据此可做出处理。如图3-56所示。

表 3-18　液动换向阀阀芯换向速度调节失灵故障排除方法

故障现象	查找故障的方法（找原因）	排除故障的相应对策
阀芯换向速度调节失灵	1. 单向阀封闭性差	进行修理或更换
	2. 节流阀加工精度差，不能调节最小流量	修理或更换
	3. 排油腔阀盖处漏油	更换密封件，拧紧螺钉
	4. 针形节流阀调节性能差	改用三角槽节流阀

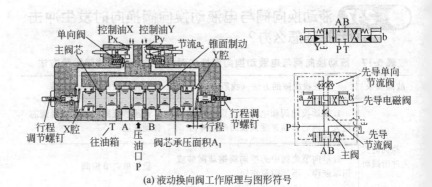

(a) 液动换向阀工作原理与图形符号

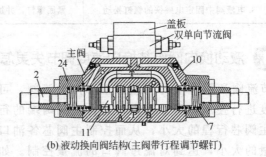

(b) 液动换向阀结构(主阀带行程调节螺钉)

　教你成为 **一流** 液压维修工

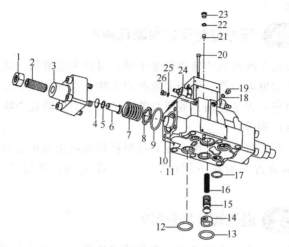

(c) 液动换向阀局部解剖图

图 3-56　液动换向阀

1—螺母；2—行程调节螺钉；3—左盖；4，5，9，12，13，17，18，22，25—O形圈；

6—柱塞；7—对中弹簧；8—垫圈；10—主阀体；11—主阀芯；14—阀座；

15—背压阀阀芯；16—弹簧；19，23，26—螺塞；20—螺钉；

21—塞；24—双单向节流阀

第 5 节

压力阀的维修

🔧 249. 为什么液压系统中需要压力控制阀？

在液压系统中，执行元件向外做功，输出力、输出转矩，不同情况下需要油液具有大小不同的压力，以满足不同的输出力和输出转矩的要求。而输出力和输出转矩的大小是由压力的高低决定的。因此为了使液压系统适应各种需要，就要对液流的压力进行控制，这样就产生了各种类型的压力控制阀，用来控制和调节液压系统压力的高低。

250. 压力控制阀分为哪几种？

压力控制阀按其功能和用途不同，可分为溢流阀、减压阀、顺序阀和压力继电器等。例如溢流阀用来防止系统过载或为了保持系统压力恒定；为了使同一液压泵能以不同压力供给几个执行机构使用的有减压阀等。

从工作原理来看，所有压力控制阀都是利用油压力对阀芯产生推力与弹簧力平衡在不同位置上，以控制阀口开度来实现压力控制。

251. 溢流阀怎样分类？

溢流阀有直动式溢流阀、先导式溢流阀、电磁溢流阀与卸荷溢流阀等。

252. 直动式溢流阀的工作原理与结构是怎样的？

直动式溢流阀分为锥（或球）阀式与滑阀式两种，锥阀式可做远程控制溢流阀用。

（1）工作原理

图 3-57（a）为锥（或球）阀式，进油口压力油 p 作用在阀芯 1 上的液压力（pA）直接与弹簧 2 的弹力 F_s 相平衡。图示状态，阀芯在弹簧力作用下关闭，油口 P 与 T 被隔开；当进油口压力油的压力 p 上升，液压力大于弹簧预调力时，阀芯右移，阀口开启，压力油液经出油腔 T 溢流一部分回油箱，使进油口压力降下来，弹簧力又使阀芯关闭，溢流阀进口压力 p 又上升。这样溢流阀基本上就可恒定进口压力 p。改变弹簧的刚度，可改变阀的调压值的范围。松开锁紧螺母转动调整螺杆（手轮）3 可调整压力大小，顺时针旋转压力增高，逆时针旋转压力降低。图 3-57（b）为滑阀式，工作原理相同。

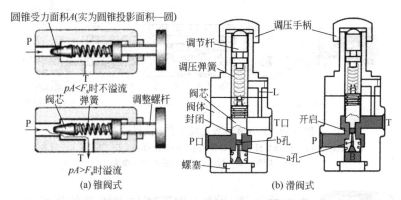

图 3-57　直动式溢流阀的工作原理

（2）结构

① DBD 型直动式溢流阀（德国力士乐）

图 3-58 为力士乐公司 DB6D 型直动式溢流阀结构，可用来限制系统压力。它由带有导向柱塞的阀芯 2 和压力调节螺钉 3 的阀体 1 构成。P 通道中的压力作用于阀芯 2 上。当 P 通道中的压力上升到超过调压弹簧 5 上所设调定的压力值时，液压力压缩弹簧 5 使阀芯 2 右移，阀芯 2 开启，液压油就会从 P 通道流向 T 通道回油箱。图 3-58(b) 中阀芯 2 带有导向柱塞，可提高阀芯动作的稳定性。

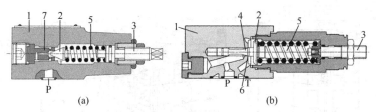

图 3-58　力士乐公司 DB6D 型直动式溢流阀结构

② P 型滑阀式直动溢流阀

图 3-59 为国产 P-※B 型板式低压直动式溢流阀的结构，为滑阀式。另外叠加阀中的直动式溢流阀也多为滑阀式结构。

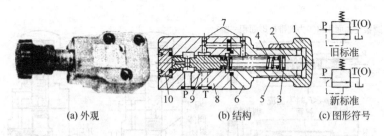

(a) 外观   (b) 结构   (c) 图形符号

图 3-59　P-※B 型板式低压直动式溢流阀结构

1—调压螺母；2—调节杆；3—O形圈；4—调压弹簧；5—锁母；6—阀盖；
7—堵头；8—阀体；9—阀芯；10—螺塞

🔧 253. 先导式溢流阀的工作原理与结构是怎样的？

（1）工作原理（图 3-60）

压力油从进油口 P 进入，经主阀芯阻尼孔→流道 R 后作用在先导调压阀上。当进油口的压力 p 较低，导阀上的液压作用力不足以克服导阀芯调压弹簧的作用力时，先导阀关闭，无油液流过主阀阻尼孔，故主阀芯上下两端的压力相等，在平衡弹簧的作用下，主阀芯处在最下端位置，溢流阀进油口 P 和溢油口 T 隔断，无溢流；当进油口压力 p 升高，先导阀上的液压力大于调压弹簧的预调力时，先导阀打开，压力油就通过主阀芯上阻尼孔→开启的导阀→平衡弹簧腔→主阀芯的中心孔→流道 T 流回油箱。由于阻尼孔的作用，使

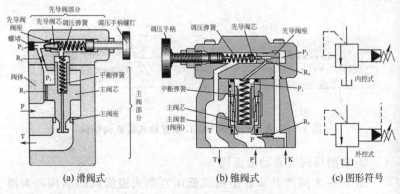

(a) 滑阀式   (b) 锥阀式   (c) 图形符号

图 3-60　先导式溢流阀工作原理

主阀芯上端的液体压力小于下端。当这个压力差作用在主阀芯上的力超过复位弹簧力、摩擦力和主阀芯自重时，主阀芯便打开，油液从进油口 P 流入，经主阀阀口由溢油口 T 流回油箱，实现溢流作用。调节先导阀弹簧的预紧力，即可调节溢流阀的溢流压力。外控时，控制油从 X 口进入先导调压阀的左端。

（2）先导式溢流阀的内控与外控、内排与外排

在维修先导式溢流阀时，要弄清楚所使用的先导式溢流阀是内控还是外控、是内排还是外排。

如图 3-61（a）中，由阀内引入从 P 腔进入的先导控制油，经先导阀后又经内部流道从 T 口流出，叫"内供内排"；图 3-61（b）中，由阀内引入从 P 腔进入的先导油，经先导阀后不经内部流道而是从 Y 口流出，叫"内供外排"；同理图 3-61（c）、（d）分别为"外供外排"和"外供内排"等四种方式，用户可根据不同工作需要选用其中之一。这四种方式不能搞错，如果搞错，会给液压系统引来故障。

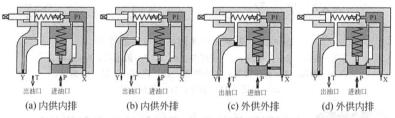

(a) 内供内排　　　(b) 内供外排　　　(c) 外供外排　　　(d) 外供内排

图 3-61　先导式溢流阀的内供与外供、内排与外排

如购买时未声明，厂家一般按"内供内排"方式供货。购买后如与实际需要不符，可按上述说明将某一孔堵上或者将某一孔导通即可。一定要这么做，否则会出故障。

（3）结构

DB 型溢流阀（图 3-62）带有主阀 1 和先导阀 2。进油口 P 的压力作用在主阀芯 3 上。同时，压力油经阻尼孔 4→通路 6→阻尼孔 5 后，分两路：一路再经阻尼孔 7→作用在主阀芯 3 上的弹簧腔 12；另一路作用在先导阀 2 的钢球 8 上。当 P 口的压力超过弹簧 9 设定值时，作用在钢球 8 上向右的力克服弹簧力 9 向左的力使先导阀（球阀）开启，P 来油有一部分通过打开的钢球→油腔 14→通道 13→T

口回油箱，于是主阀芯 3 上部的弹簧腔压力也下降，主阀芯 3 因上、下作用力不平衡而上抬，从 P 口到 T 口的连接通道就打开，油液由 P 口流向 T 口，使 P 腔压力降下来，直至 P 腔压力降低到由先导阀调定的压力为止，因而起到限压作用。注意此时引入到先导阀 2 的控制油（控制信号）是从 P 口内部获取的。也可借助外控油口 X（15）从外部引入，可实现卸荷、多级压力（如二级压力）控制。

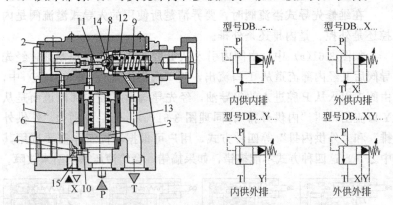

图 3-62　先导式溢流阀结构与图形符号

1—主阀；2—先导阀；3—主阀芯；4，5，7—阻尼孔；6—通路；
8—钢球；9—调压弹簧；10—油道；11—阻尼孔；12—弹簧腔；
13—通道；14—油腔；15—外控油口 X

🔧 254. 电磁溢流阀的工作原理与结构是怎样的？

电磁溢流阀由电磁换向阀与先导式溢流阀组合而成，它具有溢流阀的全部功能。还可以通过电磁阀的通断电控制，实现液压系统的卸荷或多级压力控制。

（1）工作原理

电磁溢流阀的工作原理如图 3-63 所示，图 3-63(a) 为二位二通常闭式(二位四通堵了两个油口而成)电磁阀与二节同心先导式溢流阀组成的电磁溢流阀结构原理。电磁阀安装在先导调压阀的阀盖上。P、T 分别为主阀的进、出油口，X 为遥控口。P_1、T_1、A_1 和 B_1 为电磁阀的四个油口，P_1 接先导式溢流阀的主阀弹簧腔，T_1 接先导调压阀的弹簧腔，A_1 和 B_1 封闭。当电磁铁 b 未通电时，工作原理同上述普通溢流阀，此时系统在主溢流阀的调压值 p 下工作；图 3-63(b)，当电磁铁 b 通电时，主阀芯通过电磁阀油口连通回油箱，系统卸荷。

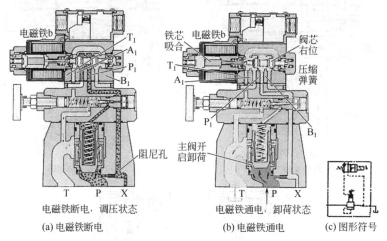

图 3-63　电磁溢流阀的工作原理

如果将二位二通常闭式电磁阀改为常开式电磁阀，往往只需将阀芯换过头便成。此时电磁铁 b 未通电时，系统卸荷；通电时，系统升压。

用三位四通电磁阀组成的电磁溢流阀结构原理如图 3-64 所示，三位四通电磁阀安装在先导式溢流阀的阀盖上。P、T 分别为电磁溢流阀的进、出油口，X 为遥控口。P_1、T_1、A_1 和 B_1 为电磁阀的四个油口，P_1 接先导式溢流阀的主阀腔，T_1 接导阀的弹簧腔，A_1 和 B_1 分别接另外的多级先导调压阀，进行多级压力控制。图 3-64(a) 先导电磁阀为 O 型时，当两电磁铁 1YA 与 2YA 均未通电时，各油口关闭，从溢流阀进油口 P 经阻尼孔 a、主阀弹簧腔、流道 P_1 流来的压力油进入先导调压阀的前腔，由于 P_1 和 T_1 口封闭，故压力油不能经过电磁阀而被堵住，此时系统在主溢流阀的调压值 p 下工作；当电磁阀 1YA 通电或电磁阀 2YA 通电时，A_1、B_1 可外接调压阀进行多级压力控制。

（2）结构

DBW 型电磁溢流阀（图 3-65）由 DB 型溢流阀和电磁阀 16 组合而成，利用电气信号可使阀卸荷，或配用远程控制溢流阀可使系

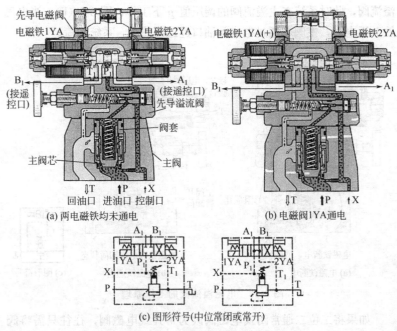

(a) 两电磁铁均未通电

(b) 电磁阀1YA通电

(c) 图形符号(中位常闭或常开)

图 3-64　电磁溢流阀结构原理

统得到双压或止压控制。该阀的功能与型号 OB 阀相同。然而，借助于顶装的方向阀 16，可实现主阀芯 3 的卸荷。

255. 其他形式的溢流阀有哪些？

（1）具有切换时间延迟的溢流阀

在图 3-65 中电磁阀 16 与先导阀 2 之间加装带切换时间延迟的阀 17（图 3-66），使 B_2 至 B_1 的接通延时开启，使从设定压力转接到卸荷时，缓慢降低遥控压力，防止对主回路的冲击。衰减（释压冲击）的程度由节流孔 18 的尺寸来决定。

（2）卸荷溢流阀

卸荷溢流阀简称卸荷阀，又称为"蓄能器/泵卸荷阀"。它是在溢流阀的基础上加上特制的单向阀组合而成的组合阀，因此又叫单向溢流阀，用在蓄能器或高低双压泵回路中，可对液压系统实现自动卸荷和自动加压。

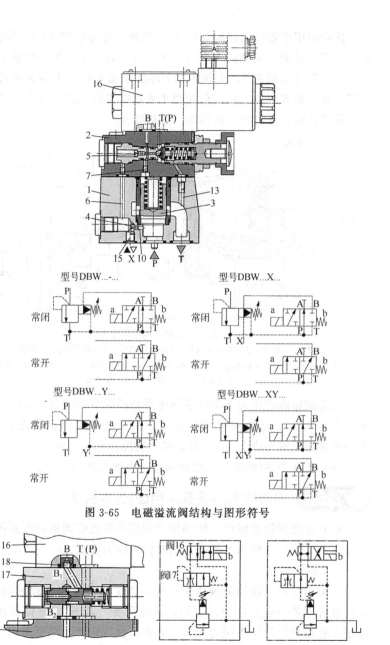

图 3-65 电磁溢流阀结构与图形符号

图 3-66 具有切换时间延迟的溢流阀（缓冲溢流阀）结构与图形符号

这种阀用于蓄能器回路如图 3-67 所示。在蓄能器 14 充压的压力超过调压手柄 6 预调的压力（关闭压力）后，推动控制柱塞 1 右行，顶开先导阀阀芯 7，主阀芯 8 上腔卸压而上抬，主溢流阀将被全部打开，泵来的压力油以仅相当于通过阀流阻的低压压力由 P→T 被导回油箱，这种状态被称为"泵被卸荷"。

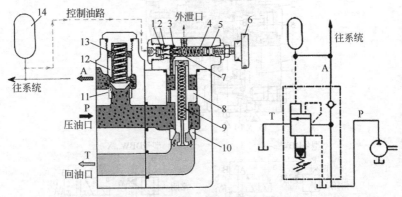

图 3-67　卸荷溢流阀结构与图形符号

1—控制柱塞；2—阀套；3—先导阀阀座；4—调压弹簧；5—调节杆；6—调压手柄；
7—先导阀阀芯；8—主阀阀芯；9—平衡弹簧；10—主阀阀座；11—单向阀阀座；
12—单向阀阀芯；13—弹簧；14—蓄能器

当蓄能器内的压力下降低于调压手柄所调节的压力，大约为关闭压力的 83％。先导阀阀芯 7 关闭，主溢流阀阀芯也随之关闭，于是泵又加压输出由 P→A→蓄能器，蓄能器重又充压。

拆开图 3-67 中螺堵外接控制油路压力油可进行外控。

🔧 256. 溢流阀有哪些基本用途(基本回路)？

松开溢流阀锁紧螺母，转动压力调整手柄能够调整液压系统的压力高低。顺时针转压力增高，逆时针转压力降低。

（1）调压溢流

在采用定量泵供油的液压系统中，为了满足工作负载的需要，液压系统需要一定大小的压力值，系统需要"调压"，即需要确定液压泵的最高使用工作压力；另一方面当执行元件不需要那么多的流量时，而定量泵供给的流量一定，只有通过溢流阀，溢去多余的

教你成为 **一流** 液压维修工

油液并将其排回油箱，否则因为流量多余系统压力会升得很高，因此，在定量泵液压泵源系统中，溢流阀起"调压"、"限压"、"溢流"作用，如图 3-68(a) 所示。

（2）安全保护

在变量泵作动力源的液压系统中，泵的流量一般随负载可自行改变，不太会有多余流量，其工作压力由负载决定，只在压力超过某一预先调定的压力时，溢流阀才打开溢流，使系统压力不再升高，保护系统，避免过载，起安全保作用，如图 3-68(b) 所示。

（3）按需使泵升压或卸荷

此时的液压系统中采用电磁溢流阀，如图 3-68(c) 所示，当电磁铁通电时，溢流阀外控口通油箱，因而能使泵卸荷。

（4）远程调压与双级调压

图 3-68(d) 中，在一个便于操作的位置装一远程调压阀，当先导式主溢流阀的外控口 X（远程控制口）与远程调压阀（调压较低的溢流阀）连通时，即主溢流阀阀芯上腔油腔与外控口 X 相通。当电磁阀不通电时，所调油压只要达到远程调压阀的调整压力，主阀芯即可抬起溢流（其先导阀不再起调压作用），即实现远程调压。当电磁阀通电左位工作时，由主溢流阀调压，当电磁阀通电右位工作时，由远程调压阀调压，即液压系统有两种工作压力，称为双级调压。

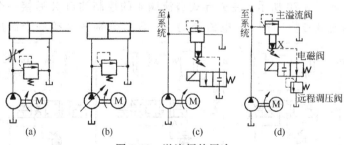

图 3-68　溢流阀的用途

🔧 257. 什么是多级压力控制？

如图 3-69 所示，图 3-69(a) 中的先导电磁阀为常闭型，A_1、B_1 口分别接上二级与三级直动式溢流阀（调压阀），如主阀、二级与三级直动式溢流阀分别调成不同的压力，可进行三级压力控制：例如 $p_1 = 20\text{MPa}$、$p_2 = 10\text{MPa}$ 与 $p_3 = 5\text{MPa}$，则当两电磁铁均不通电时，系统压力 p 为 20MPa；当电磁铁 1YA 通电时，系统压力 p 为 10MPa；当电磁铁 2YA 通电时，系统压力 p 为 5MPa。如先导电磁阀采用图 3-69(b) 的常开型，当电磁铁不通电时，系统卸荷。多级压力控制要使用外控内（或外）排式溢流阀。

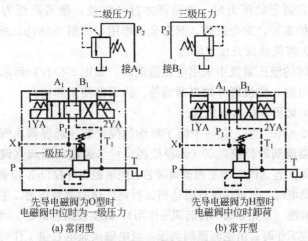

图 3-69 电磁溢流阀的多级（三级）压力控制

如图 3-70 所示，主先导式溢流阀 4 的控制油口 X 后接一个三位四通电磁换向阀 4，电磁阀的 A、B 口分别各又接一个调压阀

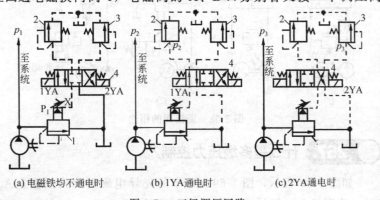

图 3-70 三级调压回路

（直动式溢流阀）2 与 3，当三个溢流阀 1、2、3 分别调节成不同的压力 p_1、p_2、p_3，便可对系统进行三级调压。注意 P_2、P_3 所调节的压力要低于 P_1，否则不起作用。

258. 各种溢流阀的外观什么样？

在维修中先要熟悉各种溢流阀的外观，以便在设备上迅速找到要修的溢流阀。各种溢流阀的外观如图 3-71 所示。

(a) 直动式   (b) 先导式   (c) 电磁溢流阀

图 3-71　各种溢流阀的外观

259. 溢流阀易出故障的零件及其部位有哪些？

① 维修直动式溢流阀时主要查哪些易出故障零件及其部位（图 3-72）。

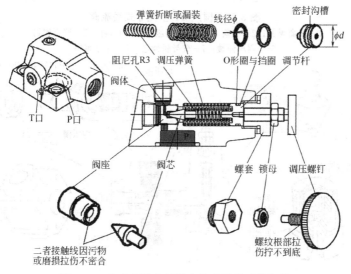

图 3-72　直动式溢流阀易出故障零件及其部位

溢流阀易出故障的零件有：阀芯、阀座、调压弹簧等。

溢流阀易出故障的零件部位有：阀芯与阀座接触部位等。

② 维修先导式溢流阀时主要查哪些易出故障零件及其部位（见图 3-73 与图 3-74）。

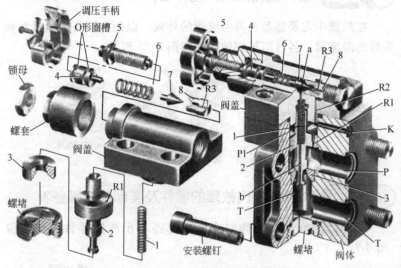

图 3-73　国产 YF 型先导式溢流阀

1—平衡弹簧；2—主阀芯；3—主阀座；4—调节杆；5—调压螺钉；
6— 调压弹簧；7—先导锥阀芯；8—先导阀座

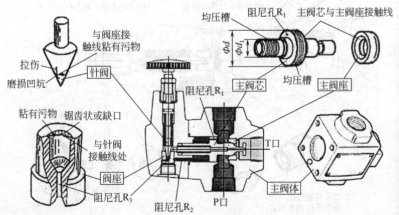

图 3-74　先导式溢流阀易出故障零件及其部位

先导式溢流阀易出故障的零件有：除同上直动式外，还有主阀芯、主阀座、主阀体、平衡弹簧等。

先导式溢流阀易出故障的零件部位有：除同上直动式外，还有主阀芯与主阀座接触部位、各阻尼孔等处。

③ 维修电磁溢流阀时主要查哪些易出故障零件及其部位（图 3-75）。

电磁溢流阀易出故障的零件有：除同上先导式溢流阀外，还有先导电磁阀的主要零件等。

电磁溢流阀易出故障的零件部位有：除同上先导式溢流阀外，

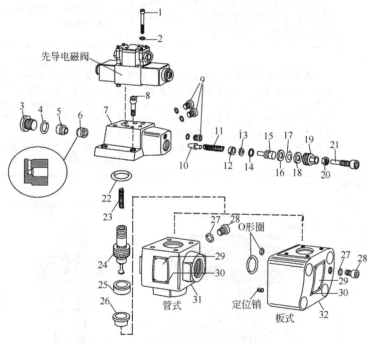

图 3-75　电磁溢流阀

1，8—螺钉；2—垫圈；3，9，28—螺堵；4，14，22，27—O形圈；5—消振垫；
6—先导阀阀座；7—阀盖；10—先导阀阀芯；11—弹簧；12—弹簧座；
13—密封挡圈；15—调节杆；16—定位销；17，18—垫；19—螺套；
20—锁母；21—调压螺钉；23—平衡弹簧；24—主阀芯；25—主阀座；
26—堵头；29—标牌；30—铆钉；31—管式阀阀体；32—板式阀阀体

还有先导电磁阀阀芯与阀体接触部位等处。

260. 溢流阀的压力上升得很慢，甚至一点儿也上不去怎么办？

这一故障现象是指：当拧紧调压调钉或手柄，从卸荷状态转为调压状态时，本应压力随之上升，但压力上升得很慢，甚至一点儿也上不去（从压力表观察），即使上升也滞后一段较长时间。

表 3-19　溢流阀的压力上升得很慢，甚至一点儿也上不去故障排除方法

故障现象	查找故障的方法（找原因）	排除故障的相应对策
压力上升得很慢，甚至一点儿也上不去	1.查主阀芯是否卡死在打开位置：当阀芯外圆上与阀体孔内有毛刺或有污物，使主阀芯卡死在全开位置，压力升不上去	可去毛刺、清洗解决，必要时换油
	2.查主阀芯阻尼孔 R_1：主阀芯阻尼孔 R_1 内有大颗粒污物堵塞，油压传递不到主阀芯弹簧腔和导阀前腔，进入导阀的先导流量 Q 几乎为零，压力上升很缓慢。完全堵塞时，此时形同一弹簧力很小的直动式单向阀，溢流阀如同虚设，不起作用，压力一点儿也上不去［图 3-76(b)］	清洗、拆洗主阀及先导阀，并用 $0.8\sim1mm$ 的钢丝通一通主阀芯阻尼孔，或用压缩空气吹通，可排除大多情况下压力上升慢的故障 必要时适当加大主阀芯阻尼孔直径

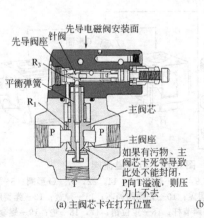

先导电磁阀安装面
先导阀座　针阀
R_3
平衡弹簧
R_1
主阀芯
P　P
主阀座
如果有污物、主阀芯卡死等导致此处不能封闭，P向T溢流，则压力上不去
T

(a) 主阀芯卡在打开位置

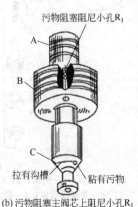

污物阻塞阻尼小孔 R_1
A
B
C
拉有沟槽　粘有污物

(b) 污物阻塞主阀芯上阻尼小孔 R_1

图 3-76

故障现象	查找故障的方法（找原因）	排除故障的相应对策
压力上升得很慢，甚至一点儿也上不去	3.查主阀平衡弹簧是否漏装或折断：主阀平衡弹簧漏装或折断时，进油压力 p 使主阀芯上移 [见图 3-76(a)]，造成压油腔 P 总与回油腔 O（T）连通，压力上不去；如果阀芯卡死在最大开口位置，压力一点儿也上不去；如果阀芯卡死在小一点的开口位置，压力可以上去一点，但不能再上升	补装或更换平衡弹簧
	4.查先导阀阀芯（锥阀）与阀座之间，是否有颗粒性污物卡住，不能密合 [图 3-77(a)]：主阀芯弹簧腔压力油 p_1 通过先导锥阀连通油池，使主阀芯右（上）移，不能关闭主阀溢流口，压力上不去	拆开先导阀进行清洗
	5.主阀芯与阀体孔因毛刺或配合间隙过小，使主阀芯卡死在开启位置，泵来油总溢流回油箱，压力上不去	用尼龙刷等清除主阀芯、阀体沉割槽尖棱边上的毛刺，保证主阀芯与阀体孔配合间隙在 $0.008 \sim 0.015mm$ 的间隙下灵活移动，对通径大的溢流阀，配合间隙可适当大点
	6.查使用较长时间后，先导锥阀与阀座小孔密合处产生严重磨损，有凹坑或纵向拉伤划痕，或者阀座小孔接触处磨成多棱状或锯齿形 [图 3-77(b)]，此处经常产生气穴性磨损，加上锥阀热处理不好，接触处凹坑更深，情况便更甚	先导锥阀磨损与阀座小孔严重拉伤时要予以更换或经研磨修复使之密合

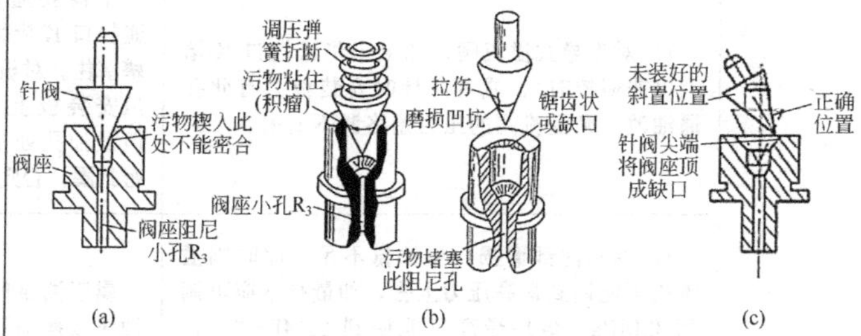

图 3-77　起源于先导锥阀芯与先导阀座的故障原因

故障现象	查找故障的方法（找原因）	排除故障的相应对策
压力上升得很慢，甚至一点儿也上不去	7. 拆修时装配不注意，先导锥阀芯斜置在阀座上，除不能与阀座密合外，锥阀的尖端往往将阀座与锥阀接触处顶成缺口（弹簧力），更不能密合 [图 3-77(c)]，压力肯定上不去	注意将先导锥阀芯正确装于座孔内
	8. 漏装先导调压弹簧、弹簧折断或者错装成弱弹簧，压力根本上不去	漏装、错装及弹簧折断时，要补装或更换
	9. 先导阀阀座与阀盖孔过盈量太小，在使用过程中从阀盖孔内顶出而脱落，造成主阀芯弹簧腔压力油 p_1 经先导锥阀流回油箱，主阀芯开启，压力上不去	换大一点外径的先导阀阀座
	10. 在图 3-78 所示的回路中，当电磁铁 1YA 断电后，如果二位二通阀的复位弹簧不能使阀芯复位，如图 3-78(a) 中的情形，系统压力上不去；对于图 3-78(b) 中的情形，系统不能卸荷 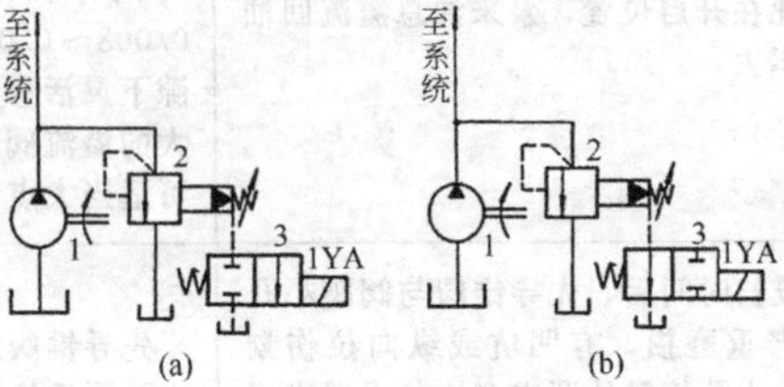 图 3-78　回路 1—液压泵；2—溢流阀；3—二位二通电磁阀	对于图 3-78(a) 的情形则应检查二位二通电磁阀是否卡死不复位而使溢流阀总卸荷；对于图 3-78(b) 中的情形则要检查电磁铁是否能通电 需要提醒的是图中使用的二位二通电磁阀，有常闭式（O 型）与常开式（H 型）之别，修理时很容易将阀芯调头装配，此时常闭变常开，常开变常闭，须特别注意不要搞错
	11. 对先导式溢流阀，如果未将遥控口 K 堵上（非遥控时），或者设计时安装板上有此孔通油池，则溢流阀的压力始终调不上去	不需要遥控调压时，遥控口 K 应堵死或用螺塞塞住。对板式溢流阀，虽安装板上未钻此孔，但泄油孔处不能忘了装密封圈，否则此处喷油
	12. 油泵内部磨损，供油量不足，此时则溢流阀不能调到最高压力上去，如最高本应可调到 32MPa，结果最高只能调到 20MPa 左右。此时原因不在溢流阀	属于油泵问题，即修油泵或换油泵

261. 溢流阀压力虽可上升但升不到公称(最高调节)压力怎么办?

这种故障现象表现为:尽管全紧调压手轮,压力也只上升到某一值后便不能再继续上升,特别是油温高时,尤为显著。

表3-20 溢流阀压力虽可上升但升不到公称(最高调节)压力故障排除方法

故障现象	查找故障的方法(找原因)	排除故障的相应对策
压力虽可上升但升不到公称(最高调节)压力	1.查油温是否过高,使内泄漏量大	查明温升原因,采取措施
	2.查油泵内部零件是否磨损,内泄漏增大,输出流量减少,而压力升高,输出流量更小,不能维持高负载对流量的需要,压力上升不到公称压力,并且表现为调节压力时,压力表指针剧烈波动,波动的区间较大,多属泵内部严重磨损,使溢流阀压力调不上去	判别液压系统泵的类型,参阅相应泵章节内容进行故障排查
	3.查是否有较大污物颗粒进入主阀芯阻尼小孔、旁通小孔和先导部分阻塞小孔内,使进入先导调压阀的先导流量减少,主阀芯上腔难以建立起较高压力去平衡主阀芯下腔的压力,使压力不能升到最高	拆开溢流阀,清洗疏通主阀芯阻尼小孔、旁通小孔和先导部分阻塞小孔
	4.查是否由于主阀芯与阀体孔配合过松,拉伤出现沟槽,或使用后严重磨损,通过主阀阻尼小孔进入弹簧腔(P_1腔)的油流有一部分经此间隙漏往回油口(如Y型阀、二节同心式阀);对于YF型等三节同心式阀,则由于主阀芯与阀盖相配孔的滑动接合面磨损,配合间隙大,通过主阀阻尼孔进入P_1腔的流量经此间隙再经阀芯中心孔返回油箱	刷镀主阀芯或阀体孔,保证主阀芯与阀体孔之间合适的配合间隙
	5.查先导针阀与阀座之间是否因液压油中的污物、水分、空气及其他化学性物质而产生磨损拉伤,不能很好地密合,压力也升不到最高	清洗,修复先导针阀与阀座,或予以更换
	6.查阀座与先导针阀(锥阀)接触面(线)是否有缺口,或者失圆成锯齿状[见图3-77(b)],使二者之间不能很好地密合	修复先导针阀与阀座,或予以更换
	7.查调压手轮螺纹或调节螺钉是否有碰伤拉伤,使得调压手轮不能拧紧到极限位置,而不能完全将先导弹簧压缩到应有的位置,压力也就不能调到最大	用三角锉刀修复螺纹
	8.查调压弹簧是否错装成弱弹簧,或因弹簧疲劳刚性下降,或因折断,压力便不能调到最大	更换成合格弹簧

故障现象	查找故障的方法（找原因）	排除故障的相应对策
压力虽可上升但升不到公称（最高调节）压力	9.查是否因主阀体孔或主阀芯外圆上有毛刺或有锥度或有污物将主阀芯卡死在某小开度上，呈不完全打开的微开启状态。此时，压力虽可调到一定值，但不能再升高	清洗
	10.查液压系统内其他元件是否磨损或因其他原因造成的泄漏大	修复或更换磨损零件

✖ 262. 溢流阀压力下不来怎么办?

此故障表现为，即使全松调压手轮，但系统压力下不来，一开机便是高压。

表 3-21　溢流阀压力下不来故障排除方法

故障现象	查找故障的方法（找原因）	排除故障的相应对策
压力下不来	1.如图 3-79 所示，三节同心式溢流阀的主阀芯因污垢或毛刺等原因卡死在关闭位置上，P 与 T 被阻隔不通，此时溢流阀形同虚设，已无限压功能，使液压系统压力无法降下来，而且可能升得很高，出现管路等薄弱位置爆裂的危险故障	清洗、去毛刺，消除卡阻现象
	2.如图 3-79 所示，调节杆卡死未能向右随手柄退出，压力下不来：调节杆与阀盖孔配合过紧、阀盖孔拉伤、调节杆外圆拉毛以及调节杆上的 O 形密封圈线径太粗等原因，使先导调压弹簧力不足以克服上述原因产生的摩擦力跟随调压手柄的松开而右移后退，先导调压阀便总是处于调压状态，压力下不来	此时在查明调节杆不能弹出的原因后，采取相应对策
	3.如图 3-79 所示，先导阀阀座上的阻尼小孔 R_2 被堵塞，油压传递不到锥阀上，先导阀就失去了对主阀压力的调节作用，阻尼小孔堵塞后，在任何压力下先导针阀都不会打开溢流，阀内始终无油液流动，那么主阀芯上下腔的压力便总是相等。一般由于主阀芯上端承压面积不管何种型号的阀都大于下端的承压面积，加上弹簧力，所以主阀始终关闭，不会溢流，主阀压力随负载的增加而上升。当执行机构停止工作时，系统压力不但下不来，而且会无限升高，一直到元件或管路破坏为止	清洗阻尼小孔，必须特别注意和重视这一问题

故障现象	查找故障的方法（找原因）	排除故障的相应对策
压力下不来	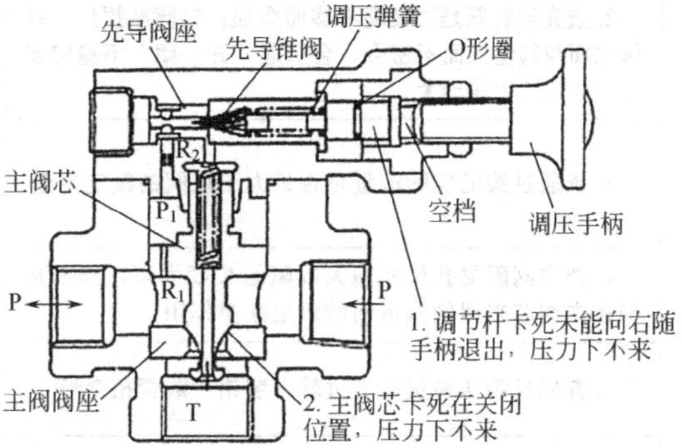 图 3-79　压力下不来的两种情况	
	4. 主阀芯失圆，有锥度，或因主阀芯上均压槽单边，压力升高后，不平衡径向力将主阀芯卡死在关闭位置上，出现所谓液压卡紧。消除液压卡紧力，压力方可卸下来。但再度升压后又会产生液压卡紧，使压力又下不来	此时应修复主阀精度，补加工均压槽，如还不行应予以更换
	5. 对管式或法兰式连接阀：在安装管路时因拧得过紧或找正不好，或因阀体材质不好，使阀体变形，主阀芯被卡死在关阀位置上，压力下不来	不要拧得过紧，不漏油便行了

✖ 263. 怎样排除溢流阀压力波动大、振动大的故障？

例如国产 Y 系列 YF 系列溢流阀压力波动范围分别为±0.2MPa 与±0.3MPa，超过此指标便叫压力波动大。

表 3-22　溢流阀压力波动大、振动大故障排除方法

故障现象	查找故障的方法（找原因）	排除故障的相应对策
压力波动大、振动大	1. 查油液中是否混进了空气：空气进入系统内，或者油液压力低于空气的分离压力时，溶解在油液中的空气就析出气泡，这些气泡在低压区时体积较大，流到高压区时，受到压缩，体积突然变小或气泡消失；反之，如在高压区流到低压区时，气泡体积又突然增大。油中气泡体积这种急剧改变会引起压力波动、振动、液压冲击以及噪声的产生。先导阀的导阀口、主阀口以及阻尼孔等部位，油液流速和压力变化很大，很容易出现空穴现象，产生振动、压力波动大及噪声现象	对于导阀前腔的空气，可将溢流阀"升压"、"降压"重复几次，便可排出阀座前积存的空气。但防止进入空气是主要的

故障现象	查找故障的方法（找原因）	排除故障的相应对策
压力波动大、振动大	2.查先导针阀是否硬度不够而磨损：针阀磨损后，针阀锥面与阀座锥面不密合，会引起"开—闭"不稳定现象，导致压力波动大	此时应研配或更换针阀
	3.查通过阀的实际流量是否远大于该阀的额定流量	实际流量不能超过溢流阀标牌上规定的额定流量
	4.查主阀阻尼孔尺寸偏大或阻尼长度太短，起不到抑止主阀芯来回剧烈运动的阻尼减振作用	选用合适的阻尼孔尺寸
	5.查先导调压弹簧是否过软（装错）或歪扭变形	如果是应换用合适的弹簧
	6.查主阀芯运动是否灵活：运动不灵活，不能迅速反馈稳定到某一开度时，产生压力振摆大	此时应使主阀芯能运动灵活
	7.查调压锁紧螺母是否防松：锁母发生振动会引起所调压力振动	调压锁紧螺母采取防松措施
	8.查是否因泵的压力流量脉动大，影响到溢流阀的压力流量脉动	应从排除泵故障入手
	9.查溢流阀与其他管路产生共振，特别是使用遥控时，遥控管路的管径过大、长度太长，导阀前腔的容积过大，容易产生高频振动、压力波动大，甚至尖叫声	遥控管路管径应选择 φ3～6 的，长度宜短。在遥控配管一时改不了时，可在遥控口放入适当直径的固定阻尼（放在 P 口内无效，而且有时反而激起振荡）。但需注意，此加入的阻尼会使卸荷压力及最低调节 压力增高
	10.查压力表是否有问题	更换合格压力表
	11. 滤油器严重阻塞，吸油不畅，压力波动大而产生振动，系统发出大的噪声	清洗滤油器

264. 溢流阀振动与噪声大，伴有冲击时如何解决？

此故障与上一故障联系紧密。就振动与噪声而言，溢流阀在液压元件中仅次于油泵、在阀类中居首位。压力波动、振动与噪声是孪生兄弟，往往同时发生、同时消失。

表 3-23　溢流阀振动与噪声大，伴有冲击故障排除方法

故障现象	查找故障的方法（找原因）	排除故障的相应对策
振动与噪声大，伴有冲击	1.同上述故障4的有关内容	1.同上述故障4的有关内容 2.为提高先导阀的稳定性，可在导阀部分加置消振元件（如消振垫、消振套）和采用消振螺钉（图3-80）。消振套一般固定在导阀前腔（共振腔）内，不能自由活动。一般在消振套上设有各种阻尼孔，在前述介绍过的有些溢流阀中就有设置了消振垫的例子
	2.油箱油液不够，滤油器或吸油管裸露在油面之上，空气进入后转到先导阀前腔，出现"调节压力←→0"的重复现象，发生压力表指针抖动，产生振动和很大噪声的现象	
	3.和其他阀共振	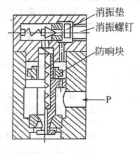
	4.回油管连接不合理，回油管通流面积过小，超过了允许的背压值及回油管流速过大等，势必给溢流阀带来影响，用振动和噪声的形式表现出来	**图 3-80　消振元件**
	5.在多级压力控制回路及卸荷回路中，压力突然由高压→低压时，往往产生冲击。愈是高压大容量的工作条件，这种冲击噪声愈大。压力的突变和流速的急骤变化，造成冲击压力波，冲击压力波本身噪声并不大，但随油液传到系统中，如果同任何一个机械零件发生共振，就可能加大振动和增强噪声	3.溢流阀本身的装配使用不当，也都会产生振动，例如三节同心配合的阀配合不良，使用时流量过大过小等可改用二节同心式阀，控制好零件装配质量并注意有关注意事项等 4.使用能防止冲击振动的溢流阀 5.在溢流阀的遥控口接一小容量的蓄能器或压力缓冲体（防冲击阀），可减少振动和噪声 6.选择合适的油液进行油温控制 7.回油管布局要合理，流速不能过大，一般取进油管1.5～2倍。回油管背压不能过高，过高会产生噪声。采用排气良好的油箱设计
	6.机械噪声：一般来自零件的撞击和由于加工误差等原因产生的零件摩擦	
	7.因管道口径小、流量少、压力高、油液黏度低，主阀和导阀容易出现机械性的高频振动声，一般称为自激振动声	

图中标注：消振垫、消振螺钉、防响块、P

🔧 265. 溢流阀掉压，压力偏移大怎么办？

这种故障表现为：预先调好在某一调定压力，但在使用过程中溢流阀的调定压力却慢慢下降，偶尔压力上升为另一压力值，然后又慢慢恢复原来的调节值，这种现象周期循环或重复出现。这一现象可通过压力表和听声音观察出来。它与压力波动是不同的，压力波动总围绕某一压力为中心变化，掉压则压力变化范围大，不围绕一压力中心变化。

表 3-24　溢流阀掉压，压力偏移大故障排除方法

故障现象	查找故障的方法（找原因）	排除故障的相应对策
掉压，压力偏移大	1. 同上述故障 4 与 5 两款	1. 同上述故障 4 与 5 两款
	2. 调压手轮未用锁母锁紧，因振动等原因产生调压手柄的逐渐松动，从而出现掉压与压力偏移现象	2. 手柄的锁紧螺母应拧紧，必要时采取在手柄上横钻一小螺钉孔，将手柄紧固
	3. 油中污物进入溢流的主阀芯小孔内，时堵时通，先导流量一段时间内有，一段时间内无，使溢流阀出现周期性的掉压现象	3. 此时应清洗和换油
	4. 溢流阀严重内泄漏	4. 消除溢流阀的内泄漏

🔧 266. 溢流阀主要零件如何修理？

（1）先导锥（针）阀的修理

在使用过程中，针阀与阀座密合面的接触部位常磨出凹坑和拉伤。用肉眼或借助放大镜观察可发现凹下去的圆弧槽和拉伤的直槽出现这种情况后，压力便调不上去。购买一针阀或自制一针阀，往往便可使溢流阀恢复正常工作。

① 对于整体式淬火的针阀，可夹持其柄部在精度较高的外圆磨床上修磨锥面，尖端也磨去一点，可以再用。

② 对于氮化处理的针阀，因氮化淬硬层很浅，修磨后会磨去氮化层，所以修磨掉凹坑后，应将针阀再次经氮化和热处理。

（2）先导阀座与主阀座的修理

阀座与阀芯相配面，在使用过程中会因压力波动、经常的启闭撞击，容易磨损。另外污物进入，特别容易拉伤。

如果磨损不严重，可不拆下阀座，采用与针阀对研（需做一手柄套在针阀上），或用一研磨棒，头部形状与针阀相同，进行研磨。

如果拉伤严重，则可用120°中心钻钻刮从阀盖卸下的先导阀阀座和从阀体上卸下的主阀阀座，将阀座上的缺陷和划痕修掉，然后用120°的研具仔细对研。对研具的光洁度和几何精度应有较高要求。

卸阀座的方法如图3-81所示。不正确的拆卸方法会破坏阀孔精度。同时必须注意，一般卸下的阀座，破坏了阀座与原相配孔的过盈配合，须重做阀座，并将与阀盖孔相配尺寸适当加大，重新装配后阀座才不至于被冲出而造成压力上不去的故障。图3-82为Y型阀阀座零件图供参考。

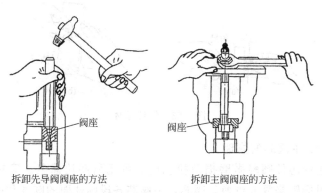

拆卸先导阀阀座的方法　　　　拆卸主阀阀座的方法

图3-81　卸阀座的方法

（3）弹簧的修理

弹簧变形扭曲和损坏，会产生调压不稳定的故障，可按图3-83（a）的方法检查，按图3-83（b）中的方法修正端面与轴心线的垂直度，歪斜严重或损坏者予以更换，弹簧材料选用50CrVA、50CrMn等，钢丝表面不得有缺陷，以保证钢丝的疲劳寿命，弹簧须经强压处理，以消除弹簧的塑性变形。

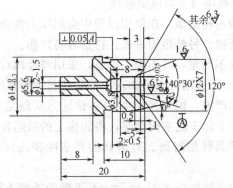

技术条件: 1. $\phi 4^{+0.025}_0$ 圆度允差0.02; 2. $\phi 12 \times 7$和$\phi 4^{+0.025}$工艺同心; 3. 材料 45; 4. 120°与40°锥面交线保持尖边(重配时$\phi 12 \times 7$, 适当加大)

图 3-82　阀座（Y 型溢流阀）

图 3-83　修理弹簧

（4）主阀芯的修理

主阀芯外圆轻微磨损及拉伤时，可用研磨法修复。磨损严重时，可刷镀修复或更换新阀芯，主阀芯各段圆柱面的圆度和圆柱度均为 0.005mm，各段圆柱面间的同轴度为 0.003mm，表面粗糙度不大于$\frac{0.2}{\sqrt{}}$，主阀锥面磨损时，须用弹性定心夹持外圆校正同心后，再修磨锥面。重新装配时，须严格去毛刺，并经清洗后用钢丝通一通主阀芯上阻尼孔，做到目视能见亮光（图 3-84）。

（5）阀体与阀盖的修理

阀体修理主要是修复磨损和拉毛的阀孔，可用研磨棒研磨或用可调金刚石铰刀铰孔修复。但经修理后孔径一般扩大，须重配阀芯。孔的修复要求为孔的圆度、圆柱度为 0.003mm。

　　阀盖一般无需修理，但在拆卸，打出阀座后破坏了原来的过盈，一般应重新加工阀座，加大阀座外径，再重新将新阀座压入，保证紧配合。在插入"锥阀-弹簧-调节杆"组件时，一定要倒着插入，以免产生锥阀不能正对进入阀座孔内的情况，插入方法如图 3-85 所示。

图 3-84　主阀芯的检查

图 3-85　倒着插入"锥阀-弹簧-
调节杆"组件

第 6 节

顺序阀的维修

　　顺序阀也是一种压力控制阀，因为该阀是利用油路压力来控制液压缸或液压马达的动作顺序，所以叫做顺序阀。

267. 顺序阀的工作原理是怎样的？

　　(1) 直动式顺序阀的工作原理 ［图 3-86(a)］

　　直动式顺序阀的工作原理是建立在液压力与弹簧直接相平衡的基础上而工作的。一次压力油 p_1 从进油口 A 进入，经孔 b、孔 a 作用在控制柱塞下端的承压面积上。当进油口的压力 p_1 较低，不足以克服调压弹簧的作用力时，阀芯关闭，无油液流向出口 A（P_1 与 P_2 不通）；当 p_1 上升，作用在控制柱塞上推阀芯的力增大，继而阀芯克服调压弹簧的弹力也上移，阀口打开，A 与

B相通，从A到B流出，从而推动后续与B口连接的执行元件（液压缸或液压马达）动作；反之，当A口压力 p_1 下降，液压上推力小于下推的弹簧力，阀芯重又关闭。因此，顺序阀是用压力大小来控制A口与B口通断的"液压开关"。采用控制柱塞的目的是减小液压作用面积，从而降低弹簧刚度，减少手调时的调节力矩。

拆掉螺堵1，接上控制油，并且将底盖旋转90°或180°安装，则可用液压系统其他部位的压力对阀进行控制（外控），其工作原理与上述内控式完全相同，区别仅在于控制柱塞的压力油不是来自进油腔A，而是来自流压系统的其他控制油源。

直动式顺序阀与直动式溢流阀的区别为：顺序阀封油长度长些，出油口B接执行元件而不是接油箱，另外泄油口要单独接回油箱。

注意：因为直动式顺序阀中采用了小控制柱塞上产生的液压力与调压弹簧力相平衡的结构，可大大减少调压螺钉的调节力，这也是为什么顺序阀中多用直动式顺序阀的原因。

(2) 单向顺序阀的工作原理 [图3-86(b)]

靠内部或外部的压力工作，带液压缓冲机构的直动式压力控制阀，带单向阀型，可使液流能从二次侧自由地流到一次侧。按阀的组装方法，可作为单向顺序阀和平衡阀使用。

单向顺序阀是单向阀和顺序阀的并联组合。液流A→B正向流

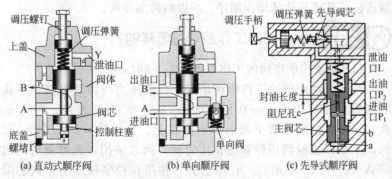

(a) 直动式顺序阀　　(b) 单向顺序阀　　(c) 先导式顺序阀

图3-86　顺序阀的工作原理

动时起顺序阀的作用，工作原理见上述；液流 B→A 反向流动时起单向阀的作用。

（3）先导式顺序阀的工作原理 ［图 3-86(c)］

先导式顺序阀的工作原理基本上同溢流阀，不同之处是溢流阀出口接油箱，而顺序阀的出口接负载，此外顺序阀的泄油要单独接油箱。

先导式顺序阀按控制油来源可分为内控式（一般的顺序阀）和外控式（液控）。顺序阀的工作原理与溢流阀基本上相同，但由于进出油口 P_1 和 P_2 都是压力油（P_2 接负载），所以它的泄油口 L 要单独回油箱。

先导式顺序阀也可与单向阀组合成单向顺序阀。

268. 何为顺序阀的功能转换？

按控制压力油来自内部还是外部，分为内控与外控；按内泄油的排油方式，分为内泄与外泄。改变阀上盖与底盖安装方向进行不同的变换，可进行内控与外控、内泄与外泄之间的转换，而能分别行使单向顺序阀、平衡阀等功能（见图 3-87、表 3-25 与表 3-26）。

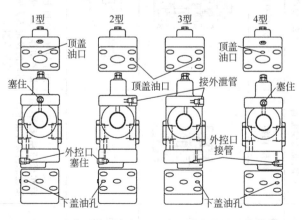

图 3-87　直动式顺序阀上下盖不同方向的功能转换

表 3-25　不带单向阀的顺序阀功能转换表

阀类型	1 型：低压溢流阀	2 型：顺序阀	3 型：顺序阀	4 型：卸荷阀
控制泄油型式	内控-内泄	内控-外泄	外控-外泄	外控-内泄
示意图	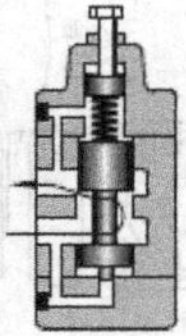	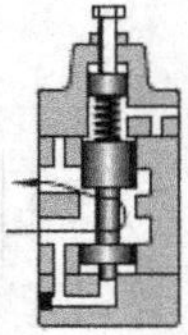	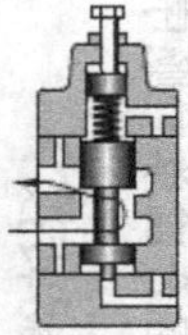	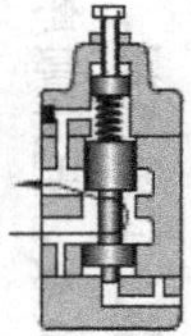
液压图形符号	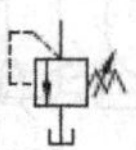	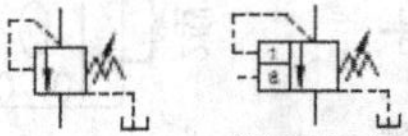 带辅助控制	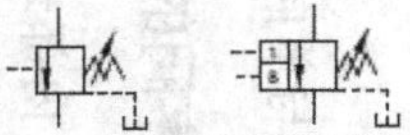 带辅助控制	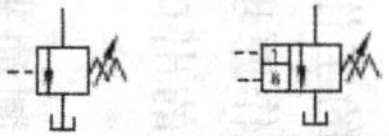 带辅助控制
工作说明	能作低压溢流阀，但要注意意出现冲击压力	用于控制 2 个以上执行元件的顺序动作。如一次压力侧超过阀的设定压力时，液流通到二次压力侧	用于与 2 型相同的目的，靠外控先导压力操作，而和一次压力无关	用作卸荷阀，如外控压力超过设定压力，全部流量回油箱而泵卸荷

表 3-26 带单向阀的顺序阀功能转换表

阀类型	1 型：平衡阀	2 型：单向顺序阀	3 型：单向顺序阀	4 型：平衡阀
控制泄油型式	内控-内泄	内控-外泄	外控-外泄	外控-内泄
示意图	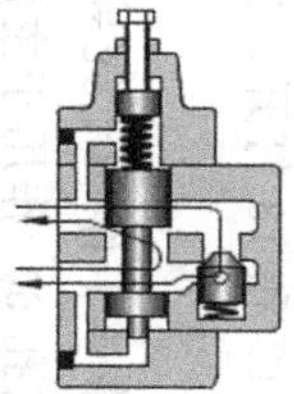	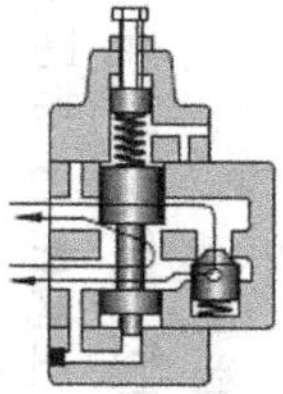	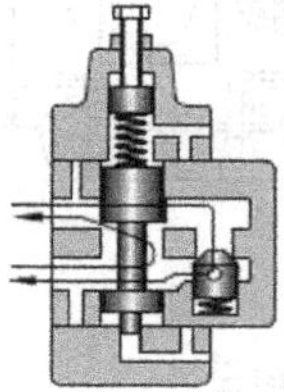	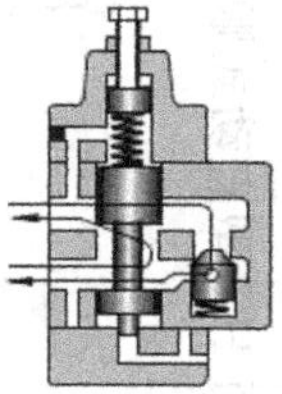
液压图形符号	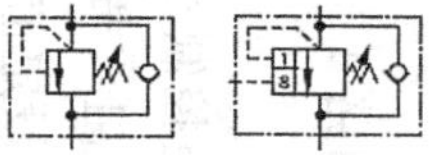 带辅助控制	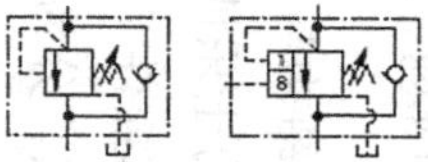 带辅助控制	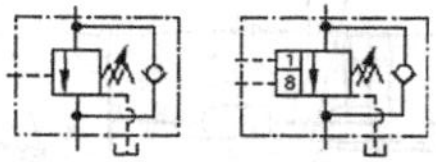 带辅助控制	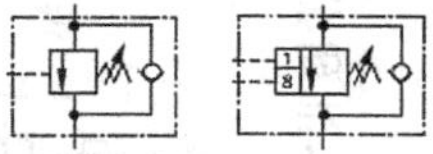 带辅助控制
工作说明	使执行元件回油侧发生压力，阻止重物下落时使用。如一次压力超过设定压力，油液可流过而保持压力恒定。反向靠单向阀而自由流动	用于控制 2 个以上执行件的顺序动作。如一次压力超过设定压力，油液流到二次压力侧。反向靠单向阀而自由流动	与 2 型阀相同的目的使用，靠外控压力操作，而一次压力无关。反向靠单向阀而自由流动	与 1 型阀相同的目的使用。靠外控压力操作，与一次压力无关。靠单向阀而自由流动

(1) 直动式顺序阀

图 3-88 所示为日本油研公司 HT 型直动式顺序阀结构。

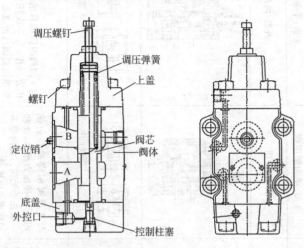

图 3-88 直动式顺序阀结构

(2) 先导式顺序阀结构与功能转换

以图 3-89 所示的力士乐博世公司 DZ 型先导式顺序阀为例，该顺序阀主要由带主阀芯插件 7 的主阀体 1，带压力调节组件、可选的单向阀和先导阀组成。分为内供内排、外供内排、外供外排和外供内排四种方式。内供内排时为做顺序阀使用，下面简单说明其动作过程：

内控内排时控制油路 4.1、12 和 13 打开，控制油路 4.2、14 和 15 堵死。

油路 A 的压力油经控制油路 4.1 作用于先导阀 2 中的先导阀芯 5 上。同时，它经液阻（节流孔 6）作用于主阀芯 7 的弹簧腔。当该压力超过弹簧 8 的设定值时，先导阀芯 5 克服弹簧 8 移动。该压力信号由内部从油口 A 经控制油路 4.1 获得。主阀芯 7 弹簧腔的油液→阻尼 9→控制台肩 10、控制油路 11、12→B 通道。这样，主阀芯 7 两端就产生一个压降，油口 A 至 B 被打开而连通，弹簧 8

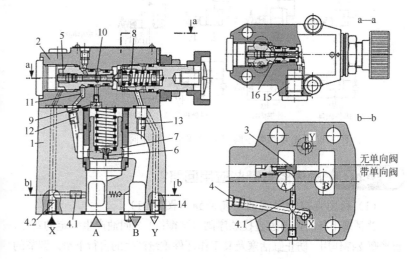

图 3-89　先导式顺序阀与先导式单向顺序阀的结构

1—主阀体；2—阀盖；3，4—螺堵或阻尼螺钉；5—先导阀芯；
6—螺堵；7—主阀芯；8—调压弹簧；9—阻尼螺钉；
10—台肩；11~14—油道或螺塞；
15—螺堵；16—油道

设定的压力保持不变。

先导阀芯 5 的泄漏油，经油路 13 由内部引入油道 B。安装可选择的单向阀 3，用于油液从油口 B 至 A 的自由回流。

① 内供外排—作顺序阀用：阻尼 4.1 导通，螺堵 12 与 14 卸掉，螺堵 4.2、13 与 15 堵上。

② 外供内排—作平衡支撑阀（液控顺序阀）用：阻尼 4.2 导通，螺堵 12 与 13 卸掉，螺堵 4.1、14 与 15 堵上。

③ 内供内排—作背压阀用：螺堵 4.2、14 与 15 堵上，4.1、12、13 导通，且二次油口 B 接油箱而不是负载。

④ 外供外排—作卸荷阀和旁通阀用：作卸荷阀与旁通阀用时，螺堵 4.2、14 和 15 应卸掉，螺堵 4.1、12 和 13 应堵上。

图 3-90 为先导式顺序阀与先导式单向顺序阀的图形符号。

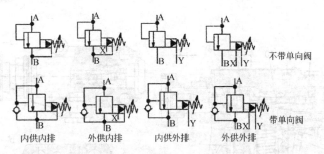

不带单向阀

内供内排　　　外供内排　　　内供外排　　　外供外排　　带单向阀

图 3-90　先导式顺序阀与先导式单向顺序阀的图形符号

270. 顺序阀有哪些应用回路?

（1）利用直控顺序阀的平衡回路（图 3-91）

当活塞下行时，通过直控顺序阀（平衡阀）2 回油产生一定的背压，起平衡支撑作用，防止缸活塞及其工作部件重量产生的自行下滑。调节的背压压力要稍大于缸活塞及其工作部件重量产生的压力，方能可靠支撑。

（2）利用外控顺序阀（平衡阀）的平衡回路（图 3-92）

阀 2 的开启取决于顺序阀液控口控制油的压力，与负载重量 W 的大小无关。为了防止液压缸振荡，在控制油路中装节流阀 1，通过外控（液控）顺序阀 2 和节流阀 1 在重物下降的过程中起到平衡的作用，限制其下降速度。

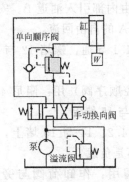

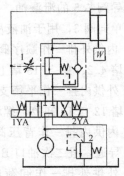

图 3-91　直控平衡阀的平衡回路　　　图 3-92　外控顺序阀的平衡回路

1—节流阀；2—外控顺序阀

（3）用顺序阀控制的多缸顺序动作回路（图 3-93）

电磁阀3通电左位接通时,缸6的活塞快速实现动作①,由于此时压力较低,单向顺序阀5关闭。当缸6的活塞运动至终点时,受阻油压升高,单向顺序阀5开启。缸7实现动作②。

当液压缸7的活塞右移达到终点后,行程开关发信号,电磁阀3断电复位,此时压力油进入缸7的右腔,左缸7回油经单向顺序阀5中的单向阀回油,使缸7实现动作③;到达终点时受阻缸7右腔压力油升高打开顺序阀4,压力油进入缸6右腔实现动作④。

(4)用顺序阀控制的连续往复运动回路(图3-94)

本回路是用顺序阀控制的连续往复运动回路。顺序阀控制先导阀,先导阀控制液动主换向阀,进而使活塞往复运动。

在图示的位置时,缸5右端进压力油,活塞正在向左移动,当活塞到达行程终端或负载压力达到顺序阀3的调定压力时,阀3打开,控制油使先导阀4切换至右位,因此换向阀1切换至左位,活塞向右移动。在活塞右移过程中,只要负载压力达到阀2的调定压力时,阀4又切换至左位,活塞又向左移动,如此循环往复。

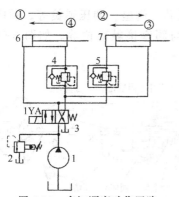

图 3-93 多缸顺序动作回路

1—液压泵;2—溢流阀;3—电磁阀;
4,5—顺序阀;6,7—液压缸

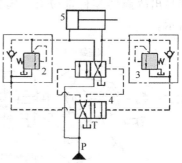

图 3-94 连续往复运动回路

1—换向阀;2,3—顺序阀;
4—先导阀;5—液压缸

271. 顺序阀的外观什么样?

为了维修时能迅速找到顺序阀在液压设备上的位置,须熟悉顺序阀的外观。顺序阀以直动式较多，这源于它结构上阀芯底部的小控制柱塞。顺序阀的外观如图3-95所示。

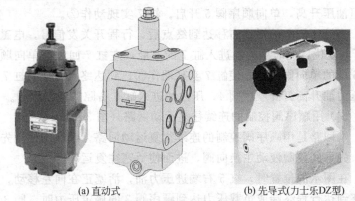

(a) 直动式   (b) 先导式(力士乐DZ型)

图 3-95　顺序阀的外观

272. 顺序阀易出故障的零件及其部位有哪些？

顺序阀易出故障的零件有：阀芯、阀座、调压弹簧等。顺序阀易出故障的零件部位有：阀芯与阀座接触部位等。如图3-96所示。

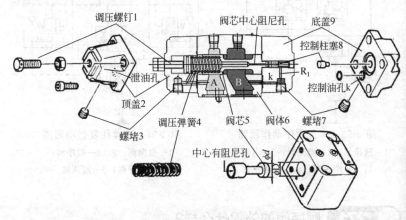

图 3-96　顺序阀易出故障零件及其部位

273. 顺序阀始终不出油，不起顺序阀作用怎么办？

表 3-27　顺序阀始终不出油，不起顺序阀作用故障排除方法

故障现象	查找故障的方法（找原因）	排除故障的相应对策
始终不出油，不起顺序阀作用	1. 查阀芯 5 是否卡死在关闭位置上：如油脏、阀芯上有毛刺污垢、阀芯几何精度差等，将主阀芯卡住在关闭位置，A 与 B 不能连通	可采取清洗、更换油液、去毛刺等方法进行修理
	2. 查控制油流道是否堵塞：如内控时阻尼小孔 R_1 堵死，外控时遥控管道（卸掉螺堵 7 所接的管子）被压扁堵死时等情况下，无控制油去推动控制柱塞 8 左行，进而向左推开主阀芯	可清洗或更换疏通控制油管道
	3. 查外控时的控制油压力是否够，压力不足以推动控制柱塞 8 使主阀芯 5 左行，A 与 B 不能连通	此时应提高控制压力，并拧紧端盖螺钉防止控制油外漏而导致控制油压力不够的现象
	4. 查控制柱塞 8 是否卡死，不能将主阀芯向右推，阀芯打不开，A 与 B 不能连通	清洗，使控制柱塞灵活移动
	5. 泄油管道中背压太高，使滑阀不能移动	泄油管道不能接在回油管道上，应单独接回油箱
	6. 调压弹簧太硬，或压力调得太高	更换弹簧，适当调整压力

 274. 顺序阀始终流出油，不起顺序阀作用怎么办？

表 3-28　顺序阀始终流出油，不起顺序阀作用故障排除方法

故障现象	查找故障的方法（找原因）	排除故障的相应对策
始终流出油，不起顺序阀作用	1. 查是否因几何精度差、间隙太小，弹簧弯曲、断裂，油液太脏等原因，阀芯在打开位置上卡死［图 3-97(b)］，阀始终流出油或不流出油	此时应进行修理，使配合间隙达到要求，并使阀芯移动灵活；检查油质，若不符合要求应过滤或更换；更换弹簧

故障现象	查找故障的方法（找原因）	排除故障的相应对策
始终流出油，不起顺序阀作用	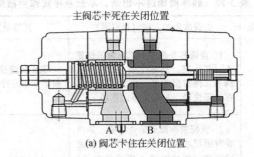主阀芯卡死在关闭位置 (a) 阀芯卡住在关闭位置 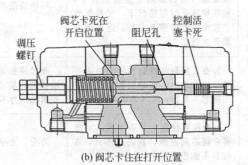阀芯卡死在开启位置　阻尼孔　控制活塞卡死 调压螺钉 (b) 阀芯卡住在打开位置 图 3-97　顺序阀阀芯两种位置	
	2. 查单向顺序阀中的单向阀是否在打开位置上卡死	进行修理，使配合间隙达到要求，并使单向阀芯移动灵活；检查油质，若不符合要求应过滤或更换；或其阀芯与阀座密合不良
	3. 查调压弹簧是否断裂	更换弹簧
	4. 查调压弹簧是否漏装	补装弹簧
	5. 查先导式顺序阀是否未装锥阀芯或钢球	补装

275. 为何当系统未达到顺序阀设定的工作压力时，压力油液却从二次口(P₂)流出？

表 3-29　当系统未达到顺序阀设定的工作压力时，
压力油液却从二次口（P₂）流出故障排除方法

故障现象	查找故障的方法（找原因）	排除故障的相应对策
未达到顺序阀设定的工作压力时，油液却从二次口（P₂）流出	1.查主阀芯是否因污物与毛刺卡死在打开的位置：主阀芯卡死在打开的位置，顺序阀变为一直通阀［见图 3-97(b)］	此时拆开清洗去毛刺，使阀芯运动灵活顺滑
	2.查主阀芯外圆 ϕd 与阀体孔内圆 ϕD 配合是否过紧，主阀芯卡死在打开位置，顺序阀变为直通阀［见图 3-97(b)］	此时可卸下阀盖，将阀芯在阀体孔内来回推动几下，使阀芯运动灵活，必要时研磨阀体孔
	3.查外控顺序阀的控制油道是否被污物堵塞，或者控制活塞是否被污物、毛刺卡死	可清洗疏通控制油道，清洗控制活塞
	4.查上下阀盖方向装错，外控与内控混淆	此时可纠正上下阀盖安装方向
	5.查单向顺序阀的单向阀芯是否卡死在打开位置	清洗单向阀芯

276. 顺序阀振动与噪声大是何原因？

表 3-30　顺序阀振动与噪声大故障排除方法

故障现象	查找故障的方法（找原因）	排除故障的相应对策
振动与噪声大	1.查回油阻力（背压）是否太高	降低回油阻力
	2.查油温是否过高	控制油温在规定范围内

277. 单向顺序阀反向不能回油怎么办？

单向顺序阀的单向阀卡死打不开或与阀座不密合时检修单向阀。

第 **7** 节

减压阀的维修

当液压系统只有一个动力源，而不同的油路需不同工作压力时，则需要使用减压阀。

🔧 278. 减压阀的工作原理是怎样的？

(1) 直动式减压阀的工作原理

① 二通式直动减压阀

如图 3-98(a) 所示，一次压力油 p_1 从进油口流入，经阀芯下端台肩与阀体沉割槽之间的环状减压口减压后压力降为 p_2 从二次油口流出，此为"减压"。p_2 经阀芯底部小孔进入，作用在阀芯下端，产生液压力上抬阀芯，阀芯上端弹簧力下压阀芯，此二力进行比较。当二次压力未达到阀的设定压力时，阀芯处于最下端，减压口 X 开口最大，$p_1 \rightarrow p_2$ 的减压作用最小，p_2 的压力上升；当二次压力达到阀的设定压力时，阀芯上移，减压口 X 开口减小进行减压，维持二次压力基本不变。如果进口压力 p_1 增大（或减小），p_2 也随之增大（或减小），阀芯上抬的力增大（或减小），减压口开度 X 便减小（或增大），使 p_2 压力下降（或上升）到原来由调节螺钉调定的出口压力 p_2 为止，从而保持 p_2 不变，当出口压力 p_2 变化，也同样通过这种自动调节减压口开度尺寸，维持出口压力 p_2 不变。减压阀具有"减压"与"稳压"作用。

② 三通式直动减压阀

二通式直动减压阀是常见的一种形式，其最大缺点是：如果与二通式减压阀出口所连接的负载（如工件夹紧回路）突然停止运动的情况下，会产生一反向负载，即减压阀出口压力 p_2 突然上升，反馈的控制压力 p_k 也升高，减压阀阀芯上抬，使减压口接近关闭，高压油没有了出路，使 p_2 更加升高，有可能导致设备受损等事故，只有待 p_2 经内泄漏压力下降后减压阀才能开启减压口。为解决这一故障隐患，出现了三通式减压阀。

所谓三通式减压阀，就是除了像二通式减压阀那样有进、出油口外，还增加了一回油口 T，所以叫"三通"。其工作原理如图 3-98（b）所示。

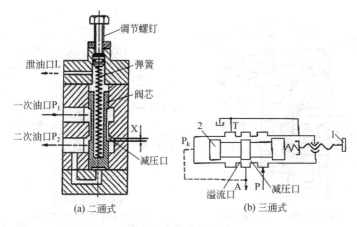

图 3-98　直动式减压阀的工作原理

当压力油从进油口 P 进入，经减压口从出油口 A 流出时，为减压功能，其工作原理与上述二通式减压阀相同，出口压力 p_A 的大小由调节手柄 1 调节，并由负载决定其大小。

当出口压力瞬间增大时，由 A 引出的控制压力油 p_K 也随之增大，破坏了阀芯 2 原来的力平衡而右移，溢流口开度增大，A 腔油液经溢流口向 T 通道溢流回油箱，使 A 腔压力降下来，行使溢流阀功能。

所以三通式减压阀具有 P→A 的减压阀功能和 A→T 的溢流阀功能，一阀起两阀的作用，因而这种阀又叫减压溢流阀。

（2）先导式减压阀的工作原理

在高压大流量时，为解决直动式减压阀出口压力的控制精度较低，因高压大流量产生在阀芯上的液动力、卡紧力、摩擦力较大，导致调压手柄的操作力很大的问题，出现了先导式减压阀。

先导式减压阀由先导调压阀（小型直动式溢流阀）和主阀组

成，主阀阀芯有二台肩和三台肩两种（见图3-99），其工作原理相同。主阀多为常开式，利用节流的方法（节流开口为 y）使减压阀的出口压力 p_2 低于进口压力 p_1。工作时阀开口 y 能随出口压力的变化自动调节开口大小，从而可使出口压力 p_2 基本维持恒定。其工作原理如下。

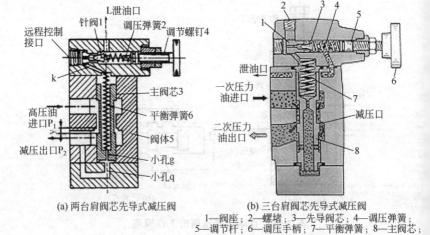

(a) 两台肩阀芯先导式减压阀   (b) 三台肩阀芯先导式减压阀

1—阀座；2—螺堵；3—先导阀芯；4—调压弹簧；
5—调节杆；6—调压手柄；7—平衡弹簧；8—主阀芯；

图 3-99   先导式减压阀的工作原理

压力油从进油口 P_1 流入，经主阀阀芯 3 和阀体 5 之间的阀口缝隙 y 节流减压后，压力降为 p_2，从出口 P_2 流出。部分出口压力油 p_2 经孔 q、g 作用在阀芯的上下或左右两腔，并经 K 孔作用在先导锥阀芯 1 上。

当出口压力 p_2 低于减压阀的调整压力时，针阀阀芯 1 在调压弹簧 2 的作用下关闭先导调压阀的阀口，由于孔 g 内无油液流动，主阀芯 3 上下或左右两端的油液压力相等，均为 p_2，主阀芯在右端平衡弹簧力作用下处于最下或左端，这时开口 y 最大，不起减压作用（$p_1 = p_2$）。

当出口压力 p_2 因进口压力 p_1 的升高，或者因负载增大而使 p_2 升高到超过调压弹簧 2 调定的压力时，锥阀芯打开，使少量的出口压力油经 g 孔、k 孔和锥阀开口以及泄油孔 L 流回油箱。由于油液在 g 孔中的流动产生压力差，使主阀芯 3 下或左端的压力大于

教你成为 **一流** 液压维修工

上或右端的压力。当此压力差所产生的作用力大于平衡弹簧6的弹力时，主阀芯3右移，减小了主阀芯开口量y，从而又减低了出口压力 p_2，使作用在主阀阀芯上的液压作用力和弹簧6产生的弹力在新的位置上达到平衡。

（3）单向减压阀的工作原理

单向减压阀只不过是在普通减压阀上增加了一单向阀而已［图3-100(a)］，因此，正向流动（$P_1 \rightarrow P_2$）时，行使减压阀的减压原理与上述相同；反向（$P_2 \rightarrow P_1$）时，油液大部分经单向阀从P1口流出，而无需非经减压节流口不可，即反向行使单向阀功能，油液可自由流动。

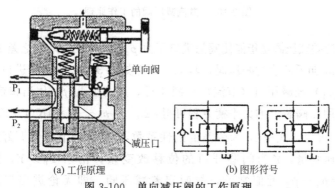

P₁

P₂

单向阀

减压口

(a) 工作原理   (b) 图形符号

图 3-100　单向减压阀的工作原理

（4）溢流减压阀的工作原理

溢流减压阀的工作原理如图 3-101 所示。

正向流动 A→B 时行使减压阀功能，从一次侧 A 流入的压力油经减压口减压后，从二次侧 B 口流出。

如果出现 B 口压力甚至高于进口 A 的异常情况时，B 腔压缩主阀芯左边的弹簧，主阀芯左移，B 腔部分压力油通过主阀芯上的径向横孔从 T 口流回油箱，使 B 腔压力降下来。即反向流动从 B→T 行使溢流阀功能，从而使二次侧 B 口压力保持在先导阀预设的调定压力。

（5）定压差减压阀的工作原理

上述减压阀均为定值减压阀，还有定差减压阀与定比减压阀。下面介绍定差减压阀的工作原理。

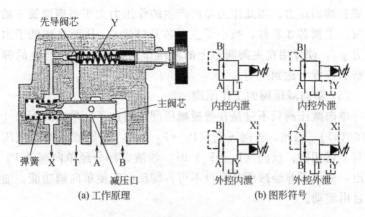

(a) 工作原理   (b) 图形符号

图 3-101 溢流减压阀的工作原理

定差减压阀是指能使阀的进口压力 p_1 和出口压力 p_2 之差 $\Delta p = p_1 - p_2$ 近乎不变的减压阀，其工作原理如图 3-102 所示，进口压力油 (p_1) 经减压口（节流口）减压后，压力变为 p_2 从出口流出。由作用在阀芯上的力平衡方程可得：$\Delta p = p_1 - p_2 = 4K(Y + Y_0)/\pi(D^2 - d^2)$，式中 K 为弹簧的刚性系数，Y_0 为调节螺钉调好的弹簧预压缩量，Y 为阀芯开口的位移改变量，由于 $Y_0 \gg Y$，所以 $\Delta p = p_1 - p_2$ 近似常数，故叫定差减压阀。即无论进出口压力 p_1、p_2 怎样变化，进出油口压力差值均为常数。

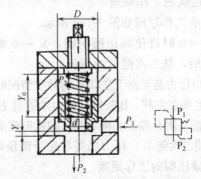

图 3-102 定压差减压阀的工作原理

定差减压阀的主要用途是与节流阀串联组成调速阀，此外也可与比例方向阀组成压差补偿型比例方向流量阀。

279. 减压阀有哪几种结构？

二通直动式减压阀极少，只在叠加阀中有所见。三通直动式减压阀用得很多，如图 3-103 所示，该阀用于系统减压，其A 口二次压力由压力调节元件 4 设定。该阀在初始位置常开，压力油可自由从油口 P 流向油口 A，油口 A 的压力同时经控制油道 6 作用于压缩弹簧 3 对面的阀芯 2 右端面面积上。当油口A 的压力未超过压缩弹簧 3 的设定值时，阀芯 2 平衡在控制位上，并保持油口 A 的二次减压压力恒定。其控制信号和控制油经通道 6 取自油口 A。

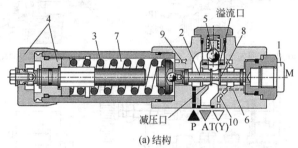

(a) 结构

1—螺堵；2—阀芯；3—压缩弹簧；4—压力调节元件；5—单向阀；
6—控制油通道；7—弹簧腔；8—阀芯台肩；9，10—流道

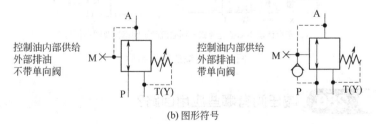

(b) 图形符号

图 3-103　德国力士乐-博世公司 DR6DP 型直动式三通减压阀

如果 A 口压力因执行机构受外力作用而不断升高，阀芯 2 就会不断地左移压向压缩弹簧 3，这样油口 A 经阀芯 2 上台肩 8 开启

的溢流口与油箱连通溢流，防止 A 口压力进一步升高。

弹簧腔 7 经流道 9、10、油口 T（Y）由外部泄油至油箱。

三通直动式减压阀也可与单向阀组合成组合阀，单向阀 5 用于使油液从油口 A 自由返流至油口 P。

图 3-104 为其他减压阀结构。

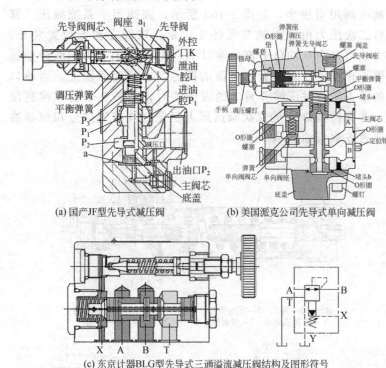

(a) 国产JF型先导式减压阀　　(b) 美国派克公司先导式单向减压阀

(c) 东京计器BLG型先导式三通溢流减压阀结构及图形符号

图 3-104　减压阀的结构

🔧 280.　减压阀有哪些应用回路？

（1）一级减压回路

如图 3-105 所示，液压泵（缸 2）的最大工作压力 p 由溢流阀调定，液压缸 1 的工作压力 p_1 由减压阀调定，得到比泵源的供油压力 p 低的压力 p_1。

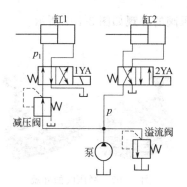

图 3-105　一级减压回路

（2）多级减压回路

如图 3-106 所示，在同一液压源供油压力 p 的液压系统中可以通过减压阀 J1、J2、J3 向缸 1、2、3 设定提供多个不同工作压力 p_1、p_2、p_3 的减压回路。用同一个油源对需要不同工作压力的系统供油。蓄能器的作用是稳定系统压力。

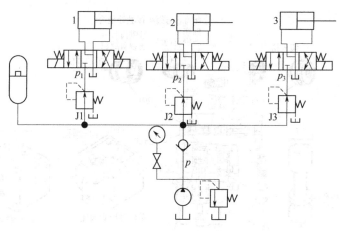

图 3-106　多级减压回路

281. 减压阀的外观什么样？

为了维修时能迅速找到顺序阀在液压设备上的位置，须熟悉减压阀的外观。减压阀的外观如图 3-107 所示。

图 3-107　减压阀的外观

⚒ **282.** 减压阀易出故障的零件及其部位有哪些?

减压阀易出故障的零件有：阀芯、阀座、调压弹簧等。

减压阀易出故障的零件部位有：阀芯与阀座接触部位等。如图 3-108 所示。

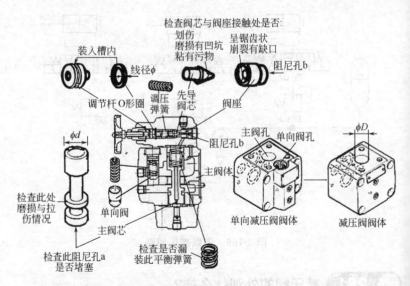

图 3-108　减压阀（单向减压阀）结构与主要零件易出故障的位置

教你成为 **一流** 液压维修工

283. 减压阀为何不减压？

减压阀大多为常开式。这一故障现象表现为：减压阀进出口压力接近相等（$p_1 \approx p_2$），而且出口压力不随调压手柄的旋转调节而变化。

表 3-31　减压阀不减压故障排除方法（如未注明，下述说明中均参阅图 3-108）

故障现象	查找故障的方法（找原因）	排除故障的相应对策
不减压	1.因主阀芯上或阀体孔沉割槽棱边上有毛刺、或者主阀芯与阀体孔之间的间隙里卡有污物、或者因主阀芯或阀孔形位公差超差和主阀芯与阀体孔配合过紧等，将主阀芯卡死在最大开度位置上。由于开口大，油液不减压	此时可根据上述情况分别采取去毛刺、清洗、修复阀孔和阀芯精度的方法予以排除。并保证阀孔或阀芯之间合理的间隙，减压阀配合间隙一般为 0.007～0.015mm，配前可适当研磨阀孔，再配阀芯
	2.主阀芯下端中心阻尼孔 a 或先导阀阀座阻尼孔 b 堵塞，失去了自动调节机能，主阀弹簧力将主阀芯推往最大开度，变成直通无阻，进口压力等于出口压力	可用直径为 1mm 钢丝或用压缩空气吹通阻尼孔，然后清洗装配
不减压	3.有些减压阀阻尼件是压入主阀芯中的，如国产 J 型，使用中有可能因过盈量不够阻尼件被冲出。冲出后，使进油腔与出油腔压力相等（无阻尼），而主阀芯两端受力面积相等，但另一端有一弹簧推压主阀芯总是处于最大开度的位置，使出口压力等于入口压力	此时需重新加工外径稍大的阻尼件，重新压入主阀芯
	4.对于一些管式减压阀，出厂时，泄油孔是用油塞堵住的。当此油塞未拧接接管通油池而使用时，使主阀芯上腔（弹簧腔）困油，导致主阀芯处于最大开度而不减压。对于板式阀如果设计安装板时未使 Y（L）口连通油池也会出现此现象	泄油孔的油塞要卸除，并单独接一泄油管入油箱

故障现象	查找故障的方法（找原因）	排除故障的相应对策
不减压	5.拆修管式或法兰式减压阀时，不注意很容易将阀盖装错方向（错90°或180°），使阀盖与阀体之间的小外泄油口堵死（参阅拆装例图），泄油口不通无法排油，造成同上的困油现象，使主阀顶在最大开度而不减压	修理时将阀盖装配方向装正确即可

 284. 减压阀出口压力很低，压力升不起来怎么办?

表3-32　减压阀出口压力很低，压力升不起来故障排除方法

故障现象	查找故障的方法（找原因）	排除故障的相应对策
出口压力很低，压力升不起来	1.减压阀进出油口接反了：对板式阀为安装反向，对管式阀是接管错误	用户使用时应注意阀上油口附近的标记（如 P_1、P_2、L 等字样），或查阅液压元件产品目录，不可设计错和接错
	2.进油口压力太低，经减压阀芯节流后，从出油口输出的压力更低	此时应查明进油口压力低的原因（例如溢流阀故障）
	3.减压阀下游回路负载太小，压力建立不起来	此时可考虑在减压阀下游串接节流阀来解决
	4.先导阀（锥阀）与阀座配合面之间因污物滞留而接触不良，不密合；或先导锥阀有严重划伤，阀座配合孔失圆，有缺口，造成先导阀芯与阀座孔不密合	对此，可检查锥阀的装配情况或密合情况
	5.拆修时，漏装锥阀或锥阀未安装在阀座孔内	补漏装锥阀或确认锥阀安装在阀座孔内
	6.主阀芯上阻尼孔被污物堵塞，B腔的油液不能经主阀芯 5 上的横孔、阻尼孔 a 流入主阀弹簧腔，出油腔 B 的反馈压力传递不到先导锥阀上，使导阀失去了对主阀出口压力的调节作用；阻尼孔 a 堵塞后，主阀弹簧腔失去了油压的作用，使主阀变成一个弹簧力很弱（只有主阀平衡弹簧）的直动式滑阀，故在出油口压力很低时，便可克服平衡弹簧的作用而使减压阀节流口关至最小，这样进油口 A 的压力油经此关小的节流口大幅度降压，使出油口 B 压力上不来	清洗疏通各阻尼孔

故障现象	查找故障的方法（找原因）	排除故障的相应对策
出口压力很低，压力升不起来	7. 先导阀调压弹簧错装成软弹簧，或者因弹簧疲劳产生永久变形或者折断等原因，造成B腔出口压力调不高，只能调到某一低的定值，此值远低于减压阀的最大调节压力	装入合格弹簧，更换弹簧
	8. 调压螺钉因螺纹拉伤或有效深度不够，不能拧到底而使得压力不能调到最大	用三角锉修理调压螺钉
	9. 阀盖与阀体之间的密封不良，严重漏油，造成先导油流量压力不够，压力上不去。产生原因可能是O形圈漏装或损伤，压紧螺钉未拧紧以及阀盖加工时出现端面不平度误差，阀盖端面一般是四周凸，中间凹	修理阀盖与阀体接触面
	10. 主阀芯因污物、毛刺等卡死在小开度的位置上，使出口压力低。可进行清洗与去毛刺	去毛刺、清洗

 285. 怎样处理减压阀不稳压，压力振摆大，有时噪声大的故障？

按有关标准的规定，各种减压阀出厂时对压力振摆都有相关验收标准，超过标准中规定值为压力振摆大，不稳压。

表 3-33 减压阀不稳压，压力振摆大，有时噪声大故障排除方法

故障现象	查找故障的方法（找原因）	排除故障的相应对策
不稳压，压力振摆大，有时噪声大	1. 对先导式减压阀，因为先导阀与溢流阀结构相似，所以查找故障的方法基本同先导式溢流阀	产生压力振摆大的原因和排除方法可参照溢流阀的有关部分进行
	2. 减压阀在超过额定流量下使用时，往往会出现主阀振荡现象，使减压阀不稳压，此时出油口压力出现"升压—降压—再升压—再降压"的循环	一定要选用适合型号规格的减压阀，否则会出现不稳压的现象

故障现象	查找故障的方法（找原因）	排除故障的相应对策
不稳压，压力振摆大，有时噪声大	3. 主阀芯与阀体几何精度差，主阀芯移动迟滞，工作时不灵敏	检修，使其动作灵活
	4. 主阀弹簧太弱，变形或卡住，使阀芯移动困难	此时可更换弹簧
	5. 阻尼小孔时堵时通	清洗阻尼小孔
	6. 油液中混入空气时排气	排气，防止进气

第 8 节

压力继电器的维修

压力继电器是利用液体压力来启闭电气触点的液压电气转换元件，它在油液压力达到其设定压力时，发出电信号，控制电气元件动作，实现泵的加载或卸荷，执行元件的顺序动作或系统的安全保护和联锁等功能。

🔧 286. 压力继电器的主要性能有哪些？

压力继电器的主要性能如下。

① 调压范围：指能发出电信号的最低工作压力和最高工作压力的范围。

② 灵敏度和通断调节区间：当压力升高时，继电器接通电信号的压力（称开启压力）和压力下降继电器复位切断电信号的压力（称闭合压力）之差为压力继电器的灵敏度。为避免压力波动时继电器时通时断，要求开启压力和闭合压力间有一可调节的差值，称为通、断调节区间。

③ 重复精度：在一定的设定压力下，多次升压（或降压）过

程中，开启压力和闭合压力本身的差值称为重复精度。

287. 压力继电器的结构原理是怎样的？

（1）国产 DP-63 型薄膜式压力继电器

当作用在橡胶薄膜 11 上的控制油 K 的压力到达一定数值（大小由压力调节螺钉 1 调定）时，柱塞 10 被因压力油 K 的作用而向上鼓起的橡胶薄膜 11 的推动而向上移动，压缩弹簧 2，使柱塞 10 维持在某一平衡位置，柱塞锥面将钢球 6（两个）和钢球 7 往外推，钢球 6 推动杠杆 7 绕销轴 12 逆时针方向转动，压下微动开关 14 的触头，发出电信号。

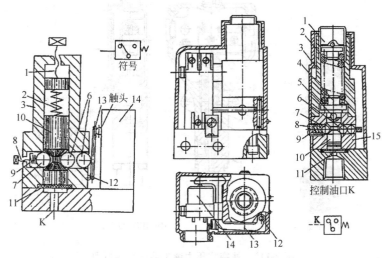

图 3-109　DP-63 型压力继电器结构

1—压力调节螺钉；2—主调压弹簧；3—阀盖；4—弹簧座；5～7—钢球；
8—副调节螺钉；9—副弹簧；10—柱塞（阀芯）；11—橡胶薄膜；
12—销轴；13—杠杆；14—微动开关；15—阀体

（2）柱塞式压力继电器的结构原理

如图 3-110 所示，其工作结构原理是：当由 P 口进入的油液压力上升达到由调节螺塞 4 所调节、调压弹簧 2 所决定的开启压力时，作用在柱塞 1 下端面（感压元件）上的液压力克服弹簧 2 的弹力，通过推杆3使微动开关动作，发出电信号；反之当P口进入的油液压力下降到闭合压力时，柱塞1在弹簧2的作用下复位，推杆3则在微动开关5内触点弹簧力的作用下复位，微动开关也随之复位，发出电信号。限位止口A起着保护微动开关5的触头不过分受压的作用。当需要预先设定开启压力或闭合压力时，可拆开标牌6，然后松开锁紧螺钉7，再顺时针方向旋转调节螺塞4时，则动作压力升高，反之则减小压力继电器设定的动作压力，调好后仍然用锁紧螺钉7锁紧。

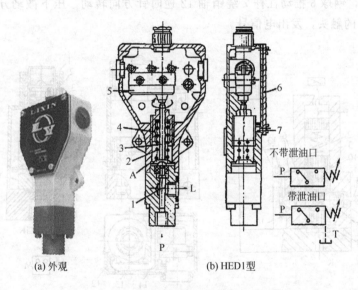

(a) 外观　　　　　　　　　　(b) HED1型

图 3-110　柱塞式压力继电器的结构原理
1—柱塞；2—调压弹簧；3—推杆；4—调节螺塞；5—微动开关；
6—标牌；7—锁紧螺钉

图 3-110(b) 为管式安装（HED1 型）的结构原理。

（3）半导体压力继电器工作原理及其应用

半导体压力继电器中装有一个压力传感器，该压力传感器是由硅半导体制成。它的工作原理是：当硅材料受到均匀液压压力时，沿其某些特定晶向的电阻率会随压力的大小成比例的变大或变小。因此，把硅材料的这种物理特性称之为压阻效应。利用硅材料的这一物理特性，根据力学分析将硅材料制成一定形式的弹性元件，并将组成惠斯登电桥的应变电阻用硅平面工艺和弹性元件制成一体。当弹性元件在压力的作用下产生应变时，其电桥电阻在应力的作用下两个变大，两个变小，电桥失去平衡。若对电桥两端加一恒定电流或电压，在电桥的输出端便可检测到随压力的大小而变化的差动电压信号，从而实现测量流体压力大小的目的。如图 3-111 所示。

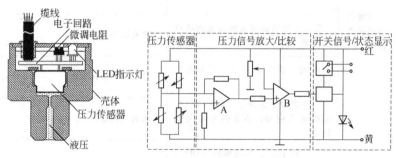

图 3-111　压力继电器

由以上原理可以看出，半导体压力继电器有以下特点：因无机械式压力继电器的柱塞或膜片，所以无可动部件、无磨损、无泄漏，它的压力密封为容易解决的静压密封问题。由于采用压力传感器全程感压无低端死区，无滞后特性，可调范围内高低端灵敏度一样。

 288. 压力继电器为何不发信号或误发信号？

表 3-34　压力继电器不发信号或误发信号故障排除方法

故障现象	查找故障的方法（找原因）	排除故障的相应对策
不发信号或误发信号	1.查来的压力油压力情况；无压力时不发信号；压力不稳定时（如系统冲击压力大）乱发信号	查明液压系统压力不稳定的原因，采取对策

故障现象	查找故障的方法（找原因）	排除故障的相应对策
不发信号或误发信号	2.查波纹管（DP-63型则为薄膜）是否破裂；波纹管或薄膜破裂时不发信号或误发信号	更换波纹管或薄膜
	3.查微动开关是否灵敏与损坏	必要时更换微动开关
	4.查电气线路是否有故障	检查原因，予以排除
	5.查是否错装成太硬或太软的调压弹簧	更换适宜的弹簧
	6.查主调节螺钉是否压力调得过高	按要求调节压力值
	7.查铰轴是否别劲：别劲时杠杆不能灵活摆动，不发信号或误发信号	重新装配好
	8.查柱塞式压力继电器（DP-63型为滑阀芯）的柱塞是否移动灵活：修复使柱塞或滑阀芯既要在阀体内移动灵活又不产生内泄漏	清洗

🔧 289. 压力继电器灵敏度太差怎么办？

表 3-35　压力继电器灵敏度太差故障排除方法

故障现象	查找故障的方法（找原因）	排除故障的相应对策
敏度太差	1.对 DP-63 压力继电器，查顶杆柱销处摩擦力过大，或钢球与柱塞接触处摩擦力过大	重新装配，使动作灵敏
	2.查装配是否不良，移动零件是否移动不灵活、"别劲"	重新装配，使动作灵敏
	3.查微动开关是否不灵敏	更换合格品

故障现象	查找故障的方法（找原因）	排除故障的相应对策
敏 度 太差	4. 查副调整螺钉等是否调节不当	应合理调节
	5. 查钢球是否不圆	更换已磨损的钢球
	6. 查阀芯、柱塞等移动是否灵活	清洗、修理，使之移动灵活
	7. 查安装方向是否欠妥	压力继电器最好水平安装

第 9 节

流量控制阀

290. 什么叫流量控制阀？

流量控制阀就是通过改变节流口通流断面的大小，以改变局部阻力，从而实现对流量的控制，进而控制执行元件的运动速度，这类阀类元件叫流量控制阀。

291. 为什么要使用流量控制阀？

一般液压传动机构都需要调节执行元件运动速度。在液压系统中，执行元件为液压缸或液压马达。在不考虑液压油的压缩性和泄漏性的情况下，液压缸的运动速度为 $v = Q/A$；液压马达的转速为 $n = Q/q_m$，式中：Q 为输入执行元件的流量；A 为液压缸的有效面积；q_m 为液压马达的排量。

从上两式可知，改变输入液压缸的流量 Q 或改变液压缸有效面积 A，都可以达到改变速度的目的。但对液压缸来说，设计制造好的液压缸其有效面积 A 无法再改变，只能用改变输入液压缸流量 Q 的办法来变速，这便要使用流量控制阀。而对于液压马达，既可用改变输入流量也可用改变马达排量的方法来变速。

292. 流量控制阀怎样分类？

流量控制阀是依靠改变阀口开度的大小来调节通过阀口的流量，以改变执行元件的运动速度。油液流经阀开口、小孔或缝隙时，会遇到阻力，阀口（节流口）的通流面积越小，油液流过的阻力就越大，因而通过的流量就越小。流量控制阀就是通过改变节流口通流断面的大小，以改变局部阻力，从而实现对流量的控制。常用的流量控制阀如下。

① 节流阀：在调定节流口通流面积大小后，能使载荷压力变化不大和运动均匀性要求不高的执行元件的运动速度基本上保持稳定。

② 调速阀：在载荷压力变化时能保持节流阀的进出口压差为定值。这样，在节流口面积调定以后，不论载荷压力如何变化，调速阀都能保持通过节流阀的流量不变，从而使执行元件的运动速度稳定。

③ 分流阀：不论载荷大小，能使同一油源的两个执行元件得到相等流量的为等量分流阀或同步阀；得到按比例分配流量的为比例分流阀。

④ 集流阀：作用与分流阀相反，使流入集流阀的流量按比例分配。

⑤ 分流集流阀：兼具分流阀和集流阀两种功能。

293. 节流口的流量特性公式指什么？

通过各种节流口的流量 Q 及其前后压力差 Δp 的关系均可用式 $Q = KA\Delta p^m$ 来表示，所以利用调节阀芯和阀体之间的节流口面积 A 和它所产生的局部阻力对通过阀的流量进行调节，从而控制执行元件的运动速度。

294. 影响流量稳定性的因素有哪些？

液压系统在工作时，希望节流口大小调节好后，流量 Q 稳定不变。但实际上流量总会有变化，特别是小流量时。流量稳定性与节流口形状、节流口前后压差以及油液温度等因素有关。

① 压差对流量的影响：节流阀进出油口两端压差 Δp 变化时，通过它的流量要发生变化，几种结构形式的节流口中，通过薄壁小孔（薄刃口）的流量受到压差改变的影响最小。

② 温度对流量的影响：当开口度不变时，若油温升高，油液黏度会降低。对于细长孔，当油温升高使油的黏度降低时，流量 Q 就会增加。所以节流通道长时温度对流量的稳定性影响大。而对于薄壁孔，油的温度对流量的影响是较小的，这是由于流体流过薄刃式节流口时为紊流状态，其流量与雷诺数无关，即不受油液黏度变化的影响。节流口形式越接近于薄壁孔，流量稳定性就越好。

③ 节流口的堵塞：节流阀的节流口可能因油液中的杂质或由于油液氧化后析出的胶质、沥青等而局部堵塞，这就改变了原来节流口通流面积的大小，使流量发生变化，尤其是当开口较小时，这一影响更为突出，严重时会完全堵塞而出现断流现象。因此节流口的抗堵塞性能也是影响流量稳定性的重要因素，尤其会影响流量阀的最小稳定流量。一般节流口通流面积越大，节流通道越短和水力直径越大，越不容易堵塞，当然油液的清洁度也对堵塞产生影响。一般流量控制阀的最小稳定流量为 0.05L/min。

第 10 节

节流阀与单向节流阀

295. 节流阀的工作原理是怎样的？

（1）简式节流阀

图 3-112（a）为简式节流阀的工作原理。压力油从进油口 P_1 流

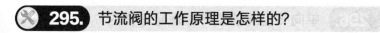

入,经节流阀芯 3 和阀体 4 组成的节流口,再从出油口 P_2 流出。旋转调节手柄 1,便可改变节流口的通流面积,可实现对输出口输出流量的调节。由图可知,进油口压力 p_1 作用在阀芯下端,产生一较大的方向向上的力,因此手柄 1 调节力矩很大,一般只用于压力较低时的情况,或者只有先停机卸压,先调核好手柄 1 才通压,这种结构已不太使用。

(2) 可调节流阀

图 3-112(b) 为可调节流阀的工作原理。与上述简式阀一样,压力油由进油口 P_1 进入,通过节流口后由出油口 P_2 流出,同样也是用调节手柄调节节流开口的大小,以实现对流量的调节。

不同的是,这种结构将其进油腔的压力油 p_1 通过阀体上的小孔 a (或者阀芯上的中心孔) 和阀芯上的孔 b 进入阀芯上、下两腔,由于两端承压面积相等,因而阀芯上、下端受到的液压力相等,阀芯只受复位弹簧的作用,所以手轮调节时所需的调节力矩比简式节流阀小得多,在高压时用手也可轻松调节,故称之为可调节流阀。

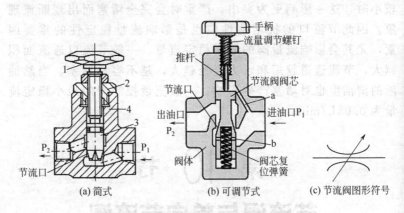

图 3-112 节流阀的工作原理与图形符号

🛠 296. 单向节流阀的工作原理是怎样的?

单向节流阀在结构上有两类:一类节流阀阀芯与单向阀阀芯共用一个阀 [图 3-113(a)];另一类为单向阀阀芯与节流阀阀芯各有

一个阀芯，为单向阀与节流阀的组合阀［图 3-113（b）］，图形符号
见图 3-113（c）。

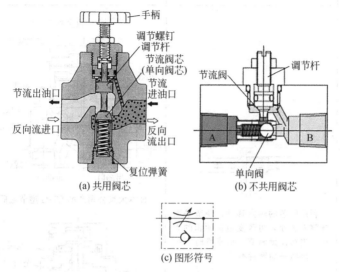

(a) 共用阀芯   (b) 不共用阀芯

(c) 图形符号

图 3-113　单向节流阀的工作原理与图形符号

单向节流阀的工作原理是：正向节流时，起节流阀的作用，工
作原理与上述节流阀的工作原理相同；反向起单向阀的作用时与单
向阀相同。

297. 各种节流口的开口形式与对应的节流阀的结构是怎样的？

节流阀是流量控制阀中的一种最基本的阀种，其他的流量阀均
包含有节流阀的部分。节流阀利用改变阀的通流面积来调节通过阀
的流量大小，以实现对执行元件的无级调速。节流阀就是一只可开
大关小的"水龙头"。

节流口是流量阀的关键部位，节流口形式及其特性在很大程度
上决定着流量控制阀的性能。几种常用的节流口的开口形式与对应
的节流阀的结构见表 3-36。

表 3-36　节流口的开口形式与对应的节流阀的结构

开口形式	节流口的开口形式与特点	结构
平面缝隙式节流口	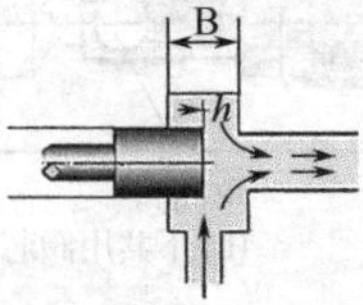 利用阀芯的轴向移动，调节平面缝隙 h 大小，可改变通流面积的大小，进行流量调节。小流量时不稳定，环状平面密封不严	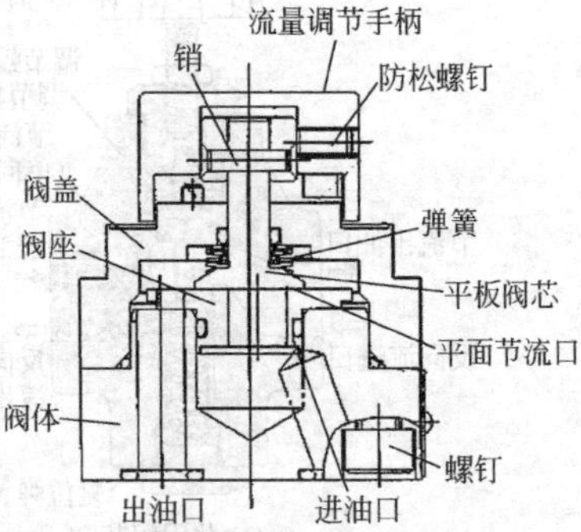 日本大京公司产的 ST-G 型节流阀 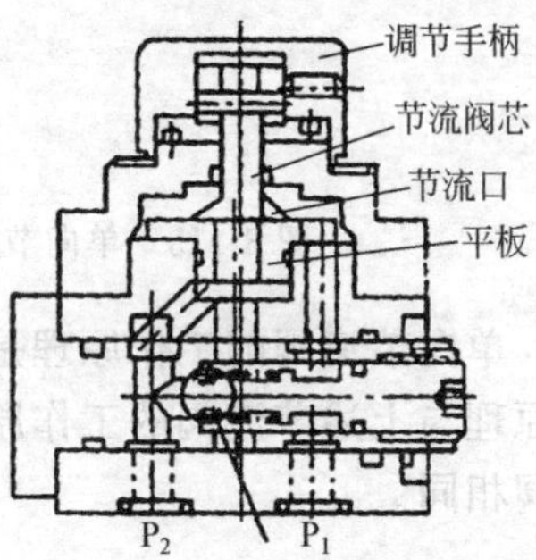
锥阀式（针阀式）节流口	锥阀芯作轴向移动时，调节了环形通道的大小，由此改变了流量。这种阀结构简单，可当截止阀用。调节范围较大，由于过流断面仍是同心环状间隙，水力半径较小，小流量时易堵塞，温度对流量的影响较大，一般用于要求较低的场合 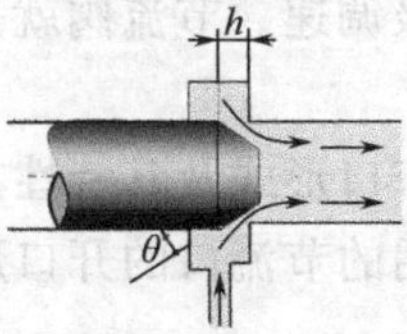	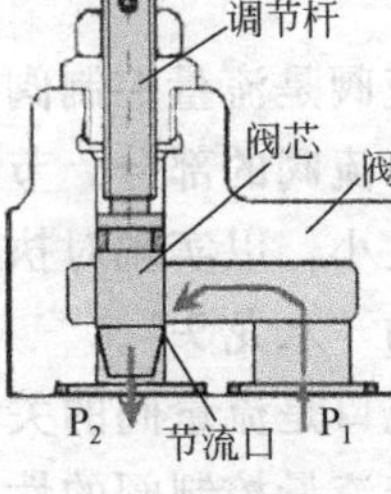

开口形式	节流口的开口形式与特点	结　　构
轴向三角槽式节流口	在阀芯端部开有一条或两条斜的三角槽，轴向移动阀芯就可以改变三角槽的开口量 h，从而改变过流断面面积，使流量得到调节。在高压阀中有时在轴端铣两个斜面来实现节流 这种节流形式，结构简单，制造容易，流口的水力半径较大，小流量时稳定性较好，不太容易堵塞，应用广泛 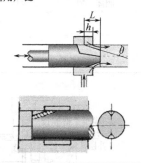	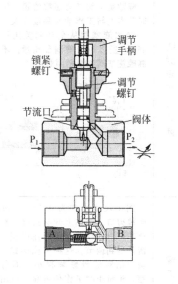
偏心式节流口	在阀芯上开一个截面为三角形（或矩形）的偏心槽，当转动阀芯时，就可以改变通道大小，由此调节了流量 这种节流口形式，结构也较简单，制造容易，节流口通流截面是三角形的，能得到较小的稳定流量。但偏心处压力不平衡，因而阀芯上的径向力不平衡，转动较费力，只宜用在低压场合。并且油液流过时的摩擦面较大，温度变化对流量稳定性影响较大，容易堵塞，常用于性能要求不高的地方。其性能与针阀式节流口相同 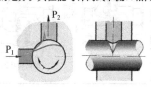	国产磨床操纵箱（组合阀）中调节速度的阀均为这种结构

第3章　控制元件——液压阀　363

开口形式	节流口的开口形式与特点	结　　构
缝隙旋塞式节流口	缝隙旋塞阀具有短窄流道，工作时基本上与工作油液黏度无关。由于缝隙旋塞阀从全开到关闭可转360°，所以可精确调节流量。不过缝隙旋塞阀制造稍困难 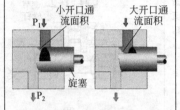	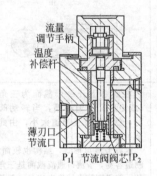
薄刃口节流口	图中尺寸 a 约为 0.1～0.2mm，叫薄刃口。阀芯上开有狭缝，旋转阀芯可以改变缝隙的通流面积，使流量得到调节。这种节流形式，油温变化对流量影响很小，不易堵塞，流量小时工作仍可靠，应用欠广泛，加工难 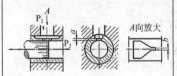	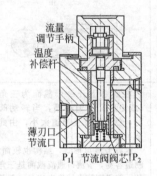
单向节流阀	流体正向流动时，与普通节流阀一样，节流缝隙的大小可通过手柄进行调节；当流体反向流动时，靠油液的压力把阀芯 4 压下，下阀芯起单向阀作用，单向阀打开，可实现流体反向自由流动	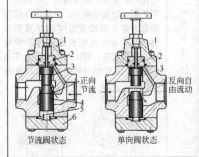

298. 各种节流阀的外观什么样?

常见节流阀的外观如图 3-114 所示。

图 3-114 节流阀与单向节流阀的外观

299. 节流阀易出故障的零件及其部位有哪些?

如图 3-115 所示,节流阀易出故障的零件及其部位主要有阀芯外圆的磨损拉伤,阀体孔磨损变大等。

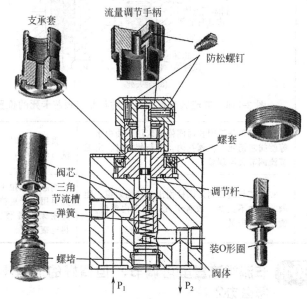

图 3-115 节流阀易出故障的零件及其部位

300. 节流调节作用失灵，流量不可调大调小如何解决？

表 3-37　节流调节作用失灵，流量不可调大调小故障排除方法

故障现象	查找故障的方法（找原因）	排除故障的相应对策
流量不可调大调小	1.查节流阀阀芯是否卡住：如图 3-116 所示，当阀芯卡死在全关死的位置［图 3-116 (a)］，P_1 与 P_2 不通，无流量经节流阀；当阀芯卡死在某一开度的位置［图 3-116(b)］，P_1 到 P_2 总是流过的流量一定而不能调节。阀芯卡住的原因有毛刺、污物、阀芯与阀体孔配合间隙过小等，此时虽松开调节手柄带动调节杆上移，但因复位弹簧力克服不了阀芯卡紧力，而不能使阀芯跟着调节杆上移而上抬，还有因阀芯和阀孔的形位公差不好，例如失圆、有锥度，造成的液压卡紧	可查明原因，分别采取去毛刺、清洗换油、研磨阀孔或重配阀芯的方法进行修理与故障排除
	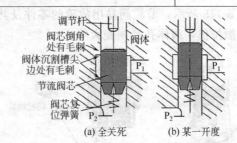 调节杆　阀芯倒角处有毛刺　阀体　阀体沉割槽尖边处有毛刺　节流阀芯　阀芯复位弹簧　P_1　P_2　P_1　P_2 (a) 全关死　(b) 某一开度 图 3-116　节流阀节流失灵时的状况（阀芯卡死的位置）	
	2.查设备是否因长时间停机未用，油中水分等使阀芯锈死卡在阀孔内，重新使用时，出现节流调节失灵现象	重新使用时，应先拆洗节流阀
	3.阀芯与阀孔内外圆柱面出现拉伤划痕，使阀芯运动不灵活，或者卡死，或者内泄漏大，造成节流失灵	阀芯轻微拉毛，可抛光再用，严重拉伤时可先用无心磨磨去伤痕，再电镀修复

301. 节流阀流量虽可调节，但调好的流量不稳定怎么办？

这一故障是指用节流阀来调节执行元件的运动速度时，出现运

动速度不稳定，如逐渐减慢、突然增快及跳动等现象。

表 3-38　节流阀流量虽可调节，但调好的流量不稳定故障排除方法

故障现象	查找故障的方法（找原因）	排除故障的相应对策
流量虽可调节，但调好的流量不稳定	1. 查节流阀是否存在内、外部在泄漏：如内、外泄漏量大	可检查零件的精确和配合间隙，修配或更换超差的零件，并注意接合处的油封情况
	2. 查是否油中有杂质黏附在节流口边上：杂质黏附在节流口边上，通油截面减小，使速度减慢，时堵时通，速度不稳定	可拆开清洗有关零件，更换新油，并经常保持油液洁净
	3. 在简式的节流阀中，因系统负荷有变化使速度突变	检查系统压力和减压装置等部件的作用以及溢流阀的控制是否正常
	4. 油温升高，油液的黏度降低，会使速度不稳定	此时要采取增加油温散热的措施

第 11 节

调速阀与单向调速阀

　　节流阀虽可通过改变节流口大小的办法来调节流量，但因阀前后压差的影响，以致阀开度调定后并不能保持流量稳定，所以对速度稳定性要求较高的执行机构来说就不能以普通节流阀来作为调速之用。如果把定差减压阀和节流阀串联，或把定差溢流阀和节流阀并联，以使节流阀前后压差近似保持不变，则节流阀的流量即可保持基本稳定，这种组合阀就称之为调速阀。调速阀是具有恒流量功能的阀类，利用它能使执行元件匀速运动。

302. 调速阀与单向调速阀的工作原理是怎样的？

　　(1) 调速阀的工作原理

　　如图 3-117 所示，将节流阀前、后压力 p_2 和 p_3 分别引到定压

减压阀阀芯下、上两端。当负载压力 p_3 增大即节流阀前后压差变小时，作用在定差减压阀芯的力使阀芯右移，减压口增大，压降减少，使 p_2 也增大，从而使节流阀进出口压差 $\Delta p = p_2 - p_3$ 保持不变；反之亦然。这样就使调速阀中节流阀的流量不受其压差变化的影响，而保持出口流量恒定。

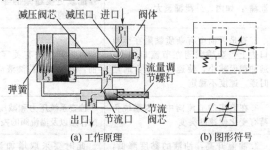

图 3-117　调速阀的工作原理与图形符号

（2）单向调速阀的工作原理

单向调速阀的工作原理如图 3-118 所示，正向流动时与以上工作原理相同；反向流动时单向阀不受节流阻碍流出。图形符号如图 3-118（b）所示。

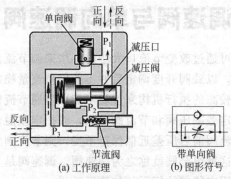

图 3-118　单向调速阀的工作原理与图形符号

🔧 **303.** 调速阀与单向调速阀的结构有哪些？

调速阀与单向调速阀的结构如图 3-119～图 3-121 所示。

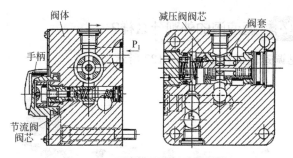

图 3-119　国产 QF 型调速阀结构

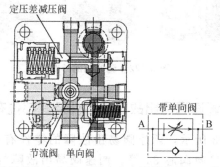

图 3-120　美国威格士公司 、日本东京计器公司 PG 型单向调速阀

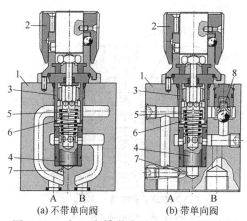

(a) 不带单向阀　　　　(b) 带单向阀

图 3-121　力士乐-博世公司 2 FRM 型调速阀

1—阀体；2—调节手柄；3—节流装置；4—压力补偿器；5—节流口；
6—弹簧；7—固定阻尼孔；8—单向阀

304. 调速阀的外观什么样？

常见调速阀的外观如图 3-122 所示。

图 3-122　调速阀的外观

305. 调速阀易出故障的零件及其部位有哪些？

如图 3-123 所示，调速阀易出故障的零件有：节流阀阀芯 5、阀体 25、单向阀芯 34 等。调速阀易出故障的零件部位有：阀芯与阀体配合部位、单向阀芯与阀座接触处、节流阀芯节流口等处。

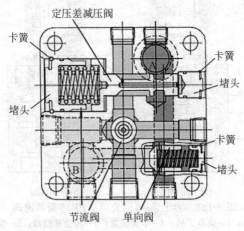

教你成为 一流 液压维修工

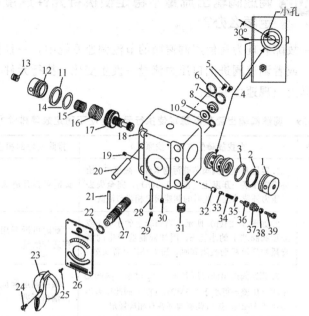

(a) 结构与立体分解图

1—卡簧；2—定位杆堵头；3,7,8,21,27,30—O形圈；4,17,22,23—弹簧；5—节流阀阀芯；
6—温度补偿杆；9—调节杆；10—定位销；11—内套；12—调节手柄；
13—标牌；14—铆钉；15—定位块；16—小螺钉；
18—卡圈；19,32—卡环；20—堵头；24—减压阀阀芯；25—阀体；
26—螺堵；28—销；29,31—堵头；33～39—单向阀组件(33—阀座；34—单向阀阀芯；
35—弹簧；36,37—O形圈；38—堵头；39—卡环.)

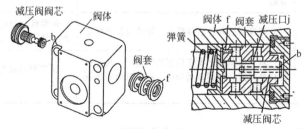

(b) 定压差减压阀部分图

图 3-123　调速阀易出故障的零件及其部位

306. 调速阀输出流量不稳定使执行元件速度不稳定怎么办？

这一故障表现为在使用调速阀的节流调速系统中，一旦负载出现扰动，或者调速阀进油口压力流量一发生变化，执行元件（如液压缸）马上出现速度变化。

表 3-39　调速阀输出流量不稳定使执行元件速度不稳定故障排除方法

故障现象	查找故障的方法（找原因）	排除故障的相应对策
	1.定压差减压阀阀芯被污物卡住，减压口 j 始终维持在某一开度上 [图 3-123(b)]，完全失去了压力补偿功能，此时的调速阀只相当节流阀	此时可拆开清洗
	2.如图 3-123(b) 所示，当阀套上的小孔 f 或减压阀阀芯上的小孔 b，因油液高温产生的沥青质物质沉积而被阻塞时，压力补偿功能失效	此时可拆开用细铁丝穿通与清洗
	3.调速阀进出油口压差 $p_1 - p_2$ 过小。国产 Q 型阀此压差不得小于 0.6MPa，QF 型阀此压差不得小于 1MPa，进口调速阀都各有相应规定	维持调速阀应有的进出油口压差
	4.定压差减压阀移动不灵活，不能起到压力反馈作用，而稳定节流阀前后的压差成一定值的作用，而使流量不稳定	可拆开该阀端部的螺塞，从阀套中抽出减压阀芯，进行去毛刺清洗及精度检查，特别要注意减压阀芯的大小头是否同轴，不良者予以修复和更换
	5.漏装了减压阀的弹簧，或者弹簧折断和装错	予以补装或更换
	6.调速阀的内外泄漏量大，导致流量不稳定	采取减少内外泄漏量的对策
	7.对于安装面上无定位销的调速阀，出、进油口易接反，使调速阀如同一般节流阀而无压力反馈补偿作用	纠正调速阀的出、进油口

307. 调速阀节流作用失灵怎么办？

这一故障是指：当调节流量调节手柄，阀输出流量无反应不变化，从而所控制的执行元件运动速度不变或者不运动。

表 3-40　调速阀节流作用失灵故障排除方法

故障现象	查找故障的方法（找原因）	排除故障的相应对策
节流作用失灵	1.定差减压阀阀芯卡死在全闭或小开度位置，使出油腔（P_2）无油或极小油液通过节流阀	此时应拆洗和去毛刺，减压阀芯能灵活移动
	2.调速阀进出油口接反了，会使减压阀阀芯总趋于关闭，造成节流作用失灵。Q 型、QF 型阀由于安装面的各孔为对称的，很容易装错	一般板式调速阀的底面上，在各油口处标有 P_1（进口）与 P_2（出口）字样，仔细辨认，不可接错
	3.调速阀进口与出口压力差太少，产生流量调节失灵	对于每一种调速阀，进口压力要大于出口压力一定数值（产品说明中有规定）时，方可进行流量调节

308. 调速阀出口无流量输出，执行元件不动作怎么办？

表 3-41　调速阀出口无流量输出，执行元件不动作故障排除方法

故障现象	查找故障的方法（找原因）	排除故障的相应对策
出口无流量输出，执行元件不动作	1.节流阀阀芯卡住在关闭位置	拆开清洗
	2.定压差减压阀阀芯卡住在关闭位置	拆开清洗

309. 调速阀最小稳定流量不稳定，执行元件低速时出现爬行抖动现象怎么办？

为了实现油缸等执行元件的低速进给的稳定性，对流量阀规定了最小稳定流量限界值，但往往在此限界以内，执行元件的低速进给也不稳定，从调速阀的原因分析是其最小稳定流量变化。

影响最小稳定流量的原因是内泄漏量大，具体原因一是节流阀阀芯处，二是减压阀阀芯处。

表 3-42   调速阀最小稳定流量不稳定，执行元件低速时爬行抖动故障排除方法

故障现象	查找故障的方法（找原因）	排除故障的相应对策
最小稳定流量不稳定，执行元件低速时出现爬行抖动现象	1. 查节流阀阀芯与阀体孔配合间隙是否过大，使内泄漏量增大	保证节流阀阀芯与阀体孔之间合适的配合间隙
	2. 查减压阀阀芯与阀体孔配合间隙是否过大：由于大多的调速阀的定压差减压阀阀芯为二级同心的大小台阶状，大、小圆柱工艺上很难做到绝对同心，因而只能增大装配间隙来弥补，这样便造成配合间隙过大的问题	保证减压阀阀芯与阀体孔之间合适的配合间隙
	3. 查节流阀阀芯三角槽尖端是否有污物堵塞，当污物有时堵有时又被冲走，造成节流口小开度时的流量不稳定的现象	最好采用薄刃口节流阀阀芯的调速阀，并注意油液的清洁度
	4. 查单向阀故障：在单向调速阀中单向阀的密封性不好	单向阀与阀座要密合
	5. 查因液压系统中是否进有空气：产生振动使节流阀阀芯调定的位置发生变化	应将空气排净，并用锁紧螺钉锁住流量调节装置
	6. 查内泄和外泄漏是否偏大使流量不稳定，造成执行元件工作速度不均匀	减少内泄和外泄导致的流量不稳定

🔧 **310.** 如何拆修调速阀？

① 各种型号由于生产厂家的不同，调速阀的外观和内部结构略有差异，图 3-124 中列举了两种调速阀的立体分解图。拆检修理时一定按序拆卸，并将所拆零部件放入干净的油盘内，不可丢失。

② 修理时 O 形密封圈是必须更换的，例如图 3-124(a) 中的件 4、8、22、29，图 3-124(b) 中的 5、9、12、20 等。

③ 修理时主要注意几个重要零件的检修：如图 3-124(a) 中的温度补偿杆 7、减压阀阀芯 20、节流阀阀芯 2、单向阀芯 26 等；图 3-124(b) 中的节流阀阀芯 4、定差减压阀阀芯 17、阀套 18 等。

④ 图 3-124(a) 中的弹簧 21 和 27，图 3-124(b) 中的 15 和 16，要检查其是否折断和疲劳，不良者应予以更换，注意装配时不要漏装。

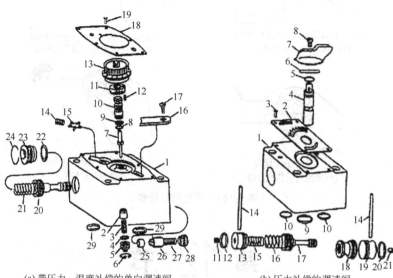

(a) 带压力、温度补偿的单向调速阀

(b) 压力补偿的调速阀

1—阀体；2—节流阀阀芯；3，21，27—弹簧；4，8，22，29—O 形圈；5—堵塞；6—卡环；7—温度补偿杆；9—垫；10—调节杆；11—内套；12—定位销；13—调节手柄；14—小弹簧；15—卡圈；16—挡块；17—小螺钉；18—标牌；19—铆钉；20—减压阀阀芯；23，28—堵头；24—卡簧；25—阀座；26—单向阀阀芯

1—阀体；2—标牌；3—铆钉；4—节流阀阀芯；5，9，10，12，20—O 形圈；6—销；7—捏手；8—小螺钉；11，21—小螺堵；13—堵头；14—杆；15，16—弹簧；17—减压阀阀芯；18—阀套；19—堵头

图 3-124 调速阀的拆检

🔧 311. 怎样检修调速阀中的几个重要零件?

按图 3-125 所示的方法对重点零件和重点部位进行检查，如外圆拉伤磨损，一般可刷镀修复。阀芯和阀套上的小孔堵塞情况一定必检，堵塞而产生的故障极为多见。

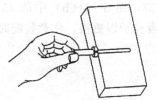

在平板上检查温度补偿杆的弯曲度
(a) 温度补偿杆的检修

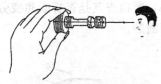

目测减压阀芯小孔的堵塞情况
(b) 定压差减压阀阀芯的检修

检查拉伤磨损情况
(c) 节流阀阀芯的检修

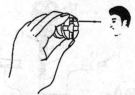

检查阀套小孔的堵塞情况
(d) 阀套的检修

图 3-125　调速阀的检修

第 12 节

分流集流阀

🔧 312. 什么是分流阀？

分流阀又称为同步阀，它是分流阀、集流阀和分流集流阀的总称。

分流阀的作用是使液压系统中由同一个油源向两个以上执行元件供应相同的流量（等量分流），或按一定比例向两个执行元件供应流量（比例分流），以实现两个执行元件的速度保持同步或定比关系。集流阀的作用，则是从两个执行元件收集等流量或按比例的回油量，以实现速度同步或定比关系。分流集流阀则兼有分流阀和集流阀的功能。它们的图形符号如图 3-126 所示。

(a) 分流阀　　　(b) 集流阀　　　(c) 分流集流阀

图 3-126　分流集流阀符号

⚒ 313. 分流阀的结构原理是怎样的？

图 3-127(a) 所示为等量分流阀的结构原理，它可以看作是由两个串联减压式流量控制阀结合为一体构成的。该阀采用"流量－压差－力"负反馈，用两个面积相等的固定节流孔 1、2 作为流量一次传感器，作用是将两路负载流量 Q_1、Q_2 分别转化为对应的压差值 Δp_1 和 Δp_2。代表两路负载流量 Q_1 和 Q_2 大小的压差值 Δp_1 和 Δp_2 同时反馈到公共的减压阀芯 6 上，相互比较后驱动减压阀芯来调节 Q_1 和 Q_2 大小，使之趋于相等。

工作时，设阀的进口油液压力为 P_0，流量为 Q_0，进入阀后分两路分别通过两个面积相等的固定节流孔 1、2，分别进入减压阀芯环形槽 a 和 b，然后由两减压阀口（可变节流口）3、4 经出油口 Ⅰ 和 Ⅱ 通往两个执行元件，两执行元件的负载流量分别为 Q_1、Q_2，负载压力分别为 p_3、p_4。如果两执行元件的负载相等，则分流阀的出口压力 $p_3 = p_4$，因为阀 6 两流道的尺寸完全对称，所以输出流量也对称，即 $Q_1 = Q_2 = Q_0/2$，$p_1 = p_2$。当由于负载不对称而出现 $p_3 \neq p_4$，且设 $p_3 > p_4$ 时，Q_1 必定小于 Q_2，导致固定节流孔 1、2 的压差 $\Delta p_1 < \Delta p_2$，$p_1 > p_2$，此压差反馈至减压阀芯 6 的两端后使阀芯在不对称液压力的作用下左移，使可变节流口 3 增大，节流口 4 减小，从而使 Q_1 增大，Q_2 减小，直到 $Q_1 \approx Q_2$ 为止，阀芯又在一个新的平衡位置上稳定下来。即输往两个执行元件的流量相等，当两执行元件尺寸完全相同时，运动速度将同步。

根据节流边及反馈测压面的不同分布，分流阀有图 3-127(b)、(c)所示两种不同的结构。

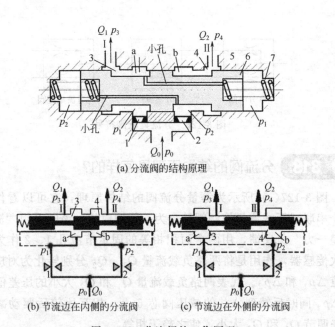

(a) 分流阀的结构原理

(b) 节流边在内侧的分流阀　　　(c) 节流边在外侧的分流阀

图 3-127　分流阀的工作原理

1, 2—固定节流孔；3, 4—减压阀的可变节流口；5—阀体；6—减压阀；7—弹簧

🔧 314. 集流阀的结构原理是怎样的？

图 3-128 所示为等量集流阀的原理图，它与分流阀的反馈方式基本相同，不同之处如下。

① 分流阀装在两执行元件的回油路上，将两路负载的回油流

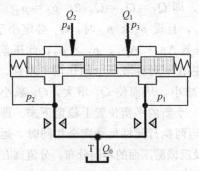

图 3-128　集流阀的工作原理

量汇集在一起回油。

② 分流阀的两流量传感器共进口压力 p_0，流量传感器的通过流量 Q_1（或 Q_2）越大，其出口压力 p_1（或 p_2）反而越低；集流阀的两流量传感器共出口 Q_0，流量传感器的通过流量 Q_1（或 Q_2）越大，其进口压力 p_1（或 p_2）则越高。因此集流阀的压力反馈方向正好与分流阀相反。

③ 集流阀只能保证执行元件回油时同步。

🔧 315. 分流集流阀的结构原理是怎样的？

分流集流阀具有分流和集流功能。当油源向两相同液压缸供油时，通过分流集流阀的分流功能，可使两液压缸保持速度相同（同步）。当液压缸向油箱回油时，通过分流集流阀的集流作用，可使液压缸回程同步。所以分流集流阀又称同步阀，它同时具有分流阀和集流阀两者的功能，能保证执行元件进油、回油时均能同步。

图 3-129 为挂钩式分流集流阀的结构原理。分流工作状态时，因 $p_0 > p_1$（或 $p_0 > p_2$），此压力差将两挂钩阀芯 1、2 分离且钩结成一体，处于分流工况，此时的分流可变节流口是由挂钩阀芯 1、2 的内棱边和阀套（图中未给出）的外棱边组成，分流工作状态时工作原理与上述分流阀相同；集流时，因 $p_0 < p_1$（或 $p_0 < p_2$），此压力差将挂钩阀芯 1、2 合拢对压成一体，处于集流工况，此时的集流可变节流口是由挂钩阀芯 1、2 的外棱边和阀套的内棱边组成，集流时工作原理与上述集流阀相同。

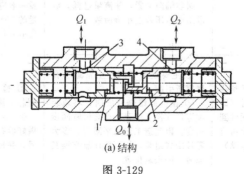

(a) 结构

图 3-129

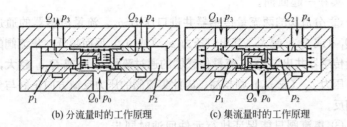

(b) 分流量时的工作原理   (c) 集流量时的工作原理

图 3-129   分流集流阀

1, 2—固定节流孔；3, 4—可变节流口

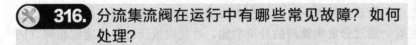

316. 分流集流阀在运行中有哪些常见故障？如何处理？

表 3-43   分流集流阀在运行中的常见故障及处理方法

故障现象	产生原因	排除方法
同步失灵（即几个执行元件不同时运动）	阀芯或换向活塞发生径向卡住。为减少泄漏量对速度同步精度的影响，一般阀芯和阀体、换向活塞和阀芯之间的配合间隙均较小，所以油液脏污或油温过高时，阀芯或换向活塞都易发生径向卡住	检查油温或油液污染状况 并及时清洗阀或换油
同步误差大	阀芯轴向卡紧，使流量过低，或进出油口压差过小等所致	分流集流阀的使用流量一般应不小于公称流量的 25%。进出口压差应不小于 0.78～0.99MPa
执行元件运动到终点时动作异常（即常有一个执行元件到终点，而另一个执行元件却停止了运动）	① 主要是由于阀芯上常通小孔堵塞所引起 ② 在拆卸维修装配时，将原装配零件互换了位置，也会影响同步精度。因制造工艺水平限制，多为零件配式组装，故不能任意交换其原装件的安装位置	① 检查清洗，保证阀芯中常通小孔畅通 ② 维修拆装时，要做好拆卸零配件的座位号，并按原装复位

第 13 节

叠 加 阀

317. 什么是叠加阀?

叠加阀是一种可以相互叠装的液压阀。它本身的内部结构与一般常规液压阀相仿,不同的是每一叠加阀以自身的阀体作为连接体,同一通径的各种叠加阀的结合面上均有连接尺寸相同的 P、A、B、T 等油口,这样相同通径的叠加阀就可按不同的系统要求选择适合的几个叠加阀互相用长螺栓串成一串,叠装起来,组成液压回路与一个完整的液压系统。每个叠加阀既起到控制元件的作用,又起到通油通道的作用(见图 3-130、图 3-131)。

图 3-130 叠加阀的外观

318. 叠加阀有哪些优点?

① 减小了装置和安装的空间。

② 不需要特殊安装技能,而且能很快和方便地增加或者改变液压回路。

③ 克服管道连接的泄漏、振动和噪声问题,增大了液压系统的可靠性。

④ 由于组装成叠加组件,便于维修、检查和随时更改设计。

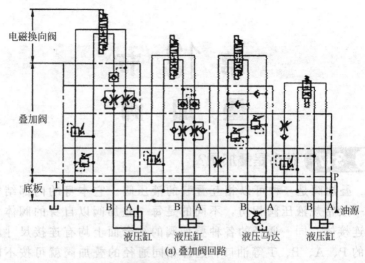

电磁换向阀

叠加阀

底板

T B A B A B A B A 油源

液压缸　　液压缸　　液压马达　　液压缸

(a) 叠加阀回路

(b) 叠加阀外形

图 3-131　叠装起来的叠加阀

🔧 319. 叠加阀的结构原理是怎样的?

与其他常规阀一样,它包括压力阀(溢流、减压、顺序、卸荷、制动以及压力继电器等)、流量阀(节流阀、调速阀)以及方向阀(单向阀和液控单向阀)等多种规格型号。其工作原理与本章中前述的方向阀、压力阀和流量阀中所述的常规阀完全相同,结构上也没有太大差异。但由于叠加阀还要起通道作用,所以每种规格的叠加阀都有一些通油孔（如 P、A、B、T 等）。结构原理见表 3-44。

表 3-44　叠加阀的结构原理

类型	外观、工作原理、结构及图形符号
叠加溢流阀	直动式叠加溢流阀外观与工作原理如图 3-132(a)、(b) 所示，泵来的压力油 p 经 a 孔作用在阀芯左端面上，产生向右的力，调压弹簧产生向左的力，向左的力大于向右的力时，P 与 T 不通；当压力 p 继续上升到向右的力大于向左的力时，阀芯右移，P 到 T 接通溢流，压力不再上升，限制了最高压力。调压螺钉则可用来调节最高压力的大小 直动式叠加溢流阀的结构、图形符号及立体分解图分别如图 3-132(c)、(d) 所示，先导式叠加溢流阀结构原理如图 3-132 所示。 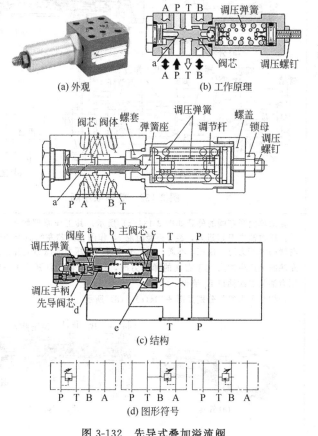

（图中标注说明）
(a) 外观
A P T B　调压弹簧　阀芯　调压螺钉
a　A P T B
(b) 工作原理

阀芯　阀体　螺套　弹簧座　调压弹簧　调节杆　螺盖　锁母　调压螺钉
a　P　A　B　T

阀座　b 主阀芯　c　T　P
调压弹簧　调压手柄　先导阀芯　d　e　T　P
(c) 结构

P T B A　P T B A　P T B A
(d) 图形符号

图 3-132　先导式叠加溢流阀

类型	外观、工作原理、结构及图形符号

叠加顺序阀的外观如图 3-133(a) 所示，其工作原理如图 3-133(b) 所示：液流从叠加阀底面 P 孔流入，经阀芯阻尼孔 a 作用在阀芯左端面上，产生的力小于调压弹簧向左的弹力时，P 到 P_1 不通；当压力 p 上升，作用在阀芯左端面上产生的力大于调压弹簧向左的弹力时，阀芯右移，P 到 P_1 的通道被打开，P 到 P_1 连通。结构与工作原理均与普通顺序阀相同。

结构与图形符号分别见图 3-133(c)、(d) 所示。

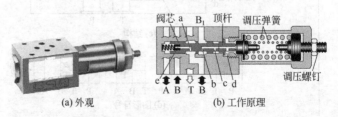

(a) 外观

(b) 工作原理

(c) 结构

(d) 图形符号

图 3-133　叠加顺序阀

叠加单向顺序阀的外观如图 3-134(a) 所示，其工作原理如图 3-134(b) 所示：压力油由 B 口进入，经 a 再经阻尼 e，作用在阀芯左端面上产生的力小于右端的弹簧力时，B→B_1 不通；当由 B 口进入的压力油压力上升，作用在阀芯左端面上产生的力大于右端的弹簧力时，阀芯右移，打开了 B→B_1 的通路，压力油从二次油口 B_1 流出

结构与图形符号分别见图 3-134(c)、(d) 所示

(a) 外观

(b) 工作原理

类型	外观、工作原理、结构及图形符号
叠加单向顺序阀	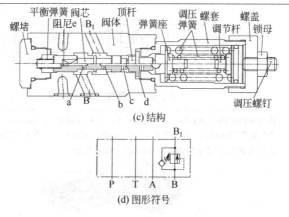 (c) 结构 (d) 图形符号 图 3-134　叠加单向顺序阀
叠加溢流减压阀	仅对三通式叠加溢流减压阀加以说明。叠加溢流减压阀的外观如图 3-135 (a) 所示，其工作原理如图 3-135(b) 所示 　　正向油流 P→P_1 时经减压口减压，行使减压功能，其工作原理与非叠加式溢流减压阀相同；当 P_1 压力过大，油液由 P_1→阻尼孔 a→阀芯左端面上，阀芯右移，关闭了减压口，打开溢流口，反向油从 P_1→阀芯中心孔→孔 c→孔 b →T 回油箱，为溢流功能 　　结构与图形符号分别见图 3-135(c)、(d) 所示 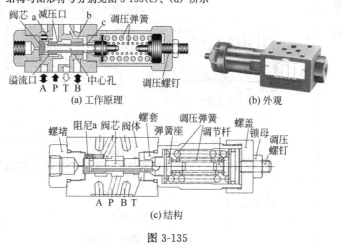(a) 工作原理　　(b) 外观 (c) 结构 图 3-135

类型	外观、工作原理、结构及图形符号

叠加溢流减压阀

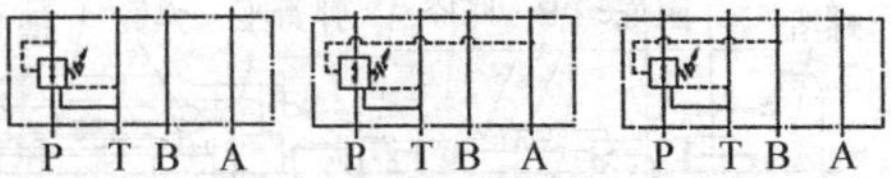

(d) 图形符号

图 3-135　叠加溢流减压阀

叠加单向阀的外观如图 3-136(a) 所示，工作原理如图 3-136(b) 所示；与非叠加式普通单向阀相同，压力油从 P→P₁ 导通，反向 P₁→P 不能流动而截止

结构与图形符号分别如图 3-136(c)、(d) 所示

(a) 外形

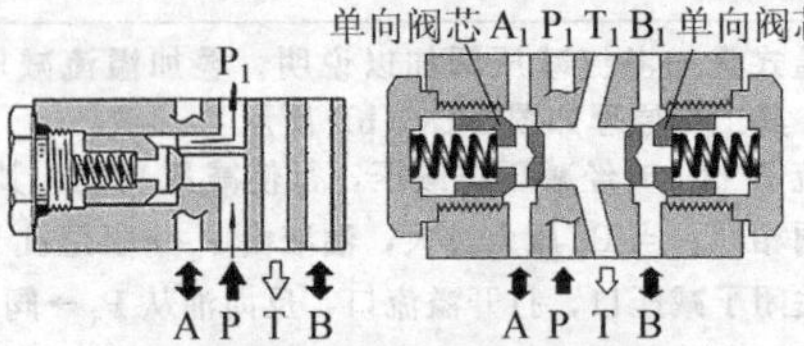

(b) 工作原理(右图为双单向阀)

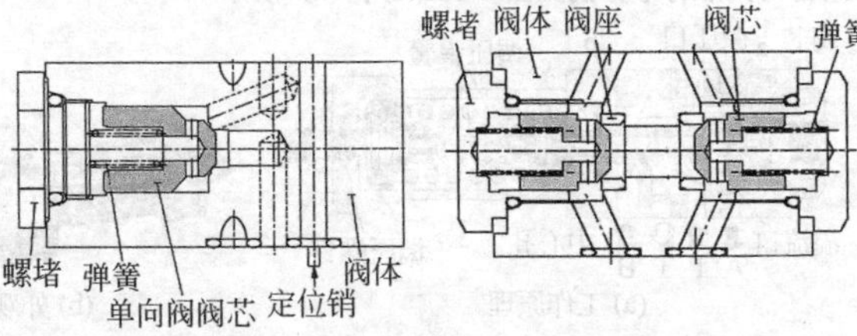

叠加单向阀

(c) 结构

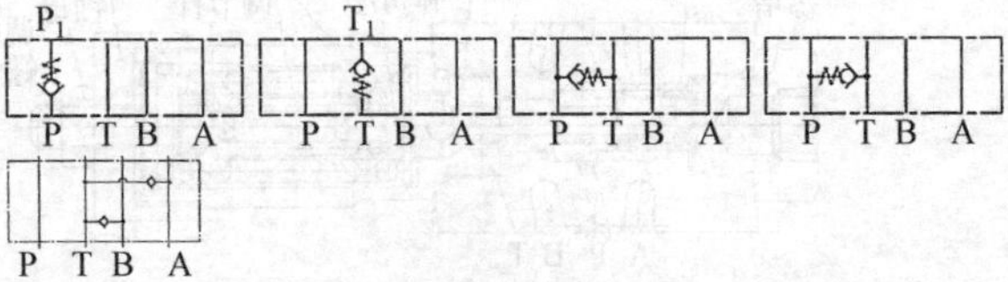

(d) 图形符号

图 3-136　叠加单向阀

类型	外观、工作原理、结构及图形符号
叠加液控单向阀（双向液压锁）	双液控单向阀的外观如图 3-137（a）所示，工作原理如图 3-137（b）所示：当控制活塞右端通入压力控制油，控制活塞左行，推开左边的单向阀，实现 $B_1 \rightarrow B$ 或 $B \rightarrow B_1$ 正反方向的流动；反之，当控制活塞左端通入压力控制油，控制活塞右行，推开右边的单向阀，实现 $A_1 \rightarrow A$ 或 $A \rightarrow A_1$ 正反方向的流动 结构与图形符号分别如图 3-137（c）、（d）所示 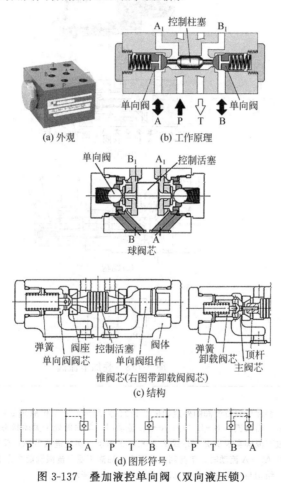 图 3-137 叠加液控单向阀（双向液压锁）

类型	外观、工作原理、结构及图形符号
叠加节流阀	叠加节流阀的外观如图 3-138(a) 所示，其工作原理如图 3-138(b) 所示：压力油从 P 流入，经节流口后从 P_1 口流出，开口大小由旋转手柄调节，从而调节了出口的流量大小 结构与图形符号分别如图 3-138(c)、(d) 所示  (a) 外观 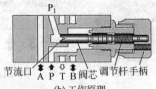 节流口 A P T B 阀芯 调节杆 手柄 (b) 工作原理 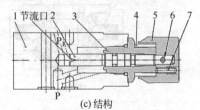 1 节流口 2 3 4 5 6 7 (c) 结构 P T B A (d) 图形符号 图 3-138 叠加节流阀
叠加单向节流阀	叠加单向节流阀的外观如图 3-139(a) 所示，其工作原理如图 3-139(b) 所示：当液流从 B→B_1 或从 A→A_1 流动时，单向阀处于关闭状态，液流只能通过节流阀实现从 B→B_1 或从 A→A_1 的流动，实现进油节流；反向从 B_1→B 或从 A_1→A 流动时，单向阀阀芯开启，油液不受节流限制而自由流动 结构与图形符号分别见图 3-139(c)、(d) 所示

类型	外观、工作原理、结构及图形符号
叠加单向节流阀	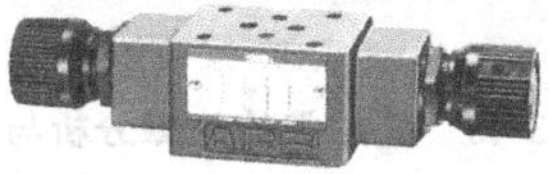 (a) 外观 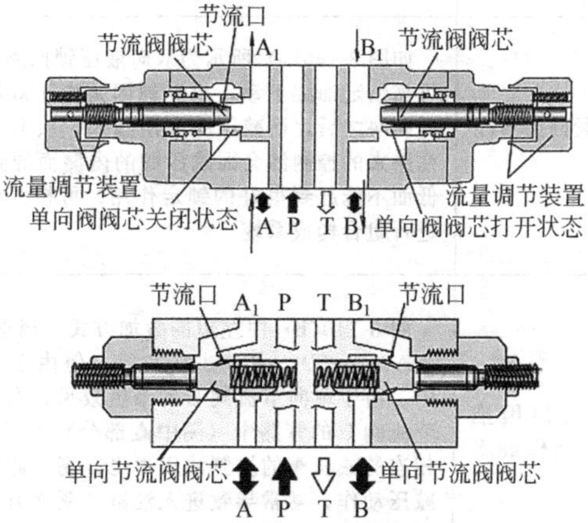 节流口 节流阀阀芯 A_1 B_1 节流阀阀芯 流量调节装置 单向阀阀芯关闭状态 A P T B 流量调节装置 单向阀阀芯打开状态 节流口 A_1 P T B_1 节流口 单向节流阀阀芯 单向节流阀阀芯 A P T B (b) 工作原理(左图单向阀与节流阀芯分开，右图单向阀与节流阀芯为一体) 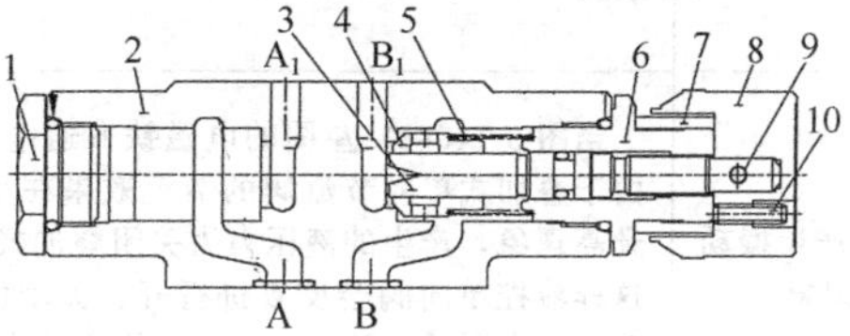 1 2 3 4 5 6 7 8 9 10 A_1 B_1 A B (c) 结构例 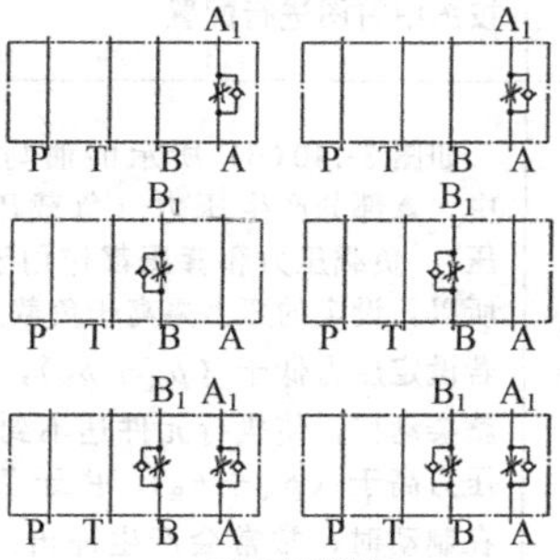 A_1 A_1 P T B A P T B A B_1 B_1 P T B A P T B A B_1 A_1 B_1 A_1 P T B A P T B A (d) 图形符号 图 3-139 叠加单向节流阀

320. 怎样分析和排除叠加阀的故障？

表 3-45　叠加阀的故障分析与排除方法

故障	故障分析与排除
故障 1：锁紧回路不能可靠锁紧	如图 3-140(a) 所示为双向液压锁回路。图左的回路不能可靠锁定油缸不动，故障原因是由于双液控单向阀块在减压阀块之后，而减压阀为滑阀式，从 B 经减压阀先导控制油路来的控制油会因减压阀的内漏而导致 B 通道的压力降低而不能起到很好的锁定作用。可按图中右边的叠加顺序进行组合构成系统
故障 2：液压缸因推力不够而不动作或不稳定	图 3-140(b) 中左边的叠加方式，当电磁铁 a 通电时（P→A，B→T），本应油缸左行，但由于 B→T 的流动过程中，由于单向节流阀 C 的节流效果，在油缸出口 B 至单向节流阀 C 的管路中（图中▲部分）的背压升高，导致与 B 相连的减压阀的控制油压力也升高，此压力使减压阀进行减压动作，常常导致进入油缸 A 腔的压力不够而推不动油缸左行，或者使动作不稳定，所以应按右图进行组合构成系统
故障 3：油缸产生振动（时停时走）现象	当图 3-140(c) 左图的电磁铁 b 通电时（P→B，A→T），由于叠加式单向节流阀的节流效果在图中▲部位产生压力升高现象，产生的液压力为关闭叠加式液控单向阀的方向，这样液控单向阀会反复进行开、关动作，使油缸发生振动现象（电磁铁 a 通电，B→T 的流动也同样）。解决办法是按图中右图进行配置
故障 4：叠加式制动阀与叠加式单向阀出口节流时产生的故障	如图 3-140(d) 所示的油马达制动回路中，左图（误）中，▲部分产生压力（负载压力以及节流效果产生的背压），负载压力和背压都作用于叠加式制动阀打开的方向，所以，设定的压力要高于负载压力与背压之和（p_A+p_B），若设定压力低于（p_A+p_B），在驱动执行元件时，制动阀就会动作，使执行元件达不到要求的速度；反之，若设定压力高于（p_A+p_B），由于负载压力相应设定压力过高，在制动时，常常会产生冲击。所以，在进行这种组合时，要按右图（正确）的组合构成系统

故障	故障分析与排除

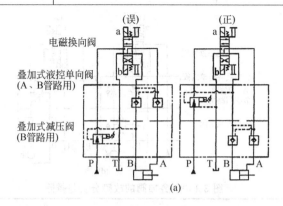

(a)

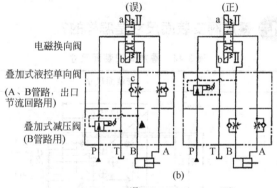

(b)

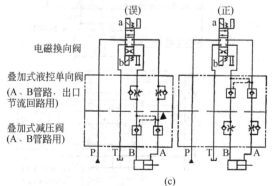

(c)

图 3-140

第**3**章 控制元件——液压阀 **391**

故障	故障分析与排除

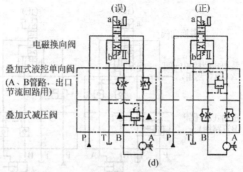

图 3-140　叠加阀的故障分析与排除

321. 叠加阀安装面尺寸是怎样的?

表 3-46　叠加阀安装面尺寸

通径	安装面尺寸
6 通径与 10 通径	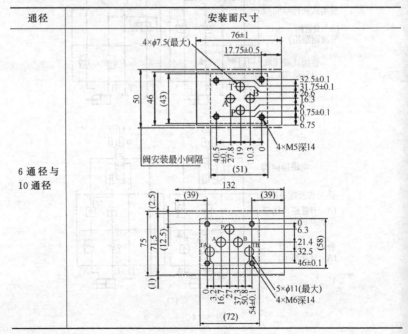

通径	安装面尺寸
20 通径	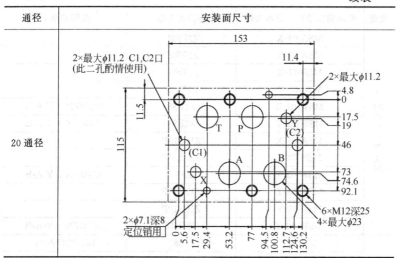

322. 各国叠加式阀型号如何对照？

表 3-47　叠加式阀型号对照表

类型	中国榆次油研、日本油研	德国力士乐	美国威格士
叠加式溢流阀	MBP-01	ZDB6VP	DGMC-3-PT
	MBA-01	ZDB6VA	
	MBB-01	ZDB6VB	
	MBP-03	ZDB10VP	DGMC-5-PT
	MBP-03	ZDB10VA	DGMC2-5-AT
	MBA-03	ZDB10VB	DGMC2-5-BT
	MBB-03	ZDB10VC	DGMC2-5-AT-BT
叠加式减压阀	MRP-01	DZR6DP/YM	DGMX-3-PP
	MRA-01	DZR6DP/YM	DGMX-3-PA
	MRB-01		DGMX-3-PB
	MRP-03	DZR10DP/YM	DGMX-5-PP
	MRA-03	DZR10DA/YM	DGMX-5-PA
	MRB-03		DGMX-5-PB

类型	中国榆次油研、日本油研	德国力士乐	美国威格士
叠加式单向节流阀	MSA-01-X	Z1FS6P	
	MSA-01-Y	Z1FS6P	
	MSB-01-X	Z1FS6P	
	MSB-01-Y	Z1FS6P	
	MSW-01-X	Z2FS6	DGMFN-3-Y-A-B
	MSW-01-Y	Z2FS6	DGMFN-3-Y-A-B
	MSA-03-X	Z1FS10P	
	MSB-03-X	Z1FS10P	
	MSW-03-X	Z2FS10	DGMFN-5-Y-A-B
	MSA-03-Y	Z1FS10P	
	MSB-03-Y	Z1FS10P	
	MSW-03-Y	Z2FS10	DGMFN-5-Y-A-B
叠加式单向阀	MCP-01	Z1S6P	DGMDC-3-PY
	MCP-1	Z1S6T	DGMDC-3-TX
	MCP-03	Z1S10P	(DGMDC-5-PY)
	MCA-03	Z1S10A	
	MCB·03	Z1S10B	
	MCT-03	Z1S10T	DGMDC-5-TX
叠加式液控单向阀	MPA-01	Z2S6A	DGMPC-3-ABK
	MPB-01	Z2S6B	DGMPC-3-BAK
	MPW-01	Z2S6	DGMPC-3-ABK-BAK
	MPA-03	Z2S10A	DGMPC-5-ABK
	MPB-03	Z2S10R	DGMPC-5-BAK
	MPW-03	Z2S10	DGMPC-5-ABK-BAK

第 14 节

插 装 阀

常规液压阀要做成大流量非常困难,为了满足大流量和超大流量(数千、上万升/分)液压系统的需要,插装阀自20世纪七八十年代应运而生，发展较快。插装阀是以标准的插装件（逻辑单元）按需要插入阀体内的孔中，并配以不同的先导阀而形成各种控制阀乃至整个控制系统。它具有体积小、功率损失小、动作快、便于集成等优点，特别适用于大流量液压系统的控制和调节。

 323. 插装阀的组成和插装单元的工作原理是怎样的？

表 3-48　插装阀的组成和插装单元的工作原理

项目	说明
插装阀的组成	插装阀有盖板式和螺纹式两类。盖板式插装阀由先导部分（先导控制阀和控制盖板）、插装件和集成通道块（阀体）等组成   (a) 先导控制阀和控制盖板　(b) 插装件  (c) 插装阀总成 图 3-141　插装阀的组成

项目	说明
插装阀的组成	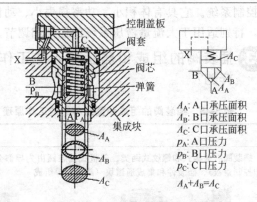 控制盖板 阀套 阀芯 弹簧 集成块 A_A：A口承压面积 A_B：B口承压面积 A_C：C口承压面积 p_A：A口压力 p_B：B口压力 p_C：C口压力 $A_A+A_B=A_C$ 图 3-142　插装单元的承压面积

插装阀的组成

1. 插装件

弹簧1
阀芯2
A_A
O形圈
阀套3
B孔
密封件4
A孔
$Ac(Ax)$

(a) 插装件的组成　　(b) 插装件的图形符号

图 3-143　插装件的组成与图形符号

1—弹簧；2—阀芯；3—阀套；4—O形圈

2. 控制盖板

顶面
接压力表
L
X
C

(a) 顶面不装电磁阀等先导阀的盖板(顶面可接压力表)

项目	说明

图 3-144　控制盖板

	集成块又叫通道块，是用来安装插装件、控制盖板和其他控制阀，沟通主油路和控制油路的块体（图 3-145）。块体上装入若干个插装件、控制盖板和先导控制元件，可构成一些典型的液压回路。它们可分别起到调压、卸荷、保压、顺序动作以及方向控制和流量调节等作用，组成整台液压设备的插装阀液压控制系统

图中标注：剖面A—A、剖面B—B、剖面C—C、(b) 顶面装电磁阀等的盖板、(c) 带定位杆的盖板

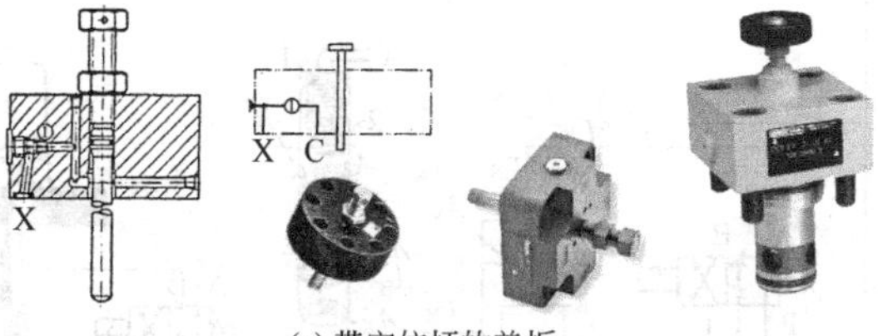

项目栏：插装阀的组成、2. 控制盖板、3. 集成块

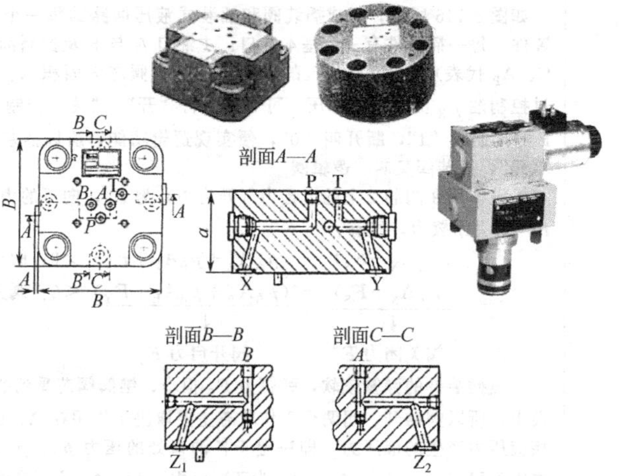

图 3-145　插装阀的集成块

项目	说明
插装单元的工作原理	如图 3-146 所示，组成插装阀和插装式液压回路的每一个基本单元叫插装件。每一插装件有三个基本油口：主油口 A 与 B 及控制油口 X（也有用 C、A_P 代表）。从 X 口进入的控制油作用在阀芯大面积 A_X（A_C）上，通过控制油 p_X 的加压或卸压，可对阀进行"开"、"关"控制。如果将 A 与 B 的接通叫"1"，断开叫"0"，便实现逻辑功能，所以插装件又叫"逻辑单元"，插装阀又叫"逻辑阀"

设作用在阀芯 2 上的上抬力（开启力）为 F_0，向下的力（关闭力）为 F，略去摩擦力，则有：

$$(p_X A_X + F_S) - (p_A A_A + p_B A_B + F_Y) > 0：阀开启$$

$$\underbrace{(p_X A_X + F_S)}_{阀关闭力\ F} - \underbrace{(p_A A_A + p_B A_B + F_Y)}_{阀开启力\ F_0} < 0：阀关闭$$

一般插装件的弹簧较软，弹簧力 F_S 很小，锥阀阀芯受到的液动力 F_Y 也很小，所以阀的开、闭两个工作状态主要取决于作用在 A、B、X 三腔油液相应压力产生的液压力，即决定于各油口处的压力 p_A、p_B、p_X 和对应的作用面积（A_A、A_B、A_X，A_A 为环形面积，A_B、A_X 为圆形面积）之乘积。

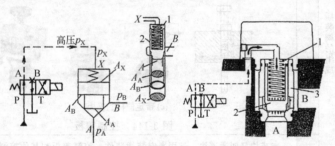

(a) 电磁铁断电，阀关闭，A 与 B 不通($F > F_0$)

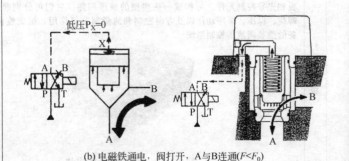

(b) 电磁铁通电，阀打开，A 与 B 连通($F < F_0$)

项目	说明
插装单元的工作原理	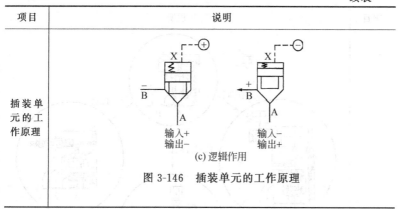 (c) 逻辑作用 图 3-146　插装单元的工作原理

324. 插装阀如何实现方向、流量和压力控制？

如上所述，单个插装件能实现接通和断开两种基本功能，通过插件与阀盖（盖板）的组合，可构成表 3-49 所列方向、流量以及压力控制等多种控制功能阀（多种控制阀与组合阀），也可构成液压控制回路以及独立完整的液压控制系统。

表 3-49　插装阀的方向、流量和压力控制

项目	说明
插装件的用途	图 3-147 为用插装件（逻辑单元）配以不同盖板（如先导式溢流阀盖板、先导换压阀盖板以及流量调节杆阀盖板）构成方向、流量和压力控制的例子。如果将图中单个的插件分别插入各个分立阀体中，则可构成与常规式三大类功能相同的方向、压力和流量控制阀，称之为分立式插装阀［图 3-147(a)］；如果将若干个功能不同的插装件放在一个通路块（集成块）内，又可构成组合式的插装阀，实现对方向、压力和流量的综合控制，称为组合式插装阀或者多功能阀［图 3-147(b)］；利用图 3-147(c) 中若干个不同类型的插装件进行组合，更可组成一个完整的液压系统

项目	说明

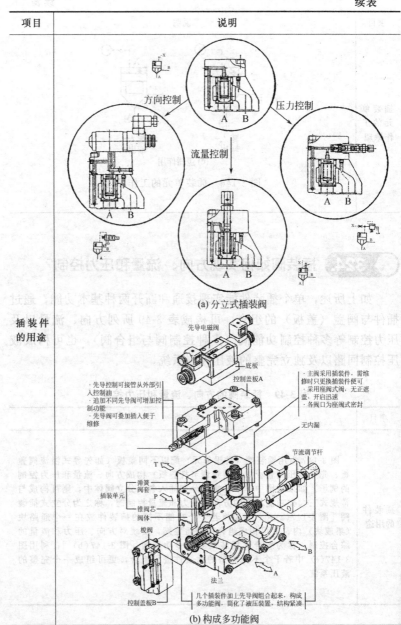

方向控制

压力控制

流量控制

A B

A B

A B

(a) 分立式插装阀

先导电磁阀

底板

控制盖板A

·主阀采用插装件，需维修时只更换插装件便可
·采用座阀式阀，无正遮盖、开启迅速
·各阀口为座阀式密封

·先导控制可接管从外部引入控制油
·追加不同先导阀可增加控制功能
·先导阀可叠加插入便于维修

无内漏

节流调节杆

T

弹簧
阀套

P

锥阀芯
阀体

梭阀

B

A

法兰

控制盖板B

几个插装件加上先导阀组合起来，构成多功能阀，简化了液压装置，结构紧凑

插装单元

插装件
的用途

(b) 构成多功能阀

项目	说明

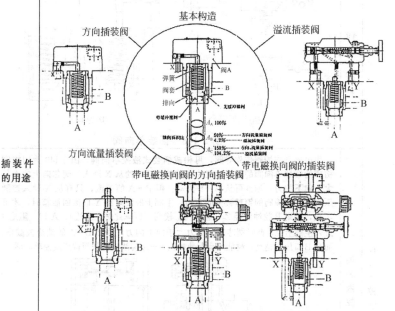

(c) 若干个不同插装件插入块体内，可组合成液压系统

图 3-147　插装件的用途

1. 方向控制插装单向阀

利用单个或几个插装件和先导控制部分（控制盖板与先导阀）的不同组合方式，可组成类似于常规方向控制阀中的单向阀、液控单向阀、液动换向阀及电液动换向阀的插装阀品种，并且构成换向阀的"位"与"通"及各种不同中位职能的控制形式

逻辑单元构成逻辑单向阀时只需将控制油 X 和主油路 A 或者 B 接通便可。如果控制油由 A 口引入，此时 $p_X \approx p_A$，$p_A > p_B$ 时，阀关闭；$p_B > p_A$ 时，阀开启。如果控制油由 B 口引入，$p_B \approx p_X$，$p_B > p_A$ 时，阀关闭；$p_B < p_A$ 且 $p_A A_A > KX_0 + p_B (A_X - A_B)$ 时，阀开启，起单向阀作用。图中符号"⊗"表示节流阻尼

图 3-148（b）的结构图中，控制油 X 是从 B 引入的，则构成 B→A 截止，A→B 导通的单向阀

项目		说明

插装单向阀

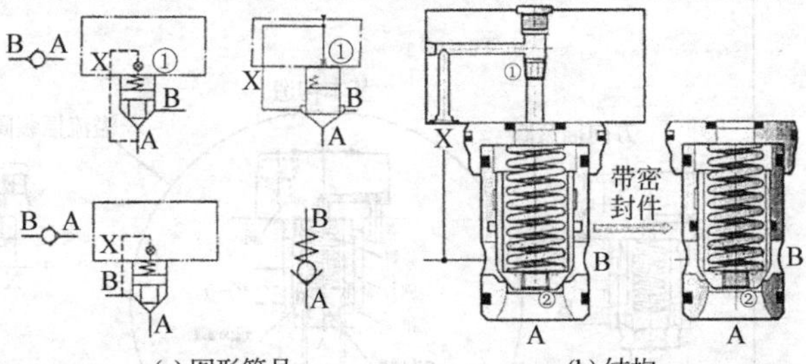

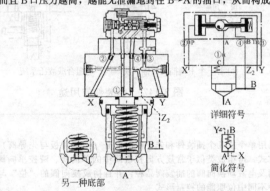

(a) 图形符号　　(b) 结构

图 3-148　插装单向阀

1.方向控制

插装液控单向阀

用电磁阀或梭阀作先导阀，可构成插装式液控单向阀。图 3-149 为用梭阀构成的液控单向阀的例子。无论有无控制压力油从 X 进入，阀芯向上的力总大于向下的力，油液可从 A→B 流动；但 B→A 的油流，只有从 X 通入控制压力油时，梭阀的钢球被推向右边，主阀上腔油液经 Y 口流回油箱时，才可实现，否则 B 腔油液经 Z_2、阻尼 4、梭阀（钢球此时在左边）、A 口、阻尼 1 进入主阀上腔，此时阀芯向下的力大于向上的力，因此 B→A 的油液被截止。而且 B 口压力越高，越能无泄漏地封住 B→A 的油口，从而构成液控单向阀

详细符号

简化符号

另一种底部

图 3-149　插装式液控单向阀

电磁式插装液控单向阀

图 3-150 为用电磁阀作先导阀构成的液控单向阀。如果过渡板内右边的 ① 孔被堵住，其控制原理的图形符号为下图；如果过渡板内左边的 ① 孔堵住则图形符号为上图。两种情况 A→B 的油液均可自由通过。图中代号 1 在初始位置，油液反向（B→A）被截止，即电磁铁不通电时，行使单向阀的功能；而当电磁铁通电时，主阀上腔控制油经阻尼 ① →电磁阀右位→油口 T→油口 Y→油箱，因而可实现 B→A 的油液也可流动，即不通电为单向阀功能，通电为液控单向阀功能

项目		说明
1.方向控制	电磁式插装液控单向阀	图中代号2的情况则与上述相反,不通电时油液正反方向都可流动,为液控单向阀功能,而通电则只能是单向阀功能 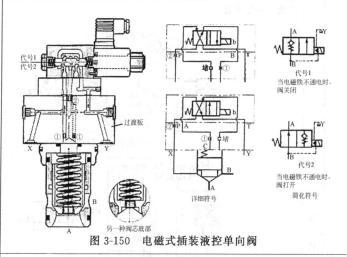 图 3-150　电磁式插装液控单向阀
	插装式电液换向阀	① 插装式二位二通电液方向阀 　由 2～4 个插装单元和先导电磁阀可组成二位二通、二位三通、三位三通、四位三通、三位四通、四位四通与十二位四通等电液动换向阀。图 3-151 为二位二通插装式电液方向阀的工作原理。图 3-151 (a),当电磁铁断电时,控制油通过先导电磁阀到油箱,油液可 A→B;图 3-151 (b),当电磁铁通电时,控制油由 A 引入压力油,A 到 B 不通 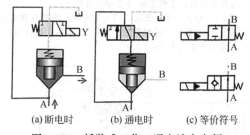 (a)断电时　　(b)通电时　　(c)等价符号 图 3-151　插装式二位二通电液方向阀 ② 插装式二位三通电液方向阀 　如图 3-152 (a),当电磁铁断电时,先导电磁阀左位工作,右边插件控制腔通入控制压力油而关闭,左边插件控制腔通回油而打开,实现主油路 A 与 T 通,不与 P 通

项目	说明
1. 方向控制 / 插装式电液换向阀	图 3-152(b)，当电磁铁通电时，先导电磁阀右位工作，左边插件控制腔通入控制压力油而关闭，右边插件控制腔通回油而打开，实现主油路 P 与 A 通，不与 T 通 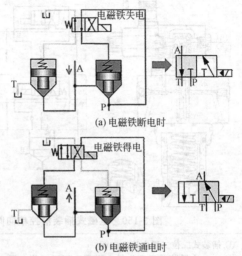 图 3-152　插装式二位三通电液方向阀 ③ 插装式三位四通电液方向阀 　　如图 3-153(a)，1YA 与 2YA 均断电时，先导电磁阀处于中位，P 来控制油进入所有插装件的控制腔，插件 1、2、3 与 4 都关闭，主油口 P、A、B、T 均互不相通，主阀实现 O 型中位机能 　　图 3-153(b)，2YA 通电，1YA 断电时，先导电磁阀右位工作，P 来控制油进入 2、4 插装件的控制腔，所以 2、4 两个插件关闭，1、3 两个插件打开，实现主油口 P→B，A→T 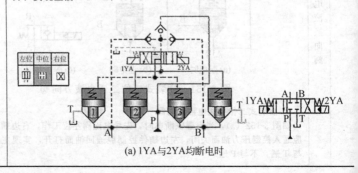 (a) 1YA 与 2YA 断电时

项目	说明
	图 3-153(c)，1YA 通电，2YA 断电时，先导电磁阀左位工作，P 来控制油进入 1、3 插装件的控制腔，所以 1、3 两个插件关闭，2、4 两个插件打开，实现主油口 P→A，B→T

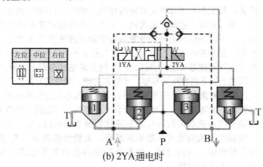

(b) 2YA 通电时

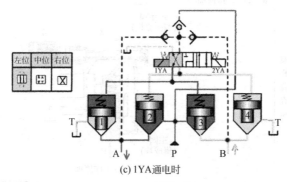

(c) 1YA 通电时

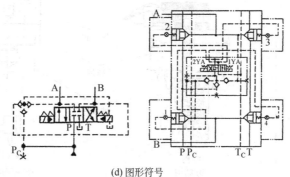

(d) 图形符号

图 3-153　插装式三位四通电液方向阀

（左侧栏：1. 方向控制　插装式电液换向阀）

项目		说明
2.压力控制	插装溢流阀	将小流量常规的先导调压（溢流）阀和插装件相组合，可实现插装阀对压力的控制 　液压系统中的插装溢流阀，是由一小流量先导调压（溢流）阀和插装单元组成，其工作原理和普通溢流阀相同。如图 3-154(a) 所示，插装溢流阀相当于二级（先导＋主阀）溢流阀，上部的先导溢流阀起调压作用，再利用主阀芯上、下两端的压力差和弹簧力的平衡原理来进行压力控制，起定压和稳压作用。当泵来的压力油 p 经 a→阻尼孔 b→先导阀前腔 d→阀座 1 中心孔，作用在先导阀阀芯 2 上，当压力产生的力未超过弹簧 3 的弹力时，阀芯 2 关闭，主阀芯上、下两腔压力相等，主阀芯关闭，泵继续升压；当泵来的压力油 p 超过弹簧 3 的弹力时，先导阀打开，于是主阀芯上腔油液→阀座 1 中心孔→c→T 而泄压，主阀芯上、下两腔压力便不相等而打开溢流，压力不再升高 　插装式溢流阀的结构与图形符号如图 3-154(b)、(c) 所示 　插装式溢流阀也可根据不同需要，去设计油路块，构成类似普通溢流阀的外控外泄、外控内泄、内控外泄和内控内泄等形式，图 3-154 为内控内泄式，T孔接油箱 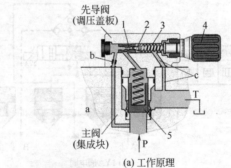 先导阀 (调压盖板) 主阀 (集成块) (a) 工作原理 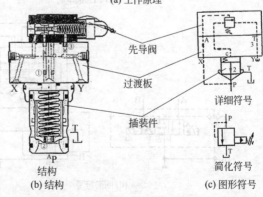 先导阀　　过渡板　　插装件 详细符号 简化符号 结构 (b) 结构　　(c) 图形符号 图 3-154　插装溢流阀

项目	说明
2.压力控制	**插装电磁溢流阀** 图 3-155 为插装电磁溢流阀结构。其工作原理与前述的普通电磁溢流阀相同，先导电磁阀也有常开与常闭两种，决定是通电卸压还是断电卸压由此而定。图中图形符号表通电升压，为常开式 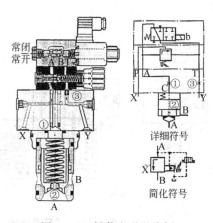 图 3-155　插装电磁溢流阀 **插装式卸荷阀** 图 3-156 为插装式卸荷阀结构。泵的出口与 A 口相连，B 口与油箱相连，控制油从 X 口进入。当控制油压力大于先导调压阀调压手柄预先设定的压力时，先导球阀打开，控制回油从 Y 口经一单独的回油管流回油箱，泵卸荷 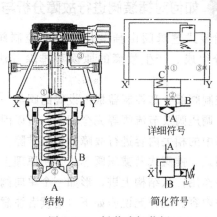 图 3-156　插装式卸荷阀

项目	说明
3.流量控制 插装节流阀	在插装阀的控制盖板上安装调节螺钉，对阀芯的行程开度大小进行控制，达到改变由 A→B 通流面积的大小，从而可对流经插装阀的流量大小进行控制，成为插装式节流阀。图 3-157 为常见的插装式节流阀的结构及图形符号。 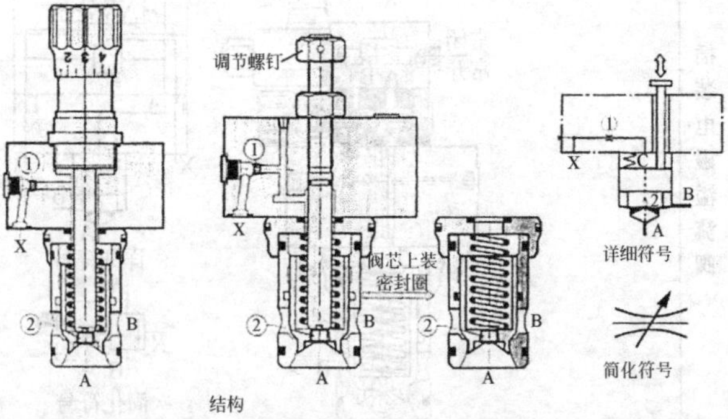 图 3-157　插装节流阀 插装节流阀与定压差减压阀相组合，也可构成插装调速阀

325. 如何对插装阀进行故障分析与排除？

二通插装式逻辑阀由插装件、先导控制阀、控制盖板和块体等四部分组成。产生故障的原因和排除方法也着眼于这四个地方。

先导控制阀部分和控制盖板内设置的阀与一般常规的小流量电磁换向阀、调压阀及节流阀等完全相同，所以因先导阀引起的故障可参阅本书中的相关内容进行故障分析与排除。而插装件不外乎为三种：滑阀式、锥阀式及减压阀芯式。从原理上讲，均起开启或关闭阀口两种作用，从结构上讲，形如一个单向阀，因而也可参考单向阀的相关内容。现补充说明如下（请读者注意：插装阀的故障有许多来自设计不当），见表 3-50。

表 3-50　插装阀的故障分析与排除方法

故障	故障分析与排除
故障1：丧失"开"或"关"的逻辑功能，阀不动作	产生这一故障时，对方向插装阀，表现为不换向；对压力阀，表现为压力控制失灵；对流量阀，则表现为调节流量大小失效 　　产生这类故障的主要原因一是控制油，二是插装阀阀芯卡死。要么卡死在开启（全开或半开）位置，要么卡死在全关或半关位置。这样，需要"关"时不能关，需要"开"时不能开，而丧失逻辑性能 　　产生这种故障的具体原因和排除方法有 　　① 控制腔 X 的输入有故障：控制腔 X 的输入来自先导控制阀与控制盖板，如果先导控制阀例如方向阀不换向、先导调压阀不调压等故障，势必使主阀上腔的控制腔（X 腔）的控制压力油失控，输入的逻辑关系被破坏，那么输出势必乱套 　　解决办法是要先排除先导阀（如先导电磁阀）或者装在控制盖板内的先导控制元件（如梭阀、单向阀、调压阀等）的故障，使输入信号正常 　　② 油中污物楔入插装阀芯与阀套之间的配合间隙，将主阀芯卡死在"开"或"关"的位置。此时应清洗插装件（逻辑单元），必要时更换干净油液 　　③ 阀芯或阀套棱边处有毛刺，或者装配使用过程中阀芯外圆柱面上拉伤，而卡住阀芯，此时需倒毛刺 　　④ 因加工误差，阀芯外圆与阀套内孔几何精度超差，产生液压卡紧。这一情况往往被维修人员忽视，因为液压卡紧现象只在工作过程中产生，如果阀芯外圆与阀套内孔存在锥度和失圆现象，便会因压力油进入环状间隙产生径向不平衡力而卡死阀芯。卸压后或者拆开检查，阀芯往往是灵活的，并无卡死现象，此时需检查有关零件精度，必要时修复或重配阀芯 　　⑤ 阀套嵌入阀体（集成块体）内，因外径配合过紧而招致内孔变形；或者因阀芯与阀套配合间隙过小而卡住阀芯。可酌情处理 　　⑥ 阀芯外圆与阀套孔配合间隙过大，内泄漏太大，泄漏油从间隙漏往控制腔，在应开阀时也可能将阀芯关闭，造成动作状态错乱，应设法消除内泄漏
故障2：应关阀时不能可靠关闭	如图 3-158(a) 所示，当 1YA 与 2YA 均断电时，两个逻辑阀的控制腔 X_1 与 X_2 均与控制油接通。此时两插装阀均应关闭。但当 P 腔卸荷或突然降至较低的压力，A 腔还存在比较高的压力时，阀 1 可能开启，A、P 腔反向接通，不能可靠关闭，而阀 2 的出口接油箱，不会有反向开启问题 　　解决办法是采用图 3-158(b) 所示的方法，在两个控制油口的连接处装一个梭阀，或两个反装的单向阀，使阀的控制油不仅引自 P 腔，而且还引自 A 腔，当 $p_P > p_A$ 时，P 腔来的压力控制油使逻辑阀 1 处于关闭，且梭阀钢球（或单向阀 I_2）将控制油腔与 A 腔之间的通路封闭。当 P 腔卸荷或突然降压使 $p_A > p_P$ 时，来自 A 腔的控制油推动梭阀钢球（或 I_1）将来自 P 腔的控制油封闭，同时经电磁阀与逻辑阀的控制腔接通，使逻辑阀仍处于关闭状态。这样不管 P 腔或 A 腔的压力发生什么变化，均能保证逻辑阀的可靠关闭

故障	故障分析与排除
	当梭阀因污物卡住或者梭阀的钢球（或阀芯）拉伤等原因，造成梭阀密封不严时，也会造成反向开启的故障
故障2：应关阀时不能可靠关闭	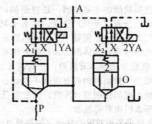 (a) 逻辑阀1不能可靠关闭的情况 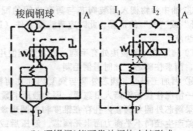 (b) 逻辑阀1能可靠关闭的内控形式 图3-158　不能可靠关闭对策
故障3：逻辑阀不能封闭保压，保压不好	保压在一些液压设备上是不可缺少的一种工况，例如锁模保压和注射保压等 　　保压回路中一般可采用液控单向阀进行保压。图3-159(a)、(b)所示为用滑阀式换向阀作先导阀的液控单向阀，或以滑阀式液动换向阀作先导阀的液控单向阀，只能用在没有保压要求和保压要求不高的系统中。如果将其用在保压系统中，自然会出现保压不好的故障。因为图3-159(a)、(b)所示的液控单向阀，虽然主阀关闭，但仍有一小部分油泄漏到油箱或另一油腔。如图3-159(a)所示，当1YA断电，$p_A > p_B$时，虽然A、B腔之间能依靠主阀芯锥面可靠密封，通常状况下绝无泄漏，但从A腔引出的控制油的一部分压力油会经先导电磁阀的环状间隙（阀芯与阀体之间）泄漏到油箱，还有一部分压力油会经主阀圆柱导向面间的环状间隙漏到B腔，从而使A腔的压力逐渐下降而不能很好保压。如图3-159(b)所示，当2YA断电，$p_B > p_A$时，主油路切断，虽A、B腔之间没有泄漏，但B腔压力油也有一部分经先导电磁阀（或液动换向阀）的环状间隙漏往油箱去，使B腔的压力逐渐下降。当然图3-159(b)的情况略好于图3-159(a)，保压效果稍好，因为没有了B腔压力油经圆柱导向面间的间隙漏向A腔的内泄漏，但均不能严格可靠保压

故障	故障分析与排除
故障3：逻辑阀不能封闭保压，保压不好	为了实现严格的保压要求，可将图3-159(a)、(b)中的滑阀式先导电磁阀改为座阀式电磁阀［图3-159(c)］，或者使用带外控的液控单向阀作先导阀［图3-159(d)］。两种情况下均能确保A、B腔之间无内泄漏，也不会出现经先导滑阀式阀的泄漏，因而可用于对保压要求较高的液压系统中。此外下述原因也影响保压性能 ① 阀芯与阀套配合锥面不密合，导致A与B腔之间的内泄漏 ② 阀套外圆柱面上的O形密封圈密封失效 ③ 阀体上内部铸造质量（例如气孔、裂纹、缩松等）不好造成的渗漏以及集成块连接面的泄漏 可针对不同情况，在分析原因的基础上予以处理 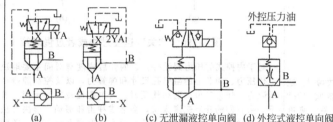 图3-159 不能封闭保压对策
故障4：逻辑阀"开""关"速度过快或者过慢，过快造成冲击；过慢造成动作迟滞，系统各元件不能协调动作	插装单元的主阀芯开关速度（时间）与许多因素有关，如控制方式、工作压力及流量、油温、控制压力和控制流量的大小以及弹簧力大小等。对同一种阀，其开启和关闭速度也是不相同的；另外设计、使用调节不当，均会造成开关速度过快或过慢，以及由此而产生的诸如冲击、振动、动作迟滞、动作不协调等故障 对于外控供油的方向阀元件，开启速度的主要决定因素是A腔和B腔的压力p_A、p_B以及X（C）腔排油管（往油箱）的流动阻力。当p_A和p_B很大，而X腔排油很畅通时，阀芯上下作用力差将很大，所以开启速度将极快，以至造成很大的冲击和振动。解决办法就是在X腔排油管路上加装单向节流阀来提高并可调节其流动阻力，进而减低开启速度；反之，当p_A、p_B很小，而X腔排油又不畅通时，阀芯上下作用压力差很小，所以开启速度很慢，这时却要适当调大装在控制腔X排油管上的节流阀，使X腔能顺利排油［图3-160(a)］ 外控式方向阀元件的关闭速度的主要因素是控制压力p_X与p_A或p_B的差值、控制流量和弹簧力。当差值很小，主要靠弹簧力关阀时，关闭速度就比较慢，反之则较快。要提高关闭速度就需要提高控制压力，例如采用足够流量、单独的控制泵提供足够压力的控制油等措施；当差值很大，关闭速度太快时，也可在X腔的进油管路上加节流阀来减少p_X和控制流量，以降低关闭速度［图3-160(b)］

故障	故障分析与排除

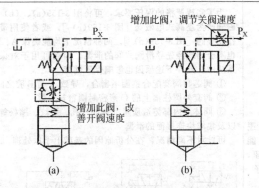

图 3-160 "关"速度过快或者过慢对策 1

故障 4：逻辑阀"开""关"速度过快或者过慢，过快造成冲击；过慢造成动作迟滞，系统各元件不能协调动作

对于内控式的压力阀元件，它的开启速度与时间主要取决于系统的工作压力、阀芯上的阻尼孔尺寸和弹簧力，以及控制腔排油管路的流动阻力。作为二位二通阀使用时，与电磁溢流阀卸荷时一样。在高压下如果它们的开启速度太快，会造成冲击和振动。解决办法也是在排油管上加单向节流阀，调节排油阻力来改变开启速度。关闭速度主要与阻尼孔和弹簧力有关，由于内控式是以压力阀元件为主，为了得到调压与其他工况下的稳定性，关闭速度是有要求的。现有的压力阀的关闭时间一般为十分之几秒，如果须更迅速，就只有加大阻尼孔和加强弹簧力，但这样反过来又会影响阀的开启时间和压力阀的其他性能，必须兼顾

另外，先导装置的大小对阀的开关速度也有较大影响，所以在设计使用中必须按它所控制的插装阀的尺寸大小（通径）和要求的开关速度来确定先导阀的型号

另外一种方法就是采用图 3-161 所示加装缓冲器的方法，可用来自动控制开阀与关阀的速度，从而可有效消除液压泵卸荷时的冲击。当缓冲器阀芯处于原始位置时，溢流阀处于卸荷状态。当 X_2 腔被电磁阀封闭（电磁铁通电）时，溢流阀关闭，系统升压。阀芯左端在油压作用下克服弹簧的弹力而右移，压在右端弹簧座上。这时阀芯的锥面使 X_1 和 X_2 两腔之间仅有一个很小的通流面积，形成一个液阻，液阻大小可通过调节螺杆进行调节。当电磁铁断电时，溢流阀上腔压力经缓冲器这个阻尼向油箱缓慢卸压，同时阀芯左端的压力因接通油箱而迅速下降，在弹簧的作用下阀芯左移，X_1 腔与 X_2 腔之间的通流面积也相应逐渐加大，溢流阀上腔压力的下降速度也加快，从而使溢流阀阀芯抬起（开启）的速度开始很慢，以后逐渐变快，即系统压力处于高压时卸压慢，低压时卸压快，从而有效地消除了液压泵卸荷时的冲击，并适当地控制了卸荷时间

故障	故障分析与排除
故障4：逻辑阀"开""关"速度过快或者过慢，过快造成冲击；过慢造成动作迟滞，系统各元件不能协调动作	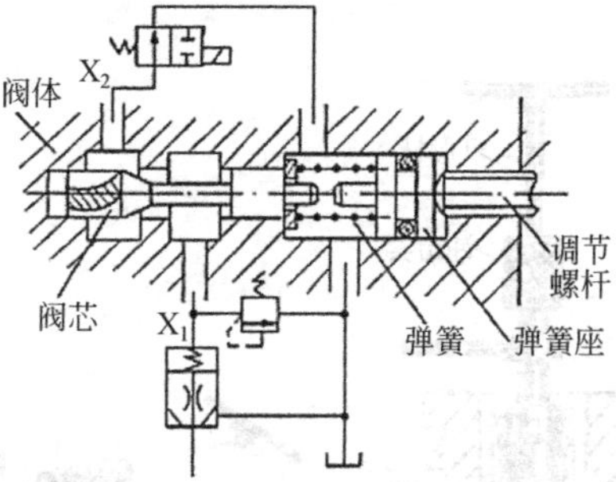 图3-161　"关"速度过快或者过慢对策2

326. 插装阀如何修理？

（1）准备拆卸工具

修理插装阀时，会遇到插装件的拆卸问题。首先要准备好拆卸工具，图3-162中的拆卸工具可购买或自制，它由胀套、支承手柄、T形杆和冲击套管等组成，一般机修车间均有此类工具。

（2）拆卸插装件的步骤与方法

拆卸插装件的步骤与方法为：

① 卸下插装阀的盖板或先导阀、过渡块等；

② 卸下挡板，如挡板与阀套连成一体者无此工序；

③ 取出弹簧，小心取出阀芯；

④ 将拆卸工具的胀套插入阀套孔内，并旋转T形杆，撑开胀套，借助冲击套的冲击将阀套从集成块孔内取出。也可按图3-162（b）的方法取出阀套。

必须注意的是：拆卸前须设法排干净集成块体内的油液，并注意与油箱连接回油管不要因虹吸现象发生油箱油液流满一地的现象。

阀芯的修理可参阅本书中关于单向阀芯的修理，阀套与阀芯相接触面有两处：一为圆柱相接触的内孔圆柱面，一为阀套底部的内锥面，修理时重点修复阀芯与阀套圆柱配合面的间隙，阀套内锥面的修理比较困难，只能采取与阀芯对研，更换一套新的插装件价格较贵。

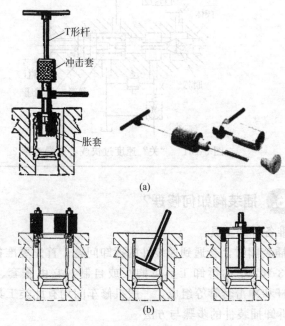

(a)

(b)

图 3-162　拆卸插装中

第 15 节

伺服阀与液压伺服系统

🔧 **327.** 什么是伺服阀与液压伺服系统？

　　伺服阀是一种通过改变输入信号，利用偏差连续成比例地控制流量和压力的液压控制阀。

液压伺服系统则是采用伺服阀建立起来的一种自动控制系统。在这种系统中，执行元件能以高的精度非常迅速地自动跟踪输入信号的变化规律运动，进行自动控制，所以称为伺服系统，也叫跟踪系统或随动系统。

液压伺服系统具备了液压传动的显著优点，还具有系统刚度大、控制精度高，响应速度快，自动化程度高，能高速启动、制动和反向等优点。因而可组成体积小、重量轻、加速能力强、快速动作和控制精度高的伺服系统，可以控制大功率和大负载。

液压伺服系统的缺点是：加工精度高，加工难度大，因而价格昂贵，液压油的污染对系统可靠性影响大，对液压油的污染度要求高，限制了它的使用。

按控制信号分类，即控制阀是机控阀还是电控阀，液压伺服系统分为机-液伺服系统与电-液伺服系统。

328. 液压伺服系统由哪几部分组成？

液压伺服系统由以下五部分组成。

① 液压控制阀（伺服阀）：用以接收输入信号，并控制执行元件的动作。

② 执行元件：接收控制阀传来的信号，并产生与输入信号相适应的输出信号。

③ 反馈装置：将执行元件的输出信号反过来输入给控制阀，以便消除原来的误差信号。

④ 外界能源：为了使作用力很小的输入信号获得作用力很大的输出信号，就需要外加能源，这样就可以得到力或功率的放大作用。

⑤ 控制对象：负载。

因此，液压伺服系统的工作原理也可以用方块图来表示。如图3-163所示，系统有反馈装置，方块图自行封闭，形成闭环。所以，液压伺服系统是一种闭环控制系统，从而能够实现高精度控制。

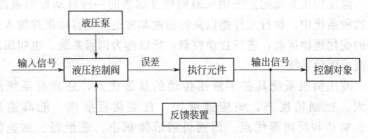

图 3-163　液压伺服系统的方块图

🔧 329. 液压伺服系统的工作原理及特点是怎样的？

以图 3-164 所示机-液伺服系统为例，说明伺服系统的特点。

其工作原理如下：液压泵 1 以恒定的压力 p_s 向系统供油，溢流阀 2 溢流多余的油液。当滑阀阀芯 3 处于中间位置时，阀口关闭（图中双点划线表示的），阀的 a、b 口没有流量输出，液压缸不动，系统处于静止状态。若阀芯 3 向右移动一段距离 X_i，则 b 处便有一个相应的开口 $X_v = X_i$，压力油经油口 b 进入液压缸右腔后使其压力升高，由于液压缸采用杆固定，故缸体右移，液压缸左腔的油液经油口 a 到 T 流回油箱。由于缸体与阀体做成一体，因此阀体也跟随缸体一起右移。其结果使阀的开口量 X_v 逐渐减小。当缸体位移 X_P 等于 X_i 时，阀的开口量 $X_v = 0$，阀的输出流量就等于零，液压缸便停止运动，处于一个新的平衡位置上。如果阀芯不断地向右移动，则液压缸就拖动负载不停地向右移动。如果阀芯反向运动，则液压缸也反向跟随运动。

在这个系统中，滑阀作为转换放大元件（控制阀），把输入的机械信号（位移或速度）转换并放大成液压信号（压力或流量）输出至液压缸，而液压缸则带动负载移动。由于滑阀阀体和液压缸缸体做成一个整体，从而构成反馈控制，使液压缸精确地复现输入信号的变化。

经过上述分析可以看出，液压伺服系统有如下特点。

① 跟踪　液压伺服系统是一个位置跟踪系统，由图 3-164 可

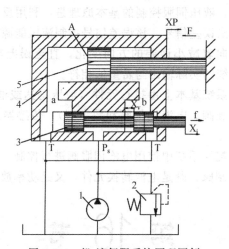

图3-164 机-液伺服系统原理图例

1—液压泵；2—溢流阀；3—阀芯；4—阀体（缸体）；5—活塞及活塞杆

知，缸体的位置完全由滑阀阀芯 3 的位置来确定，阀芯 3 向前或向后一个距离时，缸体 4 也跟着向前或向后移动相同的距离。

② 放大　液压伺服系统是一个力放大系统，执行元件输出的力或功率远大于输入信号的力或功率，可以多达几百倍甚至几千倍。移动阀芯 3 的力很小，而缸体输出的力 F 却很大（$=psA$）。

③ 反馈　液压伺服系统是一个负反馈系统，所谓反馈是指输出量的部分或全部按一定方式回送到输入端，回送的信号称为反馈信号。若反馈信号不断地抵消输入信号的作用，则称为负反馈。负反馈是自动控制系统具有的主要特征。由工作原理可知，液压缸运动抵消了滑阀阀芯的输入作用。

④ 误差　液压伺服系统是一个误差系统，在图 3-164 中，为了使液压缸克服负载并以一定的速度运动，控制阀节流口必须有一个开口量，因而缸体的运动也就落后于阀芯的运动，即系统的输出必然落后于输入，也就是输出与输入间存在误差，这个差值称为伺服系统误差。

综上所述，液压伺服控制的基本原理是：利用反馈信号与输入信号相比较得出误差信号，该误差信号控制液压能源输入到系统的能量，使系统向着减小误差的方向变化，直至误差等于零或足够小，从而使系统的实际输出与希望值相符。

液压控制系统基本上由执行元件（液压马达或油缸）、电液控制阀（电液伺服阀、电液比例阀和数字阀）、传感器及伺服放大器组成。

液压伺服控制系统中使用电液伺服阀进行控制。电液伺服阀作为一种自动控制阀，既是电液转换元件，又是功率放大元件。

第 16 节

机液伺服阀与机液伺服控制系统

330. 机液伺服阀在机液伺服控制系统中的工作原理是怎样的？

图 3-165(a) 所示为机液伺服阀与伺服缸组成的机液伺服控制系统，伺服缸缸体与伺服阀阀体连成一体，反馈杆可绕支点 b 左右摆动。

机液伺服阀输入信号是机动或手动的位移。一个很小的输入力 F_1 将伺服阀的阀芯向右推动一个规定的量 L，压力油从进油口经 P_1 流入伺服缸的左腔，伺服液压缸右移，伺服缸右腔的回油经 P_2 和伺服阀的回油口流入油箱。反馈杆的作用是：当活塞杆右移时，反馈杆也绕支点 b 向右摆动，带动连杆并通过连杆使阀体也向右移动 L，直至关闭阀芯，封闭伺服缸的进回油通路。于是给定阀一个输入运动量 L，伺服缸就跟踪产生一个确定的输出运动控制量，这种输出被反馈回来修正输入的系统叫做闭环系统[图 3-165(b)]。

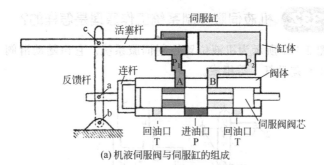

(a) 机液伺服阀与伺服缸的组成

(b) 机液伺服阀的工作原理

图 3-165　机液伺服阀的组成与工作原理

331. 机液伺服阀的结构什么样?

机液伺服阀的结构如图 3-166 所示。

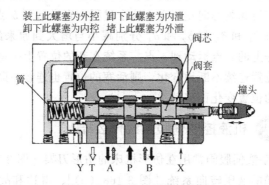

图 3-166　机液伺服阀结构例

✦ 332. 机液伺服控制系统工作原理是怎样的?

图 3-167 所示为机液位置控制伺服系统。它由随动滑阀 3、液压缸 4 和差动杆 1 等组成。

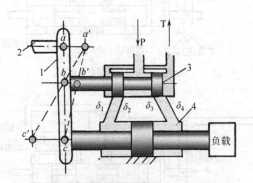

图 3-167　机液伺服控制系统工作原理例
1—差动杆；2—受讯杆；3—随动滑阀；4—液压缸

其工作原理为：给差动杆上端一个向右的输入运动，使 a 点移至 a' 位置，这时活塞因负载阻力较大暂时不移动，因而差动杆上的 b 点就以 c 支点右移至 b' 点，同时使随动滑阀的阀芯右移，阀口 δ_1 和 δ_3 增大，而 δ_2 和 δ_4 则减小，从而导致液压缸的右腔压力增高而左腔压力减小，活塞向左移动；活塞的运动通过差动杆又反馈回来，使滑阀阀芯向左移动，这个过程一直进行到 b' 点又回到 b 点，使阀口 δ_1 和 δ_3 与 δ_2 和 δ_4 分别减小与增大到原来的值为止。这时差动杆上的 c 点运动到 c' 点。系统在新的位置上平衡。若差动杆上端的位置连续不断地变化，则活塞的位置也连续不断地跟随差动杆上端的位置变化而移动。

✦ 333. 机液控制伺服系统什么样?

这类机-液伺服阀常用在仿形机床的仿形刀架［图 3-168 (a)］、车辆和船舶的液压转向系统［图 3-168 (b)］、雷达和战车的跟踪系统以及飞机的尾舵操纵系统上。

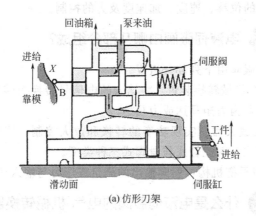

(a) 仿形刀架

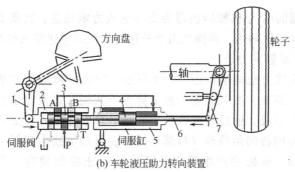

(b) 车轮液压助力转向装置

图 3-168　机液伺服控制系统例

第 17 节

电液伺服阀

334. 什么是电液伺服阀?

　　电液伺服阀既是电液转换元件,又是功率放大元件,它能够把微小的电气信号转换成大功率的液压能(流量和压力)输出,实现对执行元件的位移、速度、加速度及力的控制。

335. 电液伺服阀由哪几部分组成?

电液伺服阀由下列部分组成。

① 电气-机械转换装置:将输入的电信号转换为转角或直线位移输出,常称为力矩马达或力马达。

② 液压放大器:实现功率的转换和放大控制。按阀结构分类有喷嘴挡板式、射流管式与滑阀式三种类型。

③ 反馈平衡机构:使阀输出的流量或压力与输入信号成比例。

336. 什么是电液伺服阀的电气-机械转换器?

典型的电气-机械转换器为力马达或力矩马达。目前力矩马达有动铁式力矩马达、动圈式力矩马达与线性力马达型三种类型。

(1) 动铁式力矩马达

动铁式力矩马达如图 3-169 所示。它由马蹄形的永磁铁、可动衔铁、扼铁、控制线圈、扭力弹簧(扭轴)以及固定在衔铁上的挡板所组成。通过动铁式力矩马达,可以将输入力矩马达的电信号变为挡板的角位移(位移)输出。可动衔铁由扭轴支承,处于气隙间。永磁铁产生固定磁通价 ϕ_P。永磁铁使左、右轭铁产生 N 与 S 两磁极。当线圈上通入电流时,将产生控制磁通 ϕ_c。,其方向按右手螺旋法则确定,大小与输入电流成正比。气隙 A、B 中磁通为 ϕ_p 与 ϕ_c 之合成:在气隙 A 中为二者相加,在气隙 B 中为二者相减。衔铁所受作用力与气隙中磁通成正比,因而产生一与输入电流成正比的逆时针方向力矩。此力矩克服扭轴的弹性反力矩使衔铁产生一逆时针角位移。电流反向则衔铁产生一顺时针方向的角位移。亦即当通入电流时,衔铁两端也产生磁极,在气隙 A,衔铁与轭铁之间由于磁极相反产生吸引力;而在气隙 B,衔铁与轭铁之间由于磁极相同,产生排斥力,因而衔铁上端向左偏斜,衔铁下端向右偏斜,这样便产生一逆时针方向的力矩。因为此力矩,衔铁以扭力弹簧(扭轴)为转心,产生角位移,一直转到衔铁产生的扭矩与扭力弹簧产生的反力扭矩相平衡的位置时为止。力矩马达产生的扭矩 M 与流经线圈的电流大小 i 和线圈的安培匝数 T 成比例，即 $M = iT$。

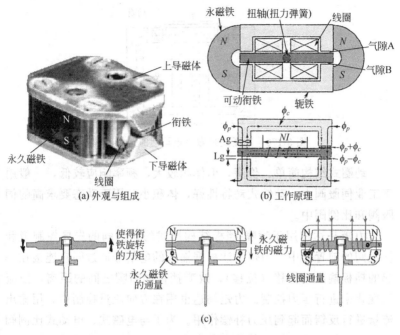

(a) 外观与组成 （b) 工作原理

(c)

图 3-169 动铁式力矩马达

力矩马达的线圈一般有两组。两组线圈的连接方式有并联、串联和差动连接以及 PUSH-PULL 等连接方式。采用何种连接，都必须与线圈前的比例放大电路相配合。

（2）动圈式力矩马达

动圈式永磁力矩马达是按载流导线在磁场中受力的原理工作的。如图 3-170 所示。它由永久磁铁、扼铁和动圈组成。永久磁铁在气隙中产生一固定磁通。当导线中有电流通过时，根据电磁作用原理，磁场给载流导线一作用力，其方向根据电流方向和磁通方向按左手定则确定，其大小为：

$$F = 10.2 \times 10^{-8} BLi$$

式中 B——气隙中磁感应强度，高斯；

L——载流导线在磁场中的总长度，cm；

i——导线中的电流，A。

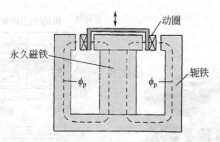

图 3-170　动圈式永磁力矩马达的工作原理

　　动圈式结构简单、价廉，但体积较大，频率响应较低，一般用于工业伺服阀中；动铁式动特性好，体积小，用于动态要求高的伺服阀和比例阀中。

　　力矩马达常用于喷嘴-挡板结构形式的比例阀的先导控制级和伺服阀的前置级中。力矩马达根据输入的电信号通过同它连接在一起的挡板输出角位移（位移），改变挡板和喷嘴之间的距离，使流阻变化来进行压力控制。力矩马达也用在方向流量控制中，用输出流量进行反馈而起到压力补偿作用。为了与电磁式、电动式比例阀相区别，把由力矩马达构成的比例阀称为"电液式比例阀"，使之与采用比例电磁铁的电磁式比例阀和采用直流伺服电机的电动式比例阀相并列，构成比例阀的三种控制方式。

　　（3）线性力马达型

　　直动式电液伺服阀由线性力马达部分与阀部分组成。线性力马达是永磁铁式微分马达，马达包括线圈、一对高能稀土磁铁、衔铁和对中弹簧，对中弹簧有碟形与螺旋形两种（图 3-171）。

　　在线圈内没有电流时，永磁铁磁力和弹簧力平衡，使衔铁静止不动［图 3-172(a)］；当线圈内通有一种极性的电流时，磁铁周围一个气隙内的磁通增加，另一个气隙内的磁通减小，这种不平衡使得衔铁向磁通强的方向移动［图 3-172(b)］。

　　改变线圈内电流的极性，衔铁就朝相反的方向移动。

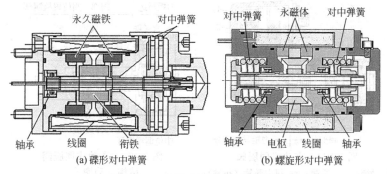

(a) 碟形对中弹簧   (b) 螺旋形对中弹簧

图 3-171 线性力马达的两种类型

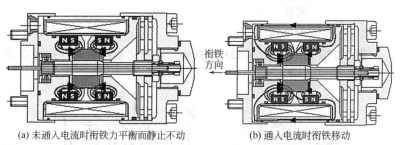

(a) 未通入电流时衔铁力平衡而静止不动   (b) 通入电流时衔铁移动

图 3-172 线性力马达的工作原理

337. 直动式(单级)电液伺服阀的结构原理是怎样的?

(1) 动铁式力矩马达型

如图 3-173 所示，这种伺服阀在线圈 2 通电后衔铁 1 产生受力略为转动，通过连接杆 4 直接推动阀芯 7 移动并定位，扭力弹簧 3 作力矩反馈。这种伺服阀结构简单，但由于力矩马达功率一般较小，摆动角度小，定位刚度也差，因而一般只适用于中低压 (7MPa 以下)、小流量和负载变化不大的场合。

(2) 动圈式力矩马达型

如图 3-174 所示，永磁铁产生一磁场，动圈通电后在该磁场中产生力，驱动阀芯运动，阀芯承力弹簧作力反馈。阀芯右端设置的位移传感器，可提供控制所需的补偿信号。

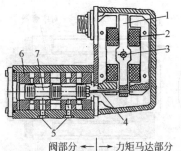

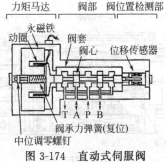

图 3-173　直动式伺服阀

1—衔铁；2—线圈；3—扭力弹簧（扭轴）；
4—连接杆；5—负载接口；6—阀套；
7—阀芯

图 3-174　直动式伺服阀
结构（动圈式）

（3）线性力马达型

图 3-175 为 D636／D638 型直动式电液伺服阀结构，这种直动

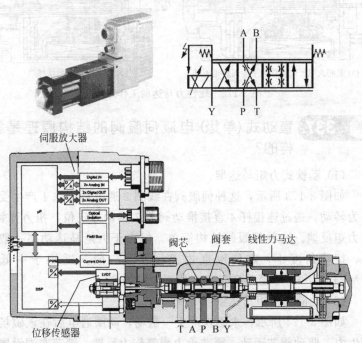

图 3-175　D636／D638 型直动式电液伺服阀结构

式伺服阀采用碟形对中弹簧线性力马达，阀芯在阀套或直接在阀体孔内滑动，阀套上有方孔（槽）或环形槽与供油压力 ps 和回油口 T 相连。在零位，阀芯在阀套中央，阀芯的凸肩（台阶）正好遮盖住 P 和 T 的开口。阀芯向任一方向移动都会使得液流从 P 向一个控制口（A 或 B）、另一个控制口（B 或 A）向 T 流动。电信号与阀芯期望位置相对应，作用于积分电子设备上，在线性力马达线圈内产生脉宽调制电流。电流使得衔铁运动，衔铁随之触发阀芯运动。阀芯运动打开了压力口 P 和一个控制口（A 或 B），同时使另一个控制口（B 或 A）与回油口 T 连通。机械附着于阀芯上的位置传感器（LVDT）通过产生与阀芯位置成正比的电信号来测量阀芯位置。解调的阀芯位置信号与控制信号相比较，产生的误差电信号驱动电流流向力马达线圈。因此，阀芯的最终位置与控制电信号成正比。

　　图 3-176 为 D634-P 型直动式伺服阀，采用螺旋形对中弹簧的线性力马达。结构原理同上述 D636/D638 型直动式电液伺服阀。

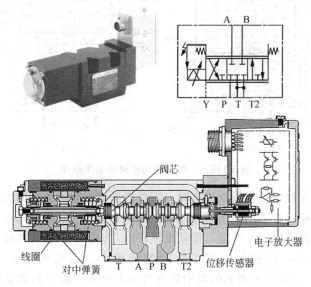

图 3-176　D634-P　型直动式伺服阀结构

338. 先导式(多级)电液伺服阀的原理结构是怎样的?

（1）工作原理

此例中为二级电液伺服阀，先导级为喷嘴挡板式，主级为滑阀式。其工作原理如图 3-177 所示，阀顶部的动铁式力矩马达可参阅图 3-169 及其说明。

图 3-177(a)，当线圈未通电时，力矩马达的衔铁处于水平平衡位置，挡板停在两喷嘴中间，高压油自油口 P 流入，经油滤后分四路流出。其中两路经内流道进入 P 腔，止步于主阀芯左、右两凸肩盖住的窗口处，而不能流入负载油路 A、B；两路流经左、右固定节流孔 R 到阀芯左、右两端，再经左、右喷嘴喷出，汇集后从回油口 T 流出，此时由于挡板与两喷嘴处于对称位置，$p_s = p_s'$，主阀芯对中，P、A、B、T 均互不相通。

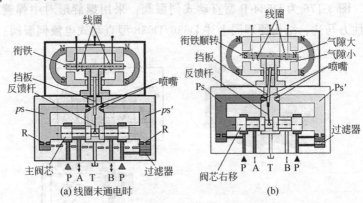

图 3-177　二级电液伺服阀的工作原理

当有控制信号线圈通电时，衔铁根据输入线圈电流的大小和极性逆或顺时针方向转动对应角度，图 3-177(b) 为力矩马达衔铁顺时针方向偏转一个角度，带动反馈杆向左偏斜，挡板与左喷嘴之间的间隙小，挡板与右喷嘴之间的间隙大，因喷嘴阻力不同使 $p_s > p_s'$，致使主阀芯偏离中间位置向右移动，阀芯的移动打开了供油压力口 P 和一个控制油口 A，同时也连通了回油口 T 和另一个控制油口 B，形成 P→A 与 B→T 相通，使与 A、B 相连的执行元件动作。改变电流大小，可控制执行元件动作的速度大小，改变电流的极性，可控制执行元件动作的方向。

阀芯的运动在悬臂弹簧上作用了力，在衔铁/挡板部件上产生回复力矩，当回复力矩等于电磁力矩时，衔铁/挡板部件就回到中间位置，阀芯就又保持着平衡的状态，直到控制信号再一次改变。

总之，阀芯位置与输入电流成正比，在通过阀的压降恒定时，负载流量与阀芯位置成正比。

（2）结构例

① 前置级　本例中的二级电液伺服阀，由力矩马达、前置级（喷嘴挡板）与主级（滑阀）所组成，图 3-178 为前置级结构图。

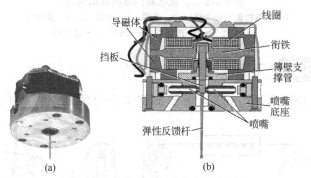

图 3-178　动铁式力矩马达外观与结构

② 主级　主级为放大级，为滑阀式结构。前置级与主级构成的二级电液伺服阀的结构如图 3-179 所示，它按照下述步骤工作：

a. 力矩马达线圈内的电流在衔铁两端产生磁力。

b. 衔铁和挡板组件绕着支撑它们的弹簧管（薄壁支撑管）旋转。

c. 挡板关闭一侧的喷嘴，使得该侧的压力 p_s 大于另一侧的压力 p_s'。

d. 主滑阀芯两端因受力差（例如 $p_s > p_s'$）而移动，连通 P 和一个控制口（图中为 A），同时连通回油口 T 和另一个控制口（图中为 B）。

e. 阀芯推动反馈杆末端的钢球，在衔铁/挡板上产生回复力矩。

f. 当反馈力矩与磁力矩相等时，衔铁/挡板就又回复到中位。

g. 阀芯在反馈力矩与输入电流产生的力矩相等时停止运动。

h. 阀芯位置与输入电流成正比。

i. 在压力恒定的情况下，负载流量与阀芯位置成正比。

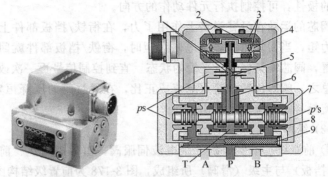

图 3-179　二级电液伺服阀的结构例

1—喷嘴挡板（先导级）；2—线圈；3—衔铁；4，5—反馈杆；
6—主阀芯；7—过滤器；8—阀套；9—过滤器

✖ 339. 电液伺服系统什么样？

此处仅列举图 3-180 所示的钢带张力伺服控制系统：在图

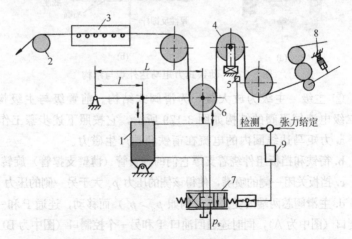

图 3-180　钢带张力伺服控制系统

1—伺服液压缸；2—牵引辊；3，4—转向辊；5—力传感器；6—浮动辊；
7—电液伺服阀；8—加载装置；9—放大器

示的钢带张力控制系统中，2 为牵引辊，8 为加载装置，它们使钢带具有一定的张力。由于张力可能有波动，为此在转向辊 4 的轴承上设置一力传感器 5，以检测带材的张力，并用伺服液压缸 1 带动浮动辊 6 来调节张力。当实测张力与要求张力有偏差时，偏差电压经放大器 9 放大后使得电液伺服阀 7 有输出活塞带动浮动辊 6 调节钢带的张紧程度以减少其偏差，所以这是力控制系统。

 340. 喷嘴挡板式电液伺服阀的伺服阀不工作(执行机构停在一端不动或缓慢移动) 怎么办？

① 检查线圈的接线方向是否正确；

② 检查线圈引出线是否松焊；

③ 检查两个线圈的电阻值是否正确；

④ 检查输入电缆线是否接通；

⑤ 检查进、回油管路是否畅通；

⑥ 检查进、回油孔是否接反；

 341. 喷嘴挡板式电液伺服阀的伺服阀只能从一个控制腔出油，另一个不出油(执行机构只向一个方向运动，改变控制电流不起作用) 怎么办？

① 检查节流孔是否堵塞 （清洗时注意两个节流孔拆前各自位置，切不可把两边的位置倒换）。

② 检查阀芯是否卡死。

③ 检查喷嘴挡板是否堵塞。

④ 检查弹簧片是否断裂。

 342. 喷嘴挡板式电液伺服阀的流量增益下降(执行机构速度下降，系统振荡) 怎么办？

① 用 500 伏兆欧表检查线圈是否短路 （如果需要更换线圈，阀要重新调试）。

② 检查阀内滤油器是否堵塞（堵塞的要更换滤油器）。

③ 检查油源是否正常供油。

343. 喷嘴挡板式电液伺服阀的只输出最大流量(系统振荡，闭环后系统不能控制) 怎么办?

① 检查阀芯是否卡死。

② 检查阀套上各个密封环是否损坏。

③ 节流孔或喷嘴是否堵死。

344. 喷嘴挡板式电液伺服阀的零偏太大(伺服阀线圈输入很大电流才能维持执行某一稳定位置) 怎么办?

① 机械零位调整松动时，需要重新调零。

② 检查一级座紧固螺钉是否松动。

③ 检查力矩马达导磁体螺钉是否松动。

第 18 节

比 例 阀

345. 什么是比例阀?

比例阀是在通断式控制元件和伺服元件的基础上发展起来的一种新型的电-液控制元件，故称为电液比例阀。这种阀从阀的基本结构和动作原理来讲与通断式液压阀更接近或相同；但比例阀输入的是电流信号而输出的是液压参数（压力、流量等），只要改变输入电流的大小，就能实现连续比例地改变输出的压力或流量，因而其控制原理又同伺服控制阀是相同的，而与通断式液压阀又是不相同的。通常比例阀用在开环控制的液压系统中。

一般来讲比例阀的主阀结构和工作原理雷同于通断式液压阀，先导控制的结构取自伺服阀，但比伺服阀简单得多。

所以比例控制阀适用在一些要求进行连续比例的电-液控制，控制精度和速度响应要求不高、油液污染要求也不太高且使用维护不难、造价又明显低于伺服阀的液压控制系统。它将通断式液压控制元件和电液控制元件的优点综合起来，避开了某些缺点，使两类元件互相渗透。因此近些年来比例控制阀得到了越来越广泛的应用，例如注塑机、压铸机等。

346. 电液比例控制阀有哪些优点？

① 能简单地实现自控、遥控、程序控制及初级的适应控制，解决了液压与 PC 或 CPU 的连接问题，即与程控器或电脑的连接问题，但一般比例阀多用于开环控制系统。

② 把电的快速性、灵活性、遥控性等优点与液压力量大等特点结合起来。

③ 能连续地、按比例地控制液压机构的力、速度及其运动方向，并能防止因压力或速度变化或改变运动方向时产生的冲击现象。

④ 可简化液压系统，减少液压元件的使用数量；用于注塑机可大大节约能量。

⑤ 使用条件、维修保养与普通液压阀相同，耐污染。

⑥ 控制性能比伺服控制差，但其静、动态性能足可满足绝大多数液压设备（例如注塑机）的要求，技术上易于掌握。

347. 比例阀如何分类？

尽管比例阀出现的历史不长，但该项技术飞速发展，比例阀的品种越来越多，按所控制的参数分类如下。

比例阀控制的参数有压力、流量和方向等，有控制一个参数（单参数、单机能）的比例阀，有控制两个参数或多个参数（多参数、多机能）的比例阀。

① 比例压力阀　包括比例先导式压力阀、比例溢流阀、比例减压阀、比例顺序阀等，均是输入电信号控制液压系统的压力参数（单参数）的比例阀。

② 比例流量阀　包括比例节流阀、比例调速阀、比例单向调速阀等，也为单参数控制阀。

③ 比例方向（方向-流量）阀　属于多（两）参数控制阀，根据输入电信号的大小和方向来同时控制液流的流量和流动方向。

④ 比例复合阀　属于多参数控制阀，它是在比例方向阀的基础上复合了压力补偿器和压力阀的一种比例复合阀。根据输入电信号的大小和方向同时控制回路的流量及油流方向。并且由于装有压力补偿器（详见后述），因此在控制回路的流量时可不受负载变化的影响，与负载变化无关。另外又由于组合了压力阀，还可用来控制液压系统的最高工作压力，实现多种控制机能。

🔧 348. 比例控制阀由哪几部分组成？

比例控制阀由两部分组成：①电-机械转换器；②液压部分。前者可以将电信号比例地转换成机械力与位移，后者接受这种机械力和位移后可按比例地、连续地提供油液压力、流量等的输出，从而实现电-液两个参量的转换过程。简言之，电液比例阀就是以电-机械转换器代替普通常规式（通断式）液压阀的调节手柄，用电调代替手调。

🔧 349. 比例电磁铁类型与结构是怎样的？

比例电磁铁是电液比例控制元件中的"电-机械转换"装置，它的作用是将比例控制放大器输给的电流信号，转换成力或位移信号输出。比例电磁铁推力大，结构简单，对油质要求不高，维护方便，成本低廉，衔铁腔可做成耐高压结构。比例电磁铁有单向和双向两种，常用的为单向型。

表 3-51　比例电磁铁的类型与结构

类别	结构图	说明
单向型比例电磁铁	**工作原理** 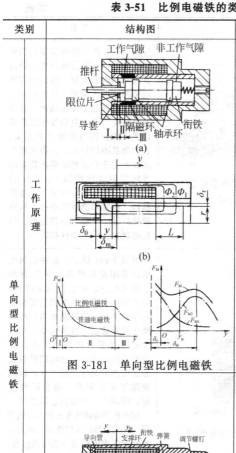 图 3-181　单向型比例电磁铁	比例电磁铁的工作原理如图 3-181 所示，在工作气隙附近被分为 Φ_1 与 Φ_2 两部分［图 3-181（b）］。其中 Φ_1 沿轴向穿过作气隙进入极靴，产生端面力 F_{M1}，而 Φ_2 则穿过径向间隙进入导套前端，产生轴向附加力 F_{M2}。两者的综合就得到了比例电磁铁的位移-力特性，如图 3-181（c）所示。在其工作区域内，输出电磁力与衔铁位移基本呈水平力特性。即输出力与衔铁位置基本无关。特殊形式磁路的形成，主要是由于采用了隔磁环节结构，构成了一个带锥形斜边的盆形极靴。因此，盆口部位几何形状及尺寸，经过优化设计和试验研究确定 单向型比例电磁铁分为力控制型、行程控制型和位置调节型三种基本类型。是比例阀常见的类型
结构	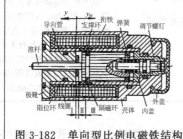 图 3-182　单向型比例电磁铁结构	图 3-182 为耐高压比例电磁铁的典型结构，主要由衔铁、导套、极靴、壳体、线圈、推杆等组成。导套前后两段由导磁材料制成，中间用一段非导磁材料（隔磁环）。导套具有足够的耐压强度，可承受 35MPa 静压力。导套前段和极靴组合，形成带锥形端部的盆型极靴；隔磁环前端斜面角度及隔磁环的相对位置，决定了比例电磁铁稳态特性曲线的形状。导套和壳体之间，配置用螺线管式控制线圈。衔铁前端装有推杆，用以输出力或位移；后端装有弹簧和调节螺钉组成的调零机构，可在一定范围内对比例电磁铁，乃至整个比例阀的稳态控制特性曲线进行调整

类别		结构图	说明
单向型比例电磁铁	结构	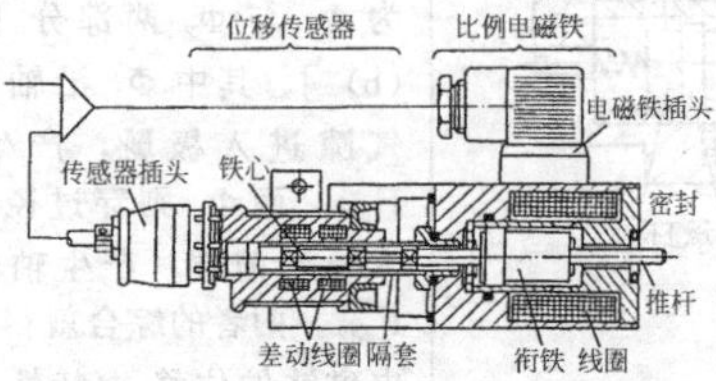 位移传感器　比例电磁铁 电磁铁插头 传感器插头　铁心　密封 推杆 差动线圈隔套　衔铁　线圈 **图 3-183　位置调节型比例电磁铁的结构**	图 3-183 是位置调节型比例电磁铁的结构。其衔铁位置，即由其推动的阀芯位置，通过一闭环调节回路进行调节。只要电磁铁运行在允许的工作区域内，其衔铁就保持与输入电信号相对应的位置不变，而与所受反力无关，它的负载刚度很大。这类比例电磁铁多用于控制精度要求较高的直接控制式比例阀上。在结构上，除了衔铁的一端接上位移传感器（位移传感器的动杆与衔铁固接）外，其余与力控制型、行程控制型比例电磁铁相同
双向比例电磁铁		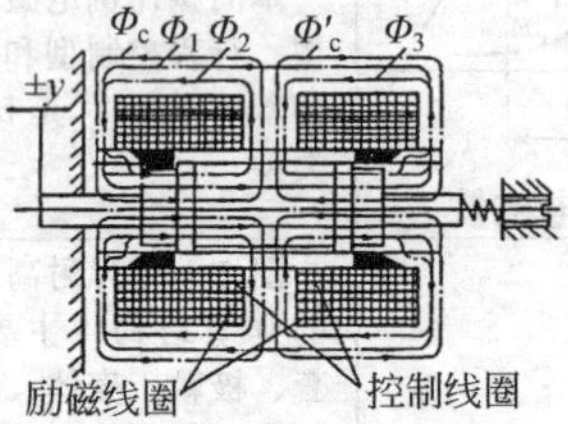 $\pm y$　Φ_c　Φ_1　Φ_2　Φ_c'　Φ_3 励磁线圈　　控制线圈 **图 3-184　双向比例电磁铁**	如图 3-184 所示，这种比例电磁铁采用左右对称的平头-盆形动铁式结构。控制线圈通电后，可在衔铁上得到与控制电流的方向和数值相对应的输出力；改变励磁线圈通过电流的大小，可改变电流-力特性的增益大小以及特性曲线的形状，使电磁铁能在磁化曲线的最佳区域工作，因此消除了零位死区，特性线性度好，滞环小，可双向连续控制 　　这种比例电磁铁在比例方向阀采用三通插装阀结构时使用。因为这种阀需要中间位置（相对无信号）时对阀芯在两个方向上的连续控制，而由于插装阀的结构限制，比例电磁铁只能安装在阀的一端，故采用这种双向比例电磁铁

🔧 350. 比例压力阀的工作原理和结构是怎样的？

　　是指用于控制液压系统压力的比例控制阀。与常规普通压力阀一样，按功率大小可分为直动式和先导式两类；按功能分有比例溢流阀、比例减压阀等；按结构形式分有锥阀式、滑阀式和插装式。

表 3-52　比例压力阀的工作原理和结构

类别			说明
比例溢流阀	直动式	工作原理	无论是直动式比例溢流阀还是先导式比例溢流阀，其工作原理均与普通溢流阀相似。其区别仅在于用来调节压力的调压手柄在此处改为比例电磁铁而已，用手旋转手轮调节压力在此处改为通过输入比例电磁铁大小不同的电流，调节所控制的压力大小

图 3-185 为直动式比例溢流阀的工作原理。从比例电磁铁的工作原理可知，它的吸力 F 与通入的电流 i 成正比，即 $F = ai$（a 为比例常数）。当给比例电磁铁线圈通入电流 i，产生的吸力 F，通过传力弹簧或直接作用在锥阀芯上，系统来的压力油 p 也从另一反方向作用在锥阀芯上，根据针阀的力平衡方程有：$pA = KX = F$，所以 $p = ai/A$（A 为针阀承受压力油的面积）。由式可知改变通入电磁铁的电流 i 的大小，便可改变调压阀的调节压力，这就是先导比例调压阀的工作原理，直动式比例溢流阀单独使用的情况不多，常作先导式压力阀的先导阀。因为常用来调节先导式压力阀的工作压力的大小之用，所以又称为比例调压阀

如图 3-185(c) 所示，当系统压力未超过比例溢流阀的比例电磁铁设定电流所调定压力时，阀芯关闭不溢流，泵供油继续升压；如图 3-185(d) 所示，当系统压力超过比例溢流阀的比例电磁铁设定电流所调定压力时，阀芯打开溢流，泵维持比例电磁铁设定电流所调定的压力，不再升压

直动式比例溢流阀像多数此类阀一样，只能允许一个小流量通过该阀，因而单独使用较少，常用来作比例先导式溢流阀的先导级，做调压阀用

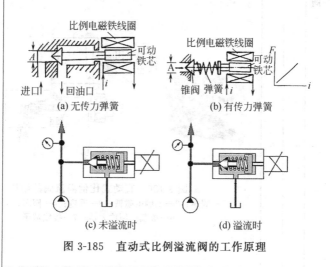

（a）无传力弹簧　　　　　　（b）有传力弹簧

（c）未溢流时　　　　　　（d）溢流时

图 3-185　直动式比例溢流阀的工作原理

类别			说明
比例溢流阀	直动式	结构例	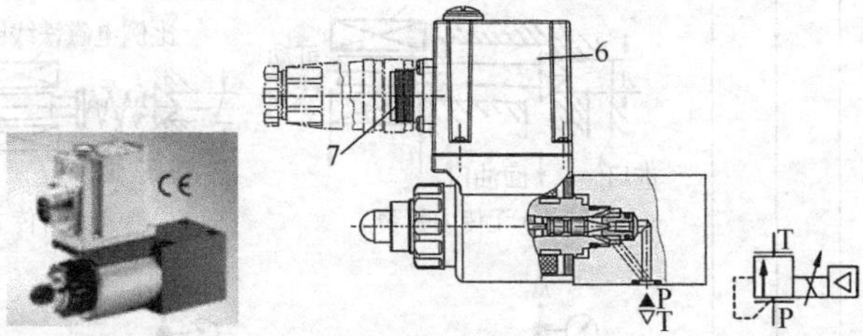 图 3-186（a）为德国博世-力士乐公司的 DBET 型直动式比例溢流阀的外观、结构及图形符号，推杆与阀芯之间无弹簧，衔铁推杆输出的力直接作用在锥阀（针阀）芯上。比例电磁铁产生与输入电流大小成比例的力，随电流的增加比例电磁铁的推力增大。指令信号改变控制电流值的大小，比例电磁铁便可进行对压力大小的调节。通过衔铁销（推杆）5 将阀芯 4 推压在阀座 3 上。P 口产生的压力也作用在阀芯 4 上，与比例电磁铁产生的力相抗衡。当压力油 p 产生的力超过比例电磁铁对阀芯 4 的力时，阀芯 4 开启，压力油由 P 向 T 流出回油箱。通过这种动作控制设定压力。指令电压为 0 或最小控制电流时，为最小设定压力。图 3-186（b）为搭载有比例放大器的 DBETE 型直动式比例溢流阀的外观、结构及图形符号 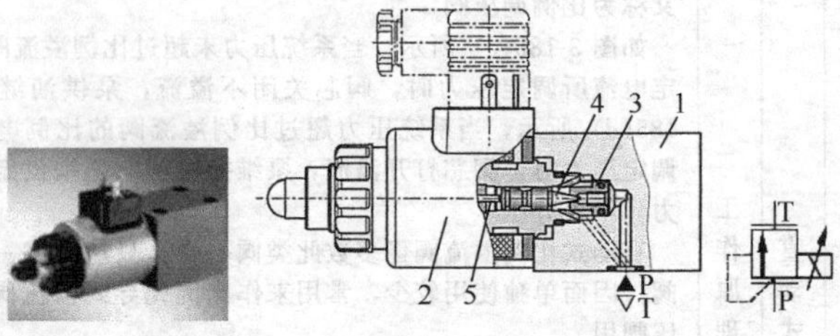

(a)

(b)

图 3-186　直动式比例溢流阀的结构
1—阀体；2—比例电磁铁；3—阀座；4—阀芯；5—推杆；
6—搭载比例放大器；7—接线端子

类别			说明
比例溢流阀	先导式	工作原理	先导式比例溢流阀除了先导级（导阀）采用直动式比例调压阀外，主级（主阀）与普通溢流阀的工作原理相同。先导式比例溢流阀的工作原理是：P 为泵来的压力油口，T 为溢流口。此阀的工作原理，除先导级采用直动式比例溢流阀之外，其他均与普通先导式溢流阀的工作原理基本相同。当 P 口压力油未超过比例电磁铁 1 设定电流所调定的压力时，先导阀 2 的阀芯关阀，因无油液流动，主阀上下腔压力相同，向下还有弹簧力，故主阀 3 的阀芯也关闭 [图 3-187(a)]；当 P 口压力上升超过比例电磁铁设定电流所调定的压力时，先导阀 2 的阀芯打开 [图 3-187(b)]，主阀 3 的上腔卸压，于是主阀上下腔压力不相同，主阀 3 的阀芯便打开溢流 [图 3-187(c)] 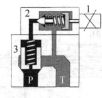 (a) 先导阀与主阀全关闭　　(b) 先导阀先打开　　(c) 主阀再打开 图 3-187　先导式比例溢流阀的工作原理（三部曲） 大多数的先导式比例溢流阀，其下部还配置了手调限压阀做安全阀，手调限压阀较比例先导调压阀的最高设定压力稍高，用于防止系统过载（图 3-188），起安全保护作用。安全阀（手调限压阀）与主阀一起构成一个普通的先导式溢流阀，如果放大板出现故障，电磁铁电流 i 则会在不受控的情况下超过指定的范围时，安全阀能立即开启使系统卸压，限制了系统最高安全性的压力，从而保证了液压系统的安全。比例调压时工作原理同上 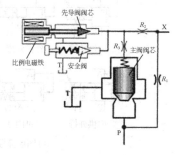 图 3-188　带安全阀的先导式比例溢流阀

续表

<table>
<tr><th colspan="3">类别</th><th>说明</th></tr>
<tr><td>比例溢流阀</td><td>先导式</td><td>结构</td><td>

如图 3-189 所示为先导式比例溢流阀结构，是由直动式比例溢流阀作先导级，外加主级构成的两级溢流阀

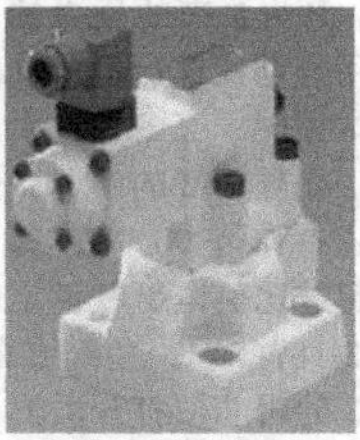

(a) 外观

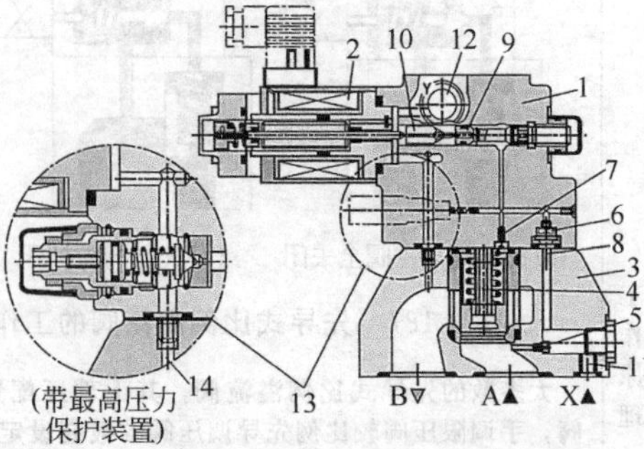

1
2
3
4
5
6
7
8
9
10
11
12
13
14
(带最高压力保护装置)
B▽
A▲
X▲

(b) 结构

1—先导阀座；2—比例电磁铁；3—主阀芯；4—螺塞；5—阀套；6—垫；7，8—油通道；9—O 形圈；10—弹簧；11—螺堵；12—先导阀芯；13—安全阀；14—螺塞

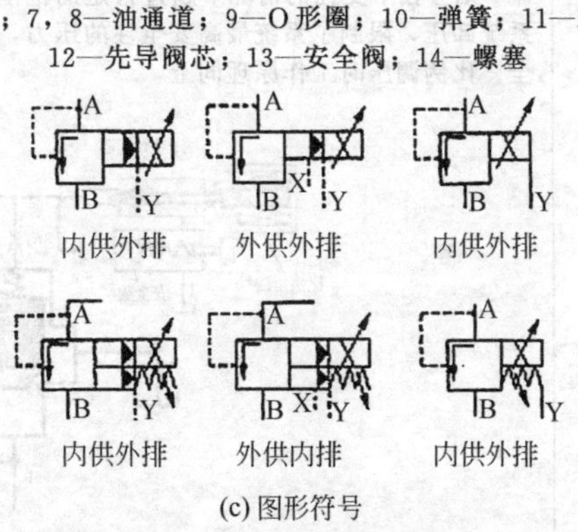

A
B
Y
内供外排
A
X
B
Y
外供外排
A
B
Y
内供外排
A
B
Y
内供外排
A
B
X
Y
外供内排
A
B
Y
内供外排

(c) 图形符号

图 3-189　DBE 型比例溢流阀

</td></tr>
</table>

类别			说明
比例溢流阀	先导式	结构	根据输入比例电磁铁 2 的电流设定值来调节压力，A 口压力作用于主阀芯 3 的底部，同时，此压力也通过控制管路 8 通过阻尼孔作用于主阀芯 3 的弹簧加载面。液压力还通过阀座作用于先导锥阀来平衡比例电磁铁 2 的力。当液压力克服电磁力时，先导锥阀打开，先导油通过油口 Y 流回油箱，在节流器处产生压降，主阀芯因此克服弹簧反力而提升，A 口及 B 口油路接通，从而压力不会再升高 　　油口 X 封死，且螺塞有阻尼孔通油时，为先导油内供；油口 X 打开从外部引入先导油，用无阻尼孔的螺塞拧上，为外供 　　油口 Y 封死，且螺塞有阻尼孔通油时，为先导油内排；油口 Y 打开，用无阻尼孔的螺塞拧上，先导油独立零压回油箱，为外排
比例减压阀	直动式	工作原理	直动式比例减压阀的工作原理如图 3-190 所示，与普通减压阀一样，比例减压阀也有直动式和先导式、二通式与三通式之分。其工作原理也是油液从一个较高的输入压力 p_1 从一次油口进入，通过减压口的节流作用减压，产生一定的压差 Δp，减压后变成二次压力 p_2 从二次油口（出口侧）流出，有 $p_2 = p_1 - \Delta p$ 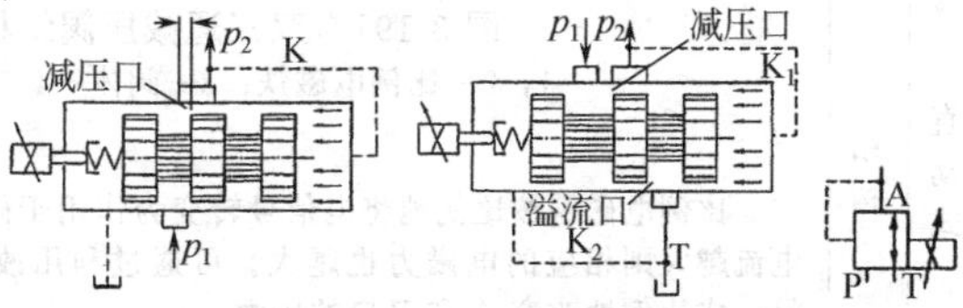 (a) 二通式　　　　　(b) 三通式 图 3-190　直动式比例减压阀的工作原理 　　无论是先导式还是直动式，无论是二通式还是三通式，比例减压阀的工作原理与普通减压阀均相同。不同之处仅在于比例减压阀用比例电磁铁代替普通减压阀的调节手柄。 　　二通式的缺点为：当出口压力油因某种可能存在的原因，压力突然升高时升高的压力油经 K 油道推动阀芯左行，可能全关减压口，造成 p_2 更升高而可能发生危险 　　而三通式没有这种危险，同样的情况如果出现在三通减压阀中，阀芯的左移虽然关小了减压口，但却打开了溢流口，出口压力油 p_2 可经溢流口流回油箱而降压，不会再产生事故 　　直动式比例减压阀单独使用的情况很少，一般用作其他先导式比例减压阀的先导级（如在比例方向阀与比例多路阀中）。而先导式比例减压阀可单独使用

类别			说明
比例减压阀	直动式	结构	图 3-191 所示的双三通减压阀，主要由两个比例电磁铁 1 和 2，壳体 3，阀芯 4 和两个测压活塞组成 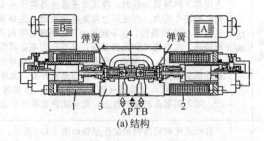 (a) 结构 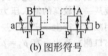 (b) 图形符号 图 3-191　双三通减压阀结构 1, 2—比例电磁铁；3—阀体；4—阀芯 　　比例电磁铁按比例地将电信号转变为作用于阀芯的电磁力，控制电流越大则相应的电磁力也越大。可通过利用改变先导阀输入电信号，成比例地改变 A 和 B 口的压力 　　在两个电磁铁未通电时，阀芯 4 由弹簧保持在中位。此时 A 和 B 与油口 T 相通，因而油口 P 封闭，油口 A、B 没有压力 　　当电磁铁 B 通电，电磁力通过测压活塞作用于控制阀芯 4 上，阀芯右移，此时，油从 P→A，B→T 相通，在 A 油口建立起来的压力，通过控制阀芯 4 上的径向孔，作用于测压活塞上，由此阀芯 4 上受到向右的电磁力和向左的液压力，当两个力达到平衡在 A 口开在某个位置上，A 油口建立起来某个不变的压力，行使 P→A 的减压功能。即便 P 至 A 的油路断开，工作口 A 液压力仍能保持不变。在此过程中，测压活塞静止于电磁铁的衔铁中 　　假若因突发情况 A 口的压力突然升高，则作用在控制阀芯的液压力大于电磁力，因此控制阀芯 4 就向左移动，使油口 A 和 T 相通而泄压，阀芯 4 上的力再度平衡，A 口压力仍维持恒定，然而却处于较低值上，行使 A→T 的溢流功能，对执行器进行压力保护 　　在控制阀中位，比例电磁铁失电，这时候 A 和 B 口均连通油箱 T 口，也即油液在 A 和 B 口得到泄压。同时，P 与 A 或 P 与 B 不再相通 　　同理当电磁铁 A 通电，可行使 P→B 的减压功能，B→T 的溢流功能

类别			说明
比例减压阀	先导式	工作原理	

（1）先导式二通比例减压阀

先导式二通比例减压阀与普通二通减压阀相同，只不过用比例电磁铁代替手柄调压。图 3-192 是先导式比例减压阀的工作原理。它的先导阀是一个直动式比例调压阀，主阀为普通的开关式手调减压。因此减压阀的调定压力值由比例先导的比例电磁铁通过的电流大小来设定，而最高压力由手调安全阀限定

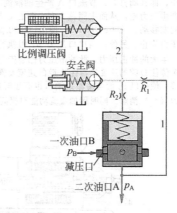

图 3-192　先导式二通比例减压阀的工作原理

当阀接收到输入电信号，比例电磁铁产生的电磁力直接作用在比例先导阀芯上。只要电磁力使阀芯保持关闭，先导油就处于静止状态。先导油从二次压力油口（出油口）A 经油道 1、阻尼（节流孔）R_1 和 R_2 作用在主阀芯的上、下端面上，因主阀芯上下面积相等，所以主阀芯在液压力和一个很小的弹簧力作用下，平衡在主阀某一减压口的开启位置，二次油口输出一定压力；当出口油液压力超过比例电磁铁所调定的压力时，先导阀开启，先导油流回油箱，由于有油液流动，在阻尼 R_1 处产生压力降，使主阀芯失去平衡而向上移动，关小进油口 B 到出油口 A 减压口的通流面积，于是产生减压作用，出油口 A 的压力又降为比例电磁铁的所设定的二次压力值，维持二次油口 A 的压力不变；当出口油液压力低于比例电磁铁所调定的压力时，主阀芯下移，开大减压口，减压作用降低，出口油液压力又升上来

这样，通过设定比例电磁铁电流大小，可调定出口 A 的压力大小并维持不变，这就是先导式比例减压阀的工作原理

类别			说明
比例减压阀	先导式	工作原理	（2）先导式三通比例减压阀的工作原理 如图 3-193，这种阀有三个油口：一次油口（进油口）P_1，二次出油口 P_2，回油口 T。当负载增大，二次压力 p_2 过载时能产生溢流，防止二次压力异常增高。其工作原理是：一次侧压力 p_1 经减压口 B 减压变成 p_2 后从二次压力出口流出，p_2 的大小由比例调压阀设定。当二次侧压力 p_2 上升到先导调压阀 1 设定压力时，先导调压阀 1 动作，即针阀打开，节流口 A 产生油液流动，因而在固定节流口 A 前后产生压力差，从而主阀芯 2 左右两腔 C 与 D 也产生压力差，主阀芯 2 向左移动，关小减压口 B，使出口压力 p_2 降下来至先导调压阀调定的压力为止。另外，当出口压力 p_2 因执行元件碰到撞块等急停时，会产生大的冲击压力，此冲击压力也会传递到 C、D 腔，由于固定节流口 A 传往 D 腔的速度比传往 A 腔的速度要慢，因此主阀芯 2 产生短时的左移，使出口 P_2 腔与溢流回油也有短时的导通，可将二次侧的冲击压力（p_2）消解。同时附加溢流功能对提高减压阀的响应性也大有好处 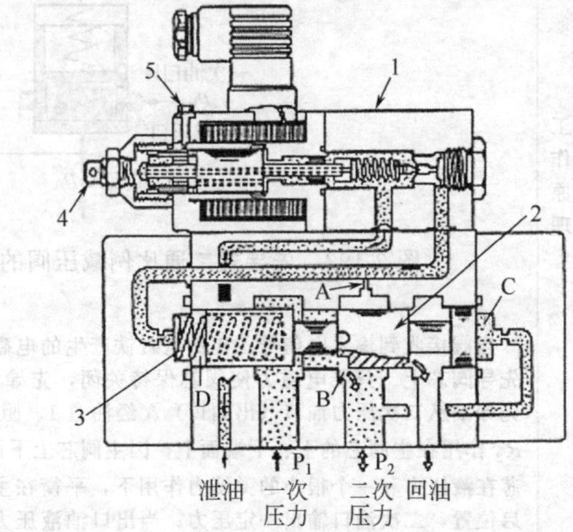 图 3-193　先导式三通比例减压阀的工作原理 1—比例先导阀；2—主阀芯；3—弹簧；4—手调螺钉；5—放气塞
比例减压阀	先导式	结构	（1）二通先导式 图 3-194 为先导式比例减压阀的结构原理。压力油从进口 B 流入，经减压口减压后从 A 口流出。从出口 A 腔引入的控制油经小孔 a、通道 b 作用在先导锥阀右端，由电磁铁通电产生的电磁力经弹簧作用在先导锥阀左端，左右两端力的平衡与否决定着主阀出口 A 的压力大小，与传统的先导式减压阀不同之处仅在于将手调压力设定机构改为带位移反馈控制的比例电磁铁而已，主阀为插装结构，这种阀有可选择的先导遥控口，进行远程调压。当比例电磁铁不通电与电磁铁 1YA 通电时，可通过调压阀调节比例减压阀出口压力的大小，非遥控时 X 口被堵住

类别			说明
比例减压阀	先导式	结构	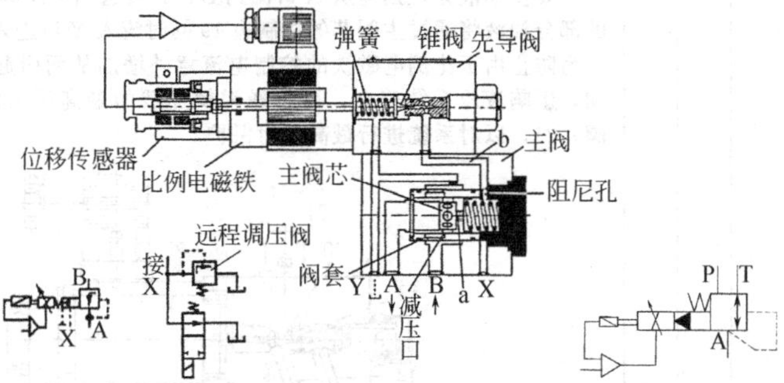 图 3-194　先导式二通比例减压阀的结构 （2）三通先导式比例减压阀［DRE（M）与 DRE（M）E 型］ 这是另一种三通先导式比例减压阀，主要由带比例电磁铁 2 的先导阀 1，带主阀芯组件 4 的主阀 3 组成，以及可选的单向阀 5（见图 3-195） 油口 A 的压力决定于比例电磁铁 2 当前的电压值。静止时，B 口无压力，主阀芯 4 由弹簧 17 保持在起始位置。B 口与 A 口之间的油路被切断，避免在启动时产生突变。A 口压力通过主阀芯 7 上的通油口起作用，先导油从 B 口通过通油口 8 流到流量稳定控制器 9，流量稳定控制器可使先导油流量保持稳定而不受 A、B 口之间的压降影响。先导油从流量稳定控制器 9 进入弹簧腔 10，通过通油道 11、12 和阀座 13 流入 Y 口（14、15、16），然后进入排油管。A 口所需压力由相关放大器来控制，比例电磁铁推动锥阀 20 压向阀座 13，以限制弹簧腔 10 的压力达到调节值 如果 A 口压力低于设定值，弹簧腔 10 的压差推动主阀芯到右边，从而接通 B 口到 A 口的油路。当 A 口达到所需压力时，主阀芯受力平衡，保持在工作位置 如果要降低 A 口由受压液柱（例如液压缸活塞制动时）建立的压力，则要在相关放大器中调节设定值电位器到低值，低压就会在弹簧腔 10 中建立。A 口高压作用于主阀芯端面并推动主阀芯移向螺堵，关闭 A、B 之间的油路并连通 A 口与 Y 口。弹簧 17 力用来平衡作用于主阀芯端面上的液压力，在此主阀芯位置时，来自 A 口的油液通过控制边流到 Y 口并进入回油管路。当 A 口压力降为弹簧腔 10 的压力加上弹簧 17 上的压力差 Δp 时，主阀芯关闭 A 口到 Y 口的控制油路。

类别			说明
比例减压阀	先导式	结构	要使油液无阻挡地从 A 口流到 B 口，可选用单向阀 5，来自 A 口的部分油液将通过主阀芯的控制边 19 同时流入 Y 口进入回油管路 　　为防止由于比例电磁铁的控制电流意外增加从而引起 A 口压力增加，影响液压系统安全，可选择弹簧加载的最高压力溢流阀（安全阀）21，以对系统进行最高压力保护 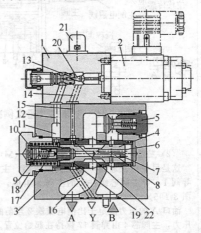 型号 DRE(E).-5X/...YM...　　型号 DREM(E).-5X/...YM... 　　 型号 DRE(E).-5X/...Y...　　型号 DREM(E).-5X/...Y... 图 3-195　三通先导式比例减压阀结构与图形符号 1—先导阀；2—比例电磁铁；3—主阀；4—主阀芯组件；5—单向阀； 6，7—主阀芯；8—通油口；9—流量稳定控制器；10—弹簧腔； 11，12—流道；13—阀座；14～16—Y 口流道；17—弹簧； 18，19—主阀芯控制边；20—先导阀阀芯； 21—安全阀；22—控制油路

351. 比例流量阀的工作原理和结构是怎样的?

表 3-53　比例流量阀的工作原理和结构

类别		工作原理及结构
比例节流阀	工作原理	比例节流阀的工作原理如图 3-196 所示。当比例电磁铁线圈 1 通入电流 i 后,产生铁芯吸力 F,此力推动推杆 3 再推动节流阀芯 4,克服弹簧 5 的弹力,平衡在一位置上 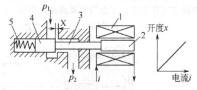 图 3-196　比例节流阀的工作原理 1—比例电磁铁线圈;2—衔铁;3—推杆;4—阀芯;5—弹簧
	结构	如图 3-197 所示,图 3-197(a) 为带行程控制型比例电磁铁的单级比例节流阀的结构。阀芯的位移与输入的电信号成比例,改变节流口开度,进行流量控制,没有阀口进、出口压差或其他形式的检测补偿,所以控制流量受阀进出口压差变化的影响。这类阀一般采用方向阀阀体的结构型式 　图 3-197(b) 为位置调节型的比例节流阀结构,与图 3-197(a) 的主要区别在于配置了位移传感器,可检测阀芯的轴向位移量,并通过电反馈闭环控制,消除了其他干扰力的影响,使阀芯位移更精确地与输入电信号成比例,因而可提高控制精度 　由于比例电磁铁的功率有限,所以直动式只能用于小流量系统的控制,更大流量的比例节流阀须采用先导多级控制 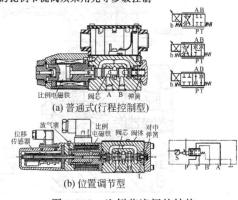 (a) 普通式(行程控制型) (b) 位置调节型 图 3-197　比例节流阀的结构

类别	工作原理及结构

工作原理

上述比例节流阀可连续按比例地调节通过阀的流量，但所调流量受节流口前后压差变化的影响，为此出现了比例调速阀，常称为比例流量阀

在图3-198所示的比例调速阀工作原理图中，与普通调速阀一样，在比例节流阀阀口或前或后串联一个定差减压阀（压力补偿装置），产生的压力补偿作用可使通过节流口前后压差基本保持恒定，从而使通过比例流量阀的流量不会受压差变化的影响。因而比例调速阀除了用比例电磁铁4代替原来的调节手柄，用来调节节流阀2的节流口h开口大小的区别外，其他结构方面和工作原理，完全与普通调速阀相同，此处不再重复

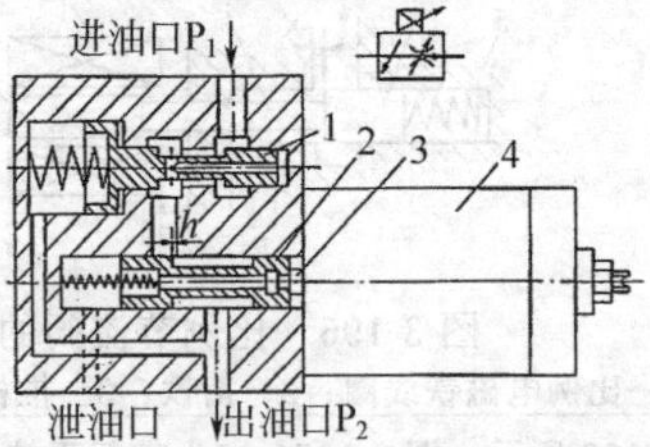

图3-198　比例调速阀的工作原理
1—定压差减压阀阀芯；2—节流阀阀芯；3—推杆；4—比例电磁铁

结构

图3-199所示为国产比例调速阀的结构，它与普通调速阀的区别仅在于将原来的调节节流阀阀口开度大小的手柄在此处改为比例电磁铁

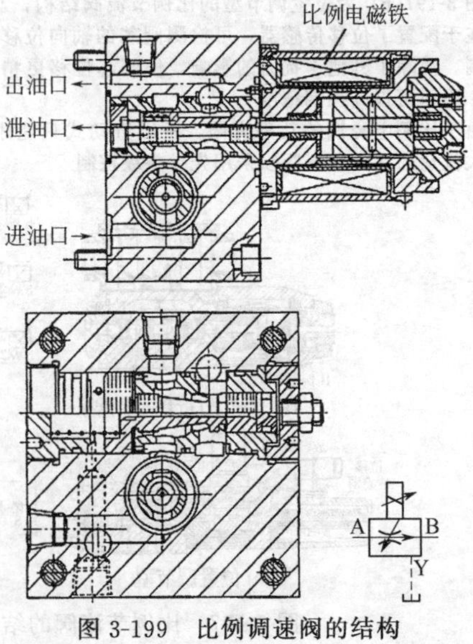

图3-199　比例调速阀的结构

比例调速阀（比例流量阀）

类别		工作原理及结构
比例调速阀（比例流量阀）	带位移传感器的比例流量阀	如图 3-200 所示，当向比例电磁铁输入指令信号电流，比例电磁铁产生的力使节流阀芯开口 3 由中位向开阀的方向移动，同时位移传感器 2 将位置检测信号反馈到比例放大器，比例放大器输出指令信号与反馈的位置检测信号相等的电信号，对节流阀芯位置进行控制。因此，通过指令信号可控制节流口的开口大小，从而控制流量 压力反馈阀 4 控制节流开口的前后压差为一定值，以得到与指令信号相符的稳定的控制输出流量。指令信号为零时，节流口部关闭 通过行程限位螺钉 5 的适当调节，可防止突跳现象；单向阀 6 实现 B→A 反向油流的自由流动；正反两方向油流均需控制流量时，可加在比例流量阀与底板之间加装整流板  (a) 外观 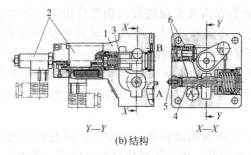 (b) 结构 1—阀体；2—比例电磁铁与位移传感器；3—节流阀芯开口； 4—压力补偿阀；5—行程限位螺钉；6—单向阀  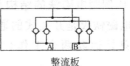 简化符号　详细符号　　　　　整流板 (c) 图形符号　　　　　　　(d) 整流板 图 3-200　带位移传感器的比例流量阀的结构

352. 什么是比例方向控制阀？

所谓比例方向阀是具有对液流方向控制功能的比例阀。然而比例方向阀除了能按输入电流的极性和大小控制液流方向外，还能控制流量的大小，属多参数比例控制阀。因此比例方向阀又叫比例方向流量阀。比例方向阀的外观和结构与普通开关式阀相似。

353. 比例方向阀与普通电磁换向阀有哪些区别？

① 比例方向阀能够被看作与台灯的调光开关具有同样功能。一个比例方向阀是由与一个与调光开关非常像的电气装置控制的，而普通电磁换向阀只用一个开关电源控制便可以了。

② 一个传统的电磁阀能够被认为是一个简单的开关阀，它可以被一些只有简单电流通断的开关的电设备来控制，阀芯仅仅是两个或几个不连续的位置。而比例方向阀的阀芯能够移动到在任一位置，而不仅仅是两个或几个不连续的位置。

③ 阀芯在离开中位的方向仍然确定油缸运动的方向，这点与开关式电磁换向阀相同，但阀芯离开中位的距离还控制着速度，这点与开关式电磁换向阀不相同。于是在实际上比例方向阀可以同时作为方向阀和流量阀来使用。通过改变一个或两个之一比例电磁铁的电流，阀芯移动的位移能够被改变，因此控制了通过阀的流量。

④ 增大线圈电流将加大电磁力，因此推动阀芯压缩弹簧产生一个更大的位移，因此不像传统的电磁阀。通过比例阀线圈的电流需要被调整，而不仅仅是开关式的通断。

⑤ 比例阀电磁铁的结构与开关式电磁铁虽是相似的，但不像传统的电磁铁仅是开关式的通断，通过比例阀线圈的电流可调整，而不仅只是通断两个工作位置，而是有可连续的无限多个工作位置。

⑥ 比例方向阀与普通开关式电磁阀之间的另一个区别是阀芯的设计，比例阀阀芯具有比较宽的边缘带有槽口的台肩（见图 3-201）。

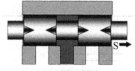

(a) 普通开关式电磁阀　　　　　(b) 比例方向阀

图 3-201　普通开关式电磁阀与比例方向阀阀芯的区别

 354. 比例方向控制阀的工作原理及结构是怎样的?

表 3-54　比例方向控制阀的工作原理及结构

类别		工作原理及结构例
直动式	工作原理	如上所述，比例电磁铁能根据输入电流的大小，输出不同大小的力或行程 电枢被包在一个芯轴管 F 中，同时全部的总成压进一个树脂塑料的外罩 F 中，推杆 E 连接着电磁铁和阀芯，通常移动阀芯压缩弹簧。比例电磁铁产生力 F 的大小由磁场强度决定，磁场强度与通过线圈的电流成比例。增大线圈电流将加大电磁的力，因此推动阀芯压缩弹簧产生一个更大的位移，电磁力 F 与线圈电流 I 成线性比例关系（见图 3-202） 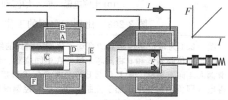 图 3-202　电磁力与电流 I 的关系 A—线圈；B—框架；C—电枢（衔铁）；D—电极片；E—推杆；F—外罩 比例方向阀就是利用上述这种输入不同大小的电流得到不同大小的力，压缩弹簧推动阀芯产生一个对应的位移。当左边的比例电磁铁输入小电流时，阀芯右移的移动距离小，P→B 与 A→T 通过的流量少 ［图 3-203 (a)］；当左边的比例电磁铁输入大电流时，阀芯右移的移动距离大，P→B 与 A→T 通过的流量多 ［图 3-203(b)］ 反之，当右边的比例电磁铁输入小电流时，阀芯左移的移动距离小，P→A 与 B→T 通过的流量少；当右边的比例电磁铁输入大电流时，阀芯左移的移动距离大，P→A 与 B→T 通过的流量多 这样，阀芯在离开中位的方向仍然确定油缸运动的方向，但阀芯离开中位的距离还控制着速度（例如：油缸活塞的运动速度）。于是在实际上比例方向阀可以同时作为方向阀和流量阀来使用。通过改变一个或两个之一比例电磁铁的电流，阀芯移动的位移能够被改变，因此控制了通过阀的流量，所以比例方向阀又叫比例方向节流阀

<table>
<tr><th>类别</th><th colspan="2">工作原理及结构例</th></tr>
<tr><td rowspan="2">直动式</td><td>工作原理</td><td>
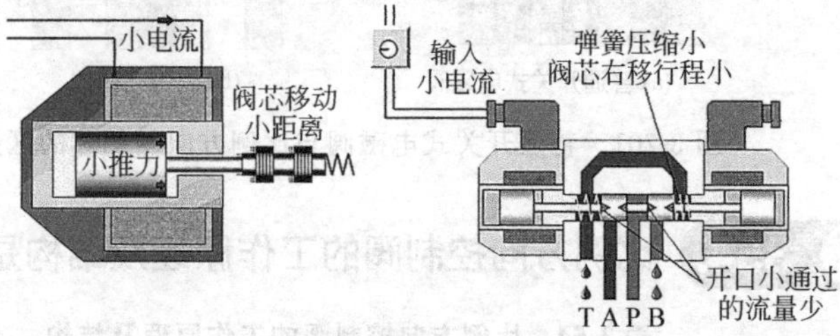

(a) 比例电磁铁输入小电流时
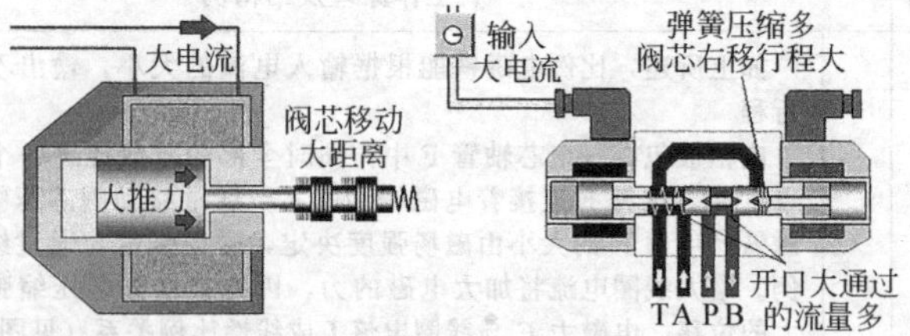

(b) 比例电磁铁输入大电流时
图 3-203　比例方向阀的工作原理
</td></tr>
<tr><td>结构</td><td>
图 3-204 为带位移传感器的直动式比例方向阀的结构。在比例电磁铁失电时，复位弹簧 5 和 6 将阀芯 4 维持在中间位置。当电磁铁 2 得电，控制滑阀芯 4 向右移动，则 P 口与 B 口，A 口与 T 口接通；反之，当电磁铁 3 得电（即负的指令电压加于控制电路）后，控制滑阀芯 4 向左移动，则 P 口与 A 口，B 口与 T 口接通
其结果是实现了如常规开关式电磁换向阀那样的换向，而且横断面呈节流槽形式的阀口通路打开，并形成对输入信号成比例的渐进的流量特性。即行使换向控制与流量控制两种功能
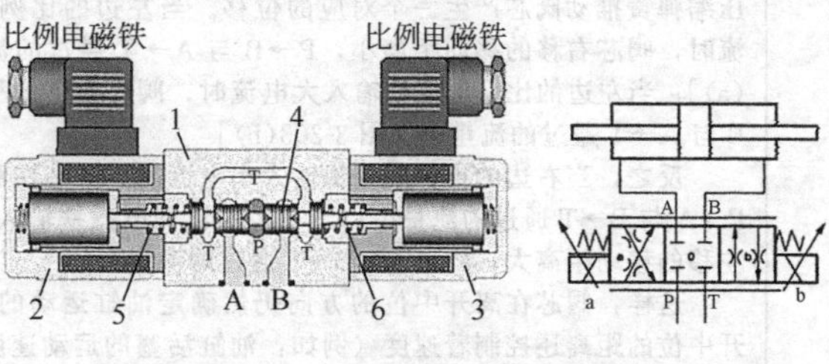

图 3-204　直动式比例方向阀的结构
1—阀体；2，3—比例电磁铁；4—阀芯；5，6—复位弹簧
</td></tr>
</table>

类别		工作原理及结构例
直动式	结构	如图 3-205 所示直动式比例方向阀还可以带 LVDT 位移传感器，以提供一个与阀芯位移成比例的反馈信号 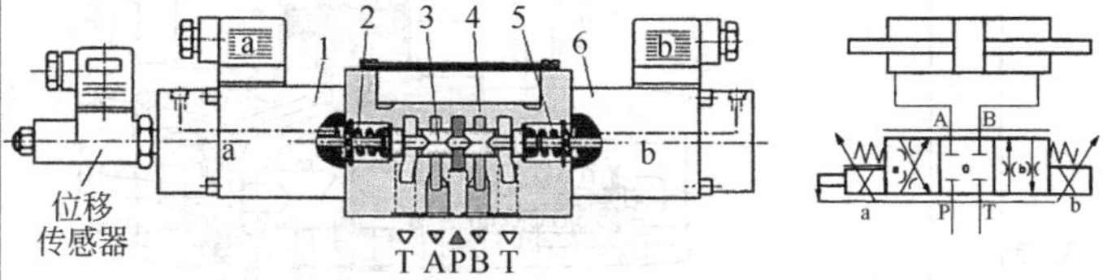 图 3-205　力士乐-博世公司 4WRE 型比例方向阀的 结构与图形符号 1，6—比例电磁铁；2，5—复位弹簧；3—阀芯；4—阀体
先导式比例方向阀（比例电液换向阀）	工作原理	图 3-206 所示的先导式比例方向阀中的先导阀是由比例电磁铁操纵的比例阀，先导阀可以是直动式比例方向阀，也可以是比例三通减压阀 　利用先导阀能够与输入电流成比例地改变油口 A 或 B 的压力，也就是改变图 3-207 中主阀芯两端的先导腔压力。如果比例电磁铁 b 通电，则先导阀阀芯右移。这时先导油通过从内部油口 P→p→b→x 进入主阀芯左腔，推动主阀芯克服对中弹簧右移，阀芯台肩上的控制沟槽逐渐打开，主阀路油液 P→A，B→T，主阀右腔回油→y→a→t→主阀 T→油箱，此为控制油的内控内排。主阀芯的位移与先导腔压力成比例，从而与输入的电流成比例 　控制油的控、排方式可以是外控内排、外控外排等形式 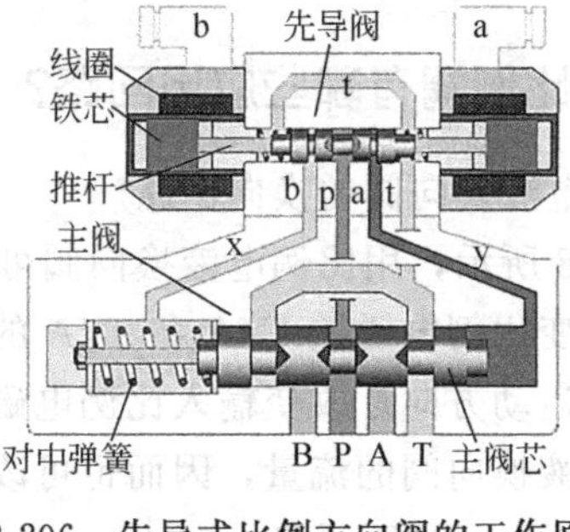 图 3-206　先导式比例方向阀的工作原理
	结构	先导式比例方向阀的结构例如图 3-207 所示

类别	工作原理及结构例
先导式比例方向阀（比例电液换向阀）结构	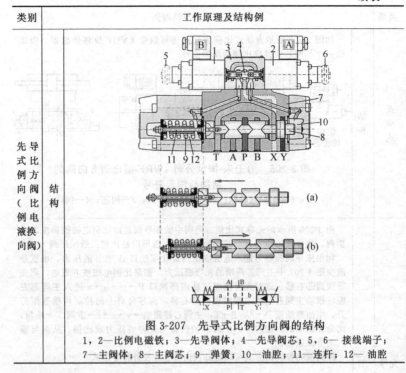 图 3-207　先导式比例方向阀的结构 1，2—比例电磁铁；3—先导阀体；4—先导阀芯；5，6—接线端子； 7—主阀体；8—主阀芯；9—弹簧；10—油腔；11—连杆；12—油腔

355. 比例阀有哪些应用回路？

（1）比例电液换向阀的换向回路

如图 3-208 所示，用比例电液换向阀可以控制液压缸的运动方向和速度。改变比例电磁铁 1YA 和 2YA 的通电、断电状态，即可改变液压缸的运动方向。改变输入比例电磁铁的电流大小，即可改变通过比例电液换向阀的流量，因而也可改变液压缸的运动速度。

（2）比例压力阀调压回路

图 3-209 所示为普通调压回路与比例调压回路的比较：图 3-209(a)为普通调压回路，它是以普通直动式溢流阀与主溢流阀组合成的三级调压回路。此方式使用的阀较多，且系统只能实现三级压力调节；图 3-209(b) 为用电液比例阀的回路，将普通先导式溢流阀的遥控口

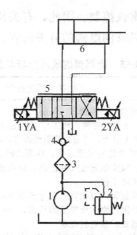

图 3-208 比例电液换向阀的换向回路

1—泵；2—溢流阀；3—过滤器；4—单向阀；5—比例电液换向阀；6—液压缸

上连接一直动式比例先导调压阀，此时，使用的阀数量少，而且根据需要输入无数个不同电流（$I_1 \sim I_n$）的大小，无级（无限多）调压。

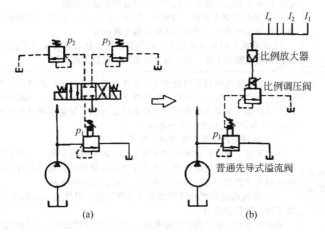

图 3-209　普通调压回路与比例调压回路的比较

🔧 356. 比例阀的故障怎样分析与排除？

比例阀的主阀和本章中所述的普通阀完全相同，先导阀部分也只是改手调为比例电磁铁控制。因此，有关比例阀的故障分析与排除可参考前述普通阀以及伺服阀的有关内容。

表 3-55　比例阀的故障分析与排除

故障	故障分析与排除
1. 比例电磁铁故障	① 由于插头组件的接线插座（基座）老化、接触不良以及电磁铁引线脱焊等原因，导致比例电磁铁不能工作（不能通入电流）。此时可用电表检测，如发现电阻无限大，可重新将引线焊牢，修复插座并将插座插牢 ② 线圈组件的故障有线圈老化、线圈烧毁、线圈内部断线以及线圈温升过大等现象。线圈温升过大会造成比例电磁铁的输出力不够，其余会使比例电磁铁不能工作 对于线圈温升过大，可检查通入电流是否过大，线圈是否漆包线绝缘不良，阀芯是否因污物卡死等原因所致，一一查明原因并排除之；对于断线、烧坏等现象，须更换线圈 ③ 衔铁组件的故障主要有衔铁因其与导磁套构成的摩擦副在使用过程中磨损，导致阀的力滞环增加。还有推杆、导杆与衔铁不同心，也会引起力滞环增加，必须排除之 ④ 因焊接不牢，或者使用中在比例阀脉冲压力的作用下使导磁套的焊接处断裂，使比例电磁铁丧失功能 ⑤ 导磁套在冲击压力下发生变形，以及导磁套与衔铁构成的摩擦副在使用过程中磨损，导致比例阀出现力滞环增加的现象 ⑥ 比例放大器有故障，导致比例电磁铁不工作。此时应检查放大器电路的各种元件情况，消除比例放大器电路故障 ⑦ 比例放大器和电磁铁之间的连线断线或放大器接线端子接线脱开，使比例电磁铁不工作。此时应更换断线，重新连接牢靠
2. 比例压力阀故障分析与排除	由于比例压力阀只不过是在普通的压力阀的基础上，将调压手柄换成比例电磁铁。因此，它也会产生各种压力阀的那些故障，其对应的故障原因和排除方法完全适用于对应的比例压力阀（如溢流阀对应比例溢流阀），可参照进行处理。此外还有 （1）比例电磁铁无电流通过，使调压失灵 此时可按上述"1. 比例电磁铁故障"的内容进行分析。发生调压失灵时，可先用电表检查电流值，断定究竟是电磁铁的控制电路有问题，还是比例电磁铁有问题，或者阀部分有问题，可对症处理 （2）虽然流过比例电磁铁的电流为额定值，但压力一点儿也上不去，或者得不到所需压力 例如图 3-210 所示的比例溢流阀，在比例先导调压阀 1（溢流阀）和主阀 5 之间，仍保留了普通先导式溢流阀的先导手调调压阀 4，在此处安全阀的作用。当阀 4 调压压力过低时，虽然比例电磁铁 3 的通过电流为额定值，但压力也上不去。此时相当于两级调压（比例先导阀 1 为一级，阀 2 为一级）。若阀 4 的设定压力过低，则先导流量从阀 4 流回油箱，使压力上不来。此时应将安全阀 4 调定的压力比比例调压阀 1 的最大工作压力要调高 1MPa 左右

续表

故障	故障分析与排除
2. 比例压力阀故障分析与排除	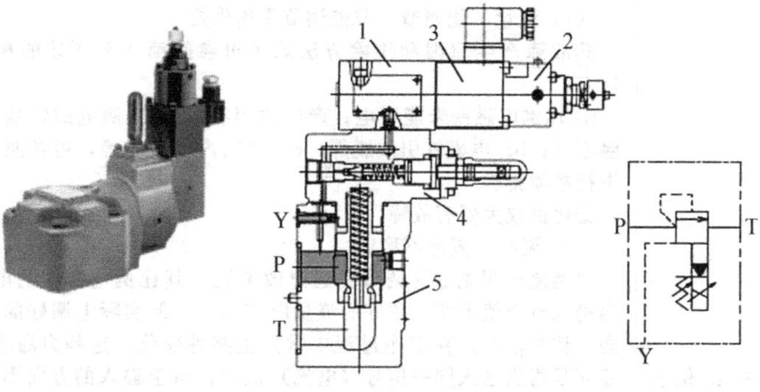 图 3-210　比例溢流阀 1—比例调压阀；2—位移传感器；3—比例电磁铁；4—安全阀；5—主溢流阀 (3) 流过比例电磁铁的电流已经过大，但压力还是上不去，或者得不到所要求的压力 此时可检查比例电磁铁的线圈电阻，若远小于规定值，那么是电磁铁线圈内部断路了；若电磁铁线圈电阻正常，那么是连接比例放大器的连线短路 此时应更换比例电磁铁，将连线接好，或者重绕线圈装上 (4) 使压力阶跃变化时，小振幅的压力波动不断，设定压力不稳定 产生原因主要是比例电磁铁的铁芯和导向部分（导套）之间有污物附着，妨碍铁芯运动。另外，主阀芯滑动部分沾有污物，妨碍主阀芯的运动。由于这些污物的影响，滞回增大了。在滞回的范围内，压力不稳定，压力波动不断 另一个原因是铁芯与导磁套的配合副磨损，间隙增大，也会出现所调压力（通过某一电流值）不稳定的现象 此时可拆开阀和比例电磁铁进行清洗，并检查液压油的污染度。如超过规定就应换油；对于铁芯磨损造成间隙过大引起的力滞环增加及调压不稳，应加大铁芯外径尺寸，保持与导套的良好配合 (5) 压力响应迟滞，压力改变缓慢 产生原因为比例电磁铁内的空气未被放干净；电磁铁铁芯上设置的阻尼用的固定节流孔及主阀芯节流孔（或旁路节流孔）被污物堵住，比例电磁铁铁芯及主阀芯的运动受到不必要的阻碍；另外系统中进了空气，通常发生在设备刚装好后开始运转时或长期停机后有空气混入的场合 解决办法是比例压力阀在刚开始使用前要先拧松放气螺钉，放干净空气，有油液流出为止。对于污物堵塞阻尼孔等情况要拆开比例电磁铁和主阀进行清洗；并在空气容易集中的系统油路的最高位置，最好设置放气阀放气，或者拧松管接头放气 此时应更换比例电磁铁，将连线接好，或者重绕线圈装上

故障	故障分析与排除
3. 比例流量阀的故障分析与排除	（1）流量不能调节，节流调节作用失效 其故障产生原因和排除方法除了可参阅第 4 章所述的相关内容外，还有 ① 比例电磁铁未能通电；产生原因有：a）比例电磁铁插座老化，接触不良；b）电磁铁引线脱焊；c）线圈内部断线等，可参照上述的方法进行故障排除 ②比例放大器有故障 （2）调好的流量不稳定 比例流量阀流量的调节是通过改变通入其比例电磁铁的电流决定的。当输入电流值不变，调好的流量应该不变。但实际上调好的流量（输入同一信号值时）在工作过程中常发生某种变化，这是力滞环增加所致，滞环是指当输入同一信号（电流）值时，由于输入的方向不同（正、反两个方向）经过同一电流信号值时，引起输出流量（或压力）的最大变化值 影响力滞环的因素主要是存在径向不平衡力及机械摩擦所致。那么减小径向不平衡力及减小摩擦因数等措施可减少机械摩擦对滞环的影响。滞环减小，调好的流量自然变化较小。具体可采取如下措施：①尽量减小衔铁和导磁套的磨损；②推杆导杆与衔铁要同轴；③注意油液清洁，防止污物进入衔铁与导磁套之间的间隙内而卡住衔铁，使衔铁能随输入电流值按比例地均匀移动，不产生突跳现象，突跳现象一旦产生，比例流量阀输出流量也会跟着突跳而使所调流量不稳定；④导磁套衔铁磨损后，要注意修复，使二者之间的间隙保持在合适的范围内。这些措施对维持比例流量阀所调流量的稳定性是相当有好处和有效的 另外一般比例电磁铁驱动的比例阀滞环为 3%～7%，力矩马达驱动的比例阀滞环为 1.5%～3%，伺服电机驱动的比例阀为 1.5%左右，亦即采用伺服电机驱动的比例流量阀，流量的改变量相对要小一些
4. 比例方向阀和其他比例阀的故障分析与排除	可参照上述比例压力阀和比例流量阀的思路和方法进行故障分析与排除

第4章
辅助元件

第1节
管 路

液压装置中的各种液压元件之间免不了要用管路连接起来，实现工作介质在彼此之间的输送和流动。管路包括管子（油管）和管件（管接头，法兰等）。

液压装置中所用油管有刚性管（钢管、紫铜管等）和挠性管（尼龙管、塑料管、橡胶软管及金属软管）两类。

管接头有扩口式管接头、卡套式管接头、焊接式管接头、扣压式软管接头、快速自封式管接头、可旋转管接头和直线移动式滑管接头以及连接法兰等。

管路的故障主要有两个：一是漏油；二是振动（伴之以噪声）。

357. 如何排查管路的漏油问题？

① 查油管是否破损：油管如果破损，当然会漏油。针对下列情况采取对策。

a.应根据液压系统工作压力大小，选用适合的油管：如尼龙管只能用于低压，紫铜管用于中低压，中高压以上要使用无缝钢管或者高压钢丝编织胶管。必须按工作压力正确选用符合规格要求的油管。

b. 油管爆管：其原因往往是用无钢丝编织层的橡胶管充当有钢丝编织层的橡胶管用、用只有一层钢丝者用于要三层钢丝编织网才能胜任处、或者购进质量不好的软管等，必须按要求正确选用符合规格要求的橡胶软管。

② 查直油管是否安装不好：例如安装时软管拧扭，扭曲的软管久而久之，管会破裂，接头处也会漏油。安装软管拧紧螺纹时，注意不要拧扭软管。

③ 查运行时，软管长度方向是否伸缩余地不够拉得太紧：长度方向要有伸缩余地，不可拉得太紧。因为软管在压力温度的作用下，长度会发生变化。一般为收缩，收缩量为管长的3％左右（见图 4-1）。

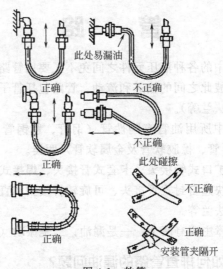

图 4-1　软管

④ 查运行中软管是否与其他管道或刚性硬件摩擦。

⑤ 查橡胶管接头弯曲半径是否不合理，或在工作过程使软管有不合理的弯曲半径存在的情况。

⑥ 查硬管在弯曲处是否有足够的一段直线长度，弯曲半径是

否足够大：弯曲处（与管接头的连接处）应有一段呈直管的部分，长度应≥2D（D为管子外径），弯曲最小曲率半径≥（9～10）D（图4-2）。在直角拐弯处最好不用软管，否则在压力交变的工况下，会因软管弯曲处的长度和曲率半径的变化而疲劳导致破裂，产生漏油，使用不锈钢软管时更应注意。

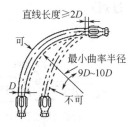

直线长度≥2D

可

最小曲率半径9D～10D

D

不可

图4-2　硬管

⑦ 查软管外壁是否互相碰擦或与机器的尖角棱边相接触或摩擦，导致软管受损：为了保护软管不受外界物体作用损坏及在接头处受到过度弯曲，可在软管外面套上螺旋细钢丝，并在靠近接头处密绕，以增大抗弯折的能力。

⑧ 是否在高温、有腐蚀橡胶气体的环境中使用。

⑨ 查排列的多条管子是否采取了固定措施：如系统软管数量较多，应分别安装管夹加以固定，或者用橡胶板隔开。尽量避免软管相互接触或与其他机械零件接触，以免相互影响和相互碰擦造成破损而漏油。

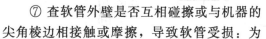

358. 解决管接头漏油的方法有哪些？

（1）扩口式管接头（GB/T 5625.1～GB/T 5652—2008）的漏油对策

① 拧紧力过大或过松造成泄漏：拧紧力过大，将扩口处的管壁挤薄，引起破裂，甚至在拉力作用下使管子脱落引起漏油和喷油现象；拧紧力过小，不能将管套和接头体锥面将管端的锥面夹牢而漏油。对于扩口式管接头，在拧紧管接头螺母时，紧固力矩要适度。当然可用力矩扳手。在没有力矩扳手的地方，可采用图4-3所示的方法——划线法拧紧，即先用手将螺母拧到底，在螺母和接头体间划一条线，然后用一只扳手扳住接头体，再用另一扳手扳螺母，只需再拧紧1/4～4/3圈即可，可确保不拧裂扩口。

② 管子的弯曲角度不对和接管长度不对：如图4-4中，弯曲角度不对和接管长度不对时，管接头扩口处很难密合，造成泄漏。

为保证不漏，应使弯曲角度正确和控制接管长度适度（不能过长或过短）。

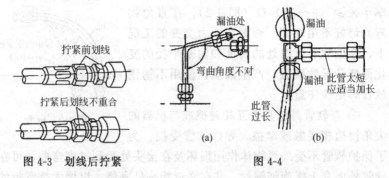

图 4-3　划线后拧紧

图 4-4

③ 接头位置靠得太近：即使用套筒扳手都嫌位置偏紧，不能拧紧所有接头螺母造成漏油。对于有若干个接头紧靠在一起的情形，若采用图 4-5(a) 的排列，自然因接头之间靠得太近，扳手因活动空间不够而不能拧紧，造成漏油。解决办法是设计时适当拉开连接安装板上各管接头之间的开挡尺寸，万一有困难则按图 4-5(b) 的方法予以解决，即采用不同长度的管接头悬伸长度。

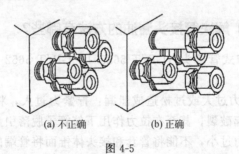

(a) 不正确　　　　(b) 正确

图 4-5

④ 扩口管接头的加工质量不好，引起泄漏。扩口管接头有 A 型和 B 型两种形式，图 4-6 为 A 型。当管套、接头体与紫铜管互相配合的锥面与图中的角度值不对时，密封性能不良。特别是在锥面尺寸和表面粗糙度太差，锥面上拉有沟槽或破裂时，会产生漏油。另外当螺母与接头体的螺纹有效尺寸不够（螺母的螺纹有效长度短于接头体），不能将管套和紫铜管锥面压紧在接头体锥面上时，

也会产生漏油，须酌情处置。

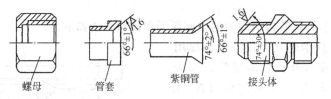

螺母　　　　管套　　　紫铜管　　　接头体

图 4-6　扩口管接头的组成零件

（2）焊接管及焊接管接头的漏油对策

管接头、钢管及铜管等硬管需要焊接连接时，如果焊接不良，焊接处出现气孔、裂纹和夹渣等焊接缺陷，会引起焊接处的漏油；另外，虽然焊接较好，但因焊接位置处的形状处理不当，用一段时间后会产生焊接处的松脱，造成漏油（见图4-7）。

当出现图4-7中情况时，可磨掉焊缝，重新焊接，焊后在焊接处需进行应力消除工作。具体做法是用焊枪（气焊）将焊接区域加热，直到出现暗红色后，再在空气中自然冷却。为避免高应力，刚性大的管子和接头在管接头接上管子时要先对准，点焊几处后取下再进行焊接，切忌用管夹、螺栓或管螺纹等强行拉直，以免使管子破裂和管接头歪斜而产生漏油。如果焊接部位难以将接头和管子对准，则应考虑是否采用能承受相应压力的软管及接头进行过渡。

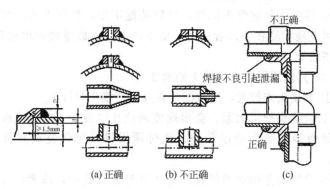

(a) 正确　　　　(b) 不正确　　　　(c)

图 4-7　焊接管及焊接管接头的漏油对策

（3）卡套式管接头（GB/T 3733.1～3755.1—2008）的漏油对策

卡套式管接头漏油的主要原因和排除方法如下。

① 卡套式管接头要求配用高精度（外径）冷拔管。当冷拔管与卡套相配部位（A、B处）不密合，拉伤有轴向沟槽（管子外径与卡套内径）时，会产生泄漏。此时可将拉伤的冷拔管锯掉一段，或更换合格的卡套重新装配。如图4-8所示。

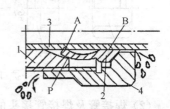

图 4-8　卡套式管接头的漏油
1—接头体；2—卡套；3—管子；4—螺母

② 内外锥面配合处（图4-8中P处）不密合，相接触面拉有轴向沟槽时，容易产生泄漏。应使锥面之间密合，必要时更换卡套。

③ 锁紧螺母4拧得过松或过紧：拧得不紧，则接头体1与卡套2锥面配合不紧，卡套刃口难以楔入管子外周形成可靠密封；拧得过紧，使卡套2屈服变形而丧失弹性。两种情况下均产生漏油。

④ 卡套刃口硬度不够，或者钢管太硬，在装配后卡套刃口不能切入管壁形成密封。

⑤ 钢管的端面不垂直或不干净，妨碍管子的正确安装。

⑥ 接头体与钢管不同轴，导致装配不正，挤压不紧，此时拆开后可发现卡套在切入管壁时，留下的痕印不成整圆的单边环槽，可酌情处置。

（4）其他原因造成管接头的漏油

① 管接头未拧紧，造成漏油者拧紧管接头便行了。

② 管接头拧得太紧、会出现使螺纹孔口裂开、拔丝或破坏其他密封面等情况而造成漏油。此时须根据情况修复或更换有关零件。

③ 公制细牙螺纹的管接头拧入在锥牙螺孔中，或者反之。液压管路采用的螺纹如表4-1所示。

表 4-1　　液压管路一般采用的连接螺纹类别和标记

螺纹类别	牙型符号	牙型角	符号示例	螺旋方向	示例说明
圆柱管螺纹	G	55°	G1″	右	表示圆柱管螺纹管子直径为 1″
55°圆锥管螺纹	ZG(旧 KG)	55°	ZG¾″	右	表示圆锥管螺纹管子直径为 ¾″
布氏锥管螺纹	Z(旧 K)	60°	Z½″	右	表示布氏锥管螺纹，管子直径为 ½″
60°锥管螺纹	NPT	60°	NPT1″	右	日本用
米制锥管螺纹	ZM	60°	ZM½″⊖	右	欧美用
细牙普通螺纹	M	60°	M24×2	右	表示公制普通螺纹，公称直径为 24mm，螺距为 2mm

　　国际上普遍采用细牙普通公制螺纹作为液压管路上的连接螺纹，而建议不使用其他螺纹。

　　④ 螺纹或螺孔在安装前损伤，或者加工未到位螺纹有效长度不够。此时可用丝攻或板牙重新套螺纹或攻螺纹，或更换新接头。特别要注意各种螺纹的螺距（每英寸牙数），不可混用。如果不仔细测量每英寸牙数，很难断定是锥管螺纹还是普通细牙螺纹。特别是牙型角为 55°的锥管螺纹与牙型角为 60°的圆锥管螺纹容易混用。实际它们除了牙型角不同外，每英寸牙数（同一公称直径，例如 ZG1/8″，与 Z1/8″）往往不一样，混用时开始可拧入，但拧入几扣牙后，便感到拧不动，一方面此时很容易误认为管接头已经拧紧，但通入压力油后往往漏油；另一方面如果强行拧进，会因每英寸牙数不对而使螺纹拔丝而漏油。另外，如果螺纹有效长度不够，也会产生虚拧紧现象。好像拧紧了，但其实并未使一些零件紧密接触。

　　⑤ 管接头在使用过程中振松而漏油，要查明振动原因，保证配管有足够的刚性和抗振性，在管路的适当位置配置支架和管夹，并采取防松措施。

　　⑥ 公、母螺纹配合太松，螺纹表面太粗糙，缠绕的聚四氟乙

烯带因缠绕方向不对，在拧紧螺纹管接头时被挤掉挤出，均可能造成漏油（图4-9）。当管接头采用特氟隆密封带（俗称生胶带）时，密封带缠绕和接头拧紧时均小心。拧得太紧或缠绕不当损坏壳体或漏油。

正确缠绕方向　　　　错误缠绕方向

图4-9　聚四氟乙烯带的缠绕方向

从接头后端第2扣螺纹处开始缠，注意缠绕方向，拧紧螺纹最大力矩扭到34 N·m时，不要再拧紧了。如果拧到最大扭矩还有漏油，则重新缠密封带或更换管接头。

⑦ 管接头密封圈或密封垫漏装或破损造成漏油，可补装或更换密封圈或密封垫。

⑧ 管道的质量不应由阀、泵等液压元件和辅助元件承受，反之液压元件只有质量较轻并且是管式液压件的情况下，才可由管路支承其质量。否则使管路压弯变形，造成管接头处的不密合而漏油。如果管式液压件太重，应改用板式阀或用辅助支承支起其重量，以防止液压元件管接头因变形产生的漏油。

（5）管道安装布局不好，造成漏油

管路安装布局不好，直接影响到管接头处的漏油。统计资料表明：液压系统有30％～40％的漏油来自管路的不合理与管接头不良。所以除了推荐采用集成回路外，还可采用叠加阀、逻辑式插装阀以及板式元件等以减少管路和管接头的数量从而减少泄漏位置外，对于必不可少的接管，在配管时应采取下述措施。

① 尽量减少管接头的数量，便减少了漏油处。

② 在尽量缩短管路长度的同时（可减少管路压力损失和振动等），要采取避免因温升产生的管路热伸长而拉断、拉裂管路，并注意接头部位的质量。

③ 和软管一样，在靠近接头的部位需要有一段直线部分 L（图4-10）。

④ 弯曲长度要适量，不能斜交。

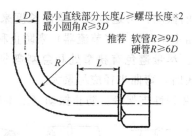

最小直线部分长度L≥螺母长度×2
最小圆角R≥3D
推荐 软管R≥9D
      硬管R≥6D

图 4-10　在靠近接头的部位设一段直线部分

（6）防止系统液压冲击带来的泄漏

产生液压冲击时，会导致接头螺母松动而产生漏油。此时一方面应重新拧紧接头螺母，另一方面要找出产生液压冲击的原因并设法予以防止。例如设置蓄能器等吸振，采用缓冲阀等缓冲元件消振等。

（7）负压产生的泄漏

对瞬时流速大于 10m/s 的管路，均可能产生瞬间负压（真空）现象，如果接头又没有采用防止负压产生的密封结构形式 ［见图 4-11(a)］，负压产生时会吸走 O 形密封圈，压力上来时因无 O 形密封圈而产生泄漏。

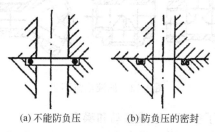

(a) 不能防负压　　　(b) 防负压的密封

图 4-11　负压产生的泄漏

359. 如何对付管路的振动和噪声？

液压管路另一种故障是管路的振动和噪声，特别是若干条管路排在一起时。产生这类故障的原因和排除方法如下。

① 液压泵-电机等振源的振动频率与配管的振动频率合拍产生共振，为防止产生共振，二者的振动频率之比要在 1/3～3 的范围之外。

② 管内油柱的振动：可通过改变管路长度来改变油柱的固有振动频率，在管路中串联阻尼（节流器）来防止和减轻振动。

③ 管壁振动：尽量避免有狭窄处和急剧弯曲处，尽可能少用弯头。需要用弯头时，弯曲半径应尽量大。

④ 采用管夹和弹性支架等，防止振动（图4-12）。

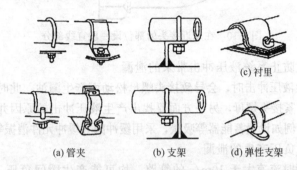

(a) 管夹　　　　(b) 支架　　　　(d) 弹性支架

图4-12　采用管夹和弹性支架防止振动

⑤ 油液汇流不当也会因涡流气穴产生的振动和噪声（图4-13）。

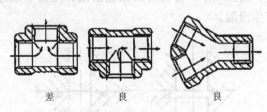

差　　　　　　良　　　　　　良

图4-13　油液汇流不当

⑥ 管内进了空气，造成振动和噪声。

⑦ 远程控制（遥控）管路过长（＞1m），管内可能有气泡存在，这样管内油液体积时而被压缩，时而又膨胀，便会产生振动。并且可能和溢流阀导阀弹簧产生共振，导致噪声。因此在系统远程控制管路需大于1m时，要在远程控制口附近安设节流元件（阻尼）。

⑧ 在配管不当或固定不牢靠的情况下，如两泵出口很近处用一个三通接头连接溢流总排油，这样管路会产生涡流，而引起管路噪声。油泵排油口附近一般具有旋涡，这种方向急剧改变的旋涡和另外具有旋涡的液流合流，就会产生局部真空，引起空穴现象，产

生振动和噪声。解决办法是在泵出口以及阀出口等压力急剧变动的合流配管，不能靠得太近，而适当拉长距离，就可避免上述噪声。

⑨ 双泵双溢流阀供油液压系统也易产生两溢流阀的共振和噪声，特别是当两溢流阀共用一根回油管，且此回油管径又过小时，更容易出现振动和噪声。解决办法是共同用一只溢流阀或两阀调的压力拉大一些差值（大于 1MPa）。另外，回油管分开，并适当加大管径。

⑩ 回油管的振动冲击：当回油管不畅通背压大，或因安装在回油管中的滤油器、冷却器堵塞时，产生振动冲击。所以为减小背压，回油管应尽量粗些短些，当回油路上装有滤油器或水冷却器时，为避免回油不畅，可另设一支路，装上背压阀或溢流阀。在滤油器或冷却器堵塞时，回油可通过背压阀短路至油箱，防止振动冲击（图 4-14）。

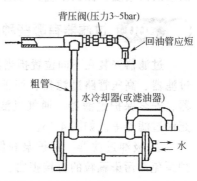

图 4-14　回油管路的处理

⑪ 尽力减少管路中的急拐弯、突然变大变细，以及增加管子的壁厚，可降低振动和噪声。

⑫ 在容易产生振动和噪声的位置（例如弯头处）串接一段短挠性管［图 4-15(a)］，对降低噪声效果明显，为防止振动也往往使用弹性衬垫［图 4-15(b)］。这种办法往往是在串接一小段挠性管没有余地时使用，对高频振动的衰减是有效的。

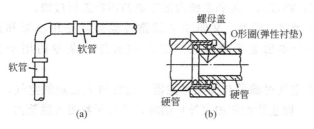

(a)　　　　　　　(b)

图 4-15　串接一根挠性管或配管中装入弹性衬垫

第 2 节
过滤器的维修

滤油器的功用在于滤除混杂在液压油液中的杂质，降低系统中油液的污染度，保证系统正常地工作。

360. 过滤器有哪些种类？ 功能如何？

过滤器安装在不同位置担当的角色不同，过滤器可分为：吸油过滤器、高压管路过滤器、回油过滤器、泄油过滤器、旁路过滤器、安全保护过滤器、通气过滤器（空气滤清器）、注油过滤器、充油过滤器等。如图 4-16。

① 吸油过滤器　保护泵和保护系统所有液压元件。重点是保护泵免遭污染颗粒的直接损害。要选用流通能力大、过滤效率高、纳垢容量大、较小的压力损失的网式和线隙式的过滤器。

② 高压管路过滤器　保护泵以外其他液压件，安装在压力管路中，耐高压是其首选。如果用于保护抗污染能力差的液压元件（如伺服阀等），则特别需要考虑其过滤精度和通流能力，一般宜选用带壳体的高压滤油器。

③ 回油过滤器　降低过滤系统内磨损颗粒使系统油液流回油箱之前，将侵入系统和系统内部生成的污物进行过滤。

④ 旁路过滤器　又叫单独回路过滤器，是用小泵和过滤器组成一个单独立于液压系统之外的另外一条专门用于过滤的回路。

⑤ 空气过滤器与加油过滤器　过滤进入油箱的空气，防止尘埃混入。防止往油箱加（补）油时，外界污物带入油箱内。

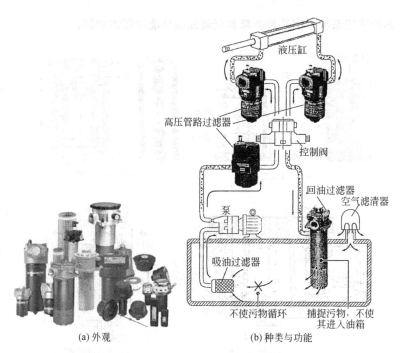

(a) 外观 (b) 种类与功能

图 4-16 过滤器的外观与种类

361. 过滤器有哪几种结构？

过滤器的结构见图 4-17。

362. 过滤器的故障怎样分析与排除？

(1) 滤芯的破坏变形

包括滤芯的变形、弯曲、凹陷吸扁与冲破等。

产生原因是：① 滤芯在工作中被污染物严重阻塞而未得到及时清洗，流进与流出滤芯的压差增大，使滤芯强度不够而导致滤芯变形破坏；② 滤油器选用不当，超过了其允许的最高工作压力，例如同为纸质滤油器，型号为 ZU-100×20Z 的额定压力为 6.3MPa，而型号为 ZU-H100×20Z 的额定压力可达 32MPa，如果将前者用于压力为 20MPa 的液压系统，滤芯必定被击穿而破坏；③ 在装有高压蓄能器的液压系统，因某种故障蓄能器油液反灌冲坏滤油器。

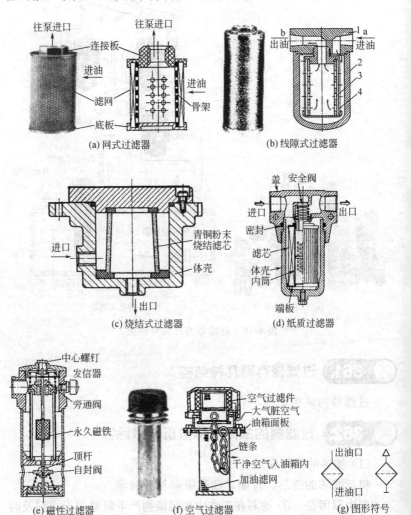

图 4-17　过滤器结构

排除方法：① 及时定期检查清洗滤油器；② 正确选用滤油器，强度、耐压能力要与所用滤油器的种类和型号相符；③ 针对各种特殊原因采取相应对策。

（2）滤油器脱焊

这一故障是对金属网状滤油器而言，当环境温度高，滤油器处的局部油温过高，超过或接近焊料熔点温度，加上原来焊接就不牢，油液的冲击造成脱焊。例如高压柱塞泵进口处的网状滤油器曾多次发现金属网与骨架脱离，柱塞泵进口局部油温达100℃之高的现象。此时可将金属网的焊料由锡铅焊料（熔点为183℃）改为银焊料或银镉焊料，它们的熔点大为提高（235～300℃）。

（3）烧结式滤油器掉粒

多发生在金属粉末烧结式滤油器中。脱落颗粒进入系统后，堵塞节流孔，卡死阀芯。其原因是烧结粉末滤芯质量不佳造成的。所以要选用检验合格的烧结式滤油器。

（4）滤油器堵塞

一般滤油器在工作过程中，滤芯表面会逐渐纳垢，造成堵塞是正常现象。此处所说的堵塞是指导致液压系统产生故障的严重堵塞，滤油器堵塞后，至少会造成泵吸油不良、泵产生噪声、系统无法吸进足够的油液而造成压力上不去，油中出现大量气泡以及滤芯因堵塞而可能压力增大而被击穿等故障。

滤油器堵塞后应及时进行清洗，清洗方法如下。

① 用溶剂清洗 常用溶剂有三氯乙烯、油漆稀释剂、甲苯、汽油、四氯化碳等，这些溶剂都易着火，并有一定毒性，清洗时应充分注意。还可采用苛性钠、苛性钾等碱溶液脱脂清洗，以及电解脱脂清洗等，后者清洗能力虽强，但对滤芯有腐蚀性，必须慎用。在洗后须用水洗等方法尽快清除溶剂。

② 用机械及物理方法清洗

a.用毛刷清扫：应采用柔软毛刷除去滤芯的污垢，过硬的钢丝刷会将网式、线隙式的滤芯损坏，使烧结式滤芯烧结颗粒刷落，并且此法不适用于纸质滤油器。此法一般与溶剂清洗相结合。

b.超声波清洗：超声波作用在清洗液中，将滤芯上污垢除去、但滤芯是多孔物质，有吸收超声波的性质，可能会影响清洗效果。

c.加热挥发法：有些滤油器上的积垢，用加热方法可以除去，但应注意在加热时不能使滤芯内部残存有炭灰及固体附着物。

d. 压缩空气吹：用压缩空气在滤垢积层反面吹出积垢，采用脉动气流效果更好。

e. 用水压清洗：方法与上同，二法交替使用效果更好。

③ 酸处理法　采用此法时，滤芯应为用同种金属的烧结金属。对于铜类金属（青铜），常温下用光辉浸渍液 [H_2SO_4 43.5%（体积，下同），HNO_3 37.2%，HCl 0.2%，其余水] 将表面的污垢除去；或用 H_2SO_4 20%、HNO_3 30%、其余水配成的溶液，将污垢除去后，放在由 $Cr_3O \cdot H_2SO_4$ 和水配成的溶液中，使它生成耐腐蚀性膜。

对于不锈钢类金属用 HNO_3 25%、HCl 1%、其余用水配成的溶液将表面污垢除去，然后在浓 HNO_3 中浸渍，将游离的铁除去，同时在表面生成耐腐蚀性膜。

④ 各种滤芯的清洗步骤和更换

a. 纸质滤芯：根据压力表或堵塞指示器指示的过滤阻抗，更换新滤芯，一般不清洗。

b. 网式和线隙式滤芯：清洗步骤为溶剂脱脂—毛刷清扫—水压清洗—气压吹净，干燥—组装。

c. 烧结金属滤芯：可先用毛刷清扫，然后溶剂脱脂（或用加热挥发法，400℃ 以下）→ 水压及气压吹洗（反向压力 0.4～0.5MPa）→酸处理→水压、气压吹洗→气压吹净脱水、干燥。

拆开清洗后的滤油器，应在清洁的环境中，按拆卸顺序组装起来，若须更换滤芯的应按规格更换，规格包括外观和材质相同，过滤精度及耐压能力相同等。对于滤油器内所用密封件要按材质规格更换，并注意装配质量，否则会产生泄漏，吸油和排油损耗以承吸入空气等故障。

（5）带堵塞指示发信装置的过滤器，堵塞后不发信号

当滤芯堵塞后如果过滤器的堵塞指示发信装置不能发信号或不能发出堵塞指示（指针移动），则如过滤器用在吸油管上，则泵不进油；如过滤器用在压油管上，则可能造成管路破损、元件损坏甚至使液压系统不能正常工作等故障，失去了包括过滤器本身在内的液压系统的安全保护功能和故障提示功能。

排除办法是检查堵塞指示发信装置是否被污物卡死而不能移

动，查明情况予以排除。

（6）带旁通阀的过滤器故障

带旁通阀的过滤器产生的故障有：当密封圈破损或漏装、弹簧折断或漏装；或者旁通阀阀芯的锥面不密合或卡死在开阀位置，过滤器将失去过滤功能。可酌情排除，例如更换或补装密封和弹簧。

当阀芯被污物卡死在关阀位置，且当滤芯严重堵塞时，失去了安全保护作用。系统回油背压太大，击穿滤芯，产生液压系统执行元件不动作甚至破坏相关液压元件的危险情况。此时可解体过滤器，对旁通阀（背压阀）的阀芯重点检查，清除卡死等现象。

第 3 节

蓄 能 器

蓄能器是一种能储存与释放液体压力的元件。它总是并联于回路中，当回路压力大于蓄能器内压力时，回路中一部分液体充入蓄能器腔内，将液压能转变为其他工作物体的势能储存起来；当蓄能器内压力高于回路压力时，蓄能器中工作物体释放势能，将腔内液体压入系统。所谓工作物体势能，常用的是气体压缩和膨胀时的弹性势能，也可以是重锤的重力能或弹簧的弹性势能。

蓄能器有重锤式、活塞式、弹簧加载式和皮囊式等多种形式，皮囊式蓄能器具有体积小、重量轻、惯性小、反应灵敏等优点，目前应用最为普遍。

下面仅以皮囊式蓄能器为例说明蓄能器的工作原理、结构及故障排除方法。其他类型的蓄能器可参考进行。

363. 皮囊式蓄能器的工作原理是怎样的？

皮囊式蓄能器的工作原理如图 4-18 所示，蓄能器中无油时，皮囊中为充气压力，皮囊涨至最大；皮囊中储存压力油时，皮囊中压力最高，皮囊被压缩至最小体积；充液释放势能时，皮囊涨大，将皮囊中压力油补入液压系统。

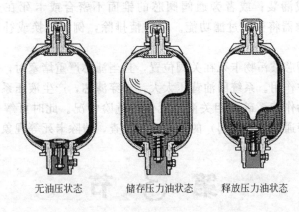

无油压状态　　　　　储存压力油状态　　　　释放压力油状态

图 4-18　皮囊式蓄能器的工作原理

364. 皮囊式蓄能器的结构是怎样的？

皮囊式蓄能器的结构如图 4-19 所示。

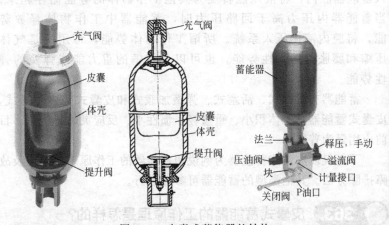

图 4-19　皮囊式蓄能器的结构

🔧 365. 皮囊式蓄能器压力下降严重，经常需要补气怎么办？

皮囊式蓄能器，皮囊的充气阀为单向阀的形式，靠密封锥面密封（见图4-20）。当蓄能器在工作过程中受到振动时，有可能使阀芯松动，使密封锥面1不密合，导致漏气。或者阀芯锥面上拉有沟槽，或者锥面上粘有污物，均可能导致漏气。此时可在充气阀的密封盖4内垫入厚3mm左右的硬橡胶垫5，以及采取修磨密封锥面使之密合等措施解决。

另外，如果出现阀芯上端螺母3松脱，或者弹簧2折断或漏装的情况，有可能使皮囊内氮气顷刻泄完。

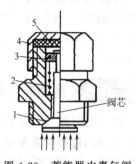

图4-20　蓄能器皮囊气阀
1—密封锥面；2—弹簧；3—螺母；
4—密封盖；5—硬橡胶垫

🔧 366. 为何有些皮囊使用寿命短？

其影响因素有皮囊质量、使用的工作介质与皮囊材质的相容性；或者有污物混入；选用的蓄能器公称容量不合适（油口流速不能超过7m/s）；油温太高或过低；作储能用时，往复频率是否超过10s1次，超过则寿命开始下降，若超过3s1次，则寿命急剧下降；安装是否良好，配管设计是否合理等。

另外，为了保证蓄能器在最小工作压力 p_1 时能可靠工作，并避免皮囊在工作过程中常与蓄能器下端的菌型阀相碰撞，延长皮囊的使用寿命，p_0 一般应在 $(0.75\sim0.9)p_1$ 的范围内选取；为避免在工作过程中皮囊的收缩和膨胀的幅度过大而影响使用寿命，要有 $p_0 \geq 2.5\% p_2$，即要有 $p_1 \geq 1/3 p_2$。其中 p_0、p_1 与 p_2 分别为充气压力、最低工作压力和最高工作压力。

🔧 367. 蓄能器不起作用(不能向系统供油) 怎么办？

产生原因主要是气阀漏气严重，皮囊内根本无氮气，以及皮囊破损进油。另外当 $p_0 > p_2$，即最大工作压力过低时，蓄能器完全丧失储能功能（无能量可储）。

排除办法是检查气阀的气密性。发现泄气，应加强密封，并加补氮气；若气阀处泄油，则很可能是皮囊破裂；应予以更换；当 $p_0 \geqslant p_2$ 时，应降低充气压力或者根据负载情况提高工作压力。

🔧 368. 蓄能器吸收压力脉动的效果差怎么办？

为了更好地发挥蓄能器对脉动压力的吸收作用，蓄能器与主管路分支点的连接管道要短，通径要适当大些，并要安装在靠近脉动源的位置。否则，它消除压力脉动的效果就差，有时甚至会加剧压力脉动。

🔧 369. 蓄能器释放出的流量稳定性差怎么办？

蓄能器充放液的瞬时流量是一个变量，特别是在大容量且 $\Delta p = p_2 - p_1$ 范围又较大的系统中，若要获得较恒定的和较大的瞬时流量时，可采用下述措施。

① 在蓄能器与执行元件之间加入流量控制元件。

② 用几个容量较小的蓄能器并联，取代一个大容量蓄能器，并且几个容量较小的蓄能器采用不同档次的充气压力。

③ 尽量减少工作压力范围 Δp，也可以采用适当增大蓄能器结构容积（公称容积）的方法。

④ 在一个工作循环中安排好有足够的充液时间，减少充液期间系统其他部位的内泄漏，使在充液时，蓄能器的压力能迅速和确保能升到 p_2，再释放能量。表 4-2 为国产 NXQ-L 型皮囊式蓄能器的允许充放流量。

表 4-2　NXQ-L 型蓄能器允许充放流量

蓄能器公称容积/L	NXQ-L0.5	NXQ-L1.6～NXQ-L6.3	NXQ-L10～NXQ-L40
允许充放流量/（L/s）	1	3.2	6

370. 为何蓄能器充压时压力上升得很慢，甚至不能升压？

这一故障泵的原因有：① 充气阀密封盖 4（见图 4-20）未拧紧或使用中松动而漏了氮气；② 充气阀密封用的硬橡胶垫 5 漏装或破损；③ 充气的氮气瓶气压已经太低。④ 充气液压回路的问题中：例如图 4-21 所示的用卸荷溢流阀 2 组成的充液回路，当阀 2 的阀芯卡死在微开启时，蓄能器 3 充压上压速度很慢，阀 2 的阀芯卡死位置的开口越大，充压速度越慢。完全开启，则不能使蓄能器 3 蓄能升压。

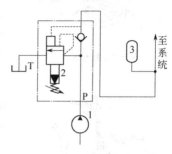

图 4-21 充气液压回路

解决办法可在检查的基础上对症下药。至系统的后续油路有问题也可能出现此类故障。

371. 怎样拆装蓄能器？

① 拆卸旧皮囊前准备好图 4-22 所示的通用工具与专用工具。

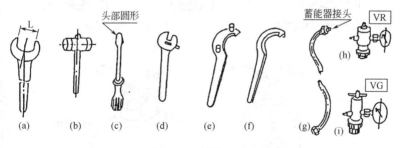

图 4-22 拆装工具

② 蓄能器的拆卸（见图 4-23）。

第一步：松开螺母

第二步：确认氮气压力为零

第三步：卸下气阀

第四步：卸下插口垫与锁母

第五步：卸下支承套

第六步：卸取锁母

第七步：用手取出密封组件

第八步：用手取出背垫等

第九步：取出旋塞体

第十步：取出皮囊，清洗各零件备用

图 4-23　蓄能器的拆卸方法

③ 蓄能器的装配（见图 4-24）。

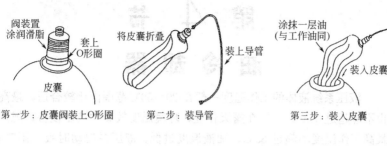

第一步：皮囊阀装上O形圈　　第二步：装导管　　第三步：装入皮囊

第四步：装入背垫　　第五步：装入密封组件　　第六步：将组件拉出至体壳口

第七步：去毛刺润滑体壳口　　第八步：装支承座、锁母、　　第九步：装充气阀
　　　　　　　　　　　　　　　　　气阀等零件

第十步：用氮气瓶充气

图 4-24　蓄能器的装配方法

第4节

油冷却器

液压系统液体的工作温度一般在 30～50℃ 范围内比较合适，最高也不应超过 65℃。一些在露天作业，环境温度较高的液压设备，规定最高工作温度不超过 85℃。油液温度过低，液压泵启动时吸入困难；温度过高，油液容易变质，同时增加系统的内泄漏。为防止油温过高、过低，常在液压系统中设置油冷却器和加热器，总称热交换器。

372. 常用的油冷却器有哪两种？

（1）列管式油冷却器

图 4-25 为列管式油冷却器。

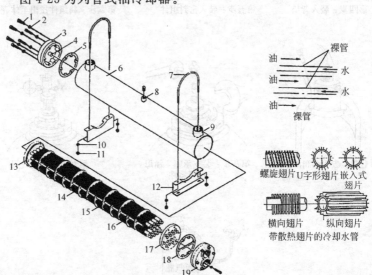

图 4-25　列管式油冷却器

1—螺栓；2—垫圈；3，19—水侧端盖板；4—防蚀锌棒；5—密封垫；6—筒体；7—固定架；8—排气塞；9—油出入口；10—防振垫片；11—螺母；12—固定座；13，17—管束端板；14—冷却水管；15—导流板；16—固定杆；18—密封垫

（2）板式换热器

板式换热器至今已有 150 年的历史。由一组长方形的薄金属板平行排列构成（图 4-26 中为 5 块板片），板片结构分为 A、B 两种，A、B 相邻板片的边缘衬以垫片，起到密封作用。由于 A、B 两板片导流槽方向不同，导致冷、热流体相间流过，进行热交换使油冷却。它的冷却效率高，节能，重量相对较轻，拆卸后清洗方便。

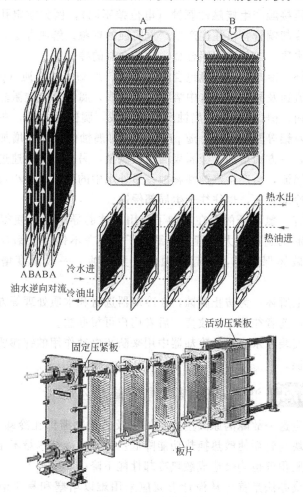

图 4-26　板式换热器

373. 油冷却器被腐蚀怎么办?

产生腐蚀的主要原因是材料、环境（水质、气体）以及电化学反应三大要素。

选用耐腐蚀性的材料，是防止腐蚀的重要措施，而目前列管式油冷却器多用散热性好的铜管制作，其离子化倾向较强，会因与不同种金属接触产生接触性腐蚀（电位差不同），例如在定孔盘、动孔盘及冷却铜管管口往往产生严重腐蚀的现象。解决办法，一是提高冷却水质，二是选用铝合金、钛合金制的冷却管。

另外，冷却器的环境包含溶存的氧、冷却水的水质（pH 值）、温度、流速及异物等。水中溶存的氧越多，腐蚀反应越激烈；在酸性范围内，pH 值降低，腐蚀反应越活泼，腐蚀越严重，在碱性范围内，对铝等两性金属，随 pH 值的增加腐蚀的可能性增加；流速的增大，一方面增加了金属表面的供氧量，另一方面流速过大，产生紊流涡流，会产生汽蚀性腐蚀；另外水中的砂石、微小贝类细菌附着在冷却管上，也往往产生局部侵蚀。

还有，氯离子的存在增加了使用液体的导电性，使得电化学反应引起的腐蚀增大，特别是氯离子吸附在不锈钢、铝合金上也会局部破坏保护膜，引起孔蚀和应力腐蚀。一般温度增高腐蚀增加。

综上所述，为防止腐蚀，在冷却器选材和水质处理等方面应引起重视，前者往往难以改变，后者用户可想办法。

对安装在水冷式油冷却器中用来防止电蚀作用的锌棒要及时检查和更换。

374. 油冷却器冷却性能下降怎么办?

产生这一故障的原因主要是堵塞及沉积物滞留在冷却管壁上，结成硬块与管垢使散热换热功能降低。另外，冷却水量不足、冷却器水油腔积气也均会造成散热冷却性能下降。

解决办法是首先从设计上就应采用难以堵塞和易于清洗的结构，而目前似乎办法不多；在选用冷却器的冷却能力时，应尽量以实践为依据，并留有较大的余地（增加10％～25％容量）；不得已时采用机械的方法（如刷子、压力、水、蒸气等擦洗与冲洗）或化学的方法（如用 Na_3CO_3 溶液及清洗剂等）进行清扫；增加进水量或用温度较低的水进行冷却；拧下螺塞排气；清洗内外表面积垢。

375. 油冷却器破损怎么办？

由于两流体的温度差，油冷却器材料受热膨胀的影响，产生热应力，或流入油液压力太高：可能招致有关部件破损；另外，在寒冷地区或冬季，晚间停机时，管内结冰膨胀将会使冷却水管炸裂。所以要尽量选用难受热膨胀影响的材料，并采用浮动头之类的变形补偿结构；在寒冷季节每晚都要放干冷却器中的水。

376. 油冷却器漏油、漏水怎么办？

出现漏油、漏水，会出现流出的油发白，排出的水有油花的现象。

漏水、漏油多发生在油冷却器的端盖与筒体结合面，或因焊接不良、冷却水管破裂等原因造成漏油、漏水。板式换热器则是片间的密封破损所致。

此时可根据情况，采取更换密封补焊等措施予以解决。更换密封时，要洗净结合面，涂敷一层"303"或其他黏结剂。

第 5 节

油 箱

油箱的主要作用是储油、散热和分离油中空气、杂质等。因此，油箱应有足够的容量，较大的表面积，且液体在油箱内流动应平缓，以分离气泡和沉淀杂质。

油箱起着一个"热飞轮"的作用,可以在短期内吸收热量,也可以防止处于寒冷环境中的液压系统短期空转被过度冷却。油箱的主要矛盾还是温升,温升到某一范围平衡不再升高。严重的温升会导致液压系统多种故障。油箱上往往还装有泵-电机装置、各种控制阀以及一些辅助元件,组成所谓"液压站"。

引起油箱温升严重的原因有:① 油箱设置在高温热辐射源附近,环境温度高;② 液压系统各种压力损失(如溢流、减压等)产生的能量转换大;③ 油箱设计时散热面积不够;④ 油液的黏度选择不当,过高或过低。

解决油箱温升严重的办法是:① 尽量避开热源,② 正确设计液压系统,如系统应有卸载回路,采用压力适应、功率适应、蓄能器等高效液压系统,减少高压溢流损失,减少系统发热;③ 正确选择液压元件,努力提高液压元件的加工精度和装配精度,减少泄漏损失、容积损失和机械损失带来的发热现象;④ 正确配管,减少过细过长、弯曲过多、分支与汇流不当带来的局部压力损失;⑤ 正确选择油液黏度;⑥ 油箱设计时应考虑有充分的散热面积和油箱容量,一般油箱容积对低压系统可取泵额定流量(L/min)的 2~4 倍,中压系统取 5~7 倍,高压系统取 10~12 倍,当机械停止工作时,油箱中的油位高度不超过油箱高度的 80%,流量大的系统取下限,反之取上限;⑦ 在占地面积不容许加大油箱体积的情况下或在高温热源附近,可设油冷却器。

油箱内油液污染物有从外界侵入的,有内部产生的以及装配时残存的。

① 装配时残存的,例如油漆剥落片、焊渣等。在装配前必须严格清洗油箱内表面,并在严格去锈去油污,再清洗油箱内壁。以床身作油箱的,如果是铸件则需清理干净芯砂等;如果是焊接床身,则注意焊渣的清理。

② 对由外界侵入的，油箱应采取下列措施。

a. 油箱应注意防尘密封，并在油箱顶部安设空气滤清器和大气相通，使空气经过滤后才进入油箱。空气滤清器往往兼作注油口，现已有标准件（EF 型）出售。可配装 100 目左右的铜网滤油器，以过滤加进油箱的油液，也有用纸芯过滤，效果更好。但与大气相通的能力差些，所以纸芯滤芯容量要大。

b. 为了防止外界侵入油箱内的污物被吸进泵内，油箱内要安装隔板（图 4-27），以隔开回油区和吸油区。通过隔板，可延长回到油箱内油液的休息时间。可防止油液氧化劣化；另一方面也利于污物的沉淀。隔板高度为油面高度的 3/4。

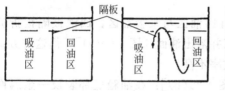

图 4-27　安装隔板

c. 油箱底板倾斜：底板倾斜程度视油箱的大小和使用，油的黏度而定，一般为 1/64～1/24。在油箱底板最低部分设置放油塞，使堆积在油箱底部的污物得到清除。

d. 吸油管离底板最高处的距离要在 150mm 以上，以防污物被吸入（图 4-28）。

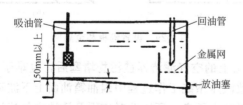

图 4-28　吸油管离底板最高处的距离要在 150mm 以上

③ 减少系统内污物的产生。

a. 防止油箱内凝结水分的产生：必须选择足够大容量的空气滤清器，以使油箱顶层受热的空气尽快排出，不会在冷的油箱盖上凝结成水珠掉落在油箱内；另一方面大容量的空气滤清器或通气孔，可消除油箱顶层的空间与大气压的差异，防止因顶层低于大气压时，从外界带进粉尘。

b.使用防锈性能好的润滑油，减少磨损物的产生和防止锈的产生。

🔧 379. 如何解决油箱内油液空气泡难以分离的现象？

由于回油在油箱内的搅拌作用，易产生悬浮气泡夹在油内。若被带入液压系统会产生许多故障（如泵噪声气穴及油缸爬行等）。

为了防止油液气泡在未消除前便被吸入泵内，可采取图4-30所示的方法。

① 设置隔板，隔开回油区与泵吸油区，回油被隔板折流，流速减慢，利于气泡分离并溢出油面［图4-29(a)］，但这种方式分离细微气泡较难，分离效率不高。

② 设置金属网［图4-29(b)］：在油箱底部装设一金属网捕捉气泡。

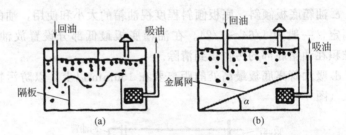

图 4-29　设置隔板和金属网

③ 当箱盖上的空气滤清器被污物堵塞后，也难于与空气分离，此时还会导致液压系统工作过程中因油箱油面上下波动而在油箱内产生负压使泵吸入不良。所以此时应拆开清洗空气滤清器。

④ 除了上述消泡措施，并采用消泡性能好的液压油之外，还可采取图4-30的几种措施，以减少回油搅拌产生气泡的可能性以及去除气泡。回油经螺旋流槽减速后，不会对油箱油液产生搅拌而产生气泡；金属网有捕捉气泡并除去气泡的作用。

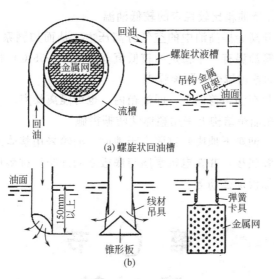

(a) 螺旋状回油槽

(b)

图 4-30 回油扩散缓冲作用（设置回油扩散器）

🔧 380. 油箱有振动和噪声怎么办？

（1）减小振动和隔离振动

① 主要对液压泵电机装置使用减振垫弹性联轴器类措施。例如 HL 型弹性柱销联轴器（GB5014-85）、ZL 型带制动轮弹性柱销联轴器（GB5015-85）和滑块联轴器（GB4384-86）等。并注意电机与泵的安装同轴度。

② 油箱盖板、底板、墙板须有足够的刚度。

③ 在液压泵电机装置下部垫以吸音材料、液压泵电机装置与油箱分设、回油管端离油箱壁的距离不应小于 5cm 等。

④ 油箱加吸音材料的保护罩，隔离振动声和噪声。

（2）防止泵进空气

① 排除泵进油管进气。

② 减少回油管回油对油箱内油液的搅拌作用：回油对油箱内油液的搅拌作用会产生大量气泡。

③ 减少液压泵的进油阻力防止泵的气穴。

（3）保持油箱比较稳定的较低油温

油温升高会提高油中的空气分离压力，从而加剧系统的噪声。故应使油箱油温有一个稳定的较低值范围（30~55℃）相当重要。

（4）油箱加罩壳，隔离噪声

油泵装在油箱盖以下，即油箱内，也可隔离噪声。

（5）在油箱结构上采用整体性防振措施

例如：油箱下地脚螺钉固牢于地面，油箱采用整体式较厚的电机泵座安装底板，并在电机泵座与底板之间加防振材垫板；油箱薄弱环节，加设加强筋等。

第 6 节

密 封

密封是用来防止液压元件的内漏与外漏以及污染物进入液压系统，密封的故障主要表现为漏油。密封的维修工作主要如下。

381. 什么是密封件材质的相容性？

常用密封件材料所适应的介质和使用温度范围见表 4-3 所列。

表 4-3　常用密封件材料所适应的介质和使用温度范围

密封材料	石油基液压油矿物基液压油	难燃性液压油			使用温度范围/℃	
		水-油乳化液	水-乙二醇基	磷酸酯基	静密封	动密封
丁腈橡胶	○	○	○	×	−40~120	−40~100
聚氨酯橡胶	○	△	×	×	−30~80	一般不用
氟橡胶	○	○	○	○	−25~250	−25~180
硅橡胶	○	○	×	△	−50~280	一般不用
丙烯酸酯橡胶	○	○	○	×	−10~180	−10~130
丁基橡胶	×	×	○	△	−20~130	−20~80
乙丙橡胶	×	×	○	○	−30~120	−30~120
聚四氟乙烯	○	○	○	○	−100~260	−100~260

注：○—可以使用；△—有条件使用；×—不可使用。

382. 怎样装好密封圈防止漏油?

① 注意密封圈的装入方法：例如装入 O 形圈时，要采用图 4-31 所示的防止松脱的方法装配 O 形圈。

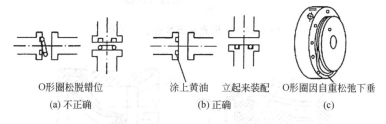

O形圈松脱错位　　涂上黄油　立起来装配　O形圈因自重松弛下垂

(a) 不正确　　　　　　(b) 正确　　　　　　(c)

图 4-31　防止 O 形圈松脱的装配方法

② 使用必要的装配工具安装密封圈（见图 4-32～图 4-36）。

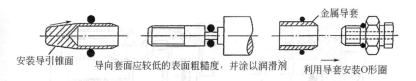

金属导套

安装导引锥面　导向套面应较低的表面粗糙度，并涂以润滑剂　利用导套安装O形圈

图 4-32　O 形圈装配导向工具

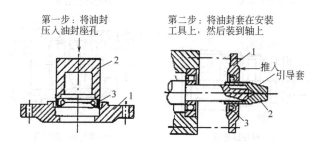

第一步：将油封压入油封座孔　第二步：将油封套在安装工具上，然后装到轴上

推入引导套

图 4-33　油封的两步安装法

1—油封座；2—安装工具；3—油封

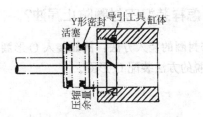

图 4-34　Y 形密封圈装配引导工具

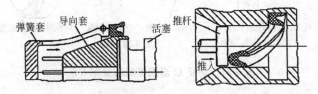

图 4-35　U 形圈的装配引导方法——导向套

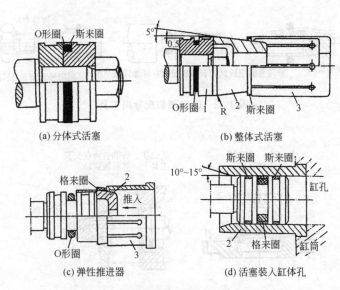

(a) 分体式活塞

(b) 整体式活塞

(c) 弹性推进器

(d) 活塞装入缸体孔

图 4-36　格来圈与斯特封等的装配工具
1—保护套；2—导向套；3—弹性套

383. 怎样防止密封圈挤出(楔入间隙)而导致漏油?

① 防止 O 形圈挤出漏油的措施（见图 4-37）。

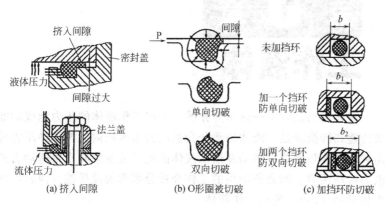

(a) 挤入间隙   (b) O形圈被切破   (c) 加挡环防切破

图 4-37   O 形圈挤出漏油的防止措施

② 防止 Y 形圈等唇形密封挤出漏油的措施（见图 4-38）。

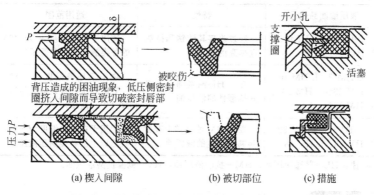

(a) 楔入间隙   (b) 被切部位   (c) 措施

图 4-38   Y 形密封圈唇部挤入间隙漏油的防止

第 **5** 章

工作液体

液体传动是以工作液体为介质，利用工作液体的压力能或动能来传递和转换能量。液体传动分为利用密闭容积内的液体静压力传递和转换能量的液压传动及借助液体的运动能量来实现传递动力的液力传动两类。两者所使用的工作介质分别称为液压油（液）和液力传动油（液），统称工作液体。

384. 常用的液压油油品代号是什么？

表 5-1　常用液压油的油品代号

液压油油品代号	特性	适用范围
L-HL32、L-HL46、L-HL68	经过改善其防锈和抗氧性提高的液压油	适用于环境温度为 0～40℃ 的各类液压泵（中低压）
L-HM32、L-HM 46、L-HM 68、L-HM 100、L-HM 150	在 L-HL 油基础上改善其抗磨性的液压油	适用于环境温度为 −10～40℃ 的高压柱塞泵或其他液压泵（中、高压）
L-HV15、L-HV 32、L-HV 46、L-HV 48	在 L-HM 油基础上改善其黏温特性的液压油	适用于在环境温度为 −20～40℃ 以上的各类高压液压泵

注：HL—普通液压油；HM—抗磨液压油；HV—低温抗磨液压油。

385. 怎样按液压设备的环境条件选择油品？

例如在高温热源或明火附近一般应选用抗燃液压油（见表 5-2）；寒冷地区要求选用黏度指数高、低温流动性好、凝固点低的油品；露天等水分多的环境里要考虑选用抗乳化性好的油品。

表 5-2 根据环境和使用工况选择液压油（液）

工况 环境	压力 7MPa 以下 温度 50℃以下	压力 7～14MPa 温度 50℃以下	压力 7～14MPa 温度 50～80℃	压力 14MPa 以上 温度 80～100℃
室内固定液压设备	HL	HL 或 HM	HM	HM
露天寒区或严寒区	HR	HV 或 HS	HV 或 HS	HV 或 HS
地下水上	HL	HL 或 HM	HM	HM
高温热源明火附近	HFAE	HFB	HFDR	HFDR

 386. 怎样按使用工况选择油品?

一般随压力的增加对油液的润滑性即抗磨性的要求增大，所以高压时应选用抗磨性、极压性好的 HM 油种。压力等级增大，黏度也应选大一些的档次，见表 5-3 和表 5-4 所列。

表 5-3 按液压系统工作压力选油品

压力	<8MPa	8～16MPa	>16MPa
液压油品种	HH、HL（叶片泵时用 HM）	HL、HM、HV	HM、HV

表 5-4 按压力选液压油的黏度

压力 /MPa	$0<p<2.5$	2.5～8	8～16	16～32
黏度 ν_{50}/cSt	10～30	20～40	30～50	40～60

注：1. ν_{50} 指 50℃时的运动黏度。

2. $1\text{cSt}=1\text{mm}^2/\text{s}$。

 387. 怎样根据使用油温选择油品品种?

根据使用油温的不同，应选择不同油压，对油品的黏温特性（黏度指数）和热安定性应有所考虑，可按表 5-5 和表 5-6 选择油液品种。当环境温度高（超过 40℃时），应适当提高油液的黏度档次，冬季应采用黏度较低的油液，夏季则应采用黏度较高的油液。

表5-5 按液压油工作油温选液压油

系统工作温度/℃	−10~90	−10以下~90	>90
选用油品	HH、HL、HM	HR、HV、HSC优质的HL，MM在−10~−25℃可用	优质的HM、HV、HS

表5-6 使用温度与不同压力时对抗燃液压油的选择

环境 \ 工况	压力7MPa以下，温度<50℃	压力7~14MPa		压力>14MPa温度80~100℃
		温度<60℃	温度50~80℃	
高温热源或明火附近	HFAE	HFB、HFC	HFDR	HFDR

🔧 388. 怎样根据泵的类型和液压系统的特点选择油品？

液压油的润滑性（抗磨性）对三大类泵减摩效果的顺序是叶片泵＞柱塞泵＞齿轮泵。故凡叶片泵为主油泵的液压系统不管其压力大小选用HM油为好。对有电液脉冲马达的开环系统要求用数控液压油，可用高级L-HM和L-HV代替。一般液压系统用油黏度的选择大多以泵为主要依据，阀类元件基本上可适应。选用时可参阅表5-7。

表5-7 常用液压泵使用黏度范围

液压泵类型		工作压力/MPa	黏度/（mm^2/s）			
			5~40MPa		40~80MPa	
			37.8℃	50℃	37.8℃	50℃
叶片泵		≤7	30~50	17~29	43~77	25~44
		>7	54~70	31~40	65~95	35~55
齿轮泵		10~32	30~70	17~40	110~184	58~98
柱塞泵	径向	24~35	30~128	17~62	65~270	37~154
	轴向	14~35以上	43~77	25~44	70~172	40~98
螺杆泵		2~10.5以上		19~29		25~49

389. 怎样排除液压油的故障?

液压油的许多故障与液压油的性能有关，现列于表 5-8 中。

表 5-8 液压油的性能与故障

性能		容易发生的故障	产生故障的原因	排除方法
黏度	过低时	1. 泵产生噪声、流量不足、烧接及异常磨损 2. 内泄漏增大而使执行元件动作失常 3. 压力控制阀压力出现不稳定现象（压力表波动大） 4. 因润滑不良产生各滑动面的异常磨损	1. 油温上升，黏度下降 2. 油液黏度使用不当 3. 长时间使用高黏度指数的油	1. 改进冷却系统，修理 2. 更换成黏度合适的液压油
	过高时	1. 因泵吸油不良而烧接 2. 泵吸入压力增大产生气穴 3. 滤油器阻力增大而产生故障 4. 配管阻力增大，压力损失增大，输出功率降低 5. 控制阀的动作迟滞和动作不正常	1. 油温过低，环境温度过低 2. 液压油黏度使用不当 3. 低温时，油温无升温装置 4. 一般元件却使用高黏度油	1. 安装低温加热装置和温控装置 2. 修理油温控制系统 3. 更换成合适黏度的油液
防锈性		1. 由于生锈进入滑动部位，产生控制阀、油缸的不正常动作 2. 锈脱落而烧接，拉伤 3. 因锈粒子的流动产生动作不良，流量阀流量不稳定	1. 防锈性差的油内混进了水分 2. 锈蚀的扩展加剧 3. 开始时就已生锈	1. 使用防锈性好的油 2. 防止水分混入 3. 清洗，除锈
抗乳化性		1. 产生水分而锈蚀 2. 液压油发生不正常老化劣化 3. 因水分产生泵、阀的气穴和汽蚀	1. 液压油本身的防锈性差 2. 液压油老化、劣化、水分的分离性差	1. 使用抗乳化性好的液压油 2. 更换油
老化劣化		1. 产生油泥，使液压元件动作不良 2. 氧化加剧，腐蚀金属材料 3. 润滑性能降低，元件加快磨损 4. 防锈性、抗乳化性降低，产生故障	1. 高温下使用油液氧化、劣化 2. 水分、金属粉、空气等污染物进入油内、促进劣化 3. 油局部高温和加热	1. 避免在 60℃ 以上的高温下长期使用 2. 除去污物 3. 防止加热器局部加热

性能	容易发生的故障	产生故障的原因	排除方法
腐蚀	1.腐蚀铜、铝、铁等金属 2.伴随着汽蚀、腐蚀金属 3.泵、阀、滤油器、冷却器的局部腐蚀	1.添加剂的影响 2.液压油老化、劣化、腐蚀性物质混入 3.水分混入而产生气穴、汽蚀	1.调查液压油的性质防止老化、劣化及污染物混入 2.防止水分混入
消泡破泡性不好	1油的压缩性增大，导致动作不正常 2.增加泵、油缸噪声、振动加剧磨损 3.气泡导致气穴 4，油与空气接触面积增大，加剧油液氧化 5.气泡进入润滑部位，切破油膜导致烧伤，爬行	1.添加剂的消耗 2.液压油本身破泡性差	1.更换油，加添加剂 2.检查油箱的结构，合理设计
低温流动性不好	液压油的流动闪点在 $10 \sim 15℃$ 时，流动性变差，不能使用	1.液压油本身 2.随添加剂的不同而异	选择合适油液
润滑性不良	1.泵异常磨损，寿命缩短 2.元件寿命降低，性能降低，执行元件性能降低 3.泵阀等滑动面异常磨损，烧坏 4.流量阀调节不良 5.伺服阀动作不良，性能降低 6.促进滤油器堵塞 7.促进工作油老化、劣化	1.液压油老化、劣化，异物混入 2.黏度降低 3.由水基液压油的性质所决定	1.更换成黏度适当、润滑性好的液压油 2.选择液压油时，要研究其润滑性能

🔧 390. 因选用不当液压油带来的故障怎样排除？

液压油的选用要考虑的因素较多，液压油选用不当会带来种种故障，此处仅举几例。

① 黏度选用不当。例如某液压系统要求在 $10 \sim 70℃$ 条件下使用，但如果选用黏度指数为 100 的 VG46 液压油，这种油在 20℃ 的运动黏度为 134.6cSt，而在 60℃ 时的运动黏度为 20.57cSt。因

此滤油器的阻力变化为 6.5 倍，容易产生气穴等故障。

② 在温度变化大的条件下使用的小型液压设备，如果黏度变化范围为 3 倍，则泄漏量也会出现 3 倍变化，这对小流量的液压系统影响较大。

③ 如系统采用气液直接接触式的蓄能器，则不能使用水-二元醇，因为该液压液容易起泡。

④ 与矿物油相比，合成型难燃油有高的密度，含水型抗燃油不仅密度大而且蒸气压力高，这对于油的流动会产生较大阻力，所以泵会引起气穴和振动。如使用抗燃液压油，除了泵安装位置要低，泵进口只能装粗滤器外，且泵的结构要适合抗燃油，否则会出故障。换言之，不适合抗燃液压油的液压元件不能使用该液压油。

🔧 391. 工作介质的清洁度有哪些规定？

ISO：DIS 4406 及 SAE J1165 标准

固体颗粒污染度等级代号		8/5	9/6	10/7	11/8	12/9	13/10	14/11	15/12
最高颗粒计数	>5μm	250	500	1 000	2 000	4 000	8 000	16 000	32 000
	>15μm	32	64	130	250	500	1 000	2 000	4 000
固体颗粒污染度等级代号		16/13	17/14	18/15	19/16	20/17	21/18		22/19
最高颗粒计数	>5μm	64 000	130 000	250 000	500 000	1 000 000	2 000 000		4 000 000
	>15μm	8 000	16 000	32 000	64 000	130 000	250 000		500 000

注：所有颗粒计数均为 100mL 油样中的计数

新油液的清洁度（通常为用户所接受）并不能满足元件长使用寿命的要求，新油液在注入液压系统之前，应采用名义过滤精度为 $10\mu m$ 的滤油器进行过滤。系统的滤油器应定期检查，根据需要更换滤芯。建议在滤油器上配置污物堵塞报警器。检查更换下的滤芯，有助于发现油液的衰变程度和表示元件严重磨损的金属沉积物。泄漏出的油液不可再注回系统。

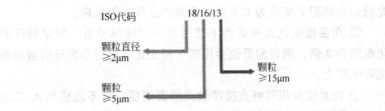

实际颗粒数 (每 mL)	代码 #	颗粒 直径/ μm
1 300 to 2 500	18	2μ+
320 to 640	16	5μ+
40 to 80	13	15μ+

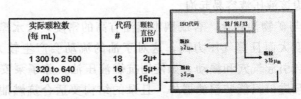

μm	颗粒数
> 2	2 462
> 5	427
>15	63

18/16/13

μm	颗粒数
> 2	13 473
> 5	4 792
>15	1 181

21/19/17

ISO 4406 表		
	每 mL 颗粒数	
代码	大于	到
24	80 000	160 000
23	40 000	80 000
22	20 000	40 000
21	10 000	20 000
20	5 000	10 000
19	2 500	5 000
18	1 300	2 500
17	640	1 300
16	320	640
15	160	320
14	80	160
13	40	80
12	20	40
11	10	20
10	5	10
9	2.5	5
8	1.3	2.5
7	0.64	1.3
6	0.32	0.64

教你成为 **一流** 液压维修工

流体清洁度标准 典型元件要求清洁度举例

伺服阀	16/14/11
叶片泵，柱塞泵和马达	18/16/13
方向/压力控制阀	18/16/13
齿轮泵和马达	19/17/14
流量控制阀和油缸	20/18/15
新油	20/18/15.

清洁度等级对照表				
ISO码	颗粒数 / mL		NAS 1638 (1964)	S A E 等级 (1 9 6 3)
	≥2 μm	≥5 μm	≥15 μm		
23/21/18	80,000	20,000	2,500	12	
22/20/18	40,000	10,000	2,500	–	
22/20/17	40,000	10,000	1,300	11	
22/20/16	40,000	10,000	640	–	
21/19/16	20,000	5,000	640	10	
20/18/15	10,000	2,500	320	9	6
19/17/14	5,000	1,300	160	8	5
18/16/13	2,500	640	80	7	4
17/15/12	1,300	320	40	6	3
16/14/12	640	160	40	–	
16/14/11	640	160	20	5	2
15/13/10	320	80	10	4	1
14/12/9	160	40	5	3	0
13/11/8	80	20	2.5	2	
12/10/8	40	10	2.5	–	
12/10/7	40	10	1.3	1	–
12/10/6	40	10	.64	–	

392. 油污染怎样判别？

① 油中含水分的简单判断

a. 爆裂试验：把薄金属片加热到110℃以上，滴一滴液压油，如果油爆裂证明液压油中含有水分，此方法能检验出油中0.2％以上的含水量。

b. 试管声音试验：放出2～3mL的液压油到一个干燥试管中，并放置几分钟使油气泡消失。然后对油加热（例如用打火机），同时倾听（位于试管口顶端）油的小"嘭嘭"声。该声音是油中的水粒碰撞沸腾时产生水蒸气所致。

c. 棉球试验：取干净的棉球，蘸少许被测液压油，然后点燃，如果听见发出"噼啪"炸裂声和闪光现象，证明油中含有水。

② 外观颜色的判断

a. 液压油呈乳白色混浊状，表明液压油进了水。

b. 液压油呈黑褐色，表明液压油高温氧化。

③ 黏度的简单判断

a. "手捻"法。用手来判断黏度的大小，由于黏度随温度的变化和个人的感觉，往往存在较大的人为误差。但用这种方法比较同一油品使用前后黏度的变化是可行的。

b. 玻璃倾斜观测法

将两种不同液压油各取一滴滴在一块倾斜的干净玻璃上，看哪种流动较快，则其黏度较低。

④ 油液污染的油滴斑点试验　取一滴被测液压油滴在滤纸上，观察斑点的变化情况，液压油迅速扩散，中间无沉积物，表明油品正常；液压油扩散慢，中间出现沉积物，表明油已变坏。判别液压油质量状况的方法都很多，如用化学方法判断油中是否进了水等。以上只是从工程机械野外作业、条件恶劣的方面考虑的几种简单方法。

⑤ 气味的判断　出现刺激性臭味，表明液压油被高温氧化变质，如果有柴油或汽油味时则有可能误加入燃油。

393. 怎样换油？

常用的换油方法有以下三种。

① 固定周期换油法　这种方法是根据不同的设备、不同的工况以及不同的油品，规定液压油使用时间为半年、一年，或者1000～2000工作小时后更换液压油的方法。这种方法虽然在实际工作中被广泛应用，但不科学，不能及时地发现液压油的异常污染，不能良好地保护液压系统，不能合理地使用液压油资源。

② 现场鉴定换油　这种方法是把被鉴定的液压油装入透明的玻璃容器中和新油比较做外观检查，通过直觉判断其污染程度，或者在现场用 pH 试纸进行硝酸浸蚀试验，以决定被鉴定的液压油是否需更换。

③ 综合分析换油　这种方法是定期取样化验，测定必要的理

化性能，以便连续监视液压油劣化变质的情况，根据实际情况决定何时换油的方法。这种方法有科学根据，因而准确可靠，符合换油原则。但是往往需要一定的设备和化验仪器，操作技术比较复杂，化验结果有一定的滞后，且必须交油料公司化验，国际上已开始普遍采用这种方法。